21世纪高等教育工程管理系列规划教材

安装工程计量与计价

第2版

主　编　董维岫　吴信平
副主编　王月志　常有政
参　编　汪冶冰　段文辉　高云峰　袁志阳
　　　　高伟忠　韩在刚　张　巍
主　审　陈建国

机械工业出版社

本教材根据工程管理专业的培养目标、教学计划和教学大纲编写，从安装工程定额的基本性质及原理、工程量清单计价及规范、工程量清单的编制与投标报价、信息技术的造价应用、竣工结算与决算等几方面内容，详细完整地介绍了基本建设程序以及工程量清单计价的编制原理和编制方法。全书共九章，其具体内容包括概述、安装工程造价、安装工程定额、工程量清单及计价、安装工程工程量清单项目设置及计价规范、工程量清单的编制与投标报价、安装工程工程量清单计价编制实例，并介绍了信息技术在工程造价管理工作中的应用及安装工程结算与竣工决算。本书可作为高校工程管理和工程造价专业本科教材，也可作为工程造价从业人员的培训教材和安装工程管理与技术人员的学习参考书。

图书在版编目(CIP)数据

安装工程计量与计价/董维岫，吴信平主编. —2 版. —北京：机械工业出版社，2013.2（2019.8 重印）

21 世纪高等教育工程管理系列规划教材

ISBN 978-7-111-40777-5

Ⅰ.①安… Ⅱ.①董…②吴… Ⅲ.①建筑安装—工程造价—高等学校—教材 Ⅳ.①TU723.3

中国版本图书馆 CIP 数据核字（2012）第 302977 号

机械工业出版社(北京市百万庄大街22号 邮政编码100037)
策划编辑：冷 彬 责任编辑：冷 彬 版式设计：霍永明
责任校对：杜雨霏 封面设计：张 静 责任印制：郜 敏
北京圣夫亚美印刷有限公司印刷
2019年8月第2版第6次印刷
184mm×260mm · 20.25 印张 · 499 千字
标准书号：ISBN 978-7-111-40777-5
定价：45.00 元

电话服务	网络服务
客服电话：010-88361066	机 工 官 网：www.cmpbook.com
010-88379833	机 工 官 博：weibo.com/cmp1952
010-68326294	金 书 网：www.golden-book.com
封底无防伪标均为盗版	机工教育服务网：www.cmpedu.com

序

随着21世纪我国建设进程的加快，特别是经济全球化的迅猛发展和我国加入WTO以来，工程建设领域对从事项目决策和全过程管理的复合型高级管理人才的需求逐渐扩大，而这种扩大又主要体现在对应用型人才的需求上，这使得高校工程管理专业人才的教育培养面临新的挑战与机遇。

工程管理专业是教育部将原本科专业目录中的建筑管理工程、国际工程管理、投资与工程造价管理、房地产经营管理(部分)等专业进行整合后，设置的一个具有较强综合性和较大专业覆盖面的新专业。应该说该专业的建设与发展还需要不断的改革与完善。

为了能更有利于推动工程管理专业教育的发展及专业人才的培养，机械工业出版社组织编写了一套该专业的系列教材。鉴于该学科的综合性、交叉性以及近年来工程管理理论与实践知识的快速发展，本套教材本着“概念准确、基础扎实、突出应用、淡化过程”的编写原则，力求做到既能够符合现阶段该专业教学大纲、专业方向设置及课程结构体系改革的基本要求，又可满足目前我国工程管理专业培养应用型人才目标的需要。

本套教材是在总结以往教学经验的基础上编写的，主要注重突出以下几个特点：

(1) 专业的融合性　工程管理专业是个多学科的复合型专业，根据国家提出的“宽口径、厚基础”的高等教育办学思想，本套教材按照该专业指导委员会制定的四个平台课程的结构体系方案，即土木工程技术平台课程及管理学、经济学和法律专业平台课程来规划配套。编写时注意不同的平台课程之间的交叉、融合，不仅有利于形成全面完整的教学体系，同时可以满足于不同类型、不同专业背景的院校开办工程管理专业的教学需要。

(2) 知识的系统性、完整性　因为工程管理专业人才是在国内外工程建设、房地产、投资与金融等领域从事相关管理工作，同时可能是在政府、教学和科研单位从事教学、科研和管理工作的复合型高级工程管理人才，所以本套教材所包含的知识点较全面地覆盖了不同行业工作实践中需要掌握的各方面知识，同时在组织和设计上也考虑了与相邻学科有关课程的关联与衔接。

(3) 内容的实用性　教材编写遵循教学规律，避免大量理论问题的分析和讨论，提高可操作性和工程实践性。特别是紧密结合了工程建设领域实行的工程项目管理注册制的内容，与执业人员注册资格培训的要求相吻合，并通过具体的案例分析和独立的案例练习，使学生能够在建筑施工管理、工程项目评价、项目招投标、工程监理、工程建设法规等专业领域获得系统深入的专业知识和基本训练。

(4) 教材的创新性与时效性　本套教材及时地反映工程管理理论与实践知识的更新，将本学科最新的技术、标准和规范纳入教学内容，同时在法规、相关政策等方面与最新的国家法律法规保持一致。

我们相信，本套系列教材的出版将对工程管理专业教育的发展及高素质的复合型工程管理人才的培养起到积极的作用，同时也为高等院校专业的教育资源和机械工业出版社专业的教材出版平台的深入结合，实现相互促进、共同发展的良性循环奠定基础。

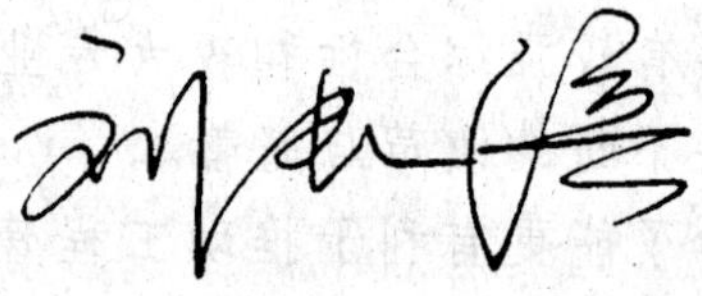

第2版 前言

本书第1版自2005年出版以来，受到众多高校师生、同行专家及读者的好评与关注。但随着我国建筑科学的发展，国家建筑技术规范、标准的不断更新，建筑安装工程造价的计价方式也进行了重大改革，逐步向国际惯例靠拢。因此，本书的内容已不能完全反映现代建筑科学技术与工程造价行业发展的现状，因此决定将本书修订再版。此次修订，将第1版书中不足部分仔细加以修改，删繁就简、去旧革新；从基本理论出发，按照现行的《全国统一安装工程预算定额》和《建筑工程工程量清单计价规范》及相关的行业规范、标准，同时结合本科工程管理专业课程最新的教学大纲，我们作了如下修订工作：

1. 对全书内容按现行的最新规范进行修改，使全书不再出现与现行规范不相符的内容。

2. 侧重对安装工程预算定额的组成、定额系数、定额使用方法以及安装工程常见材料和设备工程量项目特征描述等内容的介绍。

3. 增加了给水排水专业的计量实例，并按照现行计价规范的格式要求，对全书计价表格进行全面修正。

经修订后的第2版更能反映当前安装工程计量与计价的发展现状，更具针对性和实用性。

本书第2版由董维岫和吴信平担任主编，王月志和常有政担任副主编。具体的编写分工如下：

第一章由吴信平（平顶山工学院）和王月志（长春工程学院）共同编写。

第二章由吴信平编写。

第三章由常有政（长春工程学院）和王月志共同编写。

第四章由董维岫（长春工程学院）和王月志共同编写。

第五章第一节、第二节由董维岫和王月志共同编写；第三节由王月志和韩在刚（吉林建筑工程学院）共同编写；第四节由王月志和高云峰（长春工程学院）共同编写；第五、六节由常有政编写；第七、八节由吴信平和汪冶冰（长春工程学院）共同编写。

第六章由董维岫、王月志和汪冶冰共同编写。

第七章第一节由王月志编写；第二节由董维岫和王月志共同编写；第三节由王月志和张巍(长春工程学院)共同编写；第四节由王月志和高伟忠(长春工程学院)共同编写；第四节由吴信平和常有政共同编写。

第八章由袁志阳(长春工程学院)编写。

第九章由常有政和段文辉(平顶山市兴平监理公司)共同编写。

本书在编写中参考了很多书籍和资料，在此对其作者表示感谢。

由于编者水平有限，书中难免有错误和不足之处，敬请读者批评指正。

编 者

第1版 前言

本书是按照《建设工程工程量清单计价规范》和全国高等学校工程管理专业本科课程教学大纲编写的。本书主要作为工程管理专业及安装工程专业教学用书，也可作为从事安装工程造价管理人员的培训和学习用书。

“安装工程计量与计价”是工程管理专业主要专业课之一，是一门较实用的技术经济课程。本书较系统地阐述安装工程定额的基本性质和原理，安装工程工程量清单计价的编制方法以及信息技术在安装工程造价管理工作中的应用等内容。在编写中注意紧密联系我国目前安装工程计价方式适应市场经济的重大改革，实现“政府宏观调控，企业自主报价，市场形成价格”并同国际接轨的实际，力求体现教材的针对性与实用性较强等特点。

本书由长春工程学院董维岫和平顶山工学院吴信平担任主编。具体参编人员和各自的编写内容如下：

长春工程学院董维岫编写第四章、第五章的第一节和第二节、第六章、第七章的第一节。

平顶山工学院吴信平编写第一章、第二章、第五章的第七节和第八节、第七章的第四节。

平顶山市兴平监理公司段文辉编写第九章。

长春工程学院常有政编写第三章、第五章的第五节和第六节。

吉林建筑工程学院韩在刚编写第五章第三节。

长春工程学院高云峰编写第五章第四节。

长春工程学院高伟忠编写第七章的第三节。

长春工程学院张巍编写第七章的第二节。

长春工程学院袁志阳编写第八章。

本教材的主审同济大学陈建国教授在审稿中提出很多中肯的意见，对提高教材编写质量有很大帮助，在此表示衷心感谢。

由于编者水平有限，书中难免有错误和不足之处，敬请读者批评指正。另外，在编写中参考了很多书籍和资料，引用其中部分内容，对其作者表示感谢。

本书配有相关教学课件，如有需要请与主编或本书编辑联系。主编联系方式：wxp8866@hncj.edu.cn。

编　者

目　录

1 第一章 概　述

工程项目的建设是购建或扩大固定资产的活动，它是通过投资决策、计划立项、勘察设计、施工安装和竣工验收等阶段以及其他相关部门的经济活动来实现的，最终形成满足特定使用功能和价值的建设工程产品。其内容有建筑工程、设备购置、安装工程以及其他建设工程等。安装工程计量与计价是以建设工程中的设备安装工程为内容，在建设工程实施阶段开展的一项重要的技术与经济活动。随着社会经济的发展、科学技术的进步和人们消费水平的逐步提高，设备安装工程的投资占建设工程总投资的比例迅速增长，安装工程造价成为了建设工程造价的重要组成部分，其安装工程价格的计算就是确定固定资产投资中安装工程的投资费用。

第一节　工程项目建设程序及分解

工程项目的建设，是在一定资源约束下为建设满足特定使用功能和价值的工程而投资进行建筑、安装和购置固定资产的活动，以及与此相联系的其他工作。它是一次性的、有组织的、系统的活动，是从项目的意向、项目策划、可行性研究、项目决策到勘察设计、建筑安装施工、生产准备、竣工验收、联动试车和工程保修等进行的一系列复杂的技术经济活动，既有物资生产活动，又有非物资生产活动。经项目建设形成的建设产品是勘察设计、建筑施工、构件制作和设备安装等部门大协作的结果。最终的建设工程产品（如高楼大厦、工厂车间）涉及面广、投资额大、生产经营过程复杂，在形成的过程中必然存在不同的生产过程产品和施工中间产品，即勘察设计产品、建筑安装施工产品和分部分项工程中间产品。

一、项目建设程序

建设程序是指建设项目从酝酿提出到该项目建成投入生产或使用的全过程中各阶段建设活动必须遵循的先后次序。它是工程建设活动的客观规律，是建设项目科学决策和顺利进行的重要保证。按照建设项目发展的内在联系和发展过程，建设程序分为若干阶段，这些发展阶段有着严格的先后次序，不能任意颠倒和违背，否则就要遇到挫折和惩罚，造成巨大的经济损失和社会影响。

目前，我国工程建设程序经过长期的实践，总结归纳起来其主要阶段有：项目建议书、可行性研究、建设项目设计、建设项目施工准备、建设项目施工安装、生产准备、建设项目竣工验收。这几个大的阶段中都包含着许多环节，这些阶段和环节各有其不同的工作内容。

1. 建设项目建议书阶段

项目建议书是业主单位向国家提出要求建设某一具体项目的建议文件，是投资决策前对拟建项目的轮廓设想。从拟建项目的必要性及可能性加以考虑，推荐一个拟进行建设项目的初步说明。客观上，拟建项目要符合国民经济长远规划，符合部门、行业和地区规划的要求。

2. 建设项目可行性研究阶段

（1）可行性研究 项目建议书批准后，就要进行可行性研究，即对项目在技术上是否可行、经济上是否合理进行科学分析和论证，为项目决策提供依据。可行性研究的主要任务是通过多方案比较，提出评价意见，推荐最佳方案。可行性研究的内容概括为市场(供需)研究、技术研究、经济研究。

（2）可行性研究报告的编制 在可行性研究的基础上，编制可行性研究报告。可行性研究报告是确定建设项目、编制设计文件的重要依据，是项目最终决策和进行初步设计的重要文件，因此，要求它有相当的深度和准确性。

（3）可行性研究报告审批 可行性研究报告编制完成后，须经有关部门审批。可行性研究报告得到批准后，项目才算正式“立项”。批准的可行性研究报告作为初步设计的依据，不得随意修改和变更。如果在建设规模、产品方案、建设地区、主要协作关系等方面有变动以及突破投资控制数时，应经原批准机关同意。大中型和限额以上项目可行性研究报告经批准后，项目可根据实际需要组织筹建机构，即组织项目法人。一般改、扩建项目不宜单独设筹建机构，仍由原企业负责筹建。

3. 建设项目设计阶段

设计是对拟建工程建设计划的实施，在技术上和经济上进行全面的、具体的、详尽的安排，是组织施工的依据，它直接关系着工程质量和未来使用的效果。我国建设项目设计工作根据工程的复杂及难易程度分为两阶段设计和三阶段设计，通过规定各阶段设计文件应达到的设计深度来控制设计质量和建设投资规模。

（1）初步设计 它是根据可行性研究报告的要求所做的具体实施方案。其目的是为了阐明在指定的地点、时间和投资控制数额内，拟建项目在技术上的可能性和经济上的合理性，并通过对工程项目所作出的技术经济规定，编制项目总概算。

（2）技术设计 它是根据初步设计和更详细的调查研究资料编制的，进一步解决初步设计中的重大技术问题，如工艺流程、建筑结构、设备选型及数量确定等，以使建设项目的设计更具体、更完善，技术指标更合理。

（3）施工图设计 它是在前阶段设计文件的基础上，进行详细施工图的设计，包括建筑施工图、结构施工图及建筑设备系统的专业施工图。施工图是工程招标投标和现场施工作业技术活动的直接依据，如编制工程招标文件、工程造价、施工合同、施工组织设计、工程项目管理实施规划等都需要依据施工图进行。

4. 建设项目施工准备阶段

项目在开工建设之前要切实做好各项准备工作，并应由审核机关对项目的有关内容进行审核。审核的内容主要是项目资金来源是否正当、落实，项目开工前的各项支出是否符合国家的有关规定，资金是否存入规定的银行。

（1）建设准备的内容 建设准备的主要工作内容包括：

1）征地、拆迁和场地平整。

2）完成施工用水、电、路等工程。

3）组织施工招标投标，择优选定施工单位。

4）办理各项建设行政手续。

5）编制项目管理实施规划等。

（2）报批开工报告　按规定进行了准备和具备了开工条件以后，便应组织开工。建设单位申请开工要经国家有关部门批准，只有在开工报告得到批准后，建设项目才能开工。

5. 建设项目施工安装阶段

在前期施工准备完成之后，建设项目经批准开工建设，即进入全面施工安装阶段。从建设项目设计文件中规定的任何一项永久性工程破土动工开始，至计划任务书内规定的项目内容全部建成并经竣工验收交付生产或使用止，为建设项目的建设工期。

6. 生产准备阶段

对于工业建设项目在施工阶段还要进行生产准备。生产准备是项目投产前由建设单位进行的一项重要工作，它是衔接建设和生产的桥梁，是建设阶段转入生产经营的必要条件。建设单位应适时组成专门机构做好生产准备工作。生产准备工作的内容根据企业的不同而异，一般包括下列内容：

1）组建管理机构，制定管理制度和有关规定。

2）招收并培训生产人员，组织生产人员参加设备的安装、调试和工程验收。

3）签订原料、材料、协作产品、燃料、水、电等供应及运输的协议。

4）进行工具、器具、备品、备件等的制造或订货。

5）其他必需的生产准备。

7. 建设项目竣工验收阶段

当建设项目按设计文件的规定内容全部施工完成以后，便可组织竣工验收，它是建设全过程的最后一个环节，是投资成果转入生产或使用的标志。对于政府投资的建设项目，竣工验收也是向国家交付新增固定资产的过程。竣工验收对促进建设项目及时投产、发挥投资效益及总结建设经验起着重要的作用，其目的是：

1）检验设计和工程质量，保证项目按设计要求的技术经济指标正常生产。

2）对有关部门和单位可以总结经验教训。

3）建设单位对验收合格的项目可以及时移交固定资产，使其由建设系统转入生产系统或投入使用。凡符合竣工条件而不及时办理竣工验收的，一切费用不准再由投资中支出。

二、建设项目分解

对建设项目来说，虽然在范围和内涵上有很大的不确定性，但每一建设工程在时间和内容上都构成一个系统工程。为满足工程管理和工程成本经济核算的需要，保证工程造价合理计价和有效的控制，可把整体、复杂的系统工程分解成较小的、易于管理的组成部分。根据我国对建设工程的有关规定和习惯做法，工程项目按照它的组成内容不同，可以分解为建设项目、单项工程、单位工程、分部工程和分项工程五个层次。

1. 建设项目

建设项目一般指具有一个计划文件和按一个总体设计进行建设、经济上实行统一核算、行政上有独立组织形式(建设单位或项目法人)、进行统一指挥管理的工程项目。

2. 单项工程

单项工程是建设项目的组成部分，它具有独立的设计文件，建成后能够独立发挥生产能力或效益的工程。如教学楼、办公楼、食堂等。单项工程是具有独立存在意义的一个完整的建设产品，也是一个复杂的综合体，它由若干单位工程组成。

3. 单位工程

单位工程是单项工程的组成部分，它具有单独的设计文件，可以独立组织施工，竣工后不能单独发挥生产能力或效益的工程。如房屋建筑中的电气照明工程、给水排水工程等。

4. 分部工程

分部工程是单位工程的组成部分，在建设工程中，分部工程是按照工程结构的性质或部位划分的，如安装工程中的防雷接地、给水管道敷设工程等。

5. 分项工程

在分部工程中，包括不同的施工内容，按其施工方法、工料消耗、材料种类还可以分解成更小的部分，即分项工程，它是构成建筑或安装工程的基本单元。分项工程是通过简单的施工过程就能完成的工程内容，它是计价工作中一个基本的计量单元，是预算(企业)定额的编制对象。它没有独立存在的意义，只是建筑安装工程的一种基本的构成因素，是为确定建筑安装工程造价和进行工程质量检查而设定的一种过程产品。

综上所述，一个建设项目通常是由一个或几个单项工程组成的，一个单项工程是由几个单位工程组成的，而一个单位工程又是由若干个分部工程组成的，一个分部工程可按照选用的施工方法、使用的材料和构件的规格等因素划分为若干个分项工程。建设项目分解的过程及相互关系如图1-1所示。

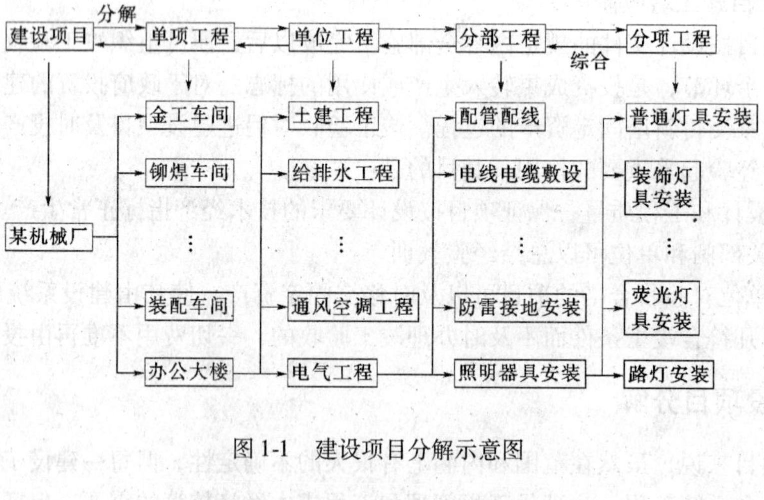

图1-1 建设项目分解示意图

第二节 建设工程造价的构成

工程造价是指进行一项工程建造所需要花费的全部费用，即从工程项目确定建设意向至建成竣工验收为止的整个建设期所支付的全部费用，这是保证工程项目建设正常进行的必要资金，是建设项目投资中最主要的部分。

一、建设项目投资与固定资产投资

1. 建设项目投资

建设项目投资，也是建设项目总投资费用(投资总额)的简称，它是投资主体为获取预期收益，在选定的建设项目上投入所需全部资金的经济行为。建设项目按用途可分为生产性项目和非生产性项目。生产性建设项目总投资包括固定资产投资和流动资产投资两部分，而非生产性建设项目总投资只有固定资产投资，不含流动资产投资。建设项目总造价(工程造价)是项目总投资中的固定资产投资总额，是保证项目建设活动正常进行的必要资金。

2. 固定资产投资

固定资产投资是投资主体为了特定的目的，以达到预期收益(效益)的资金垫付行为。

在我国，固定资产投资包括基本建设投资、更新改造投资、房地产开发投资和其他固定资产投资四部分。其中：

1）基本建设投资是用于新建、改建、扩建和重建项目的资金投入行为。

基本建设投资是形成新增固定资产、扩大生产能力和工程效益的主要手段。在投资构成中建筑安装工程费用约占60%。而在生产性基本建设投资中，设备费则占有较大的份额。随着社会的发展和科学技术的进步，设备安装工程费用有随之而增大的趋势。

2）更新改造投资是在保证固定资产简单再生产的基础上，通过先进科学技术改造原有技术以实现其内涵为主的、固定资产扩大化再生产的资金投入行为，是固定资产再生产的主要方式之一。

3）房地产开发投资是房地产企业开发厂房、宾馆、写字楼、仓库和住宅等房屋设施和开发土地的资金投入行为。

4）其他固定资产投资，是按规定不纳入投资计划，用专项资金进行基本建设、更新改造的资金投入行为，它占固定资产投资的比重较小。

建设项目的固定资产投资与建设项目的工程造价，两者在量上是等同的。其中建筑安装工程投资费用与建筑安装工程造价，两者在量上也是等同的。这意味着工程投资和工程造价两种含义的同一性，前者是从投资者的角度，后者则是从工程承包者的角度上而言的。

二、建设工程造价构成

从工程造价的含义和内容上，工程造价应被理解为工程项目建造所需的全部花费。准确地划分和确定工程造价的内容，是进行安装工程价格计算的前提和基础。

1. 建设投资和工程造价的构成

工程造价的构成按工程项目建设过程中各类费用支出或花费的性质、途径等来确定，通过费用划分和汇集，形成了工程造价的费用分解结构。工程造价基本构成中，包括用于购买工程项目所含各种设备的费用，用于建筑施工和安装施工所需支出的费用，用于委托工程勘察设计应支付的费用，用于使用土地所需的费用，也包括用于建设单位自身进行项目筹建和项目管理所花费的费用等。总之，工程造价是工程项目按照确定的建设内容、建设规模、建设标准、功能要求和使用要求等全部建成并验收合格交付使用所需的全部费用。

我国现行工程造价的构成主要划分为设备及工具、器具购置费用、建筑安装工程费用、工程建设其他费用、预备费、建设期贷款利息等几项。具体构成内容如图1-2所示。

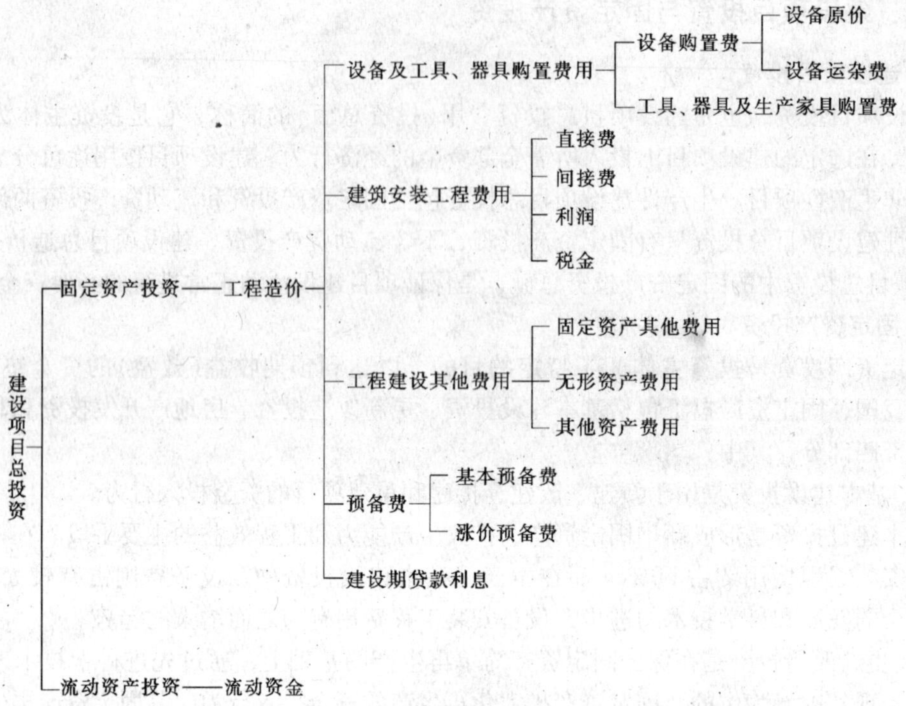

图1-2 我国现行工程造价的构成

2. 设备及工具器具购置费用

设备及工具器具购置费用由设备购置费用和工具、器具及生产家具购置费用组成，是固定资产投资中的积极成分。在工业建设项目中，设备、工器具费用占投资费用比例的大小，标志着生产技术的进步和资本有机构成的程度。

(1) 设备购置费　它是指为建设项目购置或自制的达到固定资产标准的设备、工具、器具的费用。所谓固定资产标准，是指使用年限在一年以上，单位价值在国家或各主管部门规定限额以上。但新建项目和扩建项目的新建车间购置或自制的全部设备、工具、器具，不论是否达到固定资产标准，均计入设备、工具、器具购置费中。设备购置费由设备原价和设备运杂费构成。

$$设备购置费=设备原价或进口设备抵岸价+设备运杂费 \tag{1-1}$$

上式中，设备原价指国产标准设备、国产非标准设备或进口设备的原价(抵岸价)；设备运杂费指设备供销部门手续费、包装费、运输费、装卸费、采购及仓库保管费等。如果设备是由设备成套公司供应的，设备成套公司的服务费也应计入设备运杂费用中。

(2) 工具、器具及生产家具购置费　它是指新建或扩建项目初步设计规定的，保证投产初期正常生产必须购置的达不到固定资产标准的设备、仪器、工卡模具、器具、生产家具和备品备件等的购置费用。一般以设备购置费为计算基数，按照部门或行业规定的工具、器具及生产家具费率计算。计算公式为：

$$工具、器具及生产家具购置费=设备购置费\times定额费率 \tag{1-2}$$

3. 建筑安装工程费用

在工程建设中，建筑安装工程是创造价值的生产活动。建筑安装工程费用亦被称为建筑安装工程造价，是建筑安装工程价值的货币表现形式，它由建筑工程费用和安装工程费用两部分组成。

(1) 建筑工程费用 建筑工程费用包括以下内容：

1) 各类房屋建筑工程和列入房屋建筑工程预算的供水、供暖、供电、卫生、通风、煤气等设备费用及其装饰、油饰工程的费用，列入建筑工程预算的各种管道、电力、电信和电缆导线敷设工程的费用。

2) 设备基础、支柱、工作台、烟囱、水塔、水池、灰塔等建筑工程以及各种窑炉的砌筑工程和金属结构工程的费用。

3) 为施工而进行的场地平整，工程和水文地质勘察，原有建筑物和障碍物的拆除，施工临时用水、电、气、路的接通和完工后的场地清理，环境绿化、美化等工作的费用。

4) 矿井开凿、井巷延伸、露天矿剥离和石油、天然气钻井以及修建铁路、公路、桥梁、水库、堤坝、灌渠及防洪等工程的费用。

(2) 安装工程费 安装工程费包括以下内容：

1) 生产、动力、起重、运输、传动、医疗和试验等各种需要安装的机械设备的装配费用，与设备相连的工作台、梯子、栏杆等装饰工程，附属于被安装设备的管线敷设工程费用，以及被安装设备的绝缘、防腐、保温、油漆等工作的主要材料费和安装费。

2) 为测定安装工程质量，对单台设备进行单机试运转，对系统设备进行系统联动无负荷试运转工作的调试费。

我国现行建筑安装工程费由直接费、间接费、利润和税金四个部分组成，它是计算安装工程造价的核心内容和目的，详见本书第二章。

4. 工程建设其他费用

工程建设其他费用是指从工程筹建起到工程竣工验收交付使用止的整个建设期间，除建筑安装工程费用和设备及工具、器具购置费用以外的，为保证工程建设顺利完成和交付使用后能够正常发挥效用而发生的各项费用。

工程建设其他费用，按其内容大体可分为三类。第一类为固定资产其他费用；第二类为无形资产费用；第三类为其他资产费用。

(1) 固定资产其他费用 它是固定资产费用的一部分。其内容包括：建设管理费、建设用地费、可行性研究费、研究试验费、勘察设计费、环境影响评价费、劳动安全卫生评价费、场地准备及临时设施费、引进技术和引进设备其他费、工程保险费、联合试运转费、特殊设备安全监督检验费、市政公用设施费。

(2) 无形资产费用 它是指形成无形资产的建设投资，主要是指专利及专有技术使用费。

(3) 其他资产费用 它是指建设投资中形成固定资产和无形资产以外的部分，主要包括生产准备及开办费等。

5. 预备费

按我国现行规定，预备费包括基本预备费和涨价预备费。

(1) 基本预备费 它是指在初步设计及概算内难以预料的工程费用，内容包括：

1) 在批准的初步设计范围内、技术设计、施工图设计及施工过程中所增加的工程费用，设计变更、工程变更、材料代用、局部地基处理等增加的费用。

2) 一般自然灾害造成的损失和预防自然灾害所采取的措施费用，对实行工程保险的工程建设项目此费用应适当降低。

3）竣工验收时为鉴定工程质量，对隐蔽工程进行必要的挖掘和修复费用。

基本预备费是按设备及工具、器具购置费，建筑安装工程费用，工程建设其他费用三者之和为计取基础，乘以基本预备费费率进行计算，基本预备费费率的取值应执行国家及部门的有关规定。

$$\text{基本预备费}=(\text{设备及工具、器具购置费}+\text{建筑安装工程费用}+\text{工程建设其他费用})\times\text{基本预备费费率} \tag{1-3}$$

（2）涨价预备费 它是指建设项目在建设期间内由于价格等变化引起工程造价变化的预测预留费用。费用内容包括：人工、设备、材料、施工机械的价差费，建筑安装工程费及工程建设其他费用调整，利率、汇率调整等增加的费用。

涨价预备费的测算方法，一般根据国家规定的投资综合价格指数，按估算年份价格水平的投资额为基数，采用复利方法计算。计算公式为：

$$PF = \sum_{t=1}^{n} I_t \left[(1+f)^t - 1 \right] \tag{1-4}$$

式中 PF——涨价预备费；

n——建设期年份数；

I_t——建设期中第 t 年的投资计划额，包括设备及工具、器具购置费，建筑安装工程费，工程建设其他费用及基本预备费；

f——年均投资价格上涨率。

6. 建设期贷款利息

建设期贷款利息包括向国内银行和其他非银行金融机构贷款、出口信贷、外国政府贷款、国际商业银行贷款以及在境内外发行的债券等在建设期间内应偿还的贷款利息。

当总贷款是分年发放时，建设期利息的计算可按当年贷款在年中支用考虑，即当年贷款按半年计息，上年贷款按全年计息。计算公式为：

$$\text{当年应计利息}=(\text{年初贷款本息累计}+\text{本年贷款额}/2)\times\text{年利率} \tag{1-5}$$

通常把建筑安装工程费，设备和工具、器具购置费，工程建设其他费，基本预备费称之为静态投资，即以某一基准年、月的建设要素的价格为依据所计算出的建设项目投资的瞬时值。而把完成一个工程项目建设预计投资需量的总和称之动态投资，它除包括静态投资外，还包括建设期贷款利息、涨价预备费等。动态投资适应了市场价格运行机制的要求，符合经济运动规律。

第三节 建设工程造价文件

工程项目建设按照建设程序是分阶段进行的，每个阶段都要对工程造价进行计算和确定，整个计价过程呈现出工程造价的多次性计价特征。具体表现形式是项目的建议书和可行性研究阶段作出的投资估算，初步设计阶段作出的设计概算，施工设计阶段作出的施工图预算，招标投标中的招标控制价、投标报价或工程合同价，以及施工阶段发生的施工结算、竣工决算，形成了系列的由浅入深、由概括到精确的多个阶段工程建设的技术经济文件，构成了一个复杂而重要的工程造价文件管理系统。

一、投资估算

投资估算是指在项目投资决策过程中，依据现有的资料和特定的方法，对建设项目的投资数额进行的估计。它是项目建设前期编制项目建议书和可行性研究报告的重要组成部分，是项目决策的重要依据之一，作为论证拟建项目经济合理性的重要经济文件。投资估算的准确与否不仅影响到可行性研究工作的质量和经济评价结果，而且也直接关系到下一阶段设计概算和施工图预算的编制，对建设项目资金筹措方案也有直接的影响。其作用有：

1）项目建议书阶段的投资估算，是作为领导部门审批项目建议书的依据之一，并对项目的规划、控制规模起参考作用。

2）项目可行性研究阶段的投资估算，是项目投资决策的重要依据，也是研究、分析、计算项目投资经济效果的重要条件。

3）投资估算对工程设计概算起控制作用，设计概算不得突破批准的投资估算额且控制在投资估算额内。

4）项目投资估算可作为项目资金筹措及制订建设贷款计划的依据。

5）项目投资估算是核算建设项目固定资产投资需要额和编制固定资产投资计划的重要依据。

二、建设工程概算

当项目投资决策以后，即进入了项目的实施阶段，首先要开始工程建设的设计工作。按照我们国家的规定和建设程序的要求，相对建设工程设计的各个阶段都应有确定工程造价的文件。在初步设计阶段，需要编制设计概算；在技术设计阶段，需要编制修正概算；在施工图设计阶段，需要编制施工图预算。设计概算、修正概算、施工图预算均是建设工程设计文件的重要组成部分，是确定和反映建设项目在设计各阶段的内容以及建造费用的文件。

1. 设计概算的含义

设计概算也叫建设工程概算，是在投资估算的控制下由设计单位根据初步设计(或扩大初步设计)图，概算定额(或概算指标)，各项费用定额或取费标准(指标)、建设地区自然、技术经济条件和设备、材料预算价格等资料，编制和确定的建设项目从筹建至竣工交付使用所需全部费用的文件。其编制应包括依据编制期价格、费率、利率、汇率等确定的静态投资和编制期到竣工验收前的工程、价格变化等多种因素的动态投资。静态投资作为考核工程设计和施工图预算的依据；动态投资作为筹措、供应和控制资金使用的限额标准。

2. 设计概算的作用

设计概算作为与初步设计文件结果相对应的工程造价费用文件，其作用是：

1）设计概算是编制建设项目投资计划、确定和控制建设项目投资的依据。

2）设计概算是控制施工图设计和施工图预算的依据。

3）设计概算是衡量设计方案经济合理性和选择最佳设计方案的依据。

4）设计概算是工程造价管理及编制招标控制价和投标报价的依据。

5）设计概算是考核建设项目投资效果的依据。

经批准的建设项目设计总概算的投资额，是该工程建设投资的最高限额。在工程建设过程中，年度固定资产投资计划安排、银行拨款或贷款、施工图设计及其预算、总承包合同、竣工决算等，未经按规定的程序批准，都不能突破这一限额，以确保国家固定资产投资计划的严格执行和有效控制。

3. 设计概算的内容

设计概算可分为单位工程概算、单项工程综合概算和建设项目总概算三级。单位工程概算是确定各单位工程建设费用的文件，是编制单项工程综合概算的基础和依据，是单项工程综合概算的组成部分；单项工程综合概算是确定一个单项工程所需建设费用的文件，它是由单项工程中的各单位工程概算汇总编制而成的，是建设项目总概算的组成部分；建设项目总概算是确定整个建设项目从筹建到竣工验收所需全部费用的文件，它是由各单项工程综合概算，工程建设其他费用概算，预备费、建设期贷款利息、投资方向调节税概算，经营性项目铺底流动资金概算汇总编制而成的（见图1-3）。

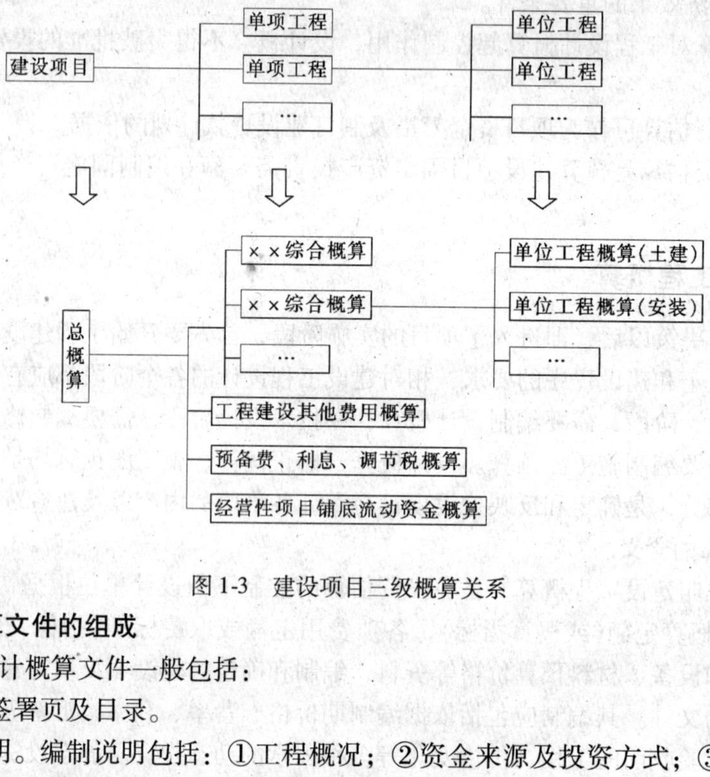

图1-3 建设项目三级概算关系

4. 设计概算文件的组成

建设项目设计概算文件一般包括：

1）封面、签署页及目录。

2）编制说明。编制说明包括：①工程概况；②资金来源及投资方式；③编制依据及编制原则；④编制方法；⑤投资分析；⑥其他需要说明的问题。

3）总概算表。

4）工程建设其他费用概算表。

5）单项工程综合概算表和建筑安装单位工程概算表。

6）工程量计算表和工、料数量汇总表。

7）分年度投资汇总表及分年度资金流量汇总表。

三、建设工程预算

1. 施工图预算的含义

施工图预算或施工图设计预算也叫建设工程预算，它是由设计、建设、施工等单位在施工图设计完成后，根据设计图、施工图、现行预算定额、费用定额以及地区设备、材料、人工、施工机械台班等预算价格，以一定的方法编制和确定的建筑安装工程造价的文件。

2. 施工图预算的作用

施工图预算作为施工图设计文件结果相对应的工程造价费用文件，其作用是：

1）施工图预算是设计阶段控制工程造价的重要环节，是控制施工图设计不突破设计概算的重要措施。

2）施工图预算是编制或调整固定资产投资计划的依据。

3）对于实行施工招标的工程，施工图预算是编制招标控制价的依据，也是承包企业投标报价的基础。

4）对于不宜实行招标而采用施工图预算加调整价结算的工程，施工图预算可作为确定合同价款的基础，或作为审查施工企业提出的施工图预算的依据。

5）在委托承包时，施工图预算是办理财务拨款、工程贷款和工程结算的依据。

6）施工图预算是加强施工企业实行经济核算的依据。

3. 施工图预算文件的组成

建设项目施工图预算文件一般包括：

1）封面。

2）编制说明。编制说明包括：①工程概况；②编制依据：设计施工图、技术资料、设计要求、采用定额、定额换算、补充定额、计算规则；③工、料、机价格的确（约）定；④施工措施项目等费用的确定；⑤合同的有关约定。

3）预算表。

4）费用表。

5）主要材料、设备汇总表。

6）技术经济指标。

7）工程量计算表。

8）工、料、机分析表。

四、招标控制价和投标报价

在建设项目施工准备阶段，建设单位作为招标人发包建设项目的施工任务，组织施工招标投标活动。投标人依据招标条件参与投标，依次承包项目的建设任务。招标人编制的招标控制价和投标人的投标报价，是招投标活动中重要的经济文件。

1. 招标控制价

工程招标控制价是业主掌握工程造价、控制工程投资的基础数据，并以此为依据测评各投标单位工程报价的准确与否，是对招标工程限定的最高工程造价，也可称其为拦标价、预算控制价或最高报价。招标控制价的编制应依据《建设工程工程量清单计价规范》，国家或省级、行业建设主管部门颁发的计价定额和计价办法，建设工程设计文件及相关资料，招标文件中的工程量清单及有关要求，与建设项目相关的标准、规范、技术资料，工程造价管理机构发布的工程造价信息，工程造价信息没有发布的参照市场价，其他的相关资料等。

2. 投标报价

投标报价是建设工程投标内容的重要组成部分，是投标单位对承建招标工程所要发生的各种费用的计算值，它包括工程成本、利润和税金，并考虑相应的风险费用，是整个建设工程投标活动的核心环节和关键性的工作。报价是否合理直接关系到投标的成败和中标后的获利情况。

五、工程合同价

工程合同价是指建设工程承发包双方按有关规定和协议条款约定的各种取费标准，用于计算支付承包人按照合同要求完成工程内容的价款总额。这是合同双方关心的核心问题，也是招标投标活动以围绕合同价款为主开展的工作。目前我国工程合同价款的计价方式有三种：①固定价格合同；②可调价格合同；③成本加酬金合同。双方在协议书中约定采用一种，任何一方不可擅自改变。

六、工程结算和竣工决算

1. 工程结算

工程结算亦为工程价款结算，是指承包商在工程实施过程中，依据承包合同中关于付款条款的规定和已经完成的工程量，并按照规定的程序向建设单位(业主)收取工程价款的一项经济活动。

2. 竣工决算

竣工决算是在建设项目或工程竣工之后，建设单位按照实际财务支出计算实际价值，作为核定新增固定资产价值及办理交付使用的依据，是反映建设项目实际造价和投资效果的文件，是竣工验收报告的重要组成部分。

复 习 题

1. 什么是建设工程项目？
2. 简述工程建设程序，并说明在工程建设的各个阶段应编制的造价文件。
3. 建设项目可分解为哪五个层次？分别举例说明。
4. 什么是建设工程总投资？
5. 什么是建设工程造价？投资与工程造价有何关系？试用图表示工程造价的构成。
6. 简述建设工程概算的含义及作用。
7. 简述建设工程预算的含义及作用。
8. 简述建设工程概预算文件的组成。
9. 在一个建设项目中，概算额与预算额哪个高？为什么？

第二章 2

安装工程造价

安装工程造价亦称安装工程费用，它与建筑工程费用、设备及工具、器具费用综合构成建设项目的单项工程费用。由于单项工程费用是建设工程总造价中最主要的部分，因此安装工程造价的确定就成为了重要的计价工作。

第一节 安装工程造价的构成

按照我国现行建筑安装工程费用项目组成的规定，安装工程费用是由直接费、间接费、利润和税金四部分组成(见表2-1)。

表2-1 建筑安装工程费用构成

序号	费用名称		
(一)	直接费	直接工程费	1. 人工费；2. 材料费；3. 施工机械使用费
		措施费	1. 环境保护费；2. 文明施工费；3. 安全施工费；4. 临时设施费；5. 夜间施工费；6. 二次搬运费；7. 大型机械设备进出场及安拆费；8. 混凝土、钢筋混凝土模板及支架费；9. 脚手架费；10. 已完工程及设备保护费；11. 施工排水、降水费
(二)	间接费	规费	1. 工程排污费；2. 工程定额测定费；3. 社会保障费：(1)养老保险费，(2)失业保险费，(3)医疗保险费；4. 住房公积金；5. 危险作业意外伤害保险费
		企业管理费	1. 管理人员工资；2. 办公费；3. 差旅交通费；4. 固定资产使用费；5. 工具用具使用费；6. 劳动保险费；7. 工会经费；8. 职工教育经费；9. 财产保险费；10. 财务费；11. 税金；12. 其他
(三)	利润		
(四)	税金	1. 营业税；2. 城市维护建设税；3. 教育费附加	

表中的措施费是指建筑安装工程通用措施费，具体到安装工程所发生的专用措施费应是组装平台的费用，设备、管道施工安全、防冻和焊接保护的费用，现场施工围栏费用，隧道内施工的通风、供水、供气、供电、照明及通信设施费用，长输管道跨越和穿越的施工费用，格架或抱杆费用等。通用措施费和规费是各级工程造价管理机构按照国家有关规定，收集整理有重复使用价值的工程造价资料，经分析研究制定出计算方法和标准，供有关单位遵

照执行。对于专用措施费、企业管理费、利润的内容则应根据工程情况和企业的技术管理水平、经营状况参照标准计取或企业自主报价。

一、直接费

直接费是由直接工程费和措施费组成的。

1. 直接工程费

直接工程费是指在施工过程中直接耗费的构成工程实体的各项费用，包括人工费、材料费、施工机械使用费。

（1）人工费　它是指直接从事安装工程施工的生产工人开支的各项费用。

（2）材料费　它是指施工过程中耗费的构成工程实体的原材料、辅助材料、构配件、零件、半成品的费用。

（3）施工机械使用费　它是指施工机械作业所发生的机械使用费以及机械安拆费和场外运费。

2. 措施费

措施费是指为完成工程项目施工，发生于该工程施工前和施工过程中非工程实体项目的费用。措施费包括以下内容：

（1）环境保护费　它是指施工现场为达到环保部门要求所需要的各项费用。

（2）文明施工费　它是指施工现场文明施工所需要的各项费用。

（3）安全施工费　它是指施工现场安全施工所需要的各项费用。

（4）临时设施费　它是指施工企业为进行建筑工程施工所必须搭设的生活和生产用的临时建筑物、构筑物和其他临时设施费用等。临时设施包括：临时宿舍、文化福利及公用事业房屋与构筑物，仓库、办公室、加工厂以及规定范围内道路、水、电、管线等临时设施和小型临时设施。临时设施费用包括：临时设施的搭设、维修、拆除费或摊销费。

（5）夜间施工费　它是指因夜间施工所发生的夜班补助、夜间施工降效、夜间施工照明设备摊销及照明用电等费用。

（6）二次搬运费　它是指因施工场地狭小等特殊情况而发生的二次搬运费用。

（7）大型机械设备进出场及安拆费　它是指机械整体或分体自停放场地运至施工现场或由一个施工地点运至另一个施工地点，所发生的机械进出场运输、转移费用，以及机械在施工现场进行安装、拆卸所需的人工费、材料费、机械费、试运转费、安装所需的辅助设施费用。

（8）混凝土、钢筋混凝土模板及支架费　它是指混凝土施工过程中需要的各种钢模板、木模板及支架等的支、拆、运输费用和模板、支架的摊销(或租赁)费用。

（9）脚手架费　它是指施工需要的各种脚手架搭、拆、运输费用及脚手架的摊销(或租赁)费用。

（10）已完工程及设备保护费　它是指竣工验收前，对已完工程及设备进行保护所需费用。

（11）施工排水、降水费　它是指为确保工程在正常条件下施工，采取各种排水、降水措施所发生的各种费用。

二、间接费

间接费是由规费和企业管理费组成。

1. 规费

规费是指政府和有关权力部门规定必须缴纳的费用(简称规费)。规费包括以下内容:

(1) 工程排污费　它是指施工现场按规定缴纳的工程排污费。

(2) 工程定额测定费　它是指按规定支付工程造价(定额)管理部门的定额测定费。

(3) 社会保障费　它包括:

1) 养老保险费: 指企业按规定标准为职工缴纳的基本养老保险费。

2) 失业保险费: 指企业按照国家规定标准为职工缴纳的失业保险费。

3) 医疗保险费: 指企业按照规定标准为职工缴纳的基本医疗保险费。

(4) 住房公积金　它是指企业按规定标准为职工缴纳的住房公积金。

(5) 危险作业意外伤害保险　它是指按照《建筑法》规定，企业为从事危险作业的建筑安装施工人员支付的意外伤害保险费。

2. 企业管理费

企业管理费是指建筑安装企业组织施工生产和经营管理所需费用。

三、利润

利润是指建筑安装施工企业完成所承包工程而获得的盈利。

四、税金

税金是指国家税法规定的应计入建筑安装工程造价内的营业税、城市维护建设税及教育费附加。

第二节　安装工程计价程序及依据

一、工料单价法的计价程序

建筑安装工程发包与承包价采用定额计价的计算方法为工料单价法。

工料单价法是以分部分项工程量乘以单价后的合计为直接工程费，直接工程费以人工、材料、机械的消耗量及其相应价格确定的。间接费、利润、税金按照规定另行计算。直接工程费汇总后另加间接费、利润、税金生成工程发承包价格，其常用的计算程序有两种。

(1) 以人工费为计算基础　以人工费为计算基础的安装工程计价程序见表 2-2。

表 2-2　安装工程计价程序

序号	费用项目	计算方法	备注
1	直接工程费	按预算表得出	
2	直接工程费中人工费	按预算表得出	
3	措施费	按规定标准计算	

（续）

序号	费用项目	计算方法	备注
4	措施费中人工费	按规定标准计算	
5	小计	1+3	
6	人工费小计	2+4	
7	间接费	6×相应费率	
8	利润	6×相应利润率	
9	合计	5+7+8	
10	含税造价	9×(1+相应税率)	

（2）以人工费和机械费之和为计算基础　以人工费和机械费之和为计算基础的安装工程计价程序见表2-3。

表2-3　安装工程计价程序

序号	费用项目	计算方法	备注
1	直接工程费	按预算表得出	
2	其中：人工费和机械费	按预算表得出	
3	措施费	按规定标准计算	
4	其中：人工费和机械费	按规定标准计算	
5	小计	1+3	
6	人工费和机械费小计	2+4	
7	间接费	6×相应费率	
8	利润	6×相应利润率	
9	合计	5+7+8	
10	含税造价	9×(1+相应税率)	

二、安装工程计价依据

1）满足建设项目在不同建设阶段、符合进度要求的设计文件（如初步设计、施工图设计），它是工程计量与计价的基础。

2）现行的概预算定额和依据国家计价规定颁布的费用定额，是工程价格的计价基础。在编制标底价或施工图预算时，可依施工条件作适当调整。

3）由省、自治区、直辖市的工程造价管理机构根据市场价格的变化对人工、材料和施工机械台班单价适时发布的价格信息，以适应工程价格的计算和价差调整。

4）由工程造价管理机构发布补充的、行之有效的新结构、新材料、新设备和新工艺的缺项定额，用于填补缺项或适当套价，合理确定此项目的工程价格。

5）施工企业依据企业自身技术和管理情况，在国家定额指导下制定本企业定额，以适应现有投标报价形势的需要，增强市场竞争能力。

6）对各级工程造价管理机构收集整理有重复使用价值的工程造价资料，分析较常发生的施工措施费、安全措施费和索赔费用做出的计算方法、计算标准，供有关单位参考使用。

7）结合工程具体情况编制的施工组织设计或施工方案，其确定的施工方法和组织措施，是计算工程量、划分分项工程项目、计取措施费时不可缺少的依据。

8）签订的工程承包合同或协议书，其中规定了编制标底价或投标报价时的项目、内容的计价方法和要求，在编制施工图预算或工程结算时必须充分考虑。

复习题

1. 什么是安装工程直接费？它包括哪些费用？
2. 什么是安装工程间接费？它包括哪些费用？
3. 简述施工企业利润，并说明施工企业承包经营的目标。
4. 简述施工企业按国家税法规定应交纳的税金。
5. 什么是工料单价法？请列出以人工费为计算基础的安装工程计价程序。
6. 简述安装工程计价依据。

第三章 3

安装工程定额

第一节 概 述

一、定额概念、作用、性质

1. 定额的概念

定额是一种规定的额度，是进行生产经营活动时，在人力、物力、财力消耗方面所应遵循或达到的数量标准。定额是科学管理的基础，也是现代管理科学中的重要内容和基本环节。工程建设定额(以下简称定额)是经济活动中诸多定额中的一类，它的研究对象是工程建设范围内的生产消费规律，是固定资产再生产过程中的生产消费定额，其中的建筑安装工程定额就是在正常的施工条件下，为完成一定计量单位的合格产品所必须消耗的劳动力、机械台班、材料的数量标准。这里的“正常的施工条件”是指生产过程按生产工艺和施工验收规范操作，施工条件完善，劳动组织合理，机械运转正常，材料供应及时。在这样的条件下，对完成单位产品进行定员(定工日)、定质(定质量)、定量(定数量)，同时规定工作内容和安全要求等。建筑安装工程定额反映的是在一定时期的社会生产力发展水平的条件下，完成工程建设中的某项产品与各种生产消费之间的特定的数量关系，体现在正常施工条件下人工、材料、机械等消耗的合理水平。

2. 定额的作用

实行定额的目的，是为了力求用最少的人力、物力和财力的消耗，生产出符合质量标准的建筑产品，取得最好的经济效益和社会效益，其作用主要表现在以下几个方面：

1）定额是编制计划的基础。

2）定额是进行设计方案比较和技术经济评价以及确定建筑产品成本和造价的依据。

3）定额是加强企业管理、提高劳动生产率的重要工具。

4）定额是国家对建设工程进行宏观调控和管理的手段。

5）定额是对市场行为的规范。

6）定额有利于市场公平竞争。

3. 定额的性质

定额性质取决于生产关系的性质，具体有：

(1) 科学性　定额的科学性包括两重含义：一是指定额和生产力发展水平相适应、反映出建筑安装工程中生产消费的客观规律；二是指定额管理在理论、方法和手段上适应现代科学技术和信息社会发展的需要。

(2) 权威性 定额具有很大权威，这种权威在一些情况下具有经济法规性质。因为定额是由国家主管部门或由其他授权的机关统一制定的，一经颁发便具有法令的性质，只要在执行范围内，任何单位都必须严格执行，不得任意变更定额的内容和水平，这一点在计划经济体制下显得尤为突出。定额的权威性的客观基础是定额的科学性，只有科学的定额才具有权威。定额的权威性保证了对企业及建设单位和工程项目有一个统一的核算尺度，从而使国家对设计的经济效果和施工管理水平能够实行统一的考核和监督。

(3) 群众性 定额的群众性表现在定额的制定和执行都具有广泛的群众基础。定额的水平主要取决于工人群众所创造的生产能力的水平。另外，定额也是在工人群众直接参与下制定的。同时当定额一旦颁发，运用于实际生产中去，则成为广大群众共同奋斗的目标。

(4) 稳定性与时效性 定额是一定时期技术发展和管理水平的反应，因而在一段时期内都表现出稳定的状态。稳定性的时间有长有短，一般在5~10年之间。保持定额的稳定性是维护定额的权威性所必需的，更是有效地贯彻定额所必要的。

工程建设定额的稳定性是相对的。当生产力向前发展了，定额就会与已经发展了的生产力不相适应。这样，它原有的作用就会逐步减弱以至消失，这时就需要重新编制或修订。

(5) 系统性 工程建设定额是相对独立的系统。它由多种定额结合而成的有机的整体。它的结构复杂，有鲜明的层次，有明确的目标。

定额的系统性是由工程建设的特点决定的。因为工程建设是庞大的实体系统。定额是为这个实体系统服务的。因而工程建设本身的多种类、多层次就决定了以它为服务对象的定额的多种类、多层次。

(6) 统一性 定额的统一性，主要是由国家对经济发展有计划的宏观调控职能决定的。为了使国民经济按照既定的目标发展，就需要借助于某些标准、定额、参数等，对工程建设进行规划、组织、调节、控制。而这些标准、定额、参数在一定的范围内必须是一种统一的尺度，才能实现上述职能，才能利用它对项目的决策、设计方案、投标报价、成本控制进行比较和评价。

二、工程建设定额的分类

工程建设定额是工程建设中各类定额的总称。它包括许多种类的定额。为了对工程建设定额能有一个全面的了解，可以按照不同的原则和方法对它进行科学的分类。

(1) 按定额反映的生产要素消耗内容分类 可以把定额划分为劳动消耗定额、材料消耗定额、机械消耗定额三种。

(2) 按定额的编制程序和用途分类 可以把定额分为施工定额、预算定额、概算定额、概算指标、投资估算指标五种。

(3) 按照投资的费用性质分类 可以把定额分为建筑工程定额、设备安装工程定额、建筑安装工程费用定额、工器具定额以及工程建设其他费用定额等。

(4) 按照适用专业划分 定额可以分为建筑工程定额、装饰装修工程定额、安装工程定额、房屋修缮工程定额、市政工程定额、仿古建筑及园林工程定额、公路工程定额、铁路工程定额、矿山建设工程定额、石油化工定额等。

（5）按主编单位和管理权限分类　定额可以分为全国统一定额、行业统一定额、地区统一定额、企业定额、补充定额五种。

第二节　安装工程施工定额

安装工程施工定额是具有合理劳动组织的安装工人小组在正常施工条件下，为完成单位合格产品所需人工、机械、材料消耗的数量标准。施工定额由劳动定额、材料消耗定额和机械台班使用定额三个相对独立的部分组成。它是根据专业施工的作业对象和工艺制定的，并按照一定程序颁发执行。施工定额反映企业的施工水平、装备水平和管理水平，对内用于工程的施工管理，作为编制工程施工设计、施工预算、施工作业计划以及签发施工任务单、限额领料卡和结算计件工资或计量奖励工资等的依据。对外也可作为考核施工企业劳动生产率水平、管理水平的标尺和确定工程成本、投标报价的依据。由此可见，施工定额是建筑安装企业内部管理的定额，是生产性定额，属于企业定额的性质。

在我国施工定额是由国家、省、市、自治区、业务主管部门（石油、冶金等行业）或企业在定性和定量分析的基础上，采用技术测定的方法制定的。但目前，大多数施工企业还没有真正属于自己的施工定额，这些施工企业基本上使用国家颁发的全国统一劳动定额或各省、市、自治区颁发的施工定额（劳动定额或消耗量定额）作为自己的施工定额，这是施工企业管理的薄弱之处。施工企业应根据本企业的具体条件和可能挖掘的潜力，根据市场的需求和竞争环境，根据国家法律和规范、制度，自己编制定额，自行决定定额的水平。同类型的企业和同一地区的企业之间存在定额水平差距，这样在建筑市场上才能有竞争力。同时，施工企业应将施工定额的水平对外作为商业秘密进行保密。

在市场经济条件下，施工定额是企业定额，而国家定额和地区定额也不再是强加给施工企业的约束和指令，而是对企业的施工定额管理进行引导，为企业提供参考和指导，从而实现对工程造价的宏观调控。

本节所讲的施工定额属于社会（行业）定额范畴，是在特定条件下由国家或地区统一制定，施工企业参照执行。而现在人们常说的企业定额是指在市场经济条件下施工企业根据自身特点自行编制的。两者的编制原理和方法相同，依据和水平不同。本节主要介绍施工定额的组成及人工、材料、机械台班消耗量定额的确定方法，具体的企业定额编制将在下一节介绍。

一、施工定额的组成

（一）劳动定额

劳动定额也称人工定额。它是在正常施工技术组织条件下，完成单位合格产品所必需的劳动消耗量的标准。这个标准是国家和企业对工人在单位时间内的劳动数量、质量的综合要求。

劳动定额有两种表现形式，即时间定额和产量定额。

1. 时间定额

时间定额是指在正常的施工条件下，某工种、某种技术等级的工人班组或个人，完成符合质量要求的单位产品所必需的工作时间。

时间定额以工日为单位，每个工日工作时间按现行制度规定为8h。

其计算方法是：

$$个人完成单位产品的时间定额(工日)=\frac{1}{每工产量} \tag{3-1}$$

或

$$小组完成单位产品的时间定额(工日)=\frac{小组成员工日数总和}{小组每班产量} \tag{3-2}$$

2. 产量定额

产量定额是指在正常施工条件下，某工种、某种技术等级的工人班组或个人，在单位时间内(工日)应完成符合质量要求的产品数量。计算方法是：

$$每工日产量定额=\frac{1}{个人完成单位产品的时间定额(工日)} \tag{3-3}$$

或

$$小组每班产量定额=\frac{小组成员工日数总和}{小组完成单位产品的时间定额(工日)} \tag{3-4}$$

3. 时间定额与产量定额的关系

时间定额与产量定额互为倒数，即时间定额×产量定额=1。

由于定额标定的对象不同，劳动定额又分单项工序定额和综合定额。

综合时间定额(工日)为各单项(工序)时间定额的总和。

时间定额和产量定额表示同一劳动定额，但各有用处。时间定额以工日为单位，故便于综合，用于计算定额用工比较方便；产量定额具有形象化特点，便于向工人班组分配任务。

时间定额、产量定额在定额手册内分别以单式和复式两种方法表现。单式法一般只列时间定额，复式法是以分数式表示的，分子为时间定额，分母为产量定额。

（二）材料消耗定额

材料消耗定额，是指在节约与合理使用材料条件下，生产单位合格产品所必须消耗的一定规格的建筑材料、半制品或配件的数量标准。

材料消耗定额是由材料消耗净定额和材料损耗定额组成的。前者是指在不计废料和损耗的情况下，直接用于建筑物上的材料。后者是指施工中不可避免的废料和损耗，而这种损耗是指由现场仓库或露天堆放场运到施工地点的运输损耗及施工损耗。不包括可以避免的浪费和损失的材料。

材料的损耗量与材料的净用量之比称为材料的损耗率，其相互关系如下：

$$材料消耗量=材料净用量+材料损耗量 \tag{3-5}$$

$$材料的损耗率=(材料损耗量/材料净用量)\times 100\% \tag{3-6}$$

在材料损耗率确定后，编制材料消耗定额时通常采用下列公式：

$$材料消耗量=材料净用量\times(1+材料损耗率) \tag{3-7}$$

（三）机械台班使用定额

机械台班使用定额，简称机械台班定额。它反映了施工机械在正常的施工条件下，合理地、均衡地组织劳动和使用机械时，该机械在单位时间内的产量。机械台班使用定额以台班为单位，每一台班按8h计算。机械台班使用定额与劳动定额相同，分为机械时间定额和机械产量定额两种形式。

1. 机械时间定额

机械时间定额是指在合理劳动组织与合理使用机械条件下，某种机械完成单位合格产品所必须消耗的台班数量，用“台班”表示。

$$\text{机械台班时间定额}=1/\text{台班产量} \tag{3-8}$$

当工人配合机械施工时：

$$\text{单位产品的时间定额(工日)}=\frac{\text{班组成员工日数总和}}{\text{台班产量定额}} \tag{3-9}$$

2. 机械产量定额

机械产量定额，是指在合理劳动组织与合理使用机械条件下，机械在每个台班时间内，应完成合格产品的数量。

$$\text{机械台班产量定额}=\frac{1}{\text{机械时间定额(台班)}} \tag{3-10}$$

机械时间定额和机械台班产量定额互为倒数。

二、工作时间分类

研究施工中的工作时间，最主要的目的是确定施工的时间定额和产量定额，研究施工中工作时间的前提是对工作时间按其消耗性质进行分类，以便研究工时消耗的数量及其特点。工作时间，指的是工作班延续时间。对工作时间消耗的研究，可以分为两个系统进行，即工人工作时间的消耗和工人所使用的机器工作时间消耗。

1. 工人工作时间消耗的分类

工人在工作班内消耗的工作时间，按其消耗的性质，基本可以分为两大类：必需消耗的时间(定额时间)和损失时间。

(1) 必需的消耗时间　必需的消耗时间是工人在正常施工条件下，为完成一定数量合格产品所消耗的时间。它是制定定额的主要根据。包括有效工作时间、休息和不可避免中断时间的消耗。

1) 有效工作时间是与完成产品有直接关系的工作时间消耗，其中包括基本工作时间、辅助工作时间、准备与结束工作时间的消耗。

基本工作时间是工人完成基本工作所消耗的时间，也就是工人完成能生产一定产品的施工工艺过程所消耗的时间。基本工作时间的长短和工作量大小成正比例。

辅助工作时间是为保证基本工作能顺利进行而做的与施工过程的技术操作没有直接关系的辅助性工作所消耗的时间。在辅助工作时间里，不能使产品的形状大小、性质或位置发生变化。辅助工作时间的结束，往往就是基本工作时间的开始。辅助工作一般是手工操作。但如果在机手并动的情况下，辅助工作是在机械运转过程中进行的，为避免重复则不应再计辅助工作时间的消耗。辅助工作时间长短与工作量大小有关。

准备与结束工作时间是执行任务前准备工作或任务完成后结束工作所消耗的时间。如工作地点、劳动工具和劳动对象的准备工作时间；工作结束后的整理工作时间等。准备和结束工作时间的长短与所担负的工作量大小无关，但往往与工作内容有关。所以，又可以把这项时间消耗分为班内的准备与结束工作时间和任务的准备与结束工作时间。

2）不可避免的中断所消耗的时间是由于施工工艺（技术操作或施工组织）特点引起的工作中断所必需的时间。如安装工人等候起吊构件、汽车驾驶员等候装物所消耗的时间等。与施工过程工艺特点有关的工作中断时间，应包括在定额时间内，但应尽量缩短此项时间消耗。与工艺特点无关的工作中断所占用的时间，是由于劳动组织不合理引起的，属于损失时间，不能计入定额时间。

3）休息时间是工人在工作过程中为恢复体力所必需的短暂休息和生理需要的时间消耗。这种时间是为了保证工人精力充沛地进行工作，所以在定额时间中必须进行计算。休息时间的长短和劳动条件有关，劳动繁重紧张、劳动条件差（如高温），则休息时间需要长。

（2）损失时间　损失时间是和产品生产无关而和施工组织和技术上的缺点有关，与工人在施工过程的个人过失或某些偶然因素有关的时间消耗。它包括有多余和偶然工作时间、停工时间、违反劳动纪律损失时间。

1）多余和偶然工作时间，包括多余工作引起的和偶然工作引起的工时损失。

多余工作就是工人进行了任务以外的工作而又不能增加产品数量的工作。多余工作的工时损失，一般都是由于工程技术人员和工人的差错而引起的，因此，不应计入定额时间中。

偶然工作也是工人在任务外进行的工作，但能够获得一定产品。从偶然工作的性质看，在定额中不应考虑它所占用的时间，但是由于偶然工作能获得一定产品，拟定定额时要适当考虑它的影响。

2）停工时间是工作班内停止工作造成的工时损失。停工时间按其性质可分为施工本身造成的停工时间和非施工本身造成的停工时间两种。施工本身造成的停工时间，是由于施工组织不善、材料供应不及时、工作面准备工作做得不好、工作地点组织不良等情况引起的停工时间。非施工本身造成的停工时间，是由于水源、电源中断引起的停工时间。前一种情况在拟定定额时不应该计算，后一种情况定额中则应给予合理的考虑。

3）违反劳动纪律造成的工作时间损失是指工人不遵守劳动纪律而造成的损失时间。如工人在工作班开始和午休后的迟到、午饭前和工作班结束前的早退、擅自离开工作岗位、工作时间内聊天或办私事等造成的工时损失。由于个别工人违反劳动纪律而影响其他工人无法工作的时间损失也包括在内。此项工时损失不允许存在，因此，在定额中是不能考虑的。

2. 机器工作时间消耗的分类

在机械化施工过程中，对工作时间消耗的分析和研究，除了要对工人工作时间的消耗进行分类研究之外，还需要分类研究机器工作时间的消耗。

机器工作时间的消耗，按其性质可也分为必需的消耗时间和损失时间两大类。

（1）必需的消耗时间　在必需的消耗工作时间里，包括有效工作，不可避免的无负荷工作和不可避免的中断三项时间消耗。

1）有效工作时间包括正常负荷下和有根据地降低负荷下工作的工时消耗。

正常负荷下的工作时间是机器在与机器说明书规定的计算负荷相符的情况下进行工作的时间。

有根据地降低负荷下的工作时间是在个别情况下由于技术上的原因，机器在低于其计算负荷下工作的时间。例如，汽车运输质量轻而体积大的货物时，不能充分利用汽车的载质量(载重吨位)因而不得不降低其计算负荷。

2）不可避免的无负荷工作时间是由施工过程的特点和机械结构的特点造成的机械无负荷工作时间。例如，筑路机在工作区末端调头等，都属于此项工作时间的消耗。

3）不可避免的中断工作时间是与工艺过程的特点、机器的使用和保养、工人休息有关，所以它又可以分为三种：

① 与工艺过程的特点有关的不可避免中断工作时间，有循环的和定期的两种。循环的不可避免中断，是在机器工作的每一个循环中重复一次。例如，汽车装货和卸货时停车占用的时间。定期的不可避免中断，是经过一定时期重复一次。例如，当把加工设备由一个工作地点转移到另一工作地点时的工作中断。

② 与机器有关的不可避免中断工作时间，是由于工人进行准备与结束工作或辅助工作时，机器停止工作而引起的中断工作时间。它是与机器的使用与保养有关的不可避免中断时间。

③ 工人休息时间前面已经作了说明。这里要注意的是，应尽量利用与工艺过程有关的和与机器有关的不可避免中断时间进行休息，以充分利用工作时间。

(2) 损失时间　损失时间包括多余工作、停工、违反劳动纪律所消耗的工作时间和低负荷下的工作时间。

1）机器的多余工作时间是机器进行任务内和工艺过程内未包括的工作而延续的时间。如工人没有及时供料而使机器空运转的时间。

2）机器的停工时间按其性质也可分为施工本身造成和非施工本身造成的停工。前者是由于施工组织得不好而引起的停工现象，如由于未及时供给机器燃料而引起的停工。后者是由于气候条件所引起的停工现象，如暴雨时压路机的停工。上述停工中延续的时间，均为机器的停工时间。

3）违反劳动纪律引起的机器的时间损失是指由于工人迟到、早退或擅离岗位等原因而引起的机器停工时间。

4）低负荷下的工作时间是由于工人或技术人员的过错所造成的施工机械在降低负荷的情况下工作的时间。例如，工人装车的砂石数量不足引起的汽车在降低负荷的情况下工作所延续的时间。此项工作时间不能作为计算时间定额的基础。

分析和研究工程建设中的施工过程和工作时间，对施工定额的管理以及整个工程建设定额的管理有着密切的关系和重要的意义。对复杂的施工过程和工作班延续时间进行分类和研究，是拟定施工定额的必要前提。只有对施工过程进行分类研究，把施工过程划分为便于考察和研究的对象，才可以详细考察施工过程的技术组织条件，观察其工时消耗的性质和特点；只有把工作班延续时间按其消耗性质加以区别和分类，才能划分必须消耗的时间和损失时间的界限，为拟定定额建立科学的计算依据，也才能明确哪些工时消耗应计入定额，哪些则不应计入定额。

三、测定时间消耗的基本方法——计时观察法

(一) 计时观察法的主要目的、具体用途及特点

计时观察法，也称现场观察法，是研究工作时间消耗的一种技术测定方法。它以研究工

时消耗为对象，以观察测时为手段，通过密集抽样和粗放抽样等技术进行直接的时间研究。计时观察法适宜于研究人工手动过程和机手并动过程的工时消耗。

在施工中运用计时观察法的主要目的是：查明工作时间消耗的性质和数量；查明和确定各种因素对工作时间消耗数量的影响；找出工时损失的原因和研究缩短工时、减少损失的可能性。

1. 计时观察法的具体用途

1）取得编制施工的劳动定额和机械定额所需要的基础资料和技术根据。

2）研究先进工作法和先进技术操作对提高劳动生产率的具体影响，并应用和推广先进工作法和先进技术操作。

3）研究减少工时消耗的潜力。

4）研究定额执行情况，包括研究大面积、大幅度超额和达不到定额的原因，积累资料，反馈信息。

2. 计时观察法的特点

计时观察法能够把现场工时消耗情况和施工组织技术条件联系起来加以考察。它在施工过程分类和工作时间分类的基础上，利用一整套方法对选定的过程进行全面观察、测时、计量、记录、整理和分析研究，以获得该施工过程的技术组织条件和工时消耗的有技术根据的基础资料，分析出工时消耗的合理性和影响工时消耗的具体因素，以及各个因素对工时消耗影响的程度。所以，它不仅能为制定定额提供基础数据，而且也能为改善施工组织管理、改善工艺过程和操作方法、消除不合理的工时损失和进一步挖掘生产潜力提供技术依据。

计时观察法的局限性是考虑人的因素不够全面。

（二）计时观察前的准备工作

1. 确定需要进行计时观察的施工过程

计时观察之前的第一个准备工作是研究并确定有哪些施工过程需要进行计时观察。对于需要进行计时观察的施工过程编出详细的目录，拟订工作进度计划，制定组织技术措施，并组织编制定额的专业技术队伍，按计划认真开展工作。

2. 对施工过程进行预研究

对于已确定的施工过程的性质应进行充分的研究，目的是为了正确地安排计时观察和收集可靠的原始资料。研究的方法是全面地对各个施工过程及其所处的技术组织条件进行实际调查和分析，以便设计正常的（标准的）施工条件和分析研究测时数据。

1）熟悉与该施工过程有关的现行技术规范和技术标准等文件和资料。

2）了解新采用的工作方法的先进程度，了解已经得到推广的先进施工技术和操作方法，还应了解施工过程存在的技术组织方面的缺点和由于某些原因造成的混乱现象。

3）注意系统地收集完成定额的统计资料和经验资料，以便与计时观察所得的资料进行对比分析。

4）把施工过程划分为若干个组成部分（一般划分到工序）。施工过程划分的目的是便于计时观察。如果计时观察法的目的是为了研究先进工作法，或是分析影响劳动生产率提高或降低的因素，则必须将施工过程划分到操作以至动作。

5）确定定时点和施工过程产品的计量单位。所谓定时点，就是上下两个相衔接的组成部分之间的分界点。确定定时点，对于保证计时观察的精确性是不容忽略的因素。确定产品计算单位，要能具体地反映产品的数量，并具有最大限度的稳定性。

3. 选择施工的正常条件

绝大多数企业和施工队、组，在合理组织施工的条件下所处的施工条件，称之为施工的正常条件。选择施工的正常条件是技术测定中的一项重要内容，也是确定定额的依据。

选择施工的正常条件，应该具体考虑下列问题：

1）所完成的工作和产品的种类，以及对其质量的技术要求。

2）所采用的建筑材料、制品和装配式结构配件的类型。

3）采用的劳动工具和机械的类型。

4）工作的组成，包括施工过程的各个组成部分。

5）工人的组成，包括小组成员的专业、技术等级和人数。

6）施工方法和劳动组织，包括工作地点的组织、工人配备和劳动分工、技术操作过程和完成主要工序的方法等。

4. 选择观察对象

所谓观察对象，就是对其进行计时观察的施工过程和完成该施工过程的工人。选择计时观察对象，必须注意所选择的施工过程要完全符合正常施工条件；所选择的建筑安装工人，应具有与技术等级相符的工作技能和熟练程度，所承担的工作与其技术等级相等，同时应该能够完成或超额完成现行的施工劳动定额。

5. 调查所测定施工过程的影响因素

施工过程的影响因素包括技术、组织及自然因素。例如，产品和材料的特征（规格、质量、性能等）；工具和机械性能、型号；劳动组织和分工；施工技术说明（工作内容、要求等），并附施工简图和工作地点平面布置图。

6. 其他准备工作

此外，还必须准备好必要的用具和表格。如测时用的秒表或电子计时器，测量产品数量的工、器具，记录和整理测时资料用的各种表格等。如果有条件并且也有必要时，还可配备电影摄像和电子记录设备。

（三）不同种类的计时观察法

对施工过程进行观察、测时，计算实物和劳务产量、记录施工过程所处的施工条件和确定影响工时消耗的因素，是计时观察法的三项主要内容和要求。计时观察法种类很多，其中最主要的有测时法、写实记录法、工作日写实法三种。

1. 测时法

测时法主要适用于测定那些定时重复的循环工作的工时消耗，是精确度比较高的一种计时观察法。测时法有选择法和接续法两种。

（1）选择法　它是间隔选择施工过程中非紧连接的组成部分（工序或操作）测定工时，精确度达0.5s。

选择法测时也称为间隔法测时。采用选择法测时，当被观察的某一循环工作的组成部分开始，观察者立即开动秒表，当该组成部分终止，则立即停止秒表。然后把秒表上指示的延续时间记录到选择法测时记录（循环整理）表上，并把秒针拨回到零点。下一组成部分开始，再开动秒表，如此依次观察，并依次记录下延续时间。

采用选择法测时，应特别注意掌握定时点。记录时间时仍在进行的工作组成部分，应不予观察。当所测定的各工序或操作的延续时间较短时，连续测定比较困难，用选择法测时比较方便而简单。

(2) 接续法 它是连续测定一个施工过程各工序或操作的延续时间。接续法测时每次要记录各工序或操作的终止时间，并计算出本工序的延续时间。

接续法测时也叫做连续法测时。它比选择法测时准确、完善，但观察技术也较之复杂。它的特点是在工作进行中和非循环组成部分出现之前一直不停止秒表，秒针走动过程中，观察者根据各组成部分之间的定时点，记录它的终止时间。由于这个特点，在观察时，要使用双针秒表，以便使其辅助指针停止在某一组成部分的结束时间上。

(3) 计时观察数据的整理 计时观察次数越多，取得的时间数据越充足，误差就越小。对每一组成部分进行多次测时的记录所形成的数据序列，称为测时数列。对每次计时观察法的资料进行整理之后要对整个施工过程的观察资料进行研究和整理。整理观察资料的方法基本上有两种，一种是平均修正法，一种是图示整理法。平均修正法是一种在对测时数列进行修正的基础上，求出平均值的方法。修正测时数列，就是剔除那些偏高、偏低的不正常的数值，并在此基础上求出算术平均值。测时法记录时间的精确度较高，一般可达到0.2~15s。

2. 写实记录法

写实记录法是一种研究各种性质的工作时间消耗的方法。采用这种方法，可以获得分析工作时间消耗的全部资料，是一种值得提倡的方法。

写实记录法的观察对象，可以是一个工人，也可以是一个工人小组。测时用普通表进行，详细记录在一段时间内观察对象的各种活动及其时间消耗(起止时间)，以及完成的产品数量。写实记录法按记录时间的方法不同分为数示法、图示法和混合法三种。

(1) 数示法 数示法的特征是用数字记录工时消耗，它是三种写实记录法中精确度较高的一种，精确度可达5s。它可以同时对两个工人进行观察，观察的工时消耗，记录在专门的数示法写实记录表中。数示法用来对整个工作班或半个工作班进行长时间观察。因此能反映工人或机器工作日的全部情况。

(2) 图示法 图示法是在规定格式的图表上用时间进度线条表示工时消耗量的一种记录方式，精确度可达30s，可同时对三个以内的工人进行观察。观察资料记入图示法写实记录表中。

(3) 混合法 混合法吸取数示和图示两种方法的优点，以时间进度线条表示工序的延续时间，在进度线的上部加写数字表示各时间区段的工人数。混合法适用于三个以上工人的小组工时消耗的测定与分析。记录观察资料的表格仍采用图示法写实记录表。

3. 工作日写实法

工作日写实法是一种研究整个工作班内的各种工时消耗的方法。

运用工作日写实法主要有两个目的：一是取得编制定额的基础资料；二是检查定额的执行情况，找出缺点，改进工作。当它被用来达到第一个目的时，工作日写实的结果要获得观察对象在工作班内工时消耗的全部情况，以及产品数量和影响工时消耗的影响因素。其中工时消耗应该按工时消耗的性质分类记录。当它被用来达到第二个目的时，通过工作日写实应该做到：查明工时损失量和引起工时损失的原因，制定消除工时损失、改善劳动组织和工作地点组织的措施，查明熟练工人是否能发挥自己的专长，确定合理的小组编制和合理的小组分工；确定机器在时间利用和生产率方面的情况，找出使用不当的原因，定出改善机器使用情况的技术组织措施；计算工人或机器完成定额的实际百分比和可能百分比。

工作日写实法和测时法、写实记录法比较，具有技术简便、费力不多、应用面广和资料全面的优点，在我国是一种采用较广的编制定额的方法。

工作日写实法，利用写实记录表记录观察资料，记录方法也同图示法或混合法。记录时间时不需要将有效工作时间分为各个组成部分，只需划分适合于技术水平和不适合于技术水平两类。但是工时消耗还需按性质分类记录。

上述计时观察的主要方法，在实际工作中，有时为了减少测时工作量，往往采取某些简化的方法。这在制定一些次要的、补充的和一次性定额时，是很可取的。在查明大幅度超额和完不成定额的原因时，采用简化方法也比较经济。简化的最主要途径是合并组成部分的项目。

四、确定人工定额消耗量的基本方法

（一）分析基础资料，拟订编制方案

1. 影响工时消耗因素的确定

施工过程中各个工序工时的消耗数值，即使在同一工地、同一工作内容条件下，也常常会由于施工组织、劳动组织、施工方法和工人劳动态度、思想、技术水平的不同有很大的差别。对单位建筑产品工时消耗产生影响的各种因素，称为施工过程的影响因素。

根据施工过程影响因素的产生和特点，施工过程的影响因素可以分为技术因素和组织因素两类。技术因素包括完成产品的类别；材料、构配件的种类和型号等级；机械和机具的种类、型号和尺寸，产品质量等。组织因素包括操作方法和施工的管理与组织；工作地点的组织；人员组成和分工；工资与奖励制度；原材料和构配件的质量及供应的组织；气候条件等。

根据施工过程影响因素对工时消耗数值的影响程度和性质，可分为系统性因素和偶然性因素两类。系统性因素是指对工时消耗数值引起单一方面的（只是降低或只是增高）、重大影响的因素。如挖土过程中土壤性质的改变，混凝土施工过程中构件或构筑物类型的改变等。这类因素在定额的测定中应该加以控制。偶然因素是指对工时消耗数值可能引起双向的（可能降低，也可能增高）、微小影响的因素，如挖土过程中一定深度范围内挖土深度的改变。

因此，测定一种定额，必须考虑它的正常条件。这个正常条件也就是定额内规定生产过程的特性。

2. 计时观察资料的整理

对每次计时观察的资料进行整理之后，要对整个施工过程的观察资料进行系统的分析研究和整理。

整理观察资料的方法大多是采用平均修正法。平均修正法是一种在对测时数列进行修正的基础上求出平均值的方法。修正测时数列，就是剔除或修正那些偏高、偏低的可疑数值，目的是保证结果不受偶然性因素的影响。

当测时数列不受或很少受产品数量影响时，采用算术平均值可以保证获得可靠的值。但是，如果测时数列受到产品数量的影响时，采用加权平均值则是比较适当的。因为采用加权

平均值可以在计算单位产品工时消耗时，考虑到每次观察中产品数量变化的影响，从而使我们也能获得可靠的值。

3. 日常积累资料的整理和分析

日常积累的资料主要有四类：第一类是现行定额的执行情况及存在问题的资料；第二类是企业和现场补充定额资料，如因现行定额漏项而编制的补充定额资料，因解决采用新技术、新结构、新材料和新机械而产生的定额缺项所编制的补充定额资料；第三类是已采用的新工艺和新的操作方法的资料；第四类是现行的施工技术规范、操作规程、安全规程和质量标准等。

对于上述各类资料在日常积累的基础上要求进一步补充完备，然后加以系统整理和分析，为制定编制方案提供依据。

4. 拟定定额的编制方案

编制方案的内容包括：

1）提出对拟编制定额的定额水平的总设想。

2）拟定定额分章、分节、分项的目录。

3）选择产品和人工、材料、机械的计量单位。

4）设计定额表格的形式和内容。

（二）确定正常的施工条件

1. 拟定工作地点的组织

工作地点是工人施工活动场所。拟定工作地点的组织时，要特别注意使工人在操作时不受妨碍，所使用的工具和材料应按使用顺序放置于工人最便于取用的地方，以减少疲劳和提高工作效率，工作地点应保持清洁和秩序井然。

2. 拟定工作组成

拟定工作组成就是将工作过程按照劳动分工的可能划分为若干工序，以达到合理使用技术工人。可以采用两种基本方法：一种是把工作过程中简单的工序，划分给技术熟练程度较低的工人去完成；一种是分出若干个技术程度较低的工人，去帮助技术程度较高的工人工作。采用后一种方法，就把个人完成的工作过程变成小组完成的工作过程。

3. 拟定施工人员编制

拟定施工人员编制即确定小组人数、技术工人的配备以及劳动的分工和协作。原则是使每个工人都能充分发挥作用，均衡地担负工作。

（三）确定人工定额消耗量方法

时间定额和产量定额是人工定额的两种表现形式。拟定出时间定额，也就可以计算出产量定额。时间定额是在拟定基本工作时间、辅助工作时间、准备与结束的工作时间、不可避免的中断时间及休息时间的基础上制定的。

1. 拟定基本工作时间

基本工作时间在必需消耗的工作时间中占的比重最大。在确定基本工作时间时，必须细致、精确。基本工作时间消耗一般应根据计时观察资料来确定。其做法是，首先确定工作过程每一组成部分的工时消耗，然后再综合出工作过程的工时消耗。如果组成部分的产品计量单位和工作过程的产品计量单位不符，就需先求出不同计量单位的换算系数，进行产品计量单位的换算，然后再相加，求得工作过程的工时消耗。

2. 拟定辅助工作时间和准备与结束工作时间

辅助工作和准备与结束工作时间的确定方法与基本工作时间相同。但是，如果这两项工作时间在整个工作班工作时间消耗中所占比重不超过5%，则可归纳为一项，以工作过程的计量单位表示，确定出工作过程的工时消耗。

如果在计时观察时不能取得足够的资料，也可采用工时规范或经验数据来确定。如具有现行的工时规范，可以直接利用工时规范中规定的辅助和准备与结束工作时间的百分比来计算。例如，根据工时规范规定，各个工程的辅助和准备与结束工作时间、不可避免的中断时间、休息时间等项，在工作日或作业时间中各占的百分比。

3. 拟定不可避免的中断时间

在确定不可避免中断时间的定额时，必须注意由工艺特点所引起的不可避免中断才可列入工作过程的时间定额。

不可避免中断时间也需要根据测时资料通过整理分析获得，也可以根据经验数据或工时规范，以占工作日的百分比表示此项工时消耗的时间定额。

4. 拟定休息时间

休息时间应根据工作班作息制度、经验资料、计时观察资料，以及对工作的疲劳程度作全面分析来确定。同时，应考虑尽可能利用不可避免中断时间作为休息时间。

从事不同工种、不同工作的工人，疲劳程度有很大差别。为了合理确定休息时间，往往要对从事各种工作的工人进行观察、测定，以及进行生理和心理方面的测试，以便确定其疲劳程度。国内外往往按工作轻重和工作条件好坏，将各种工作划分为不同的级别。如我国某地区工时规范将体力劳动分为六类：最沉重、沉重、较重、中等、较轻、轻便。

划分出疲劳程度的等级，就可以合理规定休息需要的时间。

5. 拟定定额时间

确定的基本工作时间、辅助工作时间、准备与结束工作时间、不可避免的中断时间和休息时间之和，就是劳动定额的时间定额。根据时间定额可计算出产量定额，时间定额和产量定额互成倒数。

利用工时规范可以计算劳动定额的时间定额。计算公式如下：

$$\text{作业时间} = \text{基本工作时间} + \text{辅助工作时间} \tag{3-11}$$

$$\text{规范时间} = \frac{\text{准备与结束}}{\text{工作时间}} + \frac{\text{不可避免的}}{\text{中断时间}} + \text{休息时间} \tag{3-12}$$

$$\text{工序作业时间} = \text{基本工作时间} + \text{辅助工作时间}$$

$$= \frac{\text{基本工作时间}}{1 - \text{辅助时间}(\%)} \tag{3-13}$$

$$\text{定额时间} = \frac{\text{作业时间}}{1 - \text{规范时间}(\%)} \tag{3-14}$$

五、确定机械台班定额消耗量的基本方法

（一）确定正常的施工条件

拟定机械工作正常条件，主要是拟定工作地点的合理组织和合理的工人编制。

工作地点的合理组织，就是对施工地点机械和材料的放置位置、工人从事操作的场所，

作出科学合理的平面布置和空间安排。它要求施工机械和操纵机械的工人在最小范围内移动，但又不阻碍机械运转和工人操作；应使机械的开关和操纵装置尽可能集中地装置在操纵工人的近旁，以节省工作时间和减轻劳动强度；应最大限度发挥机械的效能，减少工人的手工操作。

拟定合理的工人编制，就是根据施工机械的性能和设计能力，工人的专业分工和劳动工效，合理确定操纵机械的工人和直接参加机械化施工过程的工人的编制人数。

拟定合理的工人编制，应要求保持机械的正常生产率和工人正常的劳动工效。

（二）确定机械 1h(1 小时)纯工作正常生产率

确定机械正常生产率时，必须首先确定出机械纯工作 1h 的正常生产效率。

机械纯工作时间，就是指机械的必需的消耗时间。机械 1h 纯工作正常生产率，就是在正常施工组织条件下，具有必需的知识和技能的技术工人操纵机械 1h 的生产率。

根据机械工作特点的不同，机械 1h 纯工作正常生产率的确定方法，也有所不同。对于循环动作机械，确定机械纯工作 1h 正常生产率的计算公式如下：

$$\begin{matrix}\text{机械一次循环的}\\\text{正常延续时间}\end{matrix}=\sum\text{循环各组成部分正常延续时间}-\text{交叠时间} \tag{3-15}$$

$$\text{机械纯工作 1h 循环次数}=\frac{60\times60(\text{s})}{\text{一次循环的正常延续时间}} \tag{3-16}$$

$$\begin{matrix}\text{机械纯工作 1h}\\\text{正常生产率}\end{matrix}=\begin{matrix}\text{机械纯工作 1h}\\\text{正常循环次数}\end{matrix}\times\text{一次循环生产的产品数量} \tag{3-17}$$

从公式中可以看到，计算循环机械纯工作 1h 正常生产率的步骤是：根据现场观察资料和机械说明书确定各循环组成部分的延续时间；将各循环组成部分的延续时间相加，减去各组成部分之间的交叠时间，求出循环过程的正常延续时间；计算机械纯工作 1h 的正常循环次数；计算循环机械纯工作 1h 的正常生产率。

对于连续动作机械，确定机械纯工作 1h 正常生产率要根据机械的类型和结构特征，以及工作过程的特点来进行。计算公式如下：

$$\begin{matrix}\text{连续动作机械纯工}\\\text{作 1h 正常生产率}\end{matrix}=\frac{\text{工作时间内生产的产品数量}}{\text{工作时间(h)}} \tag{3-18}$$

工作时间内的产品数量和工作时间的消耗，要通过多次现场观察和机械说明书来取得数据。

对于同一机械进行作业属于不同的工作过程，如挖掘机所挖土壤的类别不同，碎石机新破碎的石块硬度和粒径不同，均需分别确定其纯工作 1h 的正常生产率。

（三）确定施工机械的正常利用系数

确定施工机械的正常利用系数，是指机械在工作班内对工作时间的利用率。机械的利用系数和机械在工作班内的工作状况有着密切的关系。所以，要确定机械的正常利用系数首先要拟定机械工作班的正常工作状况，保证合理利用工时。

确定机械正常利用系数，要计算工作班正常状况下准备与结束工作，机械起动、机械维护等工作所必需消耗的时间，以及机械有效工作的开始与结束时间。从而进一步计算出机械在工作班内的纯工作时间和机械正常利用系数。机械正常利用系数的计算公式如下：

$$\text{机械正常利用系数}=\frac{\text{机械在一个工作班内纯工作时间}}{\text{一个工作班延续时间(8h)}} \tag{3-19}$$

(四)计算施工机械台班定额

计算施工机械定额是编制机械定额工作的最后一步。在确定了机械工作正常条件、机械1h纯工作正常生产率和机械正常利用系数之后，采用下列公式计算施工机械的产量定额：

$$\text{施工机械台班产量定额}=\text{机械 1h 纯工作正常生产率}\times\text{工作班纯工作时间} \tag{3-20}$$

$$\frac{\text{施工机械台}}{\text{班产量定额}}=\frac{\text{机械 1h 纯工作}}{\text{正常生产率}}\times\frac{\text{工作班延}}{\text{续时间}}\times\frac{\text{机械正常}}{\text{利用系数}} \tag{3-21}$$

$$\text{施工机械时间定额}=\frac{1}{\text{机械台班产量定额指标}} \tag{3-22}$$

六、确定材料定额消耗量的基本方法

1. 材料消耗性质

合理确定材料消耗定额，必须研究和区分材料在施工过程中消耗的性质。

施工中材料的消耗，可分为必须消耗的材料和损失的材料两类性质。

必须消耗的材料，是指在合理用料的条件下，生产合格产品所需消耗的材料。它包括：①直接用于建筑和安装工程的材料；②不可避免的施工废料；③不可避免的材料损耗。

必须消耗的材料属于施工正常消耗，是确定材料消耗定额的基本数据。其中，直接用于建筑和安装工程的材料，应编制材料净用量定额；不可避免的施工废料和材料损耗，应编制材料损耗定额。

2. 确定材料消耗量的基本方法

确定材料净用量定额和材料损耗定额的计算数据，是通过现场技术测定、实验室试验、现场统计和理论计算等方法获得的。

(1)现场技术测定法　主要是编制材料损耗定额，也可以提供编制材料净用量定额的参考数据。其优点是能通过现场观察、测定，取得产品产量和材料消耗的情况，为编制材料定额提供技术根据。

(2)实验室试验法　主要是编制材料净用量定额。通过试验，能够对材料的结构、化学成分和物理性能以及按强度等级控制的混凝土、砂浆配合比作出科学的结论，给编制材料消耗定额提供出有技术根据的、比较精确的计算数据。用于施工生产时，需加以必要的调整方可作为定额数据。

(3)现场统计法　它是通过对现场进料、用料的大量统计资料进行分析计算，获得材料消耗的数据。这种方法由于不能分清材料消耗的性质，因而不能作为确定材料净用量定额和材料损耗定额的依据。

上述三种方法的选择必须符合国家有关标准规范，即材料的产品标准，计量要使用标准容器和称量设备，质量符合施工验收规范要求，以保证获得可靠的定额编制依据。

(4)理论计算法　它是运用一定的数学公式来计算材料消耗定额。净用量和损耗量相加就等于材料的消耗量。

3. 施工周转材料的计算

在编制材料消耗定额时，某些工序定额、单项定额和综合定额中涉及周转材料的确定和计算，如劳动定额中的架子工程、模板工程等。

施工中使用的周转材料，是指在施工中多次周转使用的材料，亦称材料型的工具或工具型材料，如钢、木脚手架，模板，挡土板，支撑，活动支架等材料。习惯上也叫施工作业用料或施工手段用料。

在编制材料消耗定额时，应按多次使用、分次摊销的办法确定。为了使周转材料的周次数的确定接近合理，应根据工程类型和使用条件，采用各种测定手段进行实地观察，结合有关的原始记录、经验数据加以综合取定。影响周转次数的主要因素有以下几方面：

1）材质及功能对周转次数的影响，如金属制的周转材料比木制的周转次数高出 10 倍，甚至 100 倍。

2）使用条件的好坏，对周转材料使用次数的影响。

3）施工速度的快慢，对周转材料使用次数的影响。

4）对周转材料的保管、保养和维修的好坏，也对周转材料使用次数有影响。

第三节 安装工程企业定额及其编制

一、安装工程企业定额

2001 年，原建设部下达《建筑工程施工发包与承包计价管理办法》，其中第七条第二款规定："投标报价应当依据企业定额和市场价格信息，并按照国务院和省、自治区、直辖市人民政府建设行政主管部门发布的工程造价计价办法进行编制。"这个文件旨在推行我国建设工程计价方式的改革，提出企业为适应市场竞争的需求而建立施工企业内部定额的必要性和必然性。目前，我国推行的工程量清单是一种与市场经济相适应的，由承包单位自主报价，通过市场竞争确定价格，与国际惯例接轨的计价模式。工程量清单计价要求由投资方业主根据设计要求，按统一项目编码、统一项目名称、统一项目特征、统一计量单位、统一工程量计算规则，在招标文件中明确需要施工的建设项目的分部分项工程的数量；参加投标的承包商根据招标文件的要求、施工项目的工程数量，按照本企业的施工水平、技术及机械装备力量、管理水平、设备材料的进货渠道和所掌握的价格情况及对利润追求的程度计算出总造价，对招标文件中的工程量清单进行报价。同一个建设项目，同样的工程数量，各投标单位以各企业内部定额为基础所报的价格不同，这反映了企业之间个别成本的差异，也是企业之间整体竞争实力的体现。由此可见，为了适应工程量清单报价法的需要，各建筑施工企业内部定额的建立已势在必行。

（一）企业定额的概念

企业定额是施工企业根据本企业的施工技术和管理水平及有关工程造价资料制定的，提供给本企业使用的人工、材料和机械台班消耗量及其他生产经营要素消耗的数量标准，它是供企业内部进行经营管理、成本核算和投标报价的企业内部文件。

在市场经济条件下，国家或地方政府部门颁布的定额，主要是起宏观管理和指导性作用。而企业定额则是根据企业自身的情况、特点和素质进行编制的，它代表企业的技术水平和管理水平，是建筑企业生产与经营活动的基础；它反映的是本企业在完成合格产品过程中必须消耗的人工、材料和施工机械台班的数量标准，代表了本企业的生产力水平和综合实力。

企业定额反映企业的施工生产与生产消费之间的数量关系，是施工企业生产力水平的体现，每个企业均应拥有反映自己企业能力的企业定额。企业的技术和管理水平不同，企业定额的定额水平也就不同。按企业定额计算出的工程费用是本企业生产和经营所需支出的成本。因此，企业定额是施工企业进行施工管理和投标报价的基础和依据，从一定意义上讲，企业定额是企业的商业秘密，是企业参与市场竞争的核心竞争能力的具体表现。在投标过程中，企业首先是按自己的企业定额计算出完成拟投标工程的成本，在此基础上再考虑拟获的利润和可能的工程风险费用，即在确定工程成本的基础上制定该工程的投标报价。由此，企业应非常重视企业定额的编制和管理，做好企业工程估价数据及数据库的建立和管理工作。

目前大部分施工企业是以国家或行业制定的预算定额作为进行施工管理、工料分析和计算施工成本的依据。随着市场化改革的不断深入和发展，施工企业可以预算定额和基础定额为参照，逐步建立起反映企业自身施工管理水平和技术装备程度的企业定额。

作为企业定额，必须具备有以下特点：

1）其各项平均消耗要比社会平均水平低，体现其先进性。

2）可以表现本企业在某些方面的技术优势。

3）可以表现本企业局部或全面管理方面的优势。

4）所有匹配的单价都是动态的，具有市场性。

5）能与施工方案全面接轨。

（二）企业定额的作用

企业定额是企业直接生产工人在合理的施工组织和正常条件下，为完成单位合格产品或完成一定量的工作所耗用的人工、材料和机械台班的标准数量。企业定额不仅能反映企业的劳动生产率和技术装备水平，同时也是衡量企业管理水平的标尺，是企业加强集约经营、精细管理的前提和主要手段，其主要作用有：

1）是企业计划管理的依据。

2）是组织和指挥施工生产的有效工具。

3）是计算工人劳动报酬的依据。

4）是企业激励工人的条件。

5）有利于推广先进技术。

6）是编制施工预算、加强企业成本管理的基础。

7）是施工企业走向市场参与竞争，编制工程投标报价的基础和主要依据。

（三）企业定额编制的原则

1. 平均先进性原则

一定历史条件下的定额水平，是社会生产力水平的反映，同时又推动社会生产力的发展。所以定额的水平既不能以先进企业的水平为依据，更不能以后进企业的水平为依据，而只能采用平均先进水平。所谓平均先进水平，是指它低于先进企业、先进个人的水平，略高于平均水平，多数工人或多数企业经过努力可以达到或超过，少数工人可以接近的水平。

企业定额应以平均先进水平为基准，确定这一水平，要全面研究、比较、测算、反复平衡本企业在同行业中的所处位置、所占规模、企业发展目标、规划等，既要反映已成熟并得到推广的先进技术和经验，同时又要从实际出发摆正位置，做到合理可行，使多数员工经过努力，能够达到或超过企业平均先进水平，以保持定额的先进性和可行性，使企业在激烈的市场竞争中不至于被淘汰。

2. 简明适用性原则

简明适用，是指定额结构合理，项目齐全，定额项目划分合理、粗细适度、步距大小适当，正确选择产品和材料的计量单位，适当利用系数，并辅以必要的说明和附注，文字通俗易懂，计算方法简便易行，能满足组织施工、计算劳动报酬等多种用途的需要，有利于定额的贯彻执行。

制定企业定额的目的就在于适用于企业内部管理，具有可操作性。

3. 以专家为主编制定额的原则

编制企业定额，要以专家为主，要有专门机构负责组织。企业定额的编制要求有一支经验丰富、技术与管理知识全面、有一定政策水平的稳定的专家队伍，注意积累资料、积累经验，保证编制定额的连续性。同时也要注意必须走群众路线，尤其是在现场测时和组织新定额试点时，这一点非常重要。

4. 独立自主的原则

企业独立自主地制定定额，主要是指自主地确定定额水平，自主地划分定额项目，自主地根据需要增加新的定额项目。但是，企业定额毕竟是一定时期企业生产力水平的反映，它不可能也不应该割断历史，因此，企业定额应是对原有国家、部门和地区性施工定额的继承和发展。

5. 时效性原则

企业定额是一定时期内技术发展和管理水平的反映，所以在一段时期内表现出稳定的状态。这种稳定性又是相对的，它还有显著的时效性。如果当企业定额不再适应市场竞争和成本监控的需要时，它就要重新编制和修订，否则就会挫伤群众的积极性，甚至产生负效应。

6. 保密原则

企业定额的指标体系及标准要严格保密。建筑市场强手林立，竞争激烈，就企业现行的定额水平，工程项目在投标中如被竞争对手获取，会使本企业陷入十分被动的境地，给企业带来不可估量的损失。所以，企业要有自我保护意识和相应的加密措施。

二、安装工程企业定额的构成及表现形式

企业定额的编制应根据自身的特点，遵循简单、明了、准确、适用的原则。企业定额的构成及表现形式因企业的性质不同、取得资料的详细程度不同、编制的目的不同、编制的方法不同而不同。其构成及表现形式主要有以下几种：

1）企业劳动定额。

2）企业材料消耗定额。

3）企业机械台班使用定额。

4）企业施工定额。

5）企业定额估价表。

6）企业定额标准。

7）企业产品出厂价格。

8）企业机械台班租赁价格。

三、安装工程企业定额的编制方法

（一）企业定额的编制步骤

企业定额的编制过程是一个系统而又复杂的过程，一般包括以下步骤：

1. 制定《企业定额编制计划书》

《企业定额编制计划书》一般包括以下内容：

（1）企业定额编制的目的　企业定额编制的目的一定要明确，因为编制目的决定了企业定额的适用性，同时也决定了企业定额的表现形式，例如，企业定额的编制目的如果是为了控制工耗和计算工人劳动报酬，应采取劳动定额的形式；如果是为了企业进行工程成本核算以及为企业走向市场参与投标报价提供依据，则应采用施工定额或定额估价表的形式。

（2）定额水平的确定原则　企业定额水平的确定，是企业定额能否实现编制目的的关键。定额水平过高，背离企业现有水平，使定额在实施过程中，企业内多数施工队、班组、工人通过努力仍然达不到定额水平，不仅不利于定额在本企业内推行，还会挫伤管理者和劳动者双方的积极性；定额水平过低，起不到鼓励先进和督促落后的作用，而且对项目成本核算和企业参与市场竞争不利。因此，编制计划书时，必须对定额水平进行确定。

（3）确定编制方法和定额形式　定额的编制方法很多，对不同形式的定额，其编制方法也不相同。例如，劳动定额的编制方法有：技术测定法、统计分析法、类比推算法、经验估算法等；材料消耗定额的编制方法有观察法、试验法、统计法等。因此，定额编制究竟采取哪种方法，应根据具体情况而定。企业定额编制通常采用的方法一般有两种：定额测算法和方案测算法。

（4）拟成立企业定额编制机构，提交参编人员名单　企业定额的编制工作是一个系统性的工程，它需要一批高素质的专业人才，在一个高效率的组织机构统一指挥下协调工作，因此，在定额编制工作开始时，必须设置一个专门的机构，配置一批专业人员。

（5）明确应收集的数据和资料　定额在编制时要收集大量的基础数据和各种法律、法规、标准、规程、规范文件、规定等，这些资料都是定额编制的依据。所以，在编制计划书中，要制定一份按门类划分的资料明细表。在明细表中，除一些必须采用的法律、法规、标准、规程、规范资料外，应根据企业自身的特点，选择一些能够取得适合本企业使用的基础性数据资料。

（6）确定工期和编制进度　定额的编制是为了使用，它具有时效性，所以，应确定一个合理的工期和进度计划表，这样，既有利于编制工作的开展，又能保证编制工作的效率和效益。

2. 收集资料、调查、分析、测算和研究

收集的资料包括：

1）现行定额，包括基础定额、预算定额、工程量计算规则。

2）国家现行的法律、法规、经济政策和劳动制度等与工程建设有关的各种文件。

3）有关建筑安装工程的设计规范、施工及验收规范、工程质量检验评定标准和安全操作规程。

4）现行的全国通用建筑标准设计图集、安装工程标准安装图集、定型设计图、具有代表性的设计图、地方建筑配件通用图集和地方结构构件通用图集，并根据上述资料计算工程量，作为编制定额的依据。

5）有关建筑安装工程的科学实验、技术测定和经济分析数据。

6）高新技术、新型结构、新研制的建筑材料和新的施工方法等。

7）现行人工工资标准和地方材料预算价格。

8）现行机械效率、寿命周期和价格；机械台班租赁价格行情。

9）本企业近几年各工程项目的财务报表、公司财务总报表以及历年收集的各类经济数据。

10）本企业近几年各工程项目的施工组织设计、施工方案以及工程结算资料。

11）本企业近几年所采用的主要施工方法。

12）本企业近几年发布的合理化建议和技术成果。

13）本企业目前拥有的机械设备状况和材料库存状况。

14）本企业目前工人技术素质、构成比例、家庭状况和收入水平。

15）本企业的经营目标、经营策略，行业市场情况。

资料收集后，要对上述资料进行分类整理、分析、对比、研究和综合测算，提取可供使用的各种技术数据。内容包括：企业整体水平与定额水平的差异；现行法律、法规以及规程规范对定额的影响；新材料、新技术对定额水平的影响等。

3. 拟订编制企业定额的工作方案与计划

编制企业定额的工作方案与计划包括以下内容：

1）根据编制目的，确定企业定额的内容及专业划分。

2）确定企业定额的册、章、节的划分和内容的框架。

3）确定企业定额的结构形式及步距划分原则。

4）具体参编人员的工作内容、职责、要求。

4. 企业定额初稿的编制

（1）确定企业定额的定额项目及其内容　企业定额项目及其内容的编制，就是根据定额的编制目的及企业自身的特点，本着内容简明适用、形式结构合理、步距划分合理的原则，将一个单位工程，按工程性质划分为若干个分部工程。最后，确定分项工程的步距，并根据步距对分项工程进一步地详细划分为具体项目。步距参数的设定一定要合理，既不应过粗，也不宜过细。同时应对分项工程的工作内容作简明扼要的说明。

（2）确定定额的计量单位　分项工程计量单位的确定一定要合理，设置时应根据分项工程的特点，本着准确、贴切、方便计量的原则设置。

（3）确定企业定额消耗量指标　确定企业定额消耗量指标是企业定额编制的重点和难点，企业定额消耗量指标的编制，应根据企业采用的施工方法、新材料的替代以及机械装备的装配和管理模式，结合收集整理的各类基础资料进行确定。确定企业定额指标包括确定人工消耗量指标、确定材料消耗量指标、确定机械台班消耗量指标等。

（4）编制企业定额项目表　分项工程的人工、材料和机械台班的消耗量确定以后，接下来就可以编制企业定额项目表了。具体地说，就是编制企业定额表中的各项内容。

企业定额项目表是企业定额的主体部分，它由表头栏和人工栏、材料栏、机械栏组成。表头部分具体表述各分项工程的结构形式、材料做法和规格档次等；人工栏是以工种表示消耗的工日数及合计，材料栏是按消耗的主要材料和消耗性材料依主次顺序分列出的消耗量，机械栏是按机械种类和规格型号分列出的机械台班使用量。

(5) 企业定额的项目编排 定额项目表是按分部工程归类，按分项工程子目编排的一些项目表格。也就是说，按施工的程序，遵循章、节、项目和子目等顺序编排。

定额项目表中，大部分是以分部工程为章，把单位工程中性质相近，且材料大致相同的施工对象编排在一起。每章(分部工程)中，按工程内容施工方法和使用的材料类别的不同，分成若干个节(分项工程)。在每节(分项工程)中，可以分成若干项目，在项目下边，还可以根据施工要求、材料类别和机械设备型号的不同，细分成不同子目。

(6) 企业定额相关项目说明的编制 企业定额相关项目的说明包括：前言、总说明、目录、分部(或分章)说明、工程量计算规则、分项工程工作内容等。

(7) 企业定额估价表的编制 企业根据投标报价工作的需要，可以编制企业定额估价表。企业定额估价表是在人工、材料、机械台班三项消耗量的企业定额的基础上，用货币形式表达每个分项工程及其子目的定额单位估价的计算表格。

企业定额估价表的人工、材料、机械台班单价是通过市场调查，结合国家有关法律文件及规定，按照企业自身的特点来确定。

5. 评审及修改

评审及修改主要是通过对比分析、专家论证等方法，对定额的水平、使用范围、结构及内容的合理性，以及存在的缺陷进行综合评估，并根据评审结果对定额进行修正。

最后，定稿、刊发及组织实施。

(二) 企业定额编制方法

编制企业定额关键的工作是确定人工、材料和机械台班的消耗量，计算分项工程单价或综合单价。

人工消耗量的确定，首先是根据企业环境，拟定正常的施工作业条件，分别计算测定基本用工和其他用工的工日数，进而拟定施工作业的定额时间。

材料消耗量的确定是通过企业历史数据的统计分析、理论计算、实验试验、实地考察等方法计算确定材料包括周转材料的净用量和损耗量，从而拟定材料消耗的定额指标。

机械台班消耗量的确定，同样需要按照企业的环境，拟定机械工作的正常施工条件，确定机械工作效率和利用系数，据此拟定施工机械作业的定额台班与机械作业相关的工人小组的定额时间。

1. 人工消耗指标的确定

企业定额人工消耗量指标的确定，实际就是企业劳动定额的编制过程。企业劳动定额在企业定额中占有特别重要的地位。它是指本企业生产工人在一定的生产技术和生产组织条件下，为完成一定合格产品或一定量工作所耗用的人工数量标准。企业劳动定额一般以时间定额为表现形式。

企业定额的人工消耗指标的确定一般是通过定额测算法确定的。

定额测算法就是通过对本企业近年(一般为3年)的各种基础资料包括财务、预结算、供应、技术等部门的资料进行科学的分析归纳，测算出企业现有的消耗水平，然后将企业消耗水平与国家统一(或行业)定额水平进行对比，计算出水平差异率，最后，以国家统一定额为基础按差异率进行调整，用调整后的资料来编制企业定额。

用定额测算法编制企业定额应分专业进行。下面就以预算定额为基础定额对企业定额人工消耗指标的确定的过程进行描述。

1）收集资料，整理分析，计算预算定额人工消耗水平和企业实际人工消耗水平。

选择近三年本公司承建的已竣工结算完的有代表性的工程项目，计算预算人工工日消耗量，计算方法是用工程结算书中的人工费除以人工费单价。计算公式为：

$$预算人工工日消耗量=\frac{预算人工费}{预算人工费单价} \tag{3-23}$$

然后，根据考勤表和施工记录等资料，计算实际工作工日消耗量。

工人的劳动时间是由不同时间构成的，它的构成反映劳动时间的结构，是研究劳动时间利用情况的基础。根据劳动时间构成，可以计算出实际工作工日数和实际工作工时数。

$$实际工作工日数=制度内实际工作工日数+工休加班工日数+\frac{加点工时}{制度内规定每日工作小时数} \tag{3-24}$$

$$制度内实际工作工日数=出勤工日数-(全日停工工日数+全日公假工日数) \tag{3-25}$$

$$出勤工日数=\frac{制度工作日生产工人出勤人数之和}{}=制度工日数-缺勤工日数 \tag{3-26}$$

$$\begin{aligned}实际工作工时数&=制度内实际工作工时数+加班加点工时数\\&=期内每日生产工人实际工作小时数之和\end{aligned} \tag{3-27}$$

其中

$$\begin{aligned}制度内实际工作工时数=&(制度内实际工作工日数\times制度规定每日工作小时数)-\\&(非全日缺勤工时数+非全日停工工时数+非全日公假工时数)\end{aligned} \tag{3-28}$$

在企业定额编制工作中，一般以工日为计量单位，即计算实际工作工日消耗量。

2）用预算定额人工消耗量与企业实际人工消耗量对比，计算工效增长率。

首先，计算预算定额完成率，预算定额完成率的计算公式为：

$$预算定额完成率=\frac{预算人工工日消耗量}{实际工作工日}\times100\% \tag{3-29}$$

当预算定额完成率为 >1 时，说明企业劳动率水平比社会平均劳动率水平高，反之则低。

然后，计算工效增长率，其计算公式为：

$$工效增长率=预算定额完成率-1 \tag{3-30}$$

3）计算施工方法对人工消耗的影响。

不同的施工方法，将产生不同的劳动生产率水平。科学合理地选择施工方法，直接影响人工、材料和机械台班的使用数量，这一点，在编制定额时必须予以重视。

例如，塔类设备吊装工程，施工方法有抱杆吊装法和起重设备吊装法两种；电缆敷设工程，敷设方法有人工敷设和机械敷设两种施工方法。在编制企业定额时，选用哪种施工方法，其施工方法与预算定额取定的施工方法是否一致，不同施工方法对人、材、机消耗量影响的差异是多少，应通过对比计算，确定施工方法对人工消耗的影响水平，并作为编制企业定额的依据。

一般地编制企业定额所选用的施工方法应是企业近年在施工中经常采用的并在以后长期

限内继续使用的施工方法。两种施工方法对资源消耗量影响的差异可按下列公式计算：

$$\text{施工方法对分项工程工日消耗影响的指标}=\frac{\sum\text{两种施工方法对工日消耗影响的差异额}}{\sum\text{受影响的分项工程工日消耗}}\times 100\% \tag{3-31}$$

$$\text{施工方法对整体工程工日消耗影响的指标}=\frac{\sum\text{两种施工方法对工日消耗影响的差异额}}{\sum\text{受影响的分项工程工日消耗}}\times\frac{\text{受影响项目人工费合计}}{\text{占工程总人工费的比例}} \tag{3-32}$$

4）计算施工技术规范及施工验收标准对人工消耗的影响。

定额是有时间效应的，不论何种定额，都只能在一定的时间段内使用。影响定额的时间效应的因素很多，包括施工方法的改进与淘汰、社会平均劳动生产率水平的提高，新材料取代旧材料，以及市场规则的变化等，当然也包括施工技术规范及施工验收标准的变化。

施工技术规范及施工验收标准的变化对人工消耗的影响，主要通过施工工序的变化和施工程序的变化来体现，这种变化对人工消耗的影响一般要通过现场调研取得。

比较简单的方法是走访现场有经验的工人，了解施工技术规范及施工验收标准变化后，现场的施工发生了哪些变化，变化量是多少。然后，根据调查记录，选择有代表性的工程，进行实地观察核实。最后对取得的资料分析对比，确定施工技术规范及施工验收标准的变化对企业劳动生产率水平影响的趋势和幅度。

5）计算新材料、新工艺对人工消耗的影响。

新材料、新工艺对人工消耗的影响，也是通过现场走访和实地观察来确定其对企业劳动生产率水平影响的趋势和幅度。

6）计算企业技术装备程度对人工消耗的影响。

企业的技术装备程度表明生产施工过程中的机械化和自动化水平，它不但能大大降低生产施工工人的劳动强度，而且是决定劳动生产率水平高低的一个重要因素。分析机械装备程度对劳动生产率的影响，对企业定额的编制具有十分重要的意义。

劳动的技术装备程度，通常以平均每一劳动者装备的生产性固定资产或动力、能力的数量来表示。其计算公式为：

$$\text{劳动的技术装备程度指标}=\frac{\text{生产性固定资产（或动力、能力）平均数}}{\text{平均生产工人数}} \tag{3-33}$$

还应看到，不仅劳动的技术装备程度对劳动生产率有影响，而且，固定资产或动力、能力的利用指标的高低，对劳动生产率也有影响。

固定资产或动力、能力的利用指标，也称为设备能力利用指标的计算公式为：

$$\text{设备能力利用指标}(\%)=\frac{\text{设备实际生产能力}}{\text{设备可能生产能力}}\times 100\% \tag{3-34}$$

根据劳动的技术装备程度指标和设备能力利用指标可以计算出劳动生产率。

$$\text{劳动生产率}=\text{劳动的技术装备程度指标}\times\text{设备能力利用指标}$$

最后，用社会平均劳动生产率与用技术装备程度计算出的企业劳动生产率对比，计算劳动生产率指数。

$$\text{劳动生产率指数}=\frac{\text{企业劳动生产率}}{\text{社会平均劳动生产率}}\times 100\% \tag{3-35}$$

7）其他影响因素的计算。

对企业人工消耗水平即劳动生产率的影响因素是很复杂的、多方面的，前面只是就影响劳动生产率的几类基本因素作了概括性说明，在实际的企业定额编制工作中，还要根据具体的目的和特性，从不同的角度对其进行具体的分析。

8）关键项目和关键工序的调研。

在编制企业定额时，对工程中经常发生的、资源消耗（人工工日消耗、材料消耗、机械台班使用消耗）量大的项目（分部分项工程）及工序，要进行重点调查，选择一些有代表性的施工项目，进行现场访谈和实地观测，收集现场第一手资料，然后通过对比分析，剔除其中不合理和偶然因素的影响，确定各类资源的实际耗用量，作为编制企业定额的依据。

9）确定企业定额项目水平，编制人工消耗指标。

通过上述一系列的工作，取得编制企业定额所需的各类数据，然后根据上述数据，考虑企业还可挖掘的潜力，确定企业定额人工消耗的总体水平，最后以差别水平的方式，将影响定额人工消耗水平的各种因素落实到具体的定额项目中，编制企业定额人工消耗指标。

2. 材料消耗指标的确定

材料消耗指标的确定过程与人工消耗指标的确定过程基本相同，在编制企业定额时，确定企业定额材料的消耗水平，主要把握以下几点：

1）计算企业施工过程中材料消耗水平与定额水平。

以预算定额为基础，预算定额的各类材料消耗量，可以通过对工程结算资料分析取得。施工过程中，实际发生的与定额材料相对应的材料消耗量可以根据供应的出、入库台账、班组材料台账以及班组施工日志等资料，通过下列公式计算：

$$\text{材料实际消耗量}=\text{期初班组库存材料量}+\text{报告期领料量}-\text{退库量}-\text{期末班组库存量}-\text{返工工程及浪费损失量}-\text{挪用材料量} \tag{3-36}$$

2）替代材料的计算。

替代材料是指企业在施工生产过程中，采用新型材料代替过去施工采用（预算定额综合）的旧材料，以及由于施工方法的改变，用一部分材料代替另外一部分材料。替代材料的计算，是指针对发生替代材料的具体施工工序或分项工程，计算其采用的替代材料的数量，以及被替代材料的数量，以备编制具体的企业定额子目时进行调整。

3）对重点项目（分项工程）和工序消耗的材料进行计算和调研。

材料消耗量是影响定额水平的一个重要指标，准确把握定额计价材料消耗的水平，对企业定额的编制具有重要意义。在编制企业定额时，对那些虽是企业成本开支项目，但其费用不作为工程造价组成的材料耗用，如工程外耗费的材料消耗、返工工程发生的材料消耗，以及超标准使用浪费的材料消耗，不能作为定额计价材料耗用指标的组成部分。

对于一些工程上经常发生的、材料消耗量大的或材料消耗量虽不大，但材料单位价值高的项目（分部分项工程）及工序，要根据设计图中标明的材料及构造，结合理论公式和施工规范、验收标准计算消耗量，并通过现场调研进行验证。

4）周转性材料的计算。

工程消耗的材料，一部分是构成工程实体的材料，还有一部分材料，虽不构成工程实体，但却有利于工程实体的形成，在这部分材料中，有一部分是施工作业用料，因此也称施工手段用料；又因为这部分材料在每次的施工中只受到一些损耗，经过修理可供下次施工继续使用，如土建工程中的模板、挡土板、脚手架，安装工程中的胎具、组装平台、工卡具，试压用的阀门、盲板等，所以又称为周转性材料。

周转性材料的消耗量有一部分被综合在具体的定额子目中，有一部分作为措施项目费用的组成部分单独计取。

周转性材料的消耗量是按照周转使用、分次摊销的方法进行计算的。周转性材料凡使用一次，分摊到工程产品上的消耗量称为摊销量。周转性材料的摊销量与周转次数有直接关系。一般地讲，通用程度强的周转次数多些，通用程度弱的周转次数少些，还有少数材料是一次摊销，具体处理方法应根据企业特点和采用的措施来计算。

摊销量可根据下列公式计算：

$$\text{摊销量}=\text{周转使用量}-\text{回收量}\times\text{回收系数} \tag{3-37}$$

$$\begin{aligned}\text{周转使用量}&=\frac{\text{一次使用量}+\text{一次使用量}(\text{周转次数}-1)\times\text{损耗率}}{\text{周转次数}}\\&=\text{一次使用量}\times\left[\frac{1+(\text{周转次数}-1)\times\text{损耗率}}{\text{周转次数}}\right]\end{aligned} \tag{3-38}$$

5）计算企业施工过程中材料消耗水平与定额水平的差异。

通过上述的一系列工作，对实际材料消耗量进行调整，计算材料消耗差异率。

材料消耗差异率的计算应按每种材料分别进行。

$$\text{材料消耗差异率}=\frac{\text{预算材料消耗量}}{\text{调整后实际材料消耗量}}\times 100\%-1 \tag{3-39}$$

6）调整预算定额材料种类和消耗量，编制施工材料消耗量指标。

3. 施工机械台班消耗指标的确定

施工机械台班消耗指标的确定，一般应按下列步骤进行：

1）计算预算定额机械台班消耗量水平和企业实际机械台班消耗水平。

预算定额机械台班消耗量水平的计算，可以通过对工程结算资料进行人、材、机消耗量的分析，取得定额消耗的各类机械台班数量。对于企业实际机械台班消耗水平的计算则比较复杂，一般要分以下几步进行：

① 统计对比工程实际调配的各类机械的台数和天数。

② 根据机械运转记录确定机械设备实际运转的台班数。

③ 对机械设备的使用性质进行分析，分清哪些机械设备是生产性机械，哪些是非生产性机械；对于生产型机械，分清哪些使用台班是为生产服务的，哪些不是为生产服务的。

④ 对生产型的机械使用台班，根据机械种类、规格型号，进行分类统计汇总。

2）对本企业采用的新型施工机械进行统计分析。

对新型施工机械的分析主要有以下两点：

① 由于施工方法的改变，用机械施工代替人力施工而增加的机械。对于这一点，应研究其施工方法是临时的，还是企业一贯采用的；由临时的施工方法引起的机械台班消耗，在编制企业定额时不予考虑，而企业一贯采用的施工方法引起的机械台班消耗，在编制企业定额时应予考虑。

② 由新型施工机械代替旧种类、旧型号的施工机械。对于这一点，应研究其替代行为是临时的，还是企业一贯采用的；由临时的替代行为引起的机械台班消耗，在编制企业定额时应按企业水平对机械种类和消耗量进行还原，而企业一贯采用的替代行为引起的机械台班消耗，

在编制企业定额时应对实际发生的机械种类和消耗量进行加工处理，替代原定额相应项目。

3）计算设备综合利用指标，分析影响企业机械设备利用率的各种原因。

设备综合利用指标的计算公式为：

$$设备综合利用指标(\%)=\frac{设备实际产量}{设备可能产量}\times 100\% \quad (3\text{-}40)$$

通过上式可以看出，企业机械设备综合利用指标的高低，决定于设备能力和时间两个方面的利用情况。从机械本身的原因看，设备的完好率及设备事故频率是影响机械台班利用率最直接的因素。企业可以通过更换新设备、加速机械折旧速度淘汰旧设备，以及对部分机械设备进行大修理等途径，提高设备完好率、降低事故频率，达到提高设备利用率的目的。因此，在编制企业定额，确定机械使用台班消耗指标时，应将考虑近期企业施工机械更新换代及大修理提高的机械利用率的因素。

4）计算机械台班消耗的实际水平与预算定额水平的差异。

机械台班消耗的实际水平与预算定额水平的差异的计算，应区分机械设备类别，按下式计算：

$$\begin{matrix}机械使用台班\\消耗差异率\end{matrix}=\frac{预算机械台班消耗量}{调后实际机械台班消耗量}\times 100\%-1 \quad (3\text{-}41)$$

调后实际机械台班消耗量，是考虑了企业采用的新型施工机械，以及企业对旧施工机械的更换和挖潜改造影响因素后，计算出的台班消耗量。

5）调整预算定额机械台班使用的种类和消耗量，编制施工机械台班消耗量指标。

其过程是依据上述计算的各种数据，按编制企业定额的工作方案，以及确定的企业定额的项目及其内容调整预算定额的机械台班使用的种类和消耗量，编制企业定额项目表。

4. 措施费用指标的编制

措施费用指标的编制，是通过对本企业在某类（以工程特性、规模、地域、自然环境等特征划分的工程类别）工程中所采用的措施项目及其实施效果进行对比分析，选择技术可行、经济效益好的措施方案，进行经济技术分析，确定其各类资源消耗量，作为本企业内部推广使用的措施费用指标。

措施费用指标的编制方法一般采用方案测算法，即根据具体的施工方案，进行技术经济分析，将方案分解，对其每一步的施工过程所消耗的人、材、机等资源进行定性和定量分析，最后整理汇总编制指标。

下面以案例的形式，就安全生产措施费用指标对具体编制过程进行说明。

[例3-1] 某工程，建安产值约为10000万元人民币，工期为1年。承包单位根据业主提供的资料，编制施工方案，其中涉及安全生产部分的内容有以下部分：

(1) 本工程工期为1年，实际施工天数为320天。

(2) 本工程投入生产工人1200名，各类管理人员（包括辅助服务人员）80名，在生产工人当中抽出12名专职安全员，负责整个现场的施工安全。

(3) 进入现场的人员一律穿安全鞋、戴安全帽，高空作业人员一律佩戴安全带。

(4) 为安全起见，施工现场脚手架均须安装防护网。

(5) 每天早晨施工以前，进行10分钟的安全教育，每星期一召开半小时的安全例会。

(6) 班组的安全记录要按日填写完整。

根据施工方案对安全生产的要求，投标人编制安全措施费用如下：

（1）专职安全员的人工工资及奖金补助等费用支出

专职安全员的人工工资及奖金补助等费用支出 = 工期 × 人数 × 工日单价

= (365 × 12 × 50)元 = 219000 元

（2）安全鞋、安全帽费用

安全鞋按每个职工一年2双，安全帽按每个职工一年1顶计算。

每年费用 = [30 × 2 × (1200 + 80)]元 +

[15 × 1 × (1200 + 80)]元 = (76800 + 19200)元 = 96300 元

（3）高峰期高空作业人员按生产工人的30%计算

安全带费用 = (120 × 1200 × 30% × 1)元 = 43200 元

（4）安全教育与安全例会降效费 = [(52 × 0.5/8 + (320 − 52) × (10/60/8)) × 50 × (1200 − 12)]元

= 524502 元

（5）安全防护网措施费

根据计算，防护网搭设面积为14080m^2，需购买安全网3000m^2，安全网为8元/m^2，搭拆费用为2.5元/m^2。工程结束后，安全网折旧完毕，安全防护网措施费 = (3000 × 8 + 14080 × 2.5)元 = 59200 元。

（6）安全生产费用

(219000 + 96300 + 43200 + 524502 + 59200)元 = 942202 元

（7）工程实际消耗工日数

[320 × (1200 − 12)]工日 = 380160 工日

（8）安全生产措施费用指标

(942202/380160)元/工日 = 2.48 元/工日

注意：每个工程都有自己的特点，发生的措施项目及其额度都不相同，所以，在计算措施费用时，应根据工程特点具体进行，企业制定的措施费用指标仅供参考。

5. 其他费用指标的编制

其他费用指标主要包括管理费用指标和利润指标。

管理费指标的编制方法一般采用方案测算法，其编制过程是选择有代表性的工程，将工程中实际发生的各项管理费用支出金额进行核定，剔除其中不合理的开支项目后汇总，然后与工程生产工人实际消耗的工日数进行对比，计算每个工日应支付的管理费用。

[例3-2] 接[例3-1]，工程建安产值约为10000万元人民币，工期1年，实际施工天数为320天，投入生产工人1200名，各类管理人员（包括辅助服务人员）80名。管理费根据下式计算：

施工管理费 = 管理人员及辅助服务人员的工资 + 办公费 + 差旅交通费 +

固定资产使用费 + 工具用具使用费 + 保险费 + 其他费用

（1）管理人员及辅助服务人员的工资，管理人员平均工资水平为1200元/人·月，工资总额 = (1200 × 80 × 12)元 = 1152000 元

（2）办公费项目有三大类：

1）文具、纸张、印刷、账册、报表等。

2）邮电费，包括电传、电话、电报、信件。

3）微机及水电费、开水费、空调采暖费等。

工程结束后统计，其合理费用开支金额为358000元。

(3）差旅交通费：

1）因公出差，工期内共发生20人次，累计费用为61500元。

2）交通工具使用费，包括燃油费、汽车租赁及修理费，共计270000元。

3）其他费用共计25000元。

(4）固定资产使用费累计金额为75000元。

(5）工具用具使用费累计金额为21000元。

(6）保险费累计发生额为350000元。

(7）其他费用为200000元。

(8）管理费用合计 = (1152000 + 358000 + 61500 + 270000 + 25000 + 75000 + 21000 + 350000 + 200000)元 = 2512500元

(9）工程实际消耗工日数 = [320 × (1200 − 12)]工日 = 380160工日

(10）管理费用指标 = (2512500/380160)元/工日 = 6.61元/工日

利润指标的编制是根据某些有代表性工程的利润水平，通过分析对比，结合建筑市场同类企业的利润水平，进行综合取定的，此处不再叙述。

6. 企业定额的使用方法

企业定额的种类很多，表现形式多种多样，其在企业中所起的作用不同，使用方法也不同。企业定额在企业投标报价过程中的应用，要把握以下几点：

1）最适用于投标报价的企业定额模式是企业定额估价表。但是作为定额，都是在一定的条件下编制的，都具有普遍性和综合性，定额反映的水平是一种平均水平，企业定额也不例外，只不过企业定额的普遍性和综合性只反映在本企业之内，企业定额水平是企业内部的一种平均先进水平。所以，利用企业定额投标报价时，必须充分认识这一点，具体问题具体分析，个别工程个别对待。

2）利用企业定额进行工程量清单报价时，应对定额包括的工作内容与工程量清单所综合的工程内容进行比较，定额口径一致时方可套用，否则应对定额进行调整。

3）定额是一个时期的产物，定额代表的劳动生产率水平和各种价格水平均具有时效性。所以，对不再具有时效的定额不能直接使用。

4）应对定额使用的范围进行确定，不能超出其使用范围使用定额。

第四节　安装工程预算定额

一、概述

（一）预算定额的概念与作用

1. 预算定额的概念

预算定额，是规定消耗在合格质量的单位工程基本构造要素上的人工、材料和机械台班的数量标准，是计算建筑安装产品价格的基础。

所谓基本构造要素，即通常所说的分项工程和结构构件，是把工程项目进行分解后形成的施工过程。这个施工过程称为定额子目，它是预算定额组成最基本的工程项目单位体。若将子目的消耗量标准按工程结构或生产的规律排列起来，加上文字说明和编号，印刷成册，即为定额。预算定额按工程基本构造要素规定劳动力、材料和机械的消耗数量，以满足编制施工图预算、规划和控制工程造价的要求。

预算定额是工程建设中的一项重要的技术经济文件，它的各项指标反映了在完成规定计量单位符合设计标准和施工及验收规范要求的分项工程消耗的劳动和物化劳动的数量限度，这种限度最终决定着单项工程和单位工程的成本和造价。

在编制施工图预算时，需要按照施工图和工程量计算规则计算工程量，还需要借助于某些可靠的参数计算人工、材料、机械(台班)的耗用量，并在此基础上计算出资金的需要量，计算出建筑安装工程的价格。

在我国，现行的工程建设概、预算制度规定了通过编制概算和预算确定造价，概算定额、概算指标、预算定额等则为计算人工、材料、机械(台班)耗用量，提供统一的可靠参数。同时，现行制度还赋予了概、预算定额相应的权威性，使之成为建设单位和施工企业之间建立经济关系的重要基础。

2. 预算定额的作用

1）预算定额是编制施工图预算、确定建筑安装工程造价的基础。

2）预算定额是编制施工组织设计的依据。

3）预算定额是工程结算的依据。

4）预算定额是施工单位进行经济活动分析的依据。

5）预算定额是编制概算定额的基础。

6）预算定额是合理编制招标招标控制价、投标报价的基础。

（二）预算定额的种类

1. 按专业性质分

预算定额有建筑工程定额和安装工程定额两大类。建筑工程定额按专业对象分为建筑工程预算定额、市政工程预算定额、铁路工程预算定额、公路工程预算定额、房屋修缮工程预算定额、矿山井巷预算定额等。

安装工程预算定额按专业对象分为机械设备安装工程预算定额、电气设备安装工程预算定额、热力设备安装工程预算定额、工业管道安装工程预算定额等。

2. 从管理权限和执行范围划分

预算定额可以分为全国统一定额、行业统一定额和地区统一定额等。全国统一定额由国务院建设行政主管部门组织制定发布，行业统一定额由国务院行业主管部门制定发布，地区统一定额由省、自治区、直辖市建设行政主管部门制定发布。

3. 预算定额按物资要素分

预算定额分为劳动定额、机械定额和材料消耗定额，但是它们是相互依存形成一个整体，作为编制预算定额依据，各自不具有独立性。

（三）预算定额的编制原则

为保证预算定额的质量，充分发挥预算定额的作用，实际使用简便，在编制工作中应遵循以下原则：

1）按社会平均水平确定预算定额的原则。

2）简明适用的原则。

3）坚持统一性和差别性相结合的原则。

（四）预算定额的编制依据

1）现行劳动定额或施工定额。

2）现行设计规范、施工及验收规范、质量评定标准和安全操作规程。

3）具有代表性的典型工程施工图及有关标准图。

4）新技术、新结构、新材料和先进的施工方法等。

5）有关科学实验、技术测定的统计、经验资料。这类资料是确定定额水平的重要依据。

6）现行的预算定额、材料预算价格及有关文件规定等。

（五）预算定额编制的步骤

预算定额的编制，大致可以分为准备工作、收集资料、编制定额、报批和修改稿整理五个阶段。各阶段工作相互有交叉，有些工作还有多次反复。

1. 准备工作阶段

包括拟订编制方案，抽调人员根据专业需要划分编制小组和综合组等。

2. 收集资料阶段

1）普遍收集资料。在已确定的范围内，采用表格化收集定额编制基础资料，以统计资料为主，注明所需要的资料内容、填表要求和时间范围，便于资料整理，并具有广泛性。

2）专题座谈会。邀请建设单位、设计单位、施工单位及其他有关单位的有经验的专业人士开座谈会，就以往定额存在的问题提出意见和建议，以便在编制性定额时改进。

3）收集现行规定、规范和政策法规资料。

4）收集定额管理部门积累的资料。主要包括：日常定额解释资料；补充定额资料；新结构、新工艺、新材料、新机械、新技术用于工程实践的资料。

5）专项查定及试验。除收集试验试配资料外，还应收集一定数量的现场实际配合比资料。

3. 定额编制阶段

1）确定编制细则。主要包括：统一编制表格及编制方法；统一计算口径、计量单位和小数点位数的要求；有关统一性规定，名称统一、用字统一、专业用语统一、符号代码统一；简化字要规范，文字要简练明确。

2）确定定额的项目划分和工程量计算规则。

3）定额人工、材料、机械台班耗用量的计算、复核和测算。

4. 定额报批阶段

1）审核定稿。

2）预算定额水平测算　新定额编制成稿，必须与原定额进行对比测算，分析水平升降原因。一般新编定额的水平应该不低于历史上已经达到过的水平，并略有提高。在定额水平测算前，必须编出同一工人工资、材料价格、机械台班费的新旧两套定额的工程单价。定额水平的测算方法一般有以下两种：

① 按工程类别比重测算。在定额执行范围内，选择有代表性的各类工程，分别以新旧定额对比测算，并按测算的年限，以工程所占比例加权，以考查宏观影响。

② 单项工程比较测算法。以典型工程分别用新旧定额对比测算，以考查定额水平升降及其原因。

5. 修改定稿、整理资料阶段

（1）印发征求意见　定额编制初稿完成后，需要征求各有关方面意见和组织讨论，反馈意见。在统一意见的基础上整理分类，制定修改方案。

（2）修改整理报批　按修改方案的决定将初稿按照定额的顺序进行修改，并经审核无误后形成报批稿，经批准后交付印刷。

（3）撰写编制说明　为顺利地贯彻执行定额，需要撰写新定额编制说明。其内容包括：项目、子目数量；人工、材料、机械的内容范围；资料的依据和综合取定情况；定额中允许换算和不允许换算规定的计算资料；工人、材料、机械单价的计算和资料；施工方法、工艺的选择及材料运距的考虑；各种材料损耗率的取定资料；调整系数的使用；其他应该说明的事项与计算数据、资料。

（4）立档、成卷　定额编制资料是贯彻执行定额中需查对资料的唯一依据，也为修编定额提供历史资料数据，应作为技术档案永久保存。

（六）预算定额编制的方法

1）确定预算定额的计量单位。

2）按典型设计图和资料计算工程数量。

3）确定预算定额各项目人工、材料和机械台班消耗指标。

4）编制定额表和拟定有关说明。

（七）人工工日消耗量的计算

人工的工日数可以有两种确定方法：一种是以劳动定额为基础确定；另一种是以现场观察测定资料为基础计算。遇到劳动定额缺项时，采用现场工作日写实等测时方法确定和计算定额的人工耗用量。

预算定额中人工工日消耗量是指在正常施工条件下，生产单位合格产品所必需消耗的人工工日数量，是由分项工程所综合的各个工序劳动定额包括的基本用工、其他用工两部分组成的。

1. 基本用工

基本用工指完成单位合格产品所必需消耗的技术工种用工。按技术工种相应劳动定额工时定额计算，以不同工种列出定额工日。基本用工包括：

1）完成定额计量单位的主要用工。按综合取定的工程量和相应劳动定额进行计算。公式如下：

$$基本用工=\sum(综合取定的工程量\times劳动定额) \tag{3-42}$$

2）按劳动定额规定应增加计算的用工量，预算定额中应按一定比例给予增加。

3）由于预算定额是以施工定额子目综合扩大的，包括的工作内容较多，施工的效果视具体部位而不一样，需要另外增加用工，列入基本用工内。

2. 其他用工

（1）超运距用工　超运距是指劳动定额中已包括的材料、半成品场内水平搬运距离与预算定额所考虑的现场材料、半成品堆放地点到操作地点的水平运输距离之差。

超运距 = 预算定额取定运距 − 劳动定额已包括的运距　　(3-43)

需要指出，实际工程现场运距超过预算定额取定运距时，可另行计算现场二次搬运费。

(2) 辅助用工　指技术工种劳动定额内不包括而在预算定额内又必须考虑的用工。

辅助用工 = ∑(材料加工数量 × 相应的加工劳动定额)　　(3-44)

(3) 人工幅度差　即预算定额与劳动定额的差额，主要是指在劳动定额中未包括而在正常施工情况下，不可避免但又很难准确计量的用工和各种工时损失。内容包括：

1) 各工种间的工序搭接及交叉作业相互配合或影响所发生的停歇用工。

2) 施工机械在单位工程之间转移及临时水电线路移动所造成的停工。

3) 质量检查和隐蔽工程验收工作的影响。

4) 班组操作地点转移用工。

5) 工序交接时对前一工序不可避免的修整用工。

6) 施工中不可避免的其他零星用工。

人工幅度差计算公式如下：

人工幅度差 = (基本用工 + 辅助用工 + 超运距用工) × 人工幅度差系数　　(3-45)

人工幅度差系数一般为 8%~15%。在预算定额中，人工幅度差的用工量列入其他用工量中。

(八) 材料消耗量的计算

1. 材料按消耗用途分类

材料消耗量是完成单位合格产品所必须消耗的材料数，按用途划分为以下四种：

(1) 主要材料　指直接构成工程实体的材料，其中也包括成品、半成品的材料。

(2) 辅助材料　也是构成工程实体除主要材料以外的其他材料。

(3) 周转性材料　指多次周转使用的不构成工程实体的摊销性材料。

(4) 其他材料　指用量较少，难以计量的零星用料。

2. 材料消耗量计算方法

1) 凡有标准规格的材料，按规范要求计算定额计量单位的耗用量。

2) 凡设计图标注尺寸及下料要求的按设计图尺寸计算材料净用量。

3) 换算法。各种配合比用料，可以根据要求条件换算，得出材料用量。

4) 测定法。包括实验室试验法和现场观察法。

新材料、新结构又不能用其他方法计算定额消耗用量时，需用现场测定方法来确定，根据不同条件可以采用写实记录法和观察法得出定额的消耗量。

材料损耗量，指在正常条件下不可避免的材料损耗，如现场内材料运输及施工操作过程中的损耗、施工现场堆放损耗。

其他材料的确定，一般按工艺测算，并在定额项目材料计算表内列出名称、数量，依编制期价格以其他材料占主要材料的比率计算，列在定额材料栏之下，定额内可不列材料名称及消耗量。

(九) 机械台班消耗量的计算

预算定额中的机械台班消耗量是指在正常施工条件下，生产单位合格产品(分部分项工程或结构构件）必须消耗的某种型号施工机械的台班数量。

1. 根据施工定额确定机械台班消耗量的计算

这种方法是指施工定额或劳动定额中机械台班产量加机械幅度差计算预算定额的机械台班消耗量。

机械台班幅度差一般包括正常施工组织条件下不可避免的机械空转时间，施工技术原因的中断及合理停滞时间，因供电供水故障及水电线路移动检修而发生的运转中断时间，因气候变化或机械本身故障影响工时利用的时间，施工机械转移及配套机械相互影响损失的时间，配合机械施工的工人因与其他工种交叉造成的间歇时间，因检查工程质量造成的机械停歇的时间，工程收尾和工作量不饱满造成的机械停歇时间等。

综上所述，预算定额的机械台班消耗量按下式计算：

预算定额机械耗用台班 = 施工定额机械耗用台班 ×（1 + 机械幅度差系数） (3-46)

凡单位价值在2000元以内，使用年限在2年以内的不构成固定资产的工具、用具等未进入定额，应在工程建设费用定额中考虑，如双轮手推车、焊接用的角相磨光机等。

2. 以现场测定资料为基础确定机械台班消耗量

如遇到施工定额（劳动定额）缺项者，则需要依据单位时间完成的产量测定。

二、全国统一安装工程预算定额的种类

现行的《全国统一安装工程预算定额》（以下简称《安装工程预算定额》）是由建设部组织参编单位修编的，共十三册，于2000年3月17日陆续发布施行（第十三册自2003年3月1日起实施）。

第一册 机械设备安装工程 GYD—201—2000
第二册 电气设备安装工程 GYD—202—2000
第三册 热力设备安装工程 GYD—203—2000
第四册 炉窑砌筑工程 GYD—204—2000
第五册 静置设备与工艺金属结构制作安装工程 GYD—205—2000
第六册 工业管道工程 GYD—206—2000
第七册 消防及安全防范设备安装工程 GYD—207—2000
第八册 给排水、采暖、燃气工程 GYD—208—2000
第九册 通风空调工程 GYD—209—2000
第十册 自动化控制仪表安装工程 GYD—210—2000
第十一册 刷油、防腐蚀、绝热工程 GYD—211—2000
第十二册 通信设备及线路工程 GYD—212—2000
第十三册 建筑智能化系统设备安装工程 GYD—213—2003

三、安装工程预算定额内容的有关说明及有关规定

（一）安装工程预算定额内容的有关说明

1.《安装工程预算定额》的适用范围和作用

定额适用于各类工业、民用新建、扩建项目的安装工程。

定额是完成规定计量单位分项工程计价所需的人工、材料、施工机械台班的消耗量标

准，是统一全国安装工程预算工程量计算规则、项目划分、计量单位的依据，是编制安装工程地区单位估价表、施工图预算、招标工程标底、投标报价、确定工程造价的依据，也是编制概算定额（指标）、投资估算指标和企业定额的基础，是安装施工企业进行经济核算、办理竣工结算的依据。

2.《安装工程预算定额》编制的依据

定额是依据现行有关国家的产品标准、设计规范、施工及验收规范、技术操作规程、质量评定标准和安全操作规程编制的，也参考了行业、地方标准以及有代表性的工程设计、施工资料和其他资料；它是参照目前国内大多数施工企业采用的施工方法、机械化装备程度、合理工期、施工工艺和劳动组织条件制定的。

3.《安装工程预算定额》的适用条件

定额是按正常的施工条件进行编制的，所谓正常的施工条件是指以下内容：

1）设备、材料、成品、半成品及构件完整无损，符合质量标准和设计要求，附有合格证书和试验记录。

2）安装工程和土建工程之间的交叉作业正常。

3）正常的气候、地理条件和施工环境。

4）安装地点、建筑物、设备基础、预留孔洞等均符合要求。

5）水电供应均满足安装施工正常使用要求。

当在非正常施工条件下施工时，如在高原、高寒地区及洞库、水下等特殊自然地理条件下施工，应根据有关规定增加其安装费用。

4. 安装工程预算定额的结构组成

安装工程预算定额的内容包括：总说明、册说明、目录、章说明、定额项目表、附录和附注。

（1）总说明　总说明主要阐述定额的编制依据、适用范围以及定额的作用，编制定额时已经考虑和没有考虑的因素，允许换算和不允许换算的内容，使用方法及有关规定等。

（2）册说明　册说明用来说明本册定额的适用范围、编制依据的标准和规范、定额各章节包括的内容、定额超高增加消耗量系数、高层和脚手架搭拆系数，以及定额不包括的内容。

（3）目录　利用目录便于检索和查阅各种定额条目。

（4）章说明　章说明主要介绍定额的适用范围、内容、计算规则以及有关定额系数的规定。

（5）定额项目表　定额项目表一般由工作内容、定额计量单位、项目表和附注组成，见表3-1。工作内容有时也称为工程内容，是说明该分节（项）中所包括的主要内容，一般列在定额项目表的表头左上方。定额计量单位一般列在表头右上方，一般为扩大数量级单位，如m、10m、100m等。定额项目表中，竖向排列为定额编号、项目名称、人工综合工日、材料、机械的消耗量指标及单价；横向排列着定额的具体编号、子项工程名称等。

（6）附录　一般置于定额表的后面，其主要内容有材料、元件等重量表、配合比表、损耗率表以及选用的一些价格表等，见表3-2。

表3-1 安装工程定额项目表形式

室内镀锌钢管(螺纹连接)

工作内容：打堵洞眼、切管、套丝、上零件、调直、栽钩卡及管件安装、水压试验。(计量单位:10m)

定额编号				8-87	8-88	8-89
项目				公称直径(mm以内)		
				15	20	25
名称		单位	单价/元	数量		
人工	综合工日	工日	23.22	1.830	1.830	2.200
材料	镀锌钢管 *DN*15	m	—	(10.200)	—	—
	镀锌钢管 *DN*20	m	—	—	(10.200)	—
	镀锌钢管 *DN*25	m	—	—	—	(10.200)
	室内镀锌钢管接头零件 *DN*15	个	0.800	16.370	—	—
	室内镀锌钢管接头零件 *DN*20	个	1.140	—	11.520	—
	室内镀锌钢管接头零件 *DN*25	个	0.850	—	—	9.780
	钢锯条	根	0.620	3.790	3.410	2.550
	砂轮片 ϕ400	片	23.800	—	—	0.050
	机油	kg	2.550	0.230	0.170	0.170
	铅油	kg	8.770	0.140	0.120	0.130
	线麻	kg	10.400	0.014	0.012	0.013
	管子托钩 *DN*15	个	0.480	1.460	—	—
	管子托钩 *DN*20	个	0.480	—	1.440	—
	管子托钩 *DN*25	个	0.530	—	—	1.160
	管卡子(单立管) *DN*25	个	1.340	1.640	1.290	2.060
	普通硅酸盐水泥32.5级	kg	0.340	1.340	3.710	4.200
	砂子	m^3	44.230	0.010	0.010	0.010
	镀锌钢丝8~12#	kg	6.140	0.140	0.390	0.440
	破布	kg	5.830	0.100	0.100	0.100
	水	t	1.650	0.050	0.060	0.080
机械	管子切断机 ϕ60~ϕ150	台班	18.290	—	—	0.020
	管子切断套丝机 ϕ159	台班	22.030	—	—	0.020
基价/元				66.45	66.72	82.51
其中	人工费/元			42.49	42.49	51.08
	材料费/元			22.96	24.23	31.40
	机械费/元			—	—	1.03

表3-2 安装工程定额附表形式 (计量单位:10m)

材料名称	*DN*15			*DN*20			*DN*25		
	用量	单价/元	金额/元	用量	单价/元	金额/元	用量	单价/元	金额/元
三通	3.17	1.05	3.33	3.82	1.61	6.15	3.00	2.66	7.98
弯头	11.00	0.76	8.36	3.46	1.11	3.84	3.82	1.70	6.49
补芯	—	—	—	2.77	0.68	1.88	1.51	1.10	1.66
管箍	2.20	0.64	1.41	1.42	0.82	1.16	1.41	1.30	1.83

（续）

材料名称	DN15			DN20			DN25		
	用量	单价/元	金额/元	用量	单价/元	金额/元	用量	单价/元	金额/元
四通	—	—	—	0.05	2.46	0.12	0.04	3.40	0.14
合计	16.37	—	13.10	11.52	—	13.15	9.78	—	18.10
综合单价/元	—	0.80	—	—	1.14	—	—	1.85	—

5. 定额系数

定额系数是定额的重要组成部分，是对安装项目在非正常的施工条件下的一种调整，其种类包括换算系数、子目系数、综合系数。

（1）换算系数　换算系数大部分是由于安装工作物的材质、几何尺寸或施工方法与定额子目规定不一致，而需进行调整的系数。换算系数一般都标注在各册的章节说明或工程量计算规则中，如安装前集中刷油，相应项目人工费乘以系数 0.7。

（2）子目系数　子目系数一般是对特殊的施工条件、工程结构等因素影响进行调整的系数，一般都标注在各册说明中。如超高增加费，高层建筑增加费，设置于管道间、管廊内的安装项目增加费，主体结构为现场浇筑采用钢模施工的工程增加费。

（3）综合系数　综合系数是针对专业工程特殊需要、施工环境等进行调整的系数，一般标注在总说明和各册说明中。如脚手架搭拆，采暖系统调整费，通风空调系统调整费，安装与生产同时施工增加费系数，有害身体健康环境中的施工增加费。

各系数的计算，一般按照先计算换算系数、再计算子目系数、最后综合系数的顺序逐级计算，且前项计算结果作为后项的计算基础。子目系数、综合系数发生多项可多项读取，一般不可在同级系数间连乘。各系数的计算，要根据具体情况，严格按定额的规定读取，切记不可重复或漏计。

[例 3-3]　某 15 层建筑，其采暖工程安装人工费为 30000 元，其中符合超高条件的人工费为 1000 元，求超高增加费、高层建筑增加费、采暖系统调整费、脚手架搭拆费和该工程的总人工费。（注：超高增加消耗量调整为 10%；高层建筑增加消耗量调整为 4%；脚手架搭拆费按人工费的 5% 计算，其中人工工资占 25%；采暖工程系统调整费按采暖工程人工费的 15% 计算，其中人工工资占 20%，计算结果保留两位小数）

解：1）超高增加费 = (1000 × 10%) 元 = 100.00 元

2）高层建筑增加费 = (30000 × 4%) 元 = 1200.00 元

3）采暖系统调整费 = [(30000.00 + 100.00 + 1200.00) × 15%] 元 = 4695.00 元

其中人工费 = (4695.00 × 20%) 元 = 939.00 元

4）脚手架搭拆费 = [(30000.00 + 100.00 + 1200.00) × 5%] 元 = 1565.00 元

其中人工费 = (1565.00 × 25%) 元 = 391.25 元

5）该工程总人工费 = (30000.00 + 100.00 + 1200.00 + 939.00 + 391.25) 元 = 32630.25 元

6. 超高增加费

超高增加费是指操作物高度超过定额规定范围以上的工程所要增加的降效费用。操作物的高度指：有楼层的以楼地面至安装物的距离；无楼层的按操作地点（或设计正负零）至操作物的距离。

超高增加费的计取方法是：以操作物高度在定额高度以上的那部分工程量的人工费乘以超高系数。也就是说，超高增加费只有安装高度超过定额高度的工程量才能计取，没有超过定额高度的工程量不能计取超高费。例如，电气设备安装工程预算定额，定额高度为 5m，若某建筑实际层高为 5.5m，要安装顶棚上的吸顶灯，安装高度超过了定额高度，因此应该以其人工费为基数，乘以规定的超高系数计取超高费；而同一建筑物内安装在墙上离地面 2.5m 处的壁灯和 1.5m 处的开关、插座等，因其安装高度没有超过定额高度，而不能计取超高增加费。

注意：各册章节中已说明包括超高内容的项目不再计算该系数。各册中的超高系数规定不一致，应按各册规定执行。另外，各省、市、自治区在执行时，为了计算方便，可能将计算基数按全部定额的人工费而不是超过人工费乘以系数计算超高费，当然所乘系数作了相应调整。

7. 高层建筑增加费

定额所指的高层建筑是指 6 层以上的多层建筑（不含 6 层），单层建筑物自室外设计正负零至檐口（或最高层楼地面）高度在 20m 以上（不含 20m）（不包括屋顶水箱间、电梯间、屋顶平台出入口等）的建筑物。

高层建筑增加费发生的范围是给水排水、采暖、燃气、通风空调、电气、消防及安全防范等工程。

费用内容为高层建筑施工增加的人工降效及材料垂直运输增加的人工费用。

高层建筑增加费费率的计算，是用 6 层以上（不含 6 层）或 20m（不含 20m）以上所需要增加的费用，除以包括 6 层或 20m 以下的全部工程人工费计算的。因此，在使用高层建筑增加费费率时，应以包括 6 层或 20m 以下全部工程人工费为计算基数。

以下情况不计取高层建筑增加费：

1）定额中已说明包括的不再计取，如电梯安装。

2）地下室部分不能计算层数和高度。

3）层高不超过 2.2m 时，不计层数。

4）屋顶单独水箱间、电梯间、屋顶平台出入口等。

5）同一建筑物有不同高度时，应分别按不同高度计取高层建筑增加费。

6）高层建筑物为坡屋顶时可按平均高度计算。

7）若层数不超过 6 层，但总高度超过 20m，可按层高 3.3m 折算层数。

高层建筑增加费可以和超高费同时计取。高层建筑增加费费率，各专业不同。

8. 脚手架搭拆及摊销费用

安装工程脚手架搭拆及摊销费用的计算与建筑工程不同，除在少部分定额子目中已计入此项费用外，其余均采用系数计算。各册在测算此系数时，均已作如下考虑：

1）各专业工程交叉作业施工时，可以互相利用脚手架的因素，如管道安装和仪表安装或电气电缆敷设，设备安装和设备保温，保温和刷油，采暖、照明与土建施工等，测算时已扣除可以重复利用的脚手架费用。

2）安装工程用的脚手架与土建所用的脚手架不尽相同，测算搭拆费用时，大部分是按简易架考虑。

3）施工时如部分或全部使用土建的脚手架时，作有偿使用处理。

脚手架搭拆费计费基数是工程全部人工费，因为取费系数是按全部工程人工费为计算基数而取定的。取费系数因专业不同，系数也不同具体系数将在各专业中加以介绍。

因为脚手架费用系数是综合取定的系数，因此，除定额中规定不计取脚手架费用者以外。不论工程实际是否搭设和拆除脚手架，也不论搭拆数量多少，均应按规定系数计取脚手架费用，包干使用，不得换算。

9. 安装与生产同时进行的增加费

安装与生产同时进行的增加费用，是指改扩建工程在生产车间或装置内施工，因生产操作或生产条件限制(如不准动火)干扰了安装工作正常进行而降效的增加费用。不包括为了保证安全生产和施工所采取的措施费用。如安装工作不受干扰的，不应计此项增加费用。

该费用按定额人工费的10%计取。

10. 在有害身体健康的环境中施工的增加费

在有害身体健康的环境中施工降效增加费用，是指在民法通则有关规定允许的前提下，改、扩建工程由于车间、装置范围内有害气体或高分贝的噪声超过国家标准，以致影响身体健康而降效的增加费用。不包括劳动保护条例规定应享受的工种保健费。

该费用按定额人工费的10%计取。

11. 特殊地区(或条件)施工的增加费

特殊地区(或条件)施工增加费，是指在高原、山区、高寒、高温、沙漠、沼泽地区施工，或在洞库内、水下施工需要增加的费用。由于我国幅员辽阔，自然条件复杂，地理环境变化很大，有的还难以作出全国统一规定，除定额有规定外，均应按省、自治区、直辖市的规定执行。

12. 定额人工、材料、机械台班消耗量

(1) 人工 定额中的人工工日不分列工种和技术等级，一律以综合工日表示。其综合人工工日消耗量包括基本用工、超运距用工和人工幅度差，

(2) 材料 规定如下：

1）定额中的材料消耗量，包括直接消耗在安装工作内容中的主要材料、辅助材料和临时材料等，并计入了材料从工地仓库、现场集中堆放地点或现场加工地点到操作或安装地点的运输损耗、施工操作损耗、施工现场堆放损耗。

2）定额内未注明单价的材料均为主材(主要材料)，或称为未计价材料。在定额项目表下方的材料表中，其消耗量数字用“( )”括起来的均为主材，括号内的材料数量是该项工程的消耗量，但其价值未计入基价。预算时应按括号内的数量按地区预算价格计算。另外，有的未计价材料是在附注中注明的，此时应根据设计用量加损耗量按地区预算价计算其价格。

3）辅助材料分规格型号以实物量表示，对一些用量少、价值低的材料，从简明适用、方便操作的原则出发，将其合并为其他材料费，以“元”表示计入材料费。

4）周转性材料、施工措施性消耗部分，按不同施工方法、不同材质分别列出一次使用量和一次摊销量。

(3) 施工机械台班 规定如下：

1）定额中的施工机械台班是按正常合理的机械配备和大多数施工企业的机械化程度综

合取定的。实际施工中品种、规格、型号、数量与定额不一致时，除其他章节另有说明者外，均不做调整。

2）凡单位价值在2000元以内，使用年限在两年以内的工具、用具，未进入定额，在费用定额中考虑。

(4) 场内运输 除各册内另有规定外，均按下列规定进行编制：

1）水平运输。指安装物自施工单位现场仓库或现场指定堆放地点运至安装地点的水平距离间的运输，设备水平运输按100m计；材料、成品、半成品按300m计。

2）垂直运输。指安装物自设备安装现场基准面运至安装位置的垂直距离间的运输。室内基准面以室内地平面正负零为准；室外基准面以安装现场地平面为基准面。

（二）设备与材料的有关规定

1. 设备与材料的划分

工程建设设备与材料的划分，直接关系到投资构成的合理划分、概预算的编制，以及施工产值的计算和百元工资含量的计取等，为了合理确定工程造价，加强建设过程投资的控制和管理，现对工程建设中设备与材料界限不清，特别是对通用性较强的有争议的共性问题提出划分原则。

(1) 安装工程设备与材料划分目的 包括以下几项：

1）在供应工作上分清职责，以免安装设备与安装材料发生漏项或重复。设备一般由建设单位供应，安装材料一般由施工单位供应。

2）建设单位、施工单位双方应分清管理范围，便于编制计划进行管理。凡属设备安装价目表以外设备本身所必需的材料，虽由施工单位供应，但费用系由设备费开支。凡属设备安装内的安装耗用材料费，概由施工单位开支，必须明确范围便于管理。

(2) 安装工程设备与材料划分原则 具体如下：

1）凡是经过加工制造，由多种材料和部件按各自用途组成独特结构，具有功能、容量及能量传递或转换性能的机器、容器和其他机械、成套装置等，均为设备。

设备分为需要安装与不需要安装的设备，及标准设备和非标准设备。

设备及其有机构成部分，一般包括以下各项：

① 标准设备(包括通用和专用设备)：指按国家规定的产品标准批量生产的、已进入设备系列的设备。

② 非标准设备：指国家未定型、使用量较少、非批量生产的特殊设备，而是由设计单位提供制造图，委托承制单位或施工企业在工厂或施工现场加工制作的设备。

③ 各种设备的本体及随设备到货的配件、备件和附属于设备本体制作成型的梯子、平台、栏杆、管道等。

④ 各种计量器、控制仪表等、实验室内的仪器设备及属于设备本体部分的仪器仪表等(不包括独立安装的一次仪表)。

⑤ 附属于设备本体的油类、化学药品等视为设备的组成部分。

⑥ 用于生产或生活或附属于建筑物的有机构成部分的水泵、锅炉及水处理设备、电气、通风设备等。

2）为完成建筑、安装工程所需的经过工业加工的原料，以及在工艺生产过程中不起单元工艺生产作用的设备本体以外的零配件、附件、成品、半成品等，均为材料。

材料一般包括以下各项：

① 不属于设备配套供货，需由施工企业自行加工制作或委托加工制作的平台、梯子、栏杆及其他金属构件等，以及以成品、半成品形式供货的管道、管件、阀门、法兰等。

② 各种本体以外的充填物，防腐、绝热及建筑、安装工程所需的其他材料。

③ 按现场实际情况，规模小、价值低的设备，如灯泡、电铃等。

2. 设备分类

(1) 按实物形态分类　分为需要安装设备和不需要安装设备。

1) 需要安装设备是指必须将其整体或几个部位装配起来，安装在基础上或建筑物支架上才能使用的设备，如发电机、变压器、各种泵、机床等。有的虽不需要基础，但必须进行组装，并在一定范围内使用，如生产用电铲、塔式起重机、带式运输机等。

2) 不需要安装设备是指不必固定在一定位置或支架上就可以使用的各种设备，如电焊机、汽车、机车等。

(2) 按购入渠道分类　分为国内设备(标准设备和非标准设备)和引进设备。

3. 设备预算价格及其组成因素

设备预算价格是指设备由出厂地点(或调拨地点)运到工地仓库(或堆放地点)后的出库价格。

设备预算价格由设备原价、供销部门手续费、包装费、运输费和采购及保管费等因素组成。由于编制预算时，对设计中采用的设备来源地尚不能完全确定，所以不能按每一费用因素计算设备预算价格，只能将设备预算价分为原价和运杂费两个费用因素。

从目前看，在工业建设中，设备预算价格占总投资的30%~50%，有的可达到整个投资的50%~70%。不难看出，如果能控制设备预算价格也能达到控制造价的目的。一般工程实行设备招标投标，招标单位列出招标设备清单和技术要求、设计图，投标单位对感兴趣的进行投标报价。

(三) 设备原价确定

1. 国内标准设备原价的确定

国内标准设备原价是按照物价管理权限由中央或地方规定的出厂价格规定的。其规定方法分别为：

1) 国家发改委及中央各主管部门颁发的产品出厂价格。

2) 各省、市、自治区颁发的地方产品出厂价格。

3) 当地机电供应公司的产品供应价格。

4) 各种制造厂新产品计划价格。

5) 根据上述资料无法取定者，可参考类似设备价格。

6) 改建企业利用原有设备时，不另行计算设备原价；如需修配或改装时，则可将修配或改装费用作为原价。

7) 调用其他企业的设备或动用库存设备时，可以调拨价格作为原价。

提示：对主要设备或影响造价较大的设备，可进行实地调查和了解后，按实际价格编入概预算。

2. 国内非标准设备原价的确定

(1) 非标准设备的特点　具体如下：

1）没有定型和不成系列的设备。

2）需要单独设计或特殊订货的设备。

3）一般是不定点生产的设备。

（2）非标准设备的类型 具体如下：

1）特殊专业工艺需要的设备和特殊重型设备。

2）金属结构类型的各种容器、槽罐和异型工业炉的壳体等。

3）有的非标名称虽与标准设备名称相同，但在规格上有所不同，需要单独设计和制作，如特殊规格的皮带运输机等。

（3）计算非标设备价格的依据 非标设备原价一般按照设备的设计类型、规格、重量、材质及精密程度等条件，按各部门、各地区规定办法确定；还可参照当地有关非标设备制作估价表的规定和设计部门积累的非标设备价格资料和类似设备的价格确定。

四、安装工程预算定额基价

安装工程预算定额基价是安装工程预算定额中子目三项消耗量指标在定额编制中心地区的货币形态表现。其表达式如下：

$$\text{定额(子目)基价} = \text{人工费} + \text{材料费} + \text{施工机械使用费} \tag{3-47}$$

式中

$$\text{人工费} = \sum(\text{定额(子目)人工工日数量} \times \text{人工日工资标准}) \tag{3-48}$$

$$\text{材料费} = \sum(\text{定额(子目)材料用量} \times \text{材料预算价格}) \tag{3-49}$$

$$\text{机械使用费} = \sum(\text{定额(子目)机械台班用量} \times \text{机械台班单价}) \tag{3-50}$$

此定额基价中材料费为辅助材料（计价材料）价格，不包含安装所用材料中的主材（未计价材料）价格，主材价格计算方法为：

$$\text{主材定额(子目)价格} = \text{主材定额(子目)消耗量} \times \text{主材预算价格} \tag{3-51}$$

1. 定额计价的基本程序

在我国，长期以来在工程价格形成中采用定额计价模式，即按预算定额规定的分部分项子目逐项计算工程量，套用预算定额单价（或单位估价表）确定直接费，然后按规定的取费标准确定其他直接费、现场经费、间接费、计划利润和税金，加上材料调差系数和适当的不可预见费，经汇总后即为工程预算或标底，而标底则作为评标定标的主要依据。

以定额单价法确定工程造价，是我国采用的一种与计划经济相适应的工程造价管理制度。定额计价实际上是国家通过颁布统一的估算指标、概算指标，以及概算、预算和有关定额，来对建筑产品价格进行有计划的管理。国家以假定的建筑安装产品为对象，制定统一的预算和概算定额。计算出每一单元子项的费用后，再综合形成整个工程的价格。

可以看出，编制建设工程造价最基本的过程有两个：工程量计算和工程计价，为统一口径，工程量的计算均按照统一的项目划分和工程量计算规则计算。工程量确定以后，就可以按照一定的方法确定出工程的成本及盈利，最终就可以确定出工程预算造价（或投标报价）。定额计价方法的特点就是量与价结合的问题。预算的单位价格的形成过程，就是依据预算定额所确定的消耗量乘以定额单价或市场价，经过不同层次的计算达到量与价的最优结合的过程。

可用以下公式进一步表明确定建筑产品价格定额计价的基本方法和程序：

定额基价 = 人工费 + 材料费 + 施工机械使用费

直接工程费 = ∑(工程量 × 定额基价) + 其他直接费 + 现场经费

单位工程预算造价 = 单位直接工程费 + 间接费 + 利润 + 税金

单项工程概算造价 = 单位工程概预算造价 + 设备及工具、器具购置费

建设项目全部工程概算造价 = 单项工程的概算造价 + 有关的其他费用 + 预备费

2. 人工单价的组成

人工单价是指一个建筑安装生产工人一个工作日在预算中应计入的全部人工费用。它基本上反映了建筑安装生产工人的工资水平和一个工人在一个工作日中可以得到的报酬。合理确定人工工日单价是正确计算人工费和工程造价的前提和基础。

生产工人的人工工日单价由基本工资、工资性津贴、辅助工资、劳动保护费、职工福利费组成。

人工工日单价组成内容，在各部门、各地区并不完全相同，或多或少，但都执行岗位技能工资制度，以便更好地体现按劳取酬和适应市场经济的需要。人工工日单价中的每一项内容都是根据有关法规、政策文件的精神，结合本部门、本地区的特点，通过反复测算最终确定的。

3. 材料预算价格的组成

在建筑工程中，材料费占总造价的60%~70%，在金属结构工程中所占比重还要大，是工程直接费的主要组成部分。因此，合理确定材料预算价格构成，正确编制材料预算价格，有利于合理确定和有效控制工程造价。

材料的预算价格是指材料(包括构件、成品及半成品等)从其来源地(供应者仓库或提货地点)到达施工工地仓库(施工地点内存放材料的地点)后出库的综合平均价格。材料预算价格一般由材料原价、供销部门手续费、包装费、运杂费、采购及保管费组成。

4. 施工机械台班单价的组成

施工机械使用费是根据施工中耗用的机械台班数量和机械台班单价确定的。施工机械台班耗用量按预算定额规定计算；施工机械台班单价是指一台施工机械，在正常运转条件下一个工作班中所发生的全部费用，每台班按 8h 工作制计算。正确制定施工机械台班单价是合理控制工程造价的重要方面。

施工机械台班单价由多项费用组成，包括折旧费、大修理费、经常修理费、安拆费及场外运费、燃料动力费、人工费、养路费及车船使用税等。

五、安装工程单位估价表

1. 安装工程单位估价表的概念

安装工程单位估价表是将定额规定的人工、材料、施工机械台班的消耗数量，按照本地区的工资标准、材料预算价格和施工机械台班单价，计算出以货币形式表示的各部分分项工程或结构构件的单位价格。有些地区也叫价目表或基价表。

单位估价表的内容由两部分组成。一是统一定额规定的人工、材料、施工机械台班的数量，即合计用工数量和消耗量；二是预算价格，即与上述三种数量相对应的三种价格，这三种价格是工资标准、材料预算价格和施工机械台班费单价。编制地区单位估价表就是把预算定额中的“三量”与“三价”分别结合(相乘)起来得出“三费”，即人工费、材料费、施

工机械台班费。“三费”之和构成该分项工程的“基价”。

预算定额给出的是完成单位合格产品消耗的人工、材料、施工机械台班的数量标准，不含有价格因素。但为了使定额能够在本地区迅速实施或减少编制费用等，作为定额编制的权威机构在发布定额时往往带有所辖区域的统一基本价格(基价)。例如，《全国统一安装工程预算定额》中在规定了“三量”的同时也发布编制定额地点(北京市)与上述三种数量相对应的“三价”;《全国统一建筑工程基础定额》只规定了“三量”，在执行地区(各省、市、自治区)根据这三个标准，用本地区的相应“三价”编制出该地区的单位估价表。所以预算定额是估价表编制的依据，而估价表是量与价结合的产物。估价表仅代表该地区的价格，地区性很强，不能跨地区使用。因此安装工程预算定额基价与安装工程单位估价表的性质是一样的。

在实行工程量清单计价后，采用了综合单价法计价，综合单价法为不完全费用单价法，完全费用单价法是在综合单价的基础上增加了规费、税金等工程造价内容的扩展。具体内容组成为:

$$综合单价 = 工料单价 + 管理费用 + 利润 \tag{3-52}$$

$$完全费用单价 = 工料单价 + 管理费用 + 利润 + 规费 + 税金 \tag{3-53}$$

2. 定额基价与市场价

定额基价是通过预算定额量确定安装预算要素直接费的基本计价依据，是传统预算编制制度中采用工料单价法编制工程预算的重要文件。我国建设工程预算制度中长期采用工料单价法编制预算，是因为在价格比较稳定或价格指数比较完整、准确的情况下，有可能编制出地区的统一工程单价，以简化预算编制工作。它属于计划价格，是国家或地方价格管理部门有计划地制定和调整的价格。市场价格则是市场经济规律作用下的市场成交价，是完整商品意义上的商品价值的货币表现。它属于自由价格，是受市场调节价制约的一种市场价。

在建筑安装工程的预算编制中，工程定额基价与市场价既有联系又有区别。它们的区别就在于：工程定额基价比较稳定，便于按照规定的编制程序进行工程造价或价格的确定，有利于投资预测和企业经济核算，即“两算对比”，但是它管得过严、过死，不适应市场竞争和企业自主定价的要求，不能及时反映建筑产品价值变化和供求变化；而市场价与工程定额基价相比，则比较灵活，能及时反映建筑市场行情，商品价值量和市场供求价格符合以市场形成价格为主的价格机制要求，有利于要素资源的合理配置和企业竞争，但是它往往带有一定的自发性和盲目性。为克服市场价的消极影响，需以价格手段，如发布建筑材料价格信息、市场指导价等来调控市场价。它们的联系主要表现在：作为两种不同的价格形式，它们在国民经济中的功能、作用是一致的，都具有表现商品价值、经济核算和经济调节职能。

3. 单位估价表编制方法

(1) 编制依据 具体如下：

1) 预算定额。单位估价的分项是根据定额的分项划分的，所以定额子目单价的编号、名称、计量单位的确定均以相应的定额为依据。其次，分部分项工程的人工、材料和机械台班消耗的种类和数量，也是依据相应的定额。

2) 人工单价、材料预算价格和机械台班单价。除了要依据预算定额确定分部分项工程的工、料、机的消耗数量外，还必须依据上述三项“价”的因素，才能计算出分部分项工程的人工费、材料费和机械费，进而计算出工程单价。

（2）单位估价表的编制方法　单位估价表的编制方法，简单地说就是工、料、机的消耗量和工、料、机单价的结合过程。计算公式：

$$\text{分部分项工程基本直接费单价(基价)} = \text{单位分部分项工程人工费} + \text{材料费} + \text{机械使用费} \tag{3-54}$$

式中

$$\text{人工费} = \sum(\text{人工工日用量} \times \text{人工日工资单价}) \tag{3-55}$$

$$\text{材料费} = \sum(\text{各种材料耗用量} \times \text{材料预算价格}) \tag{3-56}$$

$$\text{机械使用费} = \sum(\text{机械台班用量} \times \text{机械台班单价}) \tag{3-57}$$

单位估价表是在地区范围统一编制和统一使用的工程单价。地区预算的工程单价是以统一地区单位估价表形式出现的。地区统一单位估价表编制出来以后，就形成了地区统一的工程单价。这种统一工程单价是依据现行定额和当地、当时的价格水平编制的，具有相对的稳定性，但是为了适应市场价格的变动，在编制预算时，必须根据价格修正系数对固定的工程单价进行修正。修正后的工程单价乘以根据设计图计算出来的工程量，就可以获得符合实际市场情况的工程的基本直接费。

编制单位估价表方法主要是加权平均法。要使编制出的定额基价能适应该地区的所有工程，就必须全面考虑各个影响定额基价的因素对所有工程的影响。一般说，在一个地区范围内影响定额基价的因素有些是统一的，也比较稳定，如预算定额、工资单价、机械台班单价等。不统一、不稳定的因素主要是材料预算价格。因为同一种材料由于原价不同、交货地点不同、运输方式和运输地点不同，以及工程所在的地点和区域不同，所形成的材料预算价格也不同。所以要编制地区单价，就要综合考虑上述因素，采用加权平均法计算出地区统一材料预算价格。

材料预算价格的组成因素，按有关部门规定，供销部门手续费、包装费、采购及保管费的费率，在地区范围内是相同的。材料原价一般也基本相同。因此，编制地区性统一材料预算价格的主要问题是材料运输费。

就一个地区看，每种材料运输费都可以分为两部分。一部分是自发货地点至当地一个中心点的运输费；而另一部分是自这一中心点至各用料地点的运输费。与此相适应，材料运输费也可以分为长途(外地)运输费和短途(当地)运输费。对于这两部分运输费，要分别采用加权平均法计算出平均运输费。

计算长途运输的平均运输费，主要应考虑：由于供应者不同而引起的同一材料的运距和运输方式不同；每个供应者供应的材料数量不同。采用加权平均法计算其平均运输费的公式如下：

$$T_A = (Q_1T_1 + Q_2T_2 + \cdots + Q_nT_n)/(Q_1 + Q_2 + \cdots + Q_n) = R_1T_1 + R_2T_2 + \cdots + R_nT_n \tag{3-58}$$

式中　T_A——平均长途运输费；

Q_1，Q_2，…，Q_n——自各不同交货地点起运的同一材料数量；

T_1，T_2，…，T_n——自各交货地点至当地中心点的同一材料运输费；

R_1，R_2，…，R_n——自各交货地点起运的材料占该种材料总量的比例。

计算当地运输的平均运输费，主要应考虑从中心仓库到各用料地点的运距不同对运输费的影响和用料数量。计算方法和长途运输基本相同，公式如下：

$$T_B = M_1C_1 + M_2C_2 + \cdots + M_nC_n \tag{3-59}$$

式中　T_B——平均当地运输费；

M_1，M_2，…，M_n——各用料地点对某种材料需要量占该种材料总量的比例；

C_1，C_2，…，C_n——自当地中心仓库至各用料地点的运输费。

$$材料平均运输费 = T_A + T_B \tag{3-60}$$

如果原价不同，也可以采用加权平均法计算。

把经过计算的各项因素相加，就是地区材料预算价格。

单位估价表是建立在定额和统一地区材料预算价格的基础上的。当这个基础发生变化时，定额基价也就相应地变化。在一定时期内定额基价应具有相对稳定性。不断研究和改善地区单价和地区材料预算价格的编制和管理工作，并使之具有相对稳定的基础，是加强预算管理，提高基本建设管理水平和投资效果的客观要求。

复 习 题

1. 什么是定额？什么是安装工程定额？
2. 定额的作用有哪些？
3. 定额的性质是什么？
4. 工程建设定额的分类有哪几种？各自是如何划分的？
5. 施工定额由哪三部分组成？
6. 工人工作时间按消耗性质分为几类？各自的内容有哪些？
7. 测定时间消耗的基本方法是什么？如何测时？
8. 什么是企业定额？有何特点？
9. 企业定额的作用有哪些？编制原则是什么？
10. 安装工程预算定额与施工定额的区别是什么？
11. 设备与材料的划分原则是什么？

4

第四章

工程量清单及计价

第一节　工程量清单计价概述

工程量清单计价方法是一种区别于定额计价模式的新计价模式，是一种主要由市场定价的计价模式，是由建设产品的买方和卖方在建设市场上根据供求状况、信息状况进行自由竞价，从而最终能够签订工程合同价格的方法。因此，可以说工程量清单的计价方法是在建设市场建立、发展和完善过程中的必然产物。为推行工程量清单计价模式，原建设部标准定额研究所于2003年编制完成《建设工程工程量清单计价规范》(GB 50500—2003)，经建设部批准为国家标准，于2003年7月1日正式施行。2008年，住建部推出新版《建设工程工程量清单计价规范》(GB 50500—2008,以下简称为《计价规范》)，标志着我国工程量清单计价方法的应用逐渐完善。从定额计价方法到工程量清单计价方法的演变是伴随着我国建设产品价格的市场化过程进行的。

一、实行工程量清单计价的目的和作用

(一) 实行工程量清单计价的目的

1）实行工程量清单计价，是工程造价深化改革的产物。

2）实行工程量清单计价，是规范建设市场秩序，适应社会主义市场经济发展的需要。

3）实行工程量清单计价，是为促进建设市场有序竞争和企业健康发展的需要。

4）实行工程量清单计价，有利于我国工程造价管理方面政府职能的转变。

5）实行工程量清单计价，是适应我国加入世界贸易组织(WTO)，融入世界大市场的需要。

(二) 实行工程量清单计价的作用

1）实行工程量清单计价，为投标单位提供一个平等的竞争条件。

2）实行工程量清单计价，满足市场经济条件下竞争的需要。

3）实行工程量清单计价，有利于提高工程计价效率，能真正实现快速报价。

4）实行工程量清单计价，有利于工程款的拨付和工程造价的最终结算。

5）实行工程量清单计价，有利于业主对投资的控制。

二、《计价规范》的编制与修订的指导思想和原则

（一）编制与修订的指导思想

《计价规范》是根据《建筑法》《合同法》《招标投标法》以及《关于审理建设工程施工合同纠纷案件适用法律问题的解释》(法释[2004]14号)，结合我国工程造价管理现状，总结有关省市工程量清单计价实施的经验，参照国际上有关工程量清单计价通行的做法编制而成的。编制中遵循的指导思想是按照政府宏观调控、企业自主报价、市场竞争形成价格的要求，创造公平、公正、公开竞争的市场环境，以建立全国统一、开放、健康、有序的建设市场，既要与国际惯例接轨，又考虑我国的实际。

（二）编制与修订的主要原则

1. 充分考虑到我国建设市场的实际情况，体现国情

按照“政府宏观调控，企业自主报价，市场形成价格，加强市场监督”的改革思路，在发展和完善社会主义市场经济体制的要求下，对工程建设领域中施工阶段发、承包双方的计价，适宜采用市场定价的充分放开，政府监管不越位；在现阶段还需政府宏观调控的，政府监管一定不缺位，并且切实做好。因此，《计价规范》在安全文明施工费、规费等计取上，规定了不允许竞价；在应对物价波动对工程造价的影响上，较为公平地提出了发、承包双方共担风险的规定。避免了招标人凭借工程发包中的有利地位无限制地转嫁风险的情况，同时遏制了施工企业以牺牲职工切身利益为代价在市场竞争中的不良降价行为。

2. 与现行预算定额既有机结合又有所区别的原则

《计价规范》在编制过程中，以现行的“全国统一工程预算定额”为基础，特别是在项目划分、计量单位、工程量计算规则等方面，尽可能多地与定额衔接。原因主要是，预算定额是我国几十年实践的总结，其内容具有一定的科学性和实用性。《计价规范》与工程预算定额有所区别的主要原因是：预算定额是按照计划经济的要求制订、发布并贯彻执行的，其编制原则有许多是不适应《计价规范》编制指导思想的，主要表现在：

1）定额项目是国家规定以工序为划分项目的原则。

2）施工工艺、施工方法是根据大多数企业的施工方法综合取定的。

3）定额中工、料、机消耗量是根据“社会平均水平”综合测定的。

4）取费标准是根据不同地区平均测算的。因此，企业报价时就会表现为平均主义，企业不能结合项目具体情况、自身技术管理水平自主报价，不能充分调动企业加强管理的积极性。

3. 既考虑我国工程造价管理的现状，又尽可能与国际惯例接轨的原则

《计价规范》要根据我国当前工程建设市场发展的形势，逐步解决定额计价中与当前工程建设市场不相适应的因素，适应我国社会主义市场经济发展的需要，适应与国际接轨的需要，积极稳妥地推行工程量清单计价。因此，在编制中，既借鉴了英联邦国家和香港地区以及世界银行和菲迪克(FIDIC)条款所规定的一些通用做法，同时，也结合了我国现阶段的具体情况。如实体项目的设置结合了当前按专业设置的一些情况；有关名词尽量沿用国内习惯，如“措施项目”就是国内的习惯叫法，国外叫做“开办项目”；措施项目的内容借鉴了部分国外的规定。

三、《计价规范》的主要内容

（一）工程量清单计价的一般概念

1. 工程量清单计价方法

工程量清单计价方法，是建设工程招标投标中，招标人按照国家统一的工程量计算规则或委托其有相应资质的工程造价咨询人编制反映工程实体消耗和措施消耗的工程量清单，由投标人依据工程量清单自主报价，经评审低价中标的工程造价的计价方式。

2. 工程量清单

工程量清单是表现拟建工程的分部分项工程项目、措施项目、其他项目、规费项目和税金项目名称及其相应工程数量等的明细清单，它由招标人按照《计价规范》附录中统一的项目编码、项目名称、项目特征、计量单位和工程量计算规则进行编制，包括分部分项工程量清单、措施项目清单、其他项目清单、规费项目清单和税金项目清单。

3. 工程量清单计价

工程量清单计价是指投标人完成由招标人提供的工程量清单所需的全部费用，包括分部分项工程费、措施项目费、其他项目费和规费、税金。

（二）《计价规范》各章、节、附录的内容

《计价规范》主要由正文和附录两大部分构成，两者具有同等效力。正文共分五章，包括总则、术语、工程量清单编制、工程量清单计价、工程量清单计价表格。分别就《计价规范》的适用范围、遵循的原则、工程量清单编制的规则、工程量清单计价活动的规则、工程量清单及其计价的格式作出了明确规定。

附录包括：附录A建筑工程工程量清单项目及计算规则，附录B装饰装修工程工程量清单项目及计算规则，附录C安装工程工程量清单项目及计算规则，附录D市政工程工程量清单项目及计算规则，附录E园林绿化工程工程量清单项目及计算规则，附录F矿山工程工程量清单项目及计算规则。

四、《计价规范》的特点

1. 强制性

强制性主要表现在两方面：一是由建设主管部门按照强制性国家标准的要求批准发布，规定全部使用国有资金或国有资金投资为主的大中型建设工程必须采用工程量清单计价；二是明确工程量清单是招标文件的组成部分，规定招标人在编制工程量清单时必须遵守的规则，做到“五统一”，即统一项目编码、统一项目名称、统一项目特征、统一计量单位、统一工程量计算规则，并明确工程量清单应作为编制招标控制价、投标报价、计算工程量、支付工程款、调整合同价款、办理竣工结算以及工程索赔等的依据之一，为建立全国统一的建设市场和规范计价行为提供了依据。

2. 竞争性

在《计价规范》中从政策性规定到一般内容的具体规定，都充分体现了工程造价由市场竞争形成价格的原则。一是《计价规范》中的措施项目，在工程量清单中只列“措施项目”一栏，具体采用什么措施，由投标人根据企业的施工组织设计，视具体情况报价。二是《计价规范》中人工、材料和施工机械没有具体的消耗量，为企业报价提供了自主的空间，投标

企业可以依据企业的定额和市场价格信息，也可以参照建设行政主管部门发布的社会平均消耗量定额，按照《计价规范》规定的原则和方法进行投标报价，将报价权交给了企业，必然促使企业提高管理水平，引导企业学会编制企业自己的消耗量定额，适应市场竞争投标报价的需要。

3. 通用性

我国采用的工程量清单计价是与国际惯例接轨的，它符合工程量计算方法标准化、工程量计算规则统一化、工程造价确定市场化的要求。我国颁布的国家标准《计价规范》与国际通行的工程量清单计价、工程量清单的编制是基本一致的，工程量计算方法和计算规则是基本一致的，工程量清单计价原则是基本一致的，工程量清单及其计价是基本一致的。

4. 实用性

工程量清单项目及计算规则的项目名称表现的是工程实体项目，项目名称明确清晰，工程量计算规则简洁明了；特别还列有项目特征和工程内容，易于编制工程量清单时确定具体项目名称和投标报价。新规范修订了原规范中不尽合理、可操作性不强的条款及表格格式，补充完善了采用工程量清单计价如何编制工程量清单和招标控制价，以及合同价款约定、工程计量与价款支付、工程价款调整、索赔、竣工结算、工程计价争议处理等内容。新规范可操作性强，使用方便。

五、《计价规范》中的术语

1. 工程量清单

建设工程的分部分项工程项目、措施项目、其他项目、规费项目和税金项目的名称和相应数量等的明细清单。

2. 项目编码

分部分项工程量清单项目名称的数字标识。

3. 项目特征

构成分部分项工程量清单项目、措施项目自身价值的本质特征。

4. 综合单价

完成一个规定计量单位的分部分项工程量清单项目或措施清单项目所需的人工费、材料费、施工机械使用费和企业管理费与利润，以及一定范围内的风险费用。

5. 措施项目

为完成工程项目施工，发生于该工程施工准备和施工过程中的技术、生活、安全、环境保护等方面的非工程实体项目。

6. 暂列金额

招标人在工程量清单中暂定并包括在合同价款中的一笔款项。用于施工合同签订时尚未确定或者不可预见的所需材料、设备、服务的采购，施工中可能发生的工程变更、合同约定调整因素出现时的工程价款调整以及发生的索赔、现场签证确认等的费用。

7. 总承包服务费

总承包人为配合协调发包人进行的工程分包自行采购的设备、材料等进行管理、服务以及施工现场管理、竣工资料汇总整理等服务所需的费用。

8. 计日工

在施工过程中，完成发包人提出的施工图以外的零星项目或工作，按合同中约定的综合单价计价。

9. 企业定额

施工企业根据本企业的施工技术和管理水平而编制的人工、材料和施工机械台班等的消耗标准。

第二节　工程量清单价格的构成

工程量清单应由具有编制能力的招标人或受其委托，具有相应资质的工程造价咨询人编制，编制工程量清单时，应按照《计价规范》和招标文件的有关规定，根据建设工程设计文件及施工现场实际情况，将拟建招标工程全部项目和内容按工程部位性质等列在清单上作为招标文件的组成部分。采用工程量清单方式招标，工程量清单必须作为招标文件的组成部分，其准确性和完整性由招标人负责。工程量清单是工程量清单计价的基础，应作为编制招标控制价、投标报价、计算工程量、支付工程款、调整合同价款、办理竣工结算以及工程索赔等的依据之一。

采用工程量清单计价，建设工程造价由分部分项工程费、措施项目费、其他项目费、规费和税金组成。

一、分部分项工程费

分部分项工程费是指完成在工程量清单列出的分部分项清单工程量所需的费用。包括：人工费、材料费(消耗的材料费总和)、机械使用费、管理费、利润以及风险费。

二、措施项目费

措施项目费应根据拟建工程的施工组织设计编制。可以计算工程量的措施项目，应按分部分项工程量清单的方式采用综合单价计价；其余的措施项目可以“项”为单位的方式计价，应包括除规费、税金外的全部费用。

措施项目清单中的安全文明施工费应按照国家或省级、行业建设主管部门的规定计价，不得作为竞争性费用。

三、其他项目费

其他项目费是指暂列金额、暂估价(包括材料暂估单价、专业工程暂估价)、计日工、总承包服务费金额的总和。

四、规费

规费是指省级政府和省级有关权力部门规定必须缴纳的费用的总和。

五、税金

税金是指国家税法规定的应计入建筑安装工程造价内的营业税、城市维护建设税及教育费附加费用等的总和。

工程量清单计价的建筑安装工程费用构成如图4-1所示。

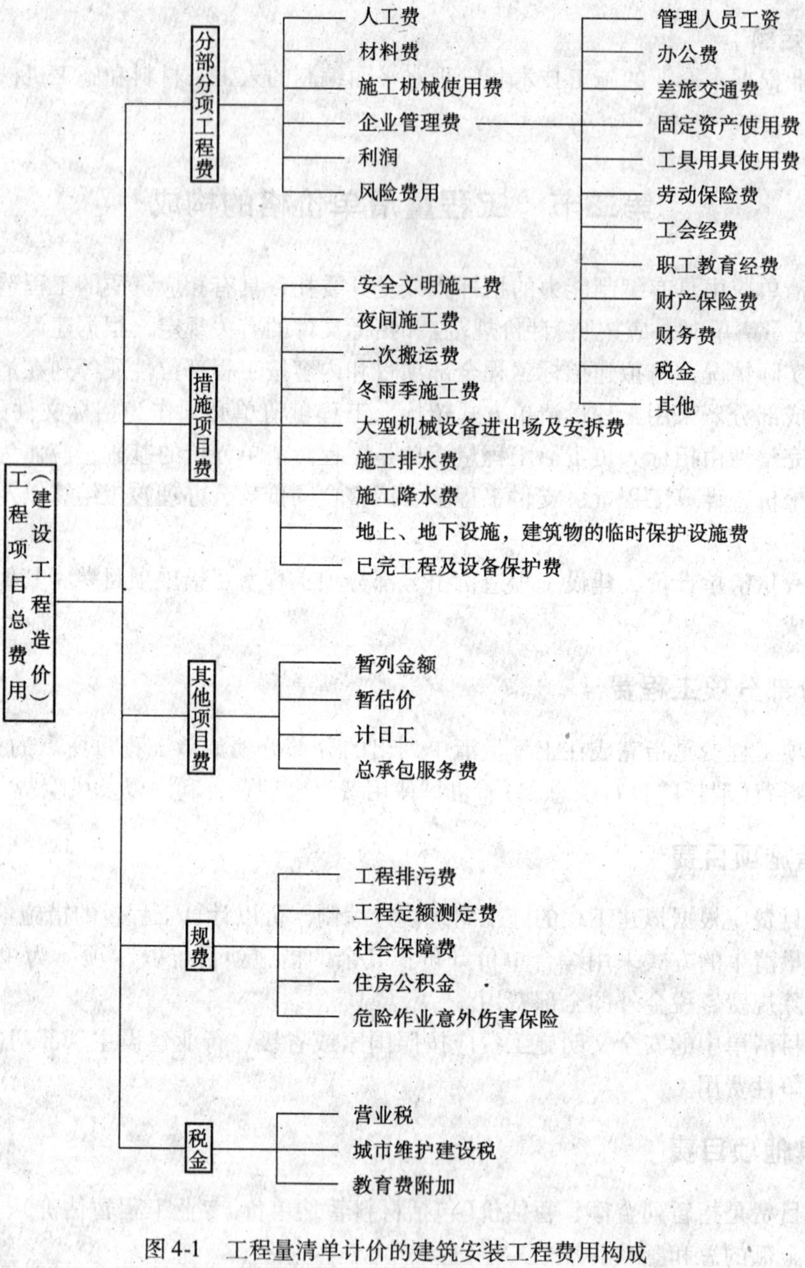

图4-1 工程量清单计价的建筑安装工程费用构成

第三节 工程量清单计价

建筑安装工程直接工程费是指在工程施工过程中直接耗费的构成工程实体和有助于工程实体形成的各项费用。它包括人工费、材料费和施工机械使用费。

一、分部分项工程费用计算

（一）人工费的计算

人工费是指直接从事于建筑安装工程施工的生产工人开支的各项费用。它的内容包括：

1）生产工人的基本工资。

2）工资性补贴。

3）生产工人的辅助工资。

4）职工福利。

5）生产工人劳动保护费。

6）住房公积金。

7）劳动保险费、医疗保险费。

8）危险作业意外伤害保险。

9）工会费用。

10）职工教育经费。

人工费中不包括管理人员（一般包括项目经理、施工队长、工程师、技术员、财会人员、预算人员、机械师等）、辅助服务人员（一般包括生活管理员、炊事员、医务员、翻译员、小车驾驶员和勤杂人员等）、现场保安等的开支费用。

在承包工程中，不论承包合同的类型如何，几乎在所有承包商的激烈竞争中，人工费的高低都是一个至关重要的竞争手段，业主考察承包商的水平，也首先考察人工费的高低。

根据工程量清单“彻底放开价格”和“企业自主报价”的特点，结合当前我国建筑市场的状况，以及现今各投标企业的投标策略，人工费的计算方法主要有两种模式。

1. 用现行的预算定额计价

利用现行的预算定额计算人工费的方法是：根据工程量清单提供的清单工程量，利用现行的预算定额计算出完成各个分部分项工程量清单的人工费，然后根据本企业的实力及投标策略，对各个分部分项工程量清单的人工费进行调整，汇总计算出整个投标工程的人工费。其计算公式为：

$$人工费=\sum(预算定额中人工工日消耗量\times相应等级的日工资单价) \tag{4-1}$$

这种方法是当前我国大多数投标企业所采用的人工费计算方法，具有简单、易操作、速度快并有配套软件支持的特点。其缺点是竞争力弱，不能充分发挥企业的特长。

2. 动态计价方法

这种计价方法适用于实力雄厚、竞争力强的企业，也是国际上比较流行的一种报价方式。

动态的人工计价费用的计算方法是：首先，根据工程量清单提供的清单工程量，结合本企业的人工效率和企业定额，计算出投标工程消耗的工日数；其次，根据现阶段企业的经济、人力、资源状况和工程所在地的实际生活水平以及工程的特点计算工日单价；然后，根据劳动力来源及人员比例计算综合工日单价，最后计算人工费。其计算公式为：

$$人工费=\sum(人工工日消耗量\times综合工日单价) \tag{4-2}$$

（1）人工工日消耗量的计算方法　工程用工量（人工工日消耗量）的计算，应根据指标阶段和招标方式来确定。就当前我国建筑市场而言，有的在初步设计阶段进行招标，有的在施工图阶段进行招标。由于招标阶段不同，工程用工工日数的计算方法也不同。目前国际承包工程项目计算用工的方法基本有两种：一是分析法；二是指标法。现结合我国当前建设工程量清单招投标工作的特点对这两种方法进行简单的阐述。

1）分析法计算用工工日数。这种方法多数用于施工图阶段以及扩大初步设计阶段的招标。在此阶段，招标人在招标文件中提出施工图（或初步设计图）和工程量清单，作为投标人计算投标报价的依据。

分析法计算工程用工量，最准确的计算是依据投标人自己施工工人的实际操作水平，加上对人工工效的分析来确定，俗称企业定额。但是，由于我国大多数施工企业没有自己的企业定额，其计价行为以现行的建设部或各行业颁布的预算定额为计价依据，所以，在利用分析法计算工程用工量时，应根据下列公式计算：

$$D_c = RK \tag{4-3}$$

式中 D_c——人工工日数；

R——用国内现行的概、预算定额计算出的人工工日数；

K——人工工日折算系数。

人工工日折算系数，是通过对本企业施工工人的实际操作水平、技术装备、管理水平等因素进行综合评定计算出的生产工人劳动生产率与预算定额水平的比率来确定的，计算公式如下：

$$K = V_q / V_o \tag{4-4}$$

式中 K——人工工日折算系数；

V_q——完成某项工程本企业应消耗的工日数；

V_o——完成同项工程预算定额消耗的工日数。

一般来讲，有实力参与建设工程投标竞争的企业，其劳动生产率水平要比社会平均劳动生产率高，亦即 K 的数值一般小于 1。所以，K 又称为人工工日折减系数。

在投标报价时，人工工日折减系数可以分土木建筑工程和安装工程来分别确定两个不同的 K 值，也可以对安装工程按不同的专业分别计算多个 K 值。投标人应根据自己企业的特点和招标书的具体要求灵活掌握。

2）指标法计算用工工日数。指标法计算用工工日数，是当工程招标处于可行性研究阶段时采用的一种用工量的计算法。

这种方法是利用工业与民用建设工程用工指标计算用工量。工业与民用建设工程用工指标，是该企业根据历年来承包完成的工程项目，按照工程性质、工程规模、建筑结构形式，以及其他经济技术参数等控制因素，运用科学的统计分析方法分析出的用工指标。这种方法不适用于我国目前实施的工程量清单投标报价，在这里就不讲述了。

（2）综合工日单价的计算 具体如下：

1）综合工日单价的构成。综合工日单价可以理解为从事建设工程施工生产的工人的日工资水平。从企业支付的角度看，一个从事建设工程施工的企业，其生产工人的工资的构成应包括以下几部分：

① 本企业待业工人最低生活保障工资，这部分工资是企业中从事施工生产和不从事施工生产（企业内待业或失业）的每个职工都必须具备的，其标准不低于国家关于失业职工最低生活保障金的发放标准。

② 由国家法律规定的、强制实施的各种工资性费用支出项目，包括职工福利费、生产工人劳动保护费、住房公积金、劳动保险费、医疗保险费等。

③ 投标单位驻地至工程所在地生产工人的往返差旅费，包括短、长途公共汽车费、火车费、旅馆费、路途及住宿补助费，以及市内交通及补助费。此项费用可根据投标人所在地至建设工程所在地的距离和路线调查确定。

④ 外埠施工补助费：由企业支付给外埠施工生产工人的施工补助费。

⑤ 夜餐补助费：推行三班作业时由企业支付给夜间施工生产工人的夜间餐饮补助费。

⑥ 医疗费：对工人轻微伤病进行治疗的费用。

⑦ 法定节假日工资：法定节假日休息时支付的工资。

⑧ 法定休假日工资：法定休假日休息时支付的工资。

⑨ 病假或轻伤不能工作时间的工资。

⑩ 因气候影响的停工工资。

⑪ 危险作业意外伤害保险费：按照《建筑法》规定，为从事危险作业的建筑施工人员支付的意外伤害保险费。

⑫ 效益工资(奖金)：工人奖金原则应在超额完成任务的前提下发放，费用可在超额结余的资金款项中支付，鉴于当前我国发放奖金的具体状况，奖金费用应归入人工费。

⑬ 应包括在工资中未明确的其他项目。

其中，第①、②、⑪项是由国家法律强制规定实施的，综合工日单价中必须包含此三项，且不得低于国家规定标准。第③项费用可以按管理费处理，不计入人工费中。其余各项由投标人自主决定选用的标准。

2）综合工日单价的计算过程可分为下列几个步骤：

① 首先明确总工日数(即总人工工日数)、施工工期(日)及总施工人数存在着下列关系：

$$\text{总工日数} = \text{施工工期(日)} \times \text{总施工人数} \tag{4-5}$$

因此，当招标文件中已经确定了施工工期时，有下列关系：

$$\text{总施工人数} = \text{总工日数} / \text{施工工期(日)} \tag{4-6}$$

当招标文件中未确定施工工期而由投标人自主确定工期时，有下列关系：

$$\text{最优化的施工人数或工期(日)} = \sqrt{\text{总工日数}} \tag{4-7}$$

② 确定各专业施工人员的数量及比重。其计算方法与第①步类似，即：

$$\text{某专业平均施工人数} = \text{某专业消耗的工日数} / \text{某专业施工工期(日)} \tag{4-8}$$

总工日数和各专业消耗的工日数是通过企业定额或公式 $D_c = RK$ 计算出来的，前面已经叙述过，这里不再叙述。总施工人数和各专业施工人数计算出来后，其比重亦可计算出来。

③ 确定各专业劳动力资源的来源及构成比例。劳动力资源的来源一般有下列三种途径：

a. 来源于本企业。这一部分劳动力是施工现场劳动力资源的骨干。投标人在投标报价时，要根据本企业现有可供调配使用的生产工人数量、技术水平、技术等级及拟承建工程的特点确定各专业应派遣的工人人数和工种比例。例如，电气专业，需电工 30 人、焊工 4 人、起重工 2 人，共计 36 人，技术等级综合取定为电工四级。

b. 外聘技工。这部分人员主要是解决本企业短缺的具有特殊技术职能和能满足特殊要求的技术工人。由于这部分人的工资水平比较高，所以人数不宜多。

c. 当地劳务市场招聘的力工。由于当地劳务市场的力工工资水平较低，所以，在满足工程施工要求的前提下，提倡尽可能多地使用这部分劳动力。

上述三种劳动力资源的构成比例的确定，应根据本企业现状、工程特点及对生产工人的要求和当地劳务市场的劳动力资源的充足程度、技能水平及工资水平进行综合评价后，合理确定。

④ 综合工日单价的确定。

a. 各专业综合工日单价可根据国家政策、企业工资水平等情况计算。

b. 综合工日单价的计算。一个建设项目的施工，一般可分为土建、结构、设备、管道、电气、仪表、通风空调、给排水、采暖、消防，以及防腐绝热等专业。各专业综合工日单价的计算可按下列公式计算：

$$某专业综合工日单价=\sum(本专业某种来源的人力资源人工单价\times构成比重) \quad (4\text{-}9)$$

综合工日单价的计算就是将各专业综合工日单价按加权平均的方法计算出一个加权平均数作为综合工日单价。其计算公式如下：

$$综合工日单价=\sum(某专业综合工日单价\times权数) \quad (4\text{-}10)$$

其中，权数的取定是根据各专业工日消耗量占总工日数的比重取定的。例如，土建专业工日消耗量占总工日数的比重是20%，则其权数即为20%；又如电气专业工日消耗量占总工日数的比重是8%，则其权数即为8%。

如果投标单位使用各专业综合工日单价法投标，则不需计算综合工日单价。

c. 平衡调整。通过上述一系列的计算，可以初步得出综合工日单价的水平，但是得出的单价是否有竞争力，以此报价是否能够中标，还必须进行一系列的分析评估。

首先，对本企业以往投标的同类或类似工程的标书，按中标与未中标进行分类分析：第一，分析人工单价的计算方法和价格水平；第二，分析中标与未中标的原因，从中找出某些规律。

其次，进行市场调查，摸清现阶段建筑安装施工企业的人均工资水平和劳务市场劳动力价格，尤其是工程所在地的企业工资水平和劳动力价格。其后进一步对其价格水平，以及工程施工期内的变动趋势及变动幅度，进行分析预测。

再次，对潜在的竞争对手进行分析预测，分析其可能采取的价格水平，以及其造成的影响(包括对其自身和其他投标单位及其招标人的影响)。

最后，确定调整。通过上述分析，如果认为自己计算的价格过高，没有竞争力，可以对价格进行调整。在调整价格时要注意：外聘技工和市场劳务工的工资水平是通过市场调查取得的，这两部分价格不能调整，不能对来源于本企业工人的价格进行调整。

此外，还应对报价中所使用的各种基础数据和计算资料进行整理存档，以备以后投标使用。

采用动态的计价方法，还可用国家工资标准(即预算人工单价的调整额)作为计价的人工工日单价，乘以依据企业定额计算出的工日消耗量，计算人工费。其计算公式为：

$$人工费=\sum(预算定额人工工日单价\times人工工日消耗量) \quad (4\text{-}11)$$

动态的计价方法能够准确地计算出本企业承揽拟建工程所需发生的人工费，对企业增强竞争力，提高企业管理水平及增收创利，具有十分重要的意义。这种报价模式与利用预算定额报价相比，缺点是工作量相对较大、程序复杂，且企业应拥有自己的企业定额及各类信息数据库。

（二）材料费的计算

建筑安装工程直接费中的材料费是指施工过程中耗用的构成工程实体的各类原材料、零配件、成品及半成品等主要材料的费用，以及工程中耗费的虽不构成工程实体，但有利于工程实体形成的各类消耗性材料费用的总和。

主要材料一般包括：钢材、管材、线材、阀门、管件、电缆电线、油漆、螺栓、水泥、砂石等，其费用占材料费的85%~95%。

消耗材料一般包括：砂纸、纱布、锯条、砂轮片、氧气、乙炔气、水、电等，费用一般占到材料费的5%~15%。

以往人们一般习惯把预算定额中的辅助材料称为消耗材料，而把单独计价的主材称为主要材料，这种叫法是不十分准确的。因为，辅助材料中的许多材料，如型材、管材、垫铁、螺栓、管件、油漆、焊条等，都是构成工程实体的材料，所以，这些材料应该都是主要材料。因此，辅材费的准确称谓应当是定额计价材料费。

现今的建筑市场中，许多外商投资的国内建设招标工程以及国际招标工程，要求投标人要把主要材料和消耗材料分别计价，有的还要求列出工程消耗的主要材料和消耗材料明细表。因此，搞清主要材料和消耗材料的划分界限，对工程投标具有十分重要的意义。

在投标报价的过程中，材料费的计算是一个至关重要的问题。因为，对于建筑安装工程来说，材料费占整个建筑安装工程费用的60%~70%。处理好材料费用，对投标人在投标过程中能否取得主动，以致最终能否中标都是至关重要的。

要做好材料费的计算，首先要了解材料费的计算方法。比较常用的材料费计算方法也包括利用现行的预算定额计价和动态计价。其各自的计算方法可参见人工费计算的相关叙述。

为了在投标中取得优势地位，计算材料费时应把握以下几点：

1. 合理确定材料的消耗量

（1）主要材料消耗量　根据《计价规范》的规定，招标人要在招标书中提供供投标人投标报价用的工程量清单。在这份工程量清单中，已经提供了一部分主要材料的名称、规格、型号、材质和数量，这部分材料应按使用量和消耗量之和进行计价。

对于工程量清单中没有提供的主要材料，投标人应根据工程的需要（包括工程特点和工程量大小），以及以往承担工程的经验，自主进行确定，包括材料的名称、规格、型号、材质和数量等，材料的数量应是使用量和消耗量之和。

（2）消耗材料消耗量　消耗材料的确定方法与主要材料消耗量的确定方法基本相同，投标人要根据需要，自主确定消耗材料的名称、规格、型号、材质和数量。

（3）部分周转性材料摊销量　在工程施工过程中，有部分材料作为施工措施没有构成工程实体，其实物形态也没有改变，但其价值却被分批逐步地消耗掉，这部分材料称为周转性材料。周转性材料被消耗掉的价值，应当摊销在相应清单项目的材料费中（计入措施费的周转性材料除外）。摊销的比例应根据材料价值、磨损的程度、可被利用的次数和投标策略等诸因素进行确定。

（4）低值易耗品　在施工过程中，一些使用年限在规定时间以下，单位价值在规定金额以内的工具、器具称为低值易耗品。这部分物品在预算定额中将其费用摊销在具体的定额子目当中；在工程量清单动态计价模式中，可以按预算定额的模式处理，也可以把它放在其他费用中处理，原则是费用不能重复计算，并且能够增强企业投标的竞争力。

2. 材料单价的确定

建筑安装工程材料价格是指材料运抵现场材料仓库或堆放点后的出库价格。

材料价格涉及的因素很多，主要有以下几个方面：

（1）材料原价即市场采购价格　材料市场价格的取得一般有两种途径：一是市场调查（询价）；二是通过查询市场材料价格信息指导。对于大批量或高价格的材料一般采用市场调查的方法取得价格；而小量的、低价值的材料以及消耗性材料等，一般可采用工程当地的市场价格信息指导中的价格。

市场调查应根据投标人所需材料的品种、规格、数量以及质量要求，了解市场材料对工程材料满足的程度。

（2）材料的供货方式和供货渠道　材料的供货方式和供货渠道包括业主供货和承包商供货两种方式。对于业主供货的材料，招标书中列有业主供货材料单价表，投标人在利用招标人提供的材料价格报价时，除应考虑现场交货的材料运费外，还应考虑材料的保管费。承包商供货材料的渠道一般有当地供货、指定厂家供货、异地供货和国外供货等。不同的供货方式和供货渠道对材料价格的影响是不同的，主要反映在采购保管费、运输费、其他费用以及风险费用等方面。

（3）包装费　材料的包装费包括出厂时的一次包装和运输过程中的二次包装费用，应根据材料采用的包装方式计价。

（4）采购保管费用　采购保管费用是指为组织采购、供应和保管材料过程中所消耗的各项费用。采购的方式、批次、数量，以及材料保管的方式和天数不同，其费用也不相同，采购保管费包括采购费、仓储费、工地保管费、仓储损耗。

（5）运输费用　材料的运输费包括材料自采购地至施工现场全过程、全路途发生的装卸运输费用的总和。运输费用中包括材料在运输装卸过程中不可避免的运输损耗费。

（6）材料的检验试验费用　材料的检验试验费用是指对建筑材料、构建和建筑安装物进行一般鉴定、检查所发生的费用。它包括自设实验室进行试验所耗用的材料和化学药品等费用，不包括新结构、新材料的试验费和建设单位对具有出厂合格证明的材料进行的检验，以及对构件做破坏性试验和其他特殊要求检验试验的费用。

（7）其他费用　主要是指国外采购材料时发生的保险费、关税、港口费、港口手续费、财务费用等。

（8）风险　主要指材料价格的浮动。由于工程所用材料不可能在工程开工初期一次全部采购完毕，所以，随着时间的推移，市场的变化引起材料价格的变动给承包商造成的材料费风险。

根据影响材料价格的因素，可以得到材料单价的计算公式为：

$$\text{材料单价} = \text{材料原价} + \text{包装费} + \text{采购保管费用} + \text{运输费用} + \text{材料的检验试验费用} + \text{其他费用} + \text{风险费用} \tag{4-12}$$

材料的消耗量和材料单价确定后，材料费用便可以根据下列公式计算：

$$\text{材料费} = \sum(\text{材料消耗量} \times \text{材料单价}) \tag{4-13}$$

（三）施工机械使用费的计算

1. 施工机械使用费的组成及计算式

施工机械使用费是指使用施工机械作业所发生的机械使用费以及机械安装、拆除和进出场费。施工机械不包括为管理人员配置的小车以及用于通勤任务的车辆等不参与施工生产的机械设备的台班费。施工机械使用费的计算公式为：

施工机械使用费 = ∑(工程施工中消耗的施工机械台班量 × 机械台班综合单价) +
施工机械进出场费及安装拆除费(不包括大型机械)　(4-14)

式中，机械台班单价由以下七项费用组成：

（1）折旧费　折旧费指施工机械在规定的使用年限内，陆续收回其原值及购置资金的时间价值。

（2）大修理费　大修理费指施工机械按规定的大修理间隔台班进行必要的大修理，以恢复其正常功能所需的费用。

（3）经常修理费　经常修理费指施工机械除大修理以外的各级保养和临时故障排除所需的费用。它包括为故障机械正常运转所需替换设备与随机配备工具附具的摊销和维护费用，机械运转及日常保养所需润滑与擦拭的材料费用，机械停止期间的维护和保养费用等。

（4）安拆费及场外运输费　安拆费是指施工机械在现场进行安装与拆卸所需的人工、材料、机械和试运转费，以及机械辅助设施的折旧、搭设、拆除等费用；场外运输费是指施工机械整体或分体自停放地点运至施工现场，或由一施工地点运至另一施工地点的运输、装卸、辅助材料及架线等费用。

（5）机上人工费　机上人工费是指机上司机(司炉)和其他操作人员的工作日人工费，以及上述人员在施工机械规定的年工作台班以外的人工费。

（6）燃料动力费　燃料动力费是指施工机械在运转作业中所消耗的固体燃料(煤、木炭)、液体燃料(汽油、柴油)及水、电等的费用。

（7）其他费用　其他费用是指施工机械按照国家规定和有关部门规定应缴纳的养路费、车船使用税、保险费及年检费等。

2. 施工机械使用费的确定

施工机械使用费的高低及其合理性，不仅影响到建筑安装工程造价，而且能从侧面反映出企业劳动生产率水平的高低，其对投标单位竞争力的影响是不可忽视的。因此，在计算施工机械使用费时，一定要把握以下几点：

（1）合理确定施工机械的种类和消耗量　要根据承包工程的地理位置、自然气候条件的具体情况，以及工程量、工期等因素，编制施工组织设计和施工方案，然后根据施工组织设计和施工方案、机械利用率、预算定额或企业定额及相关文件等，确定施工机械的种类、型号、规格和消耗量。

首先，根据工程量，利用预算定额或企业定额，粗略地计算出施工机械的种类、型号、规格和消耗量；然后，根据施工方案和其他有关资料对机械设备的种类、型号、规格进行筛选，确定本工程需配备的施工机械的具体明细项目；最后，根据本企业的机械利用率指标，确定本工程中实际需要消耗的机械台班数量。

（2）确定施工机械台班综合单价　包括以下内容：

1）确定施工机械台班单价。

① 养路费、车船使用税、保险费及年检费是按国家或有关部门规定缴纳的，这部分费用是个定值。

② 燃料动力费是机械台班动力消耗与动力单价的乘积，也是一个定值。

③ 机上人工费的处理方法有两种：第一种方法是将机上人工费计入工程直接人工费中；第二种方法是计入相应施工机械的机械台班综合单价中。机上人工费台班单价可参照人工工日单价的计算方法确定。

④ 安拆费及场外运输费的计算。施工机械的安装、拆除及场外运输可编制专门的方案。根据方案计算费用，并以此进一步优化方案，优化后的方案也可作为施工方案的组成部分。

⑤ 折旧费和维修费的计算。折旧费和维修费（维修费包括大修理费和经常修理费）是两项随时间变化而变化的费用。一台施工机械如果折旧年限短，则折旧费用高，维修费用低；反之，则折旧费用低，维修费用高。

所以，选择施工机械最经济使用年限作为折旧年限，是降低机械台班单价，提高机械使用效率最有效、最直接的方法。

确定了折旧年限后，然后确定折旧方法，最后计算台班折旧额和台班维修费。

组成施工机械台班单价的各项费用额确定以后，机械台班单价也就确定了。

机械台班单价的确定还可根据国家及有关部门颁布的机械台班定额进行调整求得。

2）确定租赁机械台班费。租赁机械台班费是指根据施工需要向其他企业或租赁公司租用施工机械所发生的台班租赁费。

在投标工作的前期，应对机械租赁市场进行调查，调查的内容包括：租赁市场可供选择的施工机械种类、规格、型号、完好性、数量、价格水平以及租赁单位信誉度等，并通过比较选择拟租赁的施工机械的种类、规格、数量及单位，并以施工机械台班租赁价格作为机械台班单价。一般除必须租赁的施工机械外，其他租赁机械的台班租赁费应低于本企业的机械台班单价。

3）优化平衡、确定机械台班综合单价。通过综合分析，确定各类施工机械的来源及比例，计算机械台班综合单价。其计算公式为：

$$\text{机械台班综合单价} = \sum(\text{不同来源的同类机械台班单价} \times \text{权数}) \tag{4-15}$$

其中，权数是根据各不同来源渠道的机械占同类施工机械总量的比重取定的。

（3）大型机械设备使用费、进出场费及安装拆除费的确定　在传统的概、预算定额中，施工机械使用费不包括大型机械设备使用费、进出场费及安拆费，其费用一般作为措施费用单独计算。

在工程量清单计价模式下，此项费用的处理方式与概、预算定额规定的处理方式不同。大型机械设备的使用费作为机械台班使用费，按相应分项工程项目分摊计入直接工程费的施工机械使用费中。大型机械设备进出场费及安拆费作为措施费用计入措施费用项目中。

（四）管理费的组成及计算

1. 管理费的组成

管理费是指组织施工生产和经营管理所需的费用。其内容包括以下项目：

（1）工作人员的工资　工作人员是指管理人员和辅助服务人员。其工资包括基本工资、工资性补贴、职工福利费、劳动保护费、住房公积金、劳动保险费、危险作业意外伤害保险费、工会费用、职工教育经费等。

（2）办公费 办公费是指企业办公用的文具、纸张、账表、印刷、邮电、书报、会议、水电以及取暖等费用。

（3）差旅交通费 差旅交通费是指企业管理人员因公出差和调动工作的差旅费、住勤补助费、市内交通费和误餐补助费、探亲路费、劳动力招募费、离退休职工一次性路费、工伤人员就医路费、工地转移费，以及管理部门使用的交通工具的油料燃料费和养路费、牌照费。

（4）固定资产使用费 固定资产使用费是指管理和试验部门及附属生产单位使用的属于固定资产的房屋、设备仪器的折旧、大修理、维修或租赁费。

（5）工具用具使用费 工具用具使用费是指管理使用的不属于固定资产的生产工具、器具、家具、交通工具和检验、试验、测绘、消防用具等的购置、维修和摊销费。

（6）保险费 保险费是指施工管理用财产、车辆保险费。

（7）税金 税金是指企业按规定缴纳的房产税、车船使用税、土地使用税、印花税等。

（8）财务费用 财务费用是指企业为筹集资金而发生的各种费用，包括企业经营期间发生的短期贷款利息支出、汇兑净损失、调剂外汇手续费、金融机构手续费以及企业筹集资金而发生的其他财务费用。

（9）其他费用 其他费用包括技术转让费、技术开发费、业务招待费、绿化费、广告费、公证费、法律顾问费、审计费、咨询费等。

管理费的高低在很大程度上取决于管理人员的多少。管理人员的多少，不仅反映了管理水平的高低，而且还影响临时设施费用和调遣费用的确定。

为了有效地控制管理费开支，降低管理费标准，增强企业的竞争力，在投标初期就应严格控制管理人员和辅助服务人员的数量，同时合理确定其他管理费开支项目的水平。

2. 管理费的计算

管理费的计算主要有两种方法。

（1）公式计算法 利用公式计算管理费的方法比较简单，也是投标人经常采用的一种计算方法。其计算公式为：

$$\text{管理费}=\text{计算基数}\times\text{施工管理费率}(\%) \tag{4-16}$$

其中，管理费率的计算因计算基数不同，分为以下三种：

1）以直接工程费为计算基础。

$$\text{管理费率}(\%)=\frac{\text{生产工人年平均管理费}}{\text{年有效施工天数}\times\text{人工单价}}\times\text{人工费占直接工程费比例}(\%) \tag{4-17}$$

或其等效式：

$$\text{管理费率}(\%)=\frac{\text{生产工人年平均管理费}}{\text{建筑安装生产工人年均直接费}}\times 100\% \tag{4-18}$$

2）以人工费为计算基础。

$$\text{管理费率}(\%)=\frac{\text{生产工人年平均管理费}}{\text{年有效施工天数}\times\text{人工单价}}\times 100\% \tag{4-19}$$

3）以人工费和机械费之和计为计算基础。

$$\text{管理费率}(\%)=\frac{\text{生产工人年平均管理费}}{\text{年有效施工天数}\times(\text{人工单价}+\text{每一工日机械使用费})}\times 100\% \tag{4-20}$$

以上测定公式中的基本数据应通过以下途径来合理取定：

1）分子与分母的计算口径应一致，即分子的生产工人年平均管理费是指每一个建筑安装生产工人年平均管理费，分母中的有效工作天数和建筑安装生产工人年均直接费也是以每一个建筑安装生产工人的有效工作天数和每一个建筑安装生产工人年均直接费。

2）生产工人年平均管理费的确定，应按照工程管理费的划分，依据企业近年有代表性的工程会计报表中的管理费的实际支出，剔除其不合理开支，分别进行综合平均核定全员年均管理费开支额，然后分别除以生产工人占职工平均人数的百分比，即得每一生产工人年均管理费开支额。

3）生产工人占职工平均人数的百分比的确定，按照计算基础、项目特征，充分考虑改进企业经营管理，减少非生产人员的措施进行确定。

4）有效施工天数的确定，必要时可按不同工程、不同地区适当区别对待。在理论上，有效施工天数等于工期。

5）人工单价，是指生产工人的综合工日单价。

6）人工费占直接工程费的百分比，应按专业划分，不同建筑安装工程人工费的比重不同，应按加权平均计算核定。

另外，利用公式计算管理费时，管理费率可以按照国家或有关部门以及工程所在地政府规定的相应管理费率进行调整确定。

（2）费用分析法　用费用分析法计算管理费，就是根据管理费的构成，结合具体的工程项目，确定各项费用的发生额。计算公式如下：

$$\begin{aligned}管理费 &= 管理人员及辅助服务人员的工资 + 办公费 + 差旅交通费 + \\ &\quad 固定资产使用费 + 工具用具使用费 + 保险费 + \\ &\quad 税金 + 财务费用 + 其他费用\end{aligned} \tag{4-21}$$

在计算管理费之前，应确定以下基础数据，这些数据是通过计算直接工程费和编制施工组织设计、施工方案取得的，这些数据包括：生产工人的平均人数，施工高峰期生产工人人数，管理人员及辅助服务人员总数，施工现场平均职工人数，施工高峰期施工现场职工人数，施工工期。其中，管理人员及辅助服务人员总数的确定，应根据工程规模、工程特点、生产工人人数、施工机具的配置和数量以及企业的管理水平进行确定。

管理费对不同的工程，以及不同的施工单位是不一样的，这样使不同的投标单位具有不同的竞争实力。

（五）利润的组成及计算

在工程量清单计价模式下，利润不单独体现，而是被分别计入分部分项工程费、措施项目费和其他项目费当中。具体计算方法可以人工费、人工费与机械费的合计，或直接费为计算基础乘以利润率。

利润的计算公式如下：

$$利润 = 计算基础 \times 利润率(\%) \tag{4-22}$$

利润是企业最终的追求目标，企业的一切生产经营活动都是围绕着创造利润进行的。利润是企业扩大再生产、增添机械设备的基础，也是企业实行经济核算，使企业成为独立经营、自负盈亏的市场竞争主体的前提和保证。因此，合理地确定利润水平（利润率），对企业的生存和发展是至关重要的。在投标报价时根据企业的实力、投标策略，以发展的眼光来确定各种费用水平，包括利润水平，使本企业的投标报价既具有竞争力，又能保证其他各方面的利益的实现。

（六）风险费的组成及计算

工程承包的风险较高，因此在编制报价时，必须对工程的内在风险进行评估，并把最后报价中应该增加的风险补偿费用确定下来。

从目前的情况来看，主要还应考虑来自于材料的风险，即材料差价的处理，材料差价的计算为：

材料差价 =（材料的市场价格 − 价目表中材料单价）× 消耗量定额中的材料用量

材料差价的处理：

1）编制招标控制价时，材料差价（或材料差价 × 定额项目工程量后）计入风险费。

2）编制报价时，材料差价并入材料费或基价中，并计取管理费和利润。

（七）分部分项工程量清单综合单价的计算

分部分项工程量清单综合单价由上述六部分费用组成。其项目内容包括清单项目主项，以及主项所综合的工程内容。按上述六项费用分别对项目内容计价，合计后形成分部分项工程量清单综合单价。分部分项工程量清单见表 4-1，工程量清单综合单价计算表见表 4-2，分部分项工程量清单与计价表见表 4-3。

表 4-1 分部分项工程量清单表

工程名称：某室内采暖工程(安装工程)

序号	项目编码	项目名称	项目特征描述	计量单位	工程量	金额/元		
						综合单价	合价	其中：暂估价
	030801002001	钢管 DN15	1. 室内；2. 采暖管道；3. 焊接钢管；4. DN15；5. 螺纹连接；6. 手工除锈，刷一遍红丹防锈漆，两遍银粉	m	30.00			

表 4-2 工程量清单综合单价分析表

工程名称：某室内采暖工程(安装工程)

项目编码	030801002001	项目名称	钢管 DN15	计量单位	m

定额编号	定额名称	定额单位	数量	单价 人工费	单价 材料费	单价 机械费	单价 管理费和利润	合价 人工费	合价 材料费	合价 机械费	合价 管理费和利润
清单综合单价组成明细											
8−98	焊接钢管 DN15	10m	0.100	42.49	12.41		17.00	4.25	1.24		1.70
11−1	管道手工除轻锈	$10m^2$	0.007	7.89	3.38		3.16	0.05	0.02		0.02
11−53	管道刷防锈漆第一遍	$10m^2$	0.007	6.27	1.33		2.51	0.04	0.01		0.02
11−56	管道刷银粉第一遍	$10m^2$	0.007	6.5	4.81		2.60	0.04	0.03		0.02
11−57	管道刷银粉第二遍	$10m^2$	0.007	6.27	4.37		2.51	0.04	0.03		0.02
人工单价		小计						4.43	1.33		1.77
23.22 元/工日		未计价材料费						5.05			

（续）

项目编码	030801002001		项目名称		钢管 *DN*15	计量单位	m
清单项目综合单价						13.04	
材料费明细	主要材料名称、规格、型号	单位	数量	单价/元	合价/元	暂估单价/元	暂估合价/元
	焊接钢管 *DN*15	m	1.02	5.38	5.49		
	其他材料费			—		—	
	未计价材料费小计			—	5.05	—	

表4-3 分部分项工程量清单与计价表

工程名称：某室内采暖工程(安装工程)

序号	项目编码	项目名称	项目特征描述	计量单位	工程量	金额/元		
						综合单价	合价	其中：暂估价
1	030801002001	钢管 *DN*15	1. 室内；2. 采暖管道；3. 焊接钢管；4. *DN*15；5. 螺纹连接；6. 手工除锈，刷一遍红丹防锈漆，两遍银粉	m	30.00	13.04	391.20	

分部分项工程量清单计价，要对清单表内所有内容计价，而后形成综合单价，对于清单表已列出的项目，但投标人未进行计价的内容，招标人有权认为此价格已包含在其他项目内。

二、措施费的构成及计算

措施项目包括通用措施项目和专业措施项目，措施项目清单应根据拟建工程的实际情况列项，若出现清单规范未列的项目，可根据工程实际情况补充(见表4-4)。

表4-4 措施项目一览表

序号	措施项目名称	序号	措施项目名称
	通用措施项目		安装工程
1	安全文明施工(含环境保护、文明施工、安全施工、临时设施)	3.1	组装平台
		3.2	设备、管道施工安全、防冻和焊接保护措施
2	夜间施工	3.3	压力容器和高压管道的检验
3	二次搬运	3.4	焦炉施工大棚
4	冬雨季施工	3.5	焦炉烘炉、热态工程
5	大型机械设备进出场及安拆	3.6	管道安装后的充气保护措施
6	施工排水	3.7	隧道内施工的通风、供水、供气、供电、照明及通信设施
7	施工降水		
8	地上、地下设施、建筑物的临时保护设施	3.8	现场施工围栏
9	已完工程及设备保护	3.9	长输管道临时水工保护措施
	专业措施项目	3.10	长输管道施工便道管道
	建筑工程	3.11	长输管道跨越或穿地越施工措施
1.1	混凝土、钢筋混凝土模板及支架	3.12	长输管道地下管道穿越地上建筑物的保护措施
1.2	脚手架	3.13	长输管道工程施工队伍调遣
1.3	垂直运输机械	3.14	格架式抱杆
	…		

1. 实体措施费的计算

实体措施费，是指工程量清单中，为保证某类工程实体项目顺利进行，按照国家现行有关建设工程施工及验收规范、规程要求，必须配套完成的工程内容所需的费用。

实体措施费计算方法有两种。

(1) 系数计算法　系数计算法是用与措施项目有直接关系的工程项目直接工程费(或人工费或人工费与机械费之和)作为计算基数，乘以实体措施费用系数。

实体措施费用系数是根据以往有代表性工程的资料，通过分析计算取得的。

(2) 方案分析法　方案分析法是通过编制具体的措施实施方案，对方案所涉及的各种经济技术参数进行计算后，确定实体措施费用。

2. 配套措施费的计算

配套措施费，不是为某类实体项目，而是为保证整个工程项目顺利进行，按照国家现行有关建设工程施工及验收规范、规程要求，必须配套完成的工程内容所需的费用。

配套措施费计算方法包括系数计算法和方案分析法两种。

(1) 系数计算法　系数计算法是用整体工程项目直接工程费(或人工费,或人工费与机械费之和)合计作为计算基数，乘以配套措施费用系数。

配套措施费用系数，是根据以往有代表性工程的资料，通过分析计算取得的。

(2) 方案分析法　方案分析法是通过编制具体的措施实施方案，对方案所涉及的各种经济技术参数进行计算后，确定配套措施费用。

三、其他项目费的构成与计算

其他项目费包括：暂列金额、暂估价(包括材料暂估单价、专业工程暂估价)、计日工、总承包服务费(见表4-5)。

表4-5　其他项目清单计价表

序号	项目名称	计量单位	金额/元
1	暂列金额		
2	暂估价		
2.1	材料暂估价	—	
2.2	专业工程暂估价		
3	计日工		
4	总承包服务费		
合计			

(一) 招标人部分

1. 暂列金额

暂列金额是招标人在工程量清单中暂定并包括在合同价款中的一笔款项。暂列金额虽包括在合同价之内，但并不直接属承包人所有，而是由发包人暂定并掌握使用的一笔款项。事实上，即便是总价包干合同，也不是列入合同价格的任何金额都属于中标人的，是否属于中标人应得金额取决于具体的合同约定，只有按照合同约定程序实际发生后，才能成为中标人的应得金额，纳入结算价款中。

2. 暂估价

暂估价是指招标阶段直至签订合同协议时，招标人在招标文件中提供的用于支付必要发生但暂时不能确定价格的材料以及需另行发包的专业工程金额，也就是招标阶段预见肯定要发生，只是因为标准不明确或者需要由专业承包人完成，暂时无法确定的材料价格或工程金额。

（二）投标人部分

1. 计日工

计日工是指合同约定之外的或者因变更而产生的、工程量清单没有相应项目的额外工作，尤其是那些时间不允许事先商量价格的额外工作。计日工以完成零星工作所消耗的人工工时、材料数量、机械台班进行计量。编制计日工表时，一定要给出暂定数量，并且需要根据经验，尽可能估算一个比较贴近实际的数量。当然，尽可能把项目列全，防患于未然，也是值得充分重视的工作。

2. 总承包服务费

总承包服务费是指招标人在法律、法规允许的条件下进行专业工程发包以及自行采购供应材料、设备时，要求总承包人对发包的专业工程提供协调和配合服务；对供应材料、设备提供收发和保管服务以及对施工现场进行统一管理；对竣工资料进行统一汇总整理等发生并向总承包人支付的费用。

四、规费的组成及计算

1. 规费的组成

规费是指政府和有关部门规定必须缴纳的费用，内容包括：工程排污费；工程定额测定费；社会保障费，包括养老保险费、失业保险金、医疗保险费；住房公积金；危险作业意外伤害保险。出现未包含在上述规范中的项目，应根据省级政府或省级有关权力部门的规定列项。

2. 规费的计算

规费计算的第一步是计算费率。

首先，根据本地区典型工程发承包价的分析资料综合取定规费计算中所需数据：

1）每万元发承包价中人工费含量和机械费含量。

2）人工费占直接工程费的比例。

3）每万元发承包价中所含规费缴纳标准的各项基数。

利用以下公式计算费率：

1）以直接工程费为计算基础。

$$\text{规费费率}(\%)=\frac{\sum\text{规费缴纳标准}\times\text{每万元发承包价计算基数}}{\text{每万元承包价中的人工费含量}}\times\text{人工费占直接工程费的比例}(\%) \tag{4-23}$$

2）以人工费为计算基础。

$$\text{规费费率}(\%)=\frac{\sum\text{规费缴纳标准}\times\text{每万元发承包价计算基数}}{\text{每万元承包价中的人工费含量}}\times100\% \tag{4-24}$$

3）以人工费和机械费合计为计算基础。

$$规费费率(\%)=\frac{\sum规费缴纳标准\times每万元发承包价计算基数}{每万元承包价中的人工费和机械费含量}\times100\% \tag{4-25}$$

规费费率一般以当地政府或有关部门制定的费率标准执行。

规费费率计算以后，可根据以下公式计算规费：

$$规费=计算基数\times规费费率(\%) \tag{4-26}$$

投标人在投标报价时，规费的计算一般按国家及有关部门规定的计算公式及费率标准计算。

五、税金的组成及计算

税金是指国家税法规定的应计入建筑安装工程造价内的营业税、城市维护建设税及教育费附加。税金计算公式为：

$$税金=(税前造价+利润)\times税率(\%) \tag{4-27}$$

税率按现行税法规定分为以下几种：

1）纳税地点在市区的企业。

$$税率(\%)=\left[\frac{1}{1-3\%-(3\%\times7\%)-(3\%\times3\%)}-1\right]\times100\%=3.41\% \tag{4-28}$$

2）纳税地点在县城、镇的企业。

$$税率(\%)=\left[\frac{1}{1-3\%-(3\%\times5\%)-(3\%\times3\%)}-1\right]\times100\%=3.35\% \tag{4-29}$$

3）纳税地点不在市区和县城、镇的企业。

$$税率(\%)=\left[\frac{1}{1-3\%-(3\%\times1\%)-(3\%\times3\%)}-1\right]\times100\%=3.22\% \tag{4-30}$$

投标人在投标报价时，税金一般按国家及有关部门规定的计算公式及税率标准计算。如国家税法发生变化，税务部门依据职权增加了税种，应对税金项目清单进行补充。

第四节　工程量清单计价价格信息概论

一、价格信息概述

1. 工程造价管理信息系统的建设原则

为了加快我国建筑业工程造价信息管理系统的建设，使工程造价管理信息系统能真正为政府和参与工程建设的各方提供直接、快捷、高效、准确的信息服务，发挥工程造价管理信息网的作用，工程造价管理信息系统建设应本着以下原则进行建设：

（1）安全性　安全性是指信息系统自身的安全。当今社会，随着信息技术的发展，计算机和网络逐步成为信息收集、整理和发布的主要途径和手段。计算机和网络运用时不可忽视的一个问题就是安全。只有保证信息系统自身的安全，才能发挥信息系统的功能，为参与工程建设各方的经营决策服务。

（2）及时性 信息系统所提供的各类信息一定要及时，能满足企业不同时期的经营决策需要。在建筑市场的商战中，谁能把握市场的第一手信息，及时作出应对策略，谁就能在商战中取得主动权。信息系统的建立，其中一项重要的目的就是为了能够让企业及时获得市场的各类信息。

（3）准确性 准确的信息，是企业作出正确抉择的前提，如果信息系统提供的信息不正确，将会误导企业的决策。所以，信息的准确性是对信息系统最主要的要求。要保证信息的准确性，必须保证信息来源单一。这里的来源单一并不是指由单一渠道和模式收集信息，而是指由各种渠道收集来的信息最终汇总到单一入口，由指定人员保证信息来源的可靠性，有指定人员对信息进行加工和输入。也就是说，对信息的来源、收集、输入、加工、处理都应该有专人负责，以保证信息的真实性、准确性和质量。

（4）全面性 全面性是要求信息系统提供的信息资料要全面，能满足企业不同方面的需要，不要有所偏颇。全面的信息资料对保证企业经营决策的准确性是非常重要的。

（5）时效性 市场是不断变化发展的，市场价格也是不断变化的。价格的变化决定了价格信息的动态性，价格信息必须随时间的推移不断更新。只有保证信息的时效性，才能确保信息的准确性。

（6）预测性 信息系统有一项重要的功能就是对市场各种资源的价格变动趋势和变动幅度进行预测，为企业的经营决策提供服务。信息系统的预测性主要是通过编制各种指数和进行对比分析来实现的。

（7）企业内部和外部信息资源共享 一个成功的管理信息系统带给企业最大的好处往往是促进企业内部管理流程的优化，在改进企业组织结构和运作流程的基础上，建立高效迅捷的信息传递通道，理顺企业内部各职能部门、项目以及施工队之间的关系，最终实现企业及其与业主（或承包商）、供货商以及中介组织和工程造价管理部门之间的最优组合。

2. 工程造价管理信息系统的组成

工程造价管理信息系统包括工程造价管理信息系统、工程造价信息网站、信息发布系统等多个系统。它不断收集工程招标投标市场中的各种综合单价、材料设备价格信息、管理费率及风险费率等，并通过系统功能对数据进行统计分析，测算出各类指标数值，同时通过工程造价信息网站予以发布，及时地服务于社会，其功能涉及建设工程全过程的工程造价的控制和管理。其信息库系统一般包括人工（劳务）价格信息库、建设工程材料价格信息库、建设工程设备价格信息库、机械设备租赁价格信息库、造价文件信息库以及工程造价指数信息库等。

1）人工（劳务）价格信息库主要是收集不同时期、不同地域、不同工种的人工或劳务单价。

2）建设工程材料价格信息库和建设工程设备价格信息库，主要是收集不同时期、不同地域、不同供货商或生产厂家、不同工程的建筑安装材料、设备的价格信息，并按一定的分类原则进行划分，分别建立材料、设备价格信息库。

3）机械设备租赁价格信息库，主要收集不同时期、不同地域的机械台班租赁价格。

4）造价文件信息库收集的是各个时期各级政府造价管理部门颁布的现行的有关工程造价管理方面的文件和条例以及出台的各类定额的解释文件。

5）工程造价指数信息库可对不同时期的各类工程的工程造价进行分析，计算各类工程造价指数。

二、价格信息的收集、管理和交流

建筑业价格信息系统，其功能就是通过对建设工程各类价格的收集、分类、整理和发布，为企业的产前调定价格提供前期调研和可行性论证，为企业经营决策提供服务。价格信息的收集、传递和管理是一个有计划、有组织的工程造价管理系统工程。对工程造价信息的收集、传递和管理应成立专门的组织机构，配备专门的人员负责价格信息工程的各项工作，以保证工程造价信息的有效传递和交流，确保企业能在工程造价管理活动中，每时每刻都能运用新掌握的信息来解决碰到的实际问题。

全过程的工程造价信息管理活动其实是一个工程造价信息流，很大程度上取决于获得和利用工程造价信息资源，即实现工程造价管理信息化。要实现工程造价管理信息化，就必须在开发利用工程造价信息资源的同时，掌握先进的计算机技术、信息技术和网络技术等工具，但更重要的是掌握工程造价信息的理论和方法。

对整个建设行业来讲，工程造价信息资源的管理应成为工程造价管理工作的重心，围绕着网络技术，工程造价信息活动应呈现多层次、多角度、多侧面的形态。各个工程造价管理部门之间以及各个工程造价管理团体之间，达到工程造价信息共享，各地域、各专业、各企业之间也需要进行各种各样的工程造价信息交流。同样，每个企业，不仅需要与工程造价管理部门以及其他企业之间进行各种各样的工程造价信息交流，而且，企业内部各职能部门、单位、施工项目部以及施工队之间也要信息共享，使企业的工程造价信息活动呈现多元化的态势。

价格信息的收集、传递和管理工作，包括工程造价信息资源的开发与利用，工程造价信息资源的收集、处理、存储、检索、交流、分析、预测和更新。

（一）价格信息的收集

收集价格信息的方法或途径很多，概括地讲一般要经过下列方法和途径：

1. 通过网络系统进行查询

随着计算机与通信技术的飞速发展，互联网不断扩展和普及，使人们很容易从互联网上查询到各种各样的信息。许多生产厂家、供货商都通过互联网发布各自产品的价格信息，这些单位直接面对市场，最了解市场的动态，可以提供大量的市场信息。工程造价管理部门、工程造价咨询机构可以通过建立自己的网站，向社会发布各种信息包括产品价格信息、工程造价指数信息，以及工程造价文件等信息，也可以通过网站收集各类价格信息资料。不同的信息使用者都可以根据自己不同的需求，通过互联网络选用不同的信息资料。

2. 通过各地区、各造价管理部门颁布的建设工程信息刊物查询

为了加强建筑市场管理，对建筑市场不同主体单位进行有效服务，各地区、各行业工程造价管理部门以及工程造价咨询机构都通过自己的信息刊物，向社会发布各类工程造价信息及国家的有关建设工程管理的法令法规等文件，需求者（包括工程造价管理部门以及工程造价咨询机构之间）可以通过订购各类建设工程信息刊物，作为信息资料的来源。这样，可以促进各部门、团体单位、企业之间的信息的流动。

3. 通过有针对性的市场调查取得信息

根据自身的需要，有针对性地对不同地区、不同生产厂家、不同的供货商的各种设备、材料的价格信息进行调查。调查方法包括电话查询、传真查询，以及建立企业建设工程设备、材料寻购信息网络系统查询。

4. 对企业各种信息资料的收集

施工企业是工程造价资料使用最频繁、最直接的单位，其经营活动依赖于各类工程造价信息，同时，通过自身的生产经营活动，在实践中积累了大量的工程建设资料。它们是工程资料收集的主要对象。工程造价管理部门通过工程造价信息网站，把收集统计的各种造价指标信息、价格信息、管理信息及时传递给所有有关专业人员及机构，创造为建设行业提供信息服务的手段；与建设工程有关的机构及专业人员，包括招标代理机构、造价中介机构、设计部门、业主、施工承包企业、工程监理公司等，通过上述系统提供的功能及信息支持，完成各自的业务，形成各种造价信息产生、收集、使用、更新的良性循环。

工程造价信息资料并不是越多越好，因为拥有工程造价信息并不是最终目的，其目的是利用掌握的工程造价信息解决工程造价管理中的实际问题。所以，收集工程造价信息要本着信息有用、适用、有效的原则，信息资料的量和质都必须与工程造价管理活动的目标一致才有价值，才能为企业提供切实的信息服务，增强企业的市场竞争力。

（二）价格信息的管理

价格信息的收集整理工作结束后，就应当对取得的各类信息资料进行加工处理、存储和更新。

首先，对信息资料进行筛选，剔除那些陈旧过时的、不适用的信息资料，并对资料中的缺失及错误之处进行复核纠正。

其次，根据不同标准对信息资料进行分类。对造价信息资料的分类一般按照如下层次划分。

1）按信息资料的性质和用途分类：人工价格信息、建设工程设备价格信息、建设工程材料价格信息、机械台班租赁价格信息、工程造价指数信息、工程造价管理文件信息等。

2）按信息的时间特征、地域特征、系统特征及专业特征分类。

3）按信息的来源渠道分类，如根据生产厂商和供货商的不同，对建设工程设备价格和材料价格信息进行分类。

4）根据种类和规格型号等特性，对建设工程设备价格信息、建设工程材料价格信息进行分类。

然后，对信息资料库进行更新，在更新信息资料库时，应注意材料的可比性，以利于其后计算各类指标指数。

最后，建立信息材料的检索程序。材料检索程序的建立是为了方便查找信息，为信息资料的利用创造条件。信息资料的检索程序应根据信息资料的分类特征设置，有多少分类特征，就应建立多少索引。如对建设工程材料价格信息，可以根据材料信息的时间特征、地域特征、系统特征及专业特征建立索引，还可以根据生产厂商和供货商的不同建立索引，当然更应根据材料的种类和规格型号特性建立索引。

（三）价格信息的交流

信息的交流实际就是信息共享，即信息在需求者之间相互流通。任何信息都具有流动性，孤立、静止的信息没有任何价值可言，信息总是从信息的传播者向信息的使用者传递，这是由信息的本质决定的，也是信息赖以生存的前提。收集整理信息是为了使用信息，收集者通过收集、整理和编辑信息，向不同的使用者、部门传送，进行信息交流，达到信息共享的目的，以发挥信息的最大效益。

三、工程价格信息和费用信息

1. 人工价格信息系统

建立人工价格信息系统的目的是，通过了解市场人工成本费用行情和人工价格的变动，为企业人工单价的科学定位提供依据。在企业的竞标过程中，人工费用成本的竞争，在所有竞争手段中是至关重要的一个。如果企业能够预测到竞争对手的人工价格水平，并经过科学的论证，合理地确定自己的人工价格水平，就有可能击败竞争对手，并能使自己获得较大的收益。

人工价格信息系统的建立，其基础是收集不同地区建筑业企业各工种人工价格水平(劳务价格水平)，为企业的经营决策提供服务。

2. 工程材料、设备价格信息库的建立

建设工程材料、设备的价格是建筑市场最活跃的因素。建设工程材料、设备的品种繁杂，生产厂商和经销商众多，信息量巨大。如何对市场的材料、设备的价格信息进行采集和编辑，关系到工程造价信息系统建设的成败。在进行价格信息采集和编辑时，关键的问题是解决战略定位问题。对工作造价管理部门和工程造价咨询机构来讲，要解决的问题是服务的主体；对企业来讲，要解决的问题是本企业发展战略，主要是地域战略和行业战略。例如，企业根据自身的实力和市场状况，确定今后发展的重点，向哪些地区扩展业务；企业将主要从事何种行业的工程建设。根据发展战略，有选择性地采集资料。在采集资料时，应做到以下几点：

1）在采集生产厂商价格信息时，应对该地区内各生产厂商的分布情况，就其产品出厂价、挂牌价及上下浮动的幅度，按生产规模及市场占有份额进行立项测算和汇总。

2）在汇总市场价格信息时，应根据材料经销商在该地区范围内分布的情况、市场占有率及其经销量所占比例加权测算汇总。

3）通过网站查询的价格，由厂家提供的一般为出厂价格，供货商或经销商提供的一般为销售价格(批发价)，由造价部门提供的信息价格一般为经过市场调查综合取定的综合价格。在收集、编辑和使用时，应充分注意价格的特征。

4）对一些知名的厂商或供货商，在进行材料、设备价格调查时，还应调查其一次性供货能力。

5）在建立了材料、设备价格信息库之后，还要计算各类指标、指数，以及对价格的变化趋势和幅度进行分析预测。

3. 工程机械租赁价格信息库的建立

机械租赁价格信息的收集方式与材料价格信息的方式基本相同，主要是对地区内有影响力、信誉好的机械设备租赁公司的租赁价格进行调查。对企业来讲，还要对企业内部的机械台班费用价格进行调查，建立价格信息库，并作对比分析。在调查价格信息的同时，可以同时就机械设备的品质、运行状况和机械设备的调遣费用展开调查，以为企业的经营决策提供依据。

通过对机械设备租赁价格的调查，①可以让企业了解当地租赁市场可供租赁的机械设备

的种类、规模以及租赁价格水平；②可以解决哪些本企业不具备，但在施工中必须使用的机械设备，还有哪些设备在当地租赁市场无法解决；③通过对“台班使用价格”的计算对比，可以了解是使用本企业的机械设备经济合理，还是租赁当地机械设备经济合理。

4. 工程造价文件信息库的建立

工程造价文件是指政府及工程造价管理部门颁布的有关各种造价控制与管理方面的政策性文件、法令、法规，以及各类费用、费率等的调整文件。其中有指令性的，也有指导性的。工程造价文件对企业进行工程造价控制与管理具有重要的指导意义。

在收集、编辑工程造价文件信息时，要根据文件的颁发部门、时间和文件的效力、性质等进行分类，并对有关文件作出简洁说明，淘汰过时的或已被废止的文件，建立便捷的查询系统。

5. 工程造价指数信息库的建立

工程造价指数的种类很多，可以根据取得资料的不同和目的不同设置指数体系。指数的确定一般按地区或行业划分，一般常用的价格指数有以下几种：人工价格指数，人工综合价格指数，材料、设备价格指数，材料、设备综合价格指数，工程造价指数等。

（1）人工价格指数和人工综合价格指数　人工价格指数，按工种分为力工、瓦工、木工、管工、钳工、油漆工、焊工、电工、仪表工等各工种的人工价格指数。根据对比期的不同，可分为定基价格指数和环比价格指数两种，其计算方法为：

$$\text{人工定基价格指数}=\frac{\text{报告期人工平均价格}}{\text{基期人工平均价格}} \tag{4-31}$$

$$\text{人工环比价格指数}=\frac{\text{报告期人工平均价格}}{\text{报告前期人工平均价格}} \tag{4-32}$$

人工综合价格指数是不分工种，计算人工总水平变动的价格指数，计算方法为：

$$\begin{aligned}\text{人工定基综合价格指数}&=\frac{\sum(\text{报告期人工平均价格}\times\text{报告期本工种平均人数/报告期平均工人总数})}{\sum(\text{基期人工平均价格}\times\text{报告期本工种平均人数/报告期平均工人总数})}\\&=\frac{\sum(\text{报告期人工平均价格}\times\text{报告期本工种占工人总数的比重})}{\sum(\text{基期人工平均价格}\times\text{报告期本工种占工人总数的比重})}\\&=\sum(\text{人工定基价格指数}\times\text{工种结构指数})\end{aligned} \tag{4-33}$$

$$\begin{aligned}\text{人工环比综合价格指数}&=\frac{\sum(\text{报告期人工平均价格}\times\text{报告期本工种平均人数/报告期平均工人总数})}{\sum(\text{报告前期人工平均价格}\times\text{报告期本工种平均人数/报告期平均工人总数})}\\&=\frac{\sum(\text{报告期人工平均价格}\times\text{报告期本工种占工人总数的比重})}{\sum(\text{报告前期人工平均价格}\times\text{报告期本工种占工人总数的比重})}\\&=\sum(\text{人工环比价格指数}\times\text{工种结构指数})\end{aligned} \tag{4-34}$$

（2）材料、设备价格指数和材料、设备综合价格指数　材料、设备的种类繁多，对每类材料、设备计算其价格指数显然是不现实和无意义的，所以材料、设备价格指数的计算，主要从下列两个方向着手：

1）按材料、设备的类别计算的主要材料、设备价格指数。计算工程中消耗量大或单位价值高等对工程造价影响较大的材料、设备的价格指数。如型钢类材料价格指数、无缝钢管价格指数、不锈钢管价格指数、电缆价格指数、阀门价格指数等。

2）材料、设备综合价格指数。

材料、设备价格指数的计算方法与人工价格指数的计算方法基本相同。

（3）工程造价指数 工程造价指数是利用同类项目不同时期的工程的造价对比，计算工程造价费用变动的综合指标，在工程造价指标中，既包括价格变动的因素，又包括工程量变动的因素。在价格变动的因素当中，既包括人工价格变动对工程造价的影响，又包括材料、设备价格变动对工程造价的影响，同时还包括机械台班使用费用及费率变化对工程造价的影响。在实际工程中，为了只反映工程造价价格水平变化的趋势和幅度，一般要消除工程量变动对工程造价影响的因素，其计算方法是用报告期工程造价除以按基期价格计算的工程造价。

四、国外工程价格信息管理简介

国外很重视工程造价信息的管理，许多国家都颁布了各种各样的法规、办法，从政府到民间两个方面进行管理。

在英国，建筑市场信息无论对业主还是对承包商都是必不可少的，它是工程估价和结算的重要依据，因此，他们要求每个造价测量师对自己负责的工程项目的竣工数据进行项目后评估，然后提供给有关机构。

英国的官方的工程造价信息管理机构主要有贸工部（DTI）的建筑市场情报局和国家统计办公室，共同负责收集整理有关建筑相关信息和统计的资料，并定期出版发行。

而在民间，有一个 BCSI（建筑成本信息服务部）组织，是英国建筑业最有权威的信息中心，专门收集已完工程的资料，存入数据库，该中心要求广大成员单位定期向自己报告各种有关工程造价的信息，并定时和随时向其他成员单位提供他们所需的信息。英国还有个 PSA（物业服务社），专门提供投标价格指数，供招标者和投标者参考。同时，各咨询机构、业主和承包商也非常注重收集整理相关信息和保留历史数据，尤其是承包商，收集和整理的工程造价信息作为其以后投标报价的依据，所以这些信息对承包商和工程造价专业人士至关重要。

工程造价信息的发布往往采取价格指数、成本指数的形式，同时也对投资、建筑面积等信息进行收集发布。

在欧洲建设委员会有一个造价分委员会，专门从事各成员国之间的价格信息交换服务工作，收集各国的造价信息，建立数据库，向委员会提供与工程造价有关的各种信息。

在日本，财团法人经济调查会和建设物价调查会负责国内劳动力价格、一般材料及特殊价格的调查及收集，每月向全社会公开发行人工、机械、材料等价格资料。主要内容有：材料价格、工程费、劳务单价及其他各种费用。材料种类丰富，通用材料包括钢材、钢材制品、木材、涂料等；土木材料包括道路、桥梁、港湾等使用的材料；建筑材料包括耐火、耐热、防水材料及建筑用石材等；还有电气材料等。工程费包括地质勘察及试验费，土木工程、建筑工程、电气设备工程和机械设备工程费，其价格为社会平均价或工程竣工价。劳务价格共分 50 个工种价格，分不同地区劳务单价提供。资料中还发布主要材料的价格预测及建筑材料价格指数等。

复 习 题

1. 实行工程量清单计价的目的和意义是什么？
2. 工程量清单计价规范编制的原则是什么？

3. 工程量清单计价规范有哪些特点？
4. 工程量清单计价费用构成包括哪几部分？
5. 为了在投标中取得优势地位，计算材料费时应把握哪几点？
6. 管理费是由哪几部分组成？
7. 措施费是由哪几部分组成？
8. 其他项目费是由哪几部分组成？
9. 规费是由哪几部分组成？
10. 工程造价管理信息系统建设应本着哪些原则进行？
11. 什么是综合单价？

第五章　5

安装工程工程量清单项目设置及计价规范

第一节　概　述

安装工程工程量清单项目，基本满足了一般工业设备安装工程和工业民用建筑（含公用建筑）配套工程（采暖、给排水、燃气、消防、电气、通风空调等）工程量清单的编制和计价的需要。

一、主要内容

（1）给排水、采暖、燃气工程　包括给排水、采暖、燃气管道及管道附件安装，卫生、采暖、燃气器具安装等清单项目。

（2）通风空调工程　包括通风空调设备及部件制作、安装，通风管道及部件制作、安装等清单项目。

（3）消防工程　包括水灭火系统、气体灭火系统、泡沫灭火系统、火灾自动报警系统安装等清单项目。

（4）电气工程　包括变压器、配电装置、母线、控制设备及低压电器、蓄电池、防雷及接地装置、电气调整试验、配管、配线、照明器具安装等清单项目。

（5）热力设备安装工程　包括低压锅炉及附属设备安装清单项目。

（6）机械设备安装工程　包括风机、泵类、压缩机设备等安装工程清单项目。

二、适用范围

工业与民用建筑（含公用建筑）的给排水、采暖、通风空调、电气、照明、通信、智能设备、管道安装工程和一般机械设备安装工程工程量清单的编制与计价。不适用于专业专用设备安装工程工程量清单的编制计价。

三、表现形式

1. 项目编码

项目编码是为工程造价信息全国共享而设置的，在全国统一实行。项目编码共设十二位数字，规范统一到前九位，后三位由编制人确定。

例如项目编码 030801002XXX，其组成和所表示的含义为：

03 为第一级，表示工程分类码，03 为安装工程。

08 为第二级，表示专业工程顺序码，08 也是预算定额第八册给排水、采暖、燃气工程。

01 为第三级，表示分部工程顺序码，01 也是第一章给排水、采暖管道安装。

002 为第四级，表示分项工程顺序码，002 也是第二节钢管安装。

XXX 为第五级，表示工程量清单项目名称顺序码，由工程量清单编制人编制，从 001 开始。

2. 项目的名称

项目的设置或划分是以形成工程实体为原则，它也是计量的前提。因此项目名称均以工程实体命名。所谓实体是指形成生产或工艺作用的主要实体部分，对附属或次要部分均不设置项目。项目必须包括完成或形成实体部分的全部内容。如工业管道安装工程，实体部分指管道，完成这个项目还包括：防腐刷油、绝热保温、管道脱脂、酸洗、试压、探伤检查等工作内容；刷油漆、保温层及保护壳也是实体，但对管道安装而言，它们就是附属的次要项目了，只能在综合单价中考虑，而不另列项计价。脱脂酸洗、试压等不构成实体，更不需列项单计，只在综合单价中考虑。

但也有个别工程项目，既不能形成实体，又不能综合在某一个实物量中。如消防系统自动控制仪表工程、采暖工程、通风工程的系统调试项目，它们是多台设备、组件由网络（指管线）连接、组成一个系统，在设备安装的最后阶段，根据工艺要求，进行参数整定和标准测试调整，以达到系统运行前的验收要求。它是某些设备安装工程不可或缺的一个内容，没有这个过程便无法验收。因此，有关系统调试的项目，均作为工程量清单项目单列。

项目设置的另一个原则是不能重复，完全相同的项目，只能相加后列为一项，用同一编码，即一个项目只有一个编码，只有一个对应的综合单价。

清单项目名称应表达详细、准确。《建设工程工程量清单计价规范》（以下简称《计价规范》），中的分项工程名称如有缺陷，招标人可作补充，并报当地工程造价管理机构备案。

3. 项目特征

项目特征是指构成分部分项工程量清单项目、措施项目自身价值的本质特征。项目特征是区分清单项目的依据，是确定一个清单项目综合单价的前提，是履行合同义务的基础。

在《计价规范》附录中还有关于各清单项目“工程内容”的描述。工程内容是指完成清单项目可能发生的具体工作和操作程序，但应注意的是，在编制分部分项工程量清单时，工程内容通常不需要描述，因为在《计价规范》中，工程量清单项目与工程量计算规则、工程内容有一一对应关系，当采用《计价规范》这一标准时，工程内容均有规定。如果发生了工程内容中没有列到的内容，在清单项目特征描述中应予以补充，决不能以工程内容中没有为理由不予描述。描述不清容易引发投标人报价（综合单价）内容不一致，给评标带来困难。

项目特征描述应遵循的原则是，根据拟建工程的实际要求按《计价规范》附录规定的内容填写，以保证能根据所描述的项目特征内容确定该项目综合单价的要求。

4. 计量单位

按国际惯例，工程量清单的计量单位一定要严格遵守均采用基本单位计量，不得使用扩大单位（如 10m、100kg），这与定额的计算单位不一样。

长度计量以“m”为单位。

面积计量以“m^2”为单位。

质量计量以“kg”为单位。

体积和容积以“m^3”为单位。

自然计量单位有“台”“套”“个”“组”……。

5. 工程量计算规则

每一个清单项目都有一个相应的工程量计算规则，这个规则全国统一，即全国各省市的工程清单，均要按统一的计算规则计算工程量。

清单项目的工程量计算规则与《全国统一安装工程预算工程量计算规则》有着原则上的区别。清单项目的计量原则是以实体安装就位的净尺寸计算，这与国际通用做法(FIDIC)是一致的。而预算工程量的计算一般在净值的基础上，加上人为规定的预留量，这个量随施工方法、措施的不同而变化，显然，这种工程量的计算规则限制了竞争的范围，与市场机制背离，它是典型计划经济体制下的计算规则。

6. 工程内容

由于清单项目是按实体设置的，而且应包括完成该实体的全部内容(安装工程的实体往往是由多个工程综合而成的)，因此对各清单可能发生的工程项目均作了提示，并列在“工程内容”一栏内，供清单编制人对项目描述时参考。对清单项目的描述很重要，它是报价人计算综合单价的主要依据。以“030601001 低压有缝钢管安装”一项为例，此项的“工程内容”包括：①管道安装；②套管制作、安装；③压力试验；④系统吹扫；⑤系统清洗；⑥脱脂；⑦除锈刷油、防腐；⑧绝热及保护层安装、除锈、刷油。

如果是一般的车间工业用水管道安装，按施工及验收规范只需完成工程内容中的第①、②、③、⑦项。报价人只针对第①、②、③、⑦项的内容报价，对工程内容中的第④、⑤、⑥、⑧项都不予考虑。

四、相关工程的界限划分

1. 给排水、采暖、燃气工程室内外界限的划分

1）给水管道以建筑外墙皮 1.5m 处为分界点，入口处设有阀门的以阀门为分界点。

2）排水管道以排水管出户后第一个排水检查井为分界点，检查井与检查井之间的连接管道为室外排水管道。

3）采暖管道以建筑外墙皮 1.5m 处为分界点，入口处设有阀门的以阀门为分界点。

4）燃气管道，由地下引入室内的以室内第一个阀门为分界点，由地上引入的以墙外三通为界。

2. 给排水、采暖、燃气工程与市政管道的界限划分

1）给水管道以水表井为界，无水表井的以与市政给水管道碰头点为界。

2）排水管道以与市政管道碰头井为界。

3）由市政管网统一供热的按各供热点的供热站为分界线，由室外管网至供热站外墙皮 1.5m 处的主管道为市政工程，由供热站往外送热的管道以外墙皮 1.5m 处分界，分界点以外为采暖工程。

4）与锅炉房内的管道界限划分。锅炉房内的生活用给排水、采暖工程，属于给排水、采暖工程。锅炉房内锅炉配管、软化水管、锅炉供排水、供汽、水泵之间的连接管等属工业管道范围。由锅炉房外墙皮以外的给排水、采暖管道属于给排水、采暖工程。

5）室外燃气管道以与市政燃气管道的碰头点为分界点。

3. 消防工程与其他有关工程的界限划分

1）水消防管道的室内外划分，以建筑外墙皮1.5m处为分界点。如入口处设阀门时，以阀门为分界点。

2）消防水泵房内的管道为工业管道项目，与消防管道划分以泵房外墙皮或泵房屋顶板为分界点。

3）消防管道与市政管道的划分，以水表井为界。无水表井的，以市政给水管道的碰头点为界。

4. 工业管道工程与其他各专业之间的工程范围划分

1）生产用水、燃气、蒸汽以厂区入口处计量表为分界，计量表以内为工业管道工程，计量表以外为其他专业。

2）排水以厂区内的最后一个污水井分界，污水井以内为工业排水工程，污水井以外为其他专业。

3）锅炉房给水、燃气(热水)、软化水和水泵间的管道均为工业管道工程。锅炉房及水泵房内的管道均以外墙皮(地下室以楼板或外墙皮)为分界点，外墙皮或楼板以外为其他专业，外墙皮或楼板以内为工业管道工程。

4）用于生产且同时用于生活输送各种介质的管道为共用管道。共用管道应视为工业管道工程。

五、可计入综合单价的内容

以下费用可根据需要情况由投标人选择计入综合单价：

1）高层建筑施工增加费。

2）安装与生产同时进行的增加费。

3）有害身体健康环境中施工的增加费。

4）安装物安装高度超高的施工增加费。

5）设置在管道间、管廊内的管道施工的增加费。

6）现场浇筑的主体结构配合施工的增加费。

7）地沟内、地下室内、暗室内、库内无自然采光需人工照明的施工增加费。

六、措施项目清单

措施项目清单是指为完成工程项目施工，发生于该工程施工前和施工过程中的技术、生活、文明、安全等方面的非工程实体项目清单。其中“通用措施项目”所列内容是指各专业工程的“措施项目清单”中均可列的措施项目。“专业工程措施项目”是指各专业工程中“措施项目清单”所特有的措施项目。当招标人对措施项目有特殊要求时，可以根据实际情况将其在措施项目清单中列项，并在清单编制说明中说明。

七、其他

1）编制清单项目如涉及管沟及管沟的土石方、垫层、基础、砌筑抹灰、地沟盖板、土石方回填、土石方运输等工程内容时，按建筑工程的相关项目编制工程量清单。路面开挖及修复、管道支墩、井砌筑等工程内容，按市政工程有关项目编制工程量清单。

2）项目如涉及管道除锈、油漆，支架的除锈、油漆，管道的绝热、防腐等工程量清单项目，可参照《全国统一安装工程预算定额》(下同)的《刷油、防腐蚀、绝热工程分册》的工、料、机耗用量计价。

第二节　给排水、采暖、燃气工程

一、概况

1）给排水、采暖、燃气工程是指生活用给排水工程、采暖工程、燃气工程的安装及其管道、附件、配件安装和小型容器制作等。

2）清单项目包括采暖、卫生、燃气的管道安装，管道附件安装，管道支架制作安装，采暖、卫生、燃气器具安装，采暖工程系统调整等共 74 个项目。

3）适用于采用工程量清单计价的新建、扩建的生活用给排水、采暖、燃气工程。

二、工程量清单项目设置

1. 给排水、采暖、燃气管道

1）给排水、采暖、燃气管道安装，是按安装部位、输送介质、管径、管道材质、连接形式、接口材料、除锈标准、刷油、防腐、绝热保护层等不同特征设置的清单项目。编制工程量清单时，应明确描述各项特征，以便计价。

2）应明确描述以下各项特征：

① 安装部位应按室内、室外不同部位编制清单项目。

② 输送介质指给水管道、排水管道、采暖管道、雨水管道、燃气管道。

③ 材质应按焊接钢管(镀锌、不镀锌)、无缝钢管、铸铁管(灰口铸铁、球墨铸铁)、铜管(T1、T2、T3、H59～H96)、不锈钢管(1Cr18Ni9、1Cr18Ni9Ti)、塑料管(PVC、UPVC、PPC、PPR、PE)、铝塑复合、水泥、陶土、缸瓦管等不同特征分别编制清单项目。

④ 连接方式应按接口形式，如螺纹连接、焊接(电弧焊、氧乙炔焊)、沟槽连接、承插、卡接、热熔、粘接等不同特征分别列项。

⑤ 型号、规格指焊接钢管用公称直径“*DN*”表示，无缝钢管用“*D* 外径×壁厚”表示，塑料管用“*de*”外径表示。

⑥ 接口材料指承插连接管道的接口材料，如铅、膨胀水泥、石棉水泥等。

⑦ 套管形式指铁皮套管、防水套管、一般钢套管、油麻填料钢套管、塑料套管等。

⑧ 除锈标准为管材除锈的要求，有手工除锈、机械除锈、化学除锈、喷砂除锈等不同种类，编制工程量清单时必须明确描述，以便计价。防腐、绝热及保护层的要求指管道的防腐蚀种类及遍数、绝热材料、绝热厚度、保护层材料等不同特征，编制工程量清单时必须明确描述，以便计价。

例如某段采暖钢管安装项目，其项目特征可按下列方式描述：①安装部位：室内；②输送介质：采暖管道；③材质：焊接钢管；④型号、规格：*DN*25；⑤连接方式：螺纹连接；

⑥套管形式、材质、规格：一般钢套管，*DN*40；⑦除锈、刷油、防腐、绝热及保护层设计要求：手工除轻锈，刷两遍红丹防锈漆，再刷两遍银粉漆。

3）招标人或投标人如采用建设行政主管部门颁布的有关规定为工料计价依据时，应注意以下事项：

① 室内*DN*32以内钢管包括管卡及托钩制作安装，该管道如需安装支架时，应作相应调整。

② 给水塑料管（热熔、电熔、卡套式）、铝塑复合管、钢塑复合管、不锈钢管、铜管管件设计图数量与定额含量不同的可以进行调整，其他不变。

③ 室内铸铁排水管、雨水管及塑料排水管、燃气管均包括管卡及托吊支架、透气帽、雨水斗制作与安装。但未包括雨水漏斗的本身价格，雨水漏斗及雨水管件按实用数量另计主材价。

④ 管道穿墙（或楼板）可设置钢套管或镀锌铁皮套管；当穿越地下室墙体或基础外墙设置防水套时，按《工业管道工程》相应定额项目计算。

⑤ 管道绝热及绝热外保护层，按《刷油、防腐蚀、绝热工程》相应定额项目计算，绝热用木托（垫）按实际用量另计材料费。

⑥ 安装的设计规格与定额项子目规格不符时，使用接近规格的项目，居中时按大者，超过本定额量大规格的作补充定额。

2. 管道支架制作安装

管道支架制作安装项目，暖、卫、燃气器具、设备的支架可使用本项目编制工程量清单。

3. 管道附件安装

1）管道附件包括阀门、法兰、计量表、伸缩器、PVC排水管消声器和伸缩器、水位标尺、抽水缸、调长器，应按类型、材质、型号、规格、连接方式等不同特征设置清单项目。编制工程量清单时，必须明确描述各种特征，以便计价。

例如止回阀安装项目，其项目特征可按以下方式描述：①类型：焊接法兰止回阀；②材质：碳钢；③型号规格：H41T—16 *DN*65。

2）阀门的类型应包括浮球阀、手动排气阀、液压式水位控制阀、不锈钢阀、液相自动转换阀、选择阀和各种法兰连接及螺纹连接的低压阀门。

3）各类型的阀门安装，投标人应按照其安装的繁简程度自主计价。

4）各种阀门安装均以“个”为计量单位。法兰阀门安装，如仅为一侧法兰连接时，定额所列法兰、带帽螺栓及垫圈数量减半，其余不变。

5）法兰水表安装以“组”为计量单位，定额中旁通管及止回阀与设计规定的安装形式不同时，阀门及止回阀可按设计规定进行调整，其余不变。

6）减压阀的安装按高压侧的直径计算，以“组”为计量单位，如设计组成与定额不同时，阀门和压力表数量可按设计用量进行调整，其余不变。

4. 卫生、供暖、燃气器具安装

1）卫生、供暖、燃气器具安装工程。卫生器具包括浴盆、净身盆、洗脸盆、洗涤盆、化验盆、淋浴器、烘干器、大便器、小便器、排水栓、扫除口、地漏，以及各种热水器、消毒器、饮水器等；供暖器具包括各种类型散热器、光排管、暖风机、空气幕等；燃气器具包括燃气开水器、燃气采暖炉、燃气热水器。燃气灶具、气嘴等项目。按材质及组装形式、型号、规格、开关种类、连接方式等不同特征编制清单项目。

2）下列各项特征必须在工程量清单中明确描述，以便计价。

① 卫生器具，如浴盆的材质（如搪瓷、铸铁、玻璃钢、塑料等）、规格（如1400mm、1650mm、1800mm等）。组装形式（如冷水、冷热水、冷热水带喷头等），洗脸盆的型号（如立式、台式、普通等）、规格、组装形式（冷水或冷热水）、开关种类（如肘式、脚踏式等），淋浴器的组装形式（如钢管组成、铜管成品等），大便器规格型号（如蹲式、坐式、低水箱、高水箱等）、开关及冲洗形式（如普通冲洗阀冲洗、手压冲洗、脚踏冲洗、自闭式冲洗等），小便器规格、型号（如挂斗式、立式等），水箱的形状（如圆形、方形等）、质量。

例如浴盆安装项目，其项目特征可按以下方式描述：①材质：玻璃钢；②组装形式：冷热水；③型号：浴缸AMK—3311；④开关：冷热水混合形状带喷头。

若采用标准图集或施工图能够全部或部分满足项目特征描述的要求，项目特征描述可直接采用详见××图集或××图号的方式。对不能满足项目特征描述要求的部分，仍应用文字描述。例如上述浴盆安装项目，其项目特征也可按下列方式描述：①材质：玻璃钢；②其他：详见图集99S304—105。

提示：项目特征中，有一特征为“质量”，该“质量”是清单计价规范对“重量”的规范用语，它不是表示材料、设备或部件制作、安装及油漆工程等质量的优良或合格，而是指设备的重量，所以其项目特征栏中就列为“质量”一词。本节提到的其他项目安装的清单中遇有类似问题，不再赘述。

② 供暖器具，如铸铁散热器的型号及规格（如长翼、圆翼、M132型、柱型等），光排管散热器的型号（如A型、B型等）、长度以及散热器的除锈标准、油漆种类。

③ 燃气器具，如开水炉的型号、采暖炉的型号、沸水器的型号、快速热水器的型号（如直排、烟道、平衡等）、灶具的型号（如煤气、天然气，民用灶具、公用灶具，单眼、双眼、三眼等）。

3）若以建设行政主管部门颁布的有关定额为工料计价依据时，应注意以下事项：

① 卫生器具组成安装以“组”或“套”为计量单位，如设计组成与定额不同时，阀门和压力表数量可按设计用量进行调整，其余不变。

② 蹲式大便器安装，已包括了固定大便器的垫砖，但不包括大便器蹲台砌筑。

③ 浴盆安装不包括支座和四周侧面的砌砖及瓷砖粘贴。

④ 小便槽冲洗管制作安装以“m”为计量单位，不包括阀门安装，其工程量可按相应定额另行计算。

⑤ 光排管式散热器制作安装，工程量按长度以“m”为单位计算。在计算工程量长度时，每组光排管之间的连接管长度不能计入光排管制作安装工程量。

⑥ 钢板水箱制作，按施工图所示尺寸，不扣除人孔质量，以“kg”为计量单位，法兰和短管、水位计可按相应定额另行计算。钢板水箱安装，按国家标准图集水箱容量以“m^3”为计量计算，执行相应定额，各种水箱安装均以“个”为计量单位。

⑦ 各类水箱均未包括支架制作安装，如为型钢支架，应执行定额“一般管道支架”项目，混凝土或砖支座应执行建筑工程相应定额项目。

5. 采暖工程系统调整

1）采暖工程系统调整为非实体工程项目，但由于工程需要必须单独列项。

2）采暖工程系统调整的工程内容，应包括在设计规定的室外温度和热源进口温度下，将室内温度调整到设计要求的温度的全部工作。

三、工程量清单项目设置及规则

1. 给排水、采暖管道

工程量清单项目设置及工程量计算规则，应按表5-1的规定执行。

表5-1 给排水、采暖管道(C.8.1 编码:030801)

项目编码	项目名称	项目特征	计量单位	工程量计算规则	工程内容
030801001	镀锌钢管	1. 安装部位(室内、外) 2. 输送介质(给水、排水、热媒体、燃气、雨水) 3. 材质 4. 型号、规格 5. 连接方式 6. 套管形式、材质、规格 7. 接口材料 8. 除锈、刷油、防腐、绝热及保护层设计要求	m	按设计图示管道中心线长度以延长米计算，不扣除阀门、管件(包括减压器、疏水器、水表、伸缩器等组成安装)及各种井类所占的长度；方形补偿器以其所占长度按管道安装工程量计算	1. 管道、管件及弯管的制作、安装 2. 管件安装(指铜管管件、不锈钢管管件) 3. 套管(包括防水套管)制作、安装 4. 管道除锈、刷油、防腐 5. 管道绝热及保护层安装、除锈、刷油 6. 给水管道消毒、冲洗 7. 水压及泄漏试验
030801002	钢管				
030801003	承插铸铁管				
030801004	柔性抗震铸铁管				
030801005	塑料管(UPVC、PVC、PP-C、PP-R、PE管等)				
030801006	橡胶连接管				
030801007	塑料复合管				
030801008	钢骨架塑料复合管				
030801009	不锈钢管				
030801010	铜管				
030801011	承插缸瓦管				
030801012	承插水泥管				
030801013	承插陶土管				

2. 管道支架制作安装

工程量清单项目设置及工程量计算规则，应按表5-2的规定执行。

表5-2 管道支架制作安装(C.8.2 编码:030802)

项目编码	项目名称	项目特征	计量单位	工程量计算规则	工程内容
030802001	管道支架制作安装	1. 形式 2. 除锈、刷油设计要求	kg	按设计图示质量计算	1. 制作、安装 2. 除锈、刷油

3. 管道附件

工程量清单项目设置及工程量计算规则，应按表5-3的规定执行。

表 5-3　管道附件（C. 8. 3　编码：030803）

项目编码	项目名称	项目特征	计量单位	工程量计算规则	工程内容
030803001	螺纹阀门	1. 类型 2. 材质 3. 型号、规格	个	按设计图示数量计算（包括浮球阀、手动排气阀、液压式水位控制阀、不锈钢阀门、煤气减压阀、液相自动转换阀、过滤阀等）	安装
030803002	螺纹法兰阀门				
030803003	焊接法兰阀门				
030803004	带短管甲乙的法兰阀				
030803005	自动排气阀				
030803006	安全阀				
030803007	减压器	1. 材质 2. 型号、规格 3. 连接方式	组	按设计图示数量计算	
030803008	疏水器				
030803009	法兰		副		
030803010	水表		组		1. 安装 2. 托架及表底基础制作、安装
030803011	燃气表	1. 公用、民用、工业用 2. 型号、规格	块		
030803012	塑料排水管消声器	型号、规格	个		
030803013	伸缩器	1. 类型 2. 材质 3. 型号、规格 4. 连接方式		按设计图示数量计算 注：方形伸缩器的两臂，按臂长的2倍合并在管道安装长度内计算	
030803014	浮标液面计	型号、规格	组	按设计图示数量计算	安装
030803015	浮漂水位标尺	1. 用途 2. 型号、规格	套		
030803016	抽水缸	1. 材质 2. 型号、规格	个		
030803017	燃气管道调长器	型号、规格			
030803018	调长器与阀门连接				

4. 卫生器具制作安装

工程量清单项目设置及工程量计算规则，应按表 5-4 的规定执行。

表5-4 卫生器具制作安装(C.8.4 编码:030804)

项目编码	项目名称	项目特征	计量单位	工程量计算规则	工程内容
030804001	浴盆	1. 材质 2. 组装形式 3. 型号 4. 开关	组	按设计图示数量计算	器具、附件安装
030804002	净身盆				
030804003	洗脸盆				
030804004	洗手盆				
030804005	洗涤盆(洗菜盆)				
030804006	化验盆				
030804007	淋浴器	1. 材质 2. 组装方式 3. 型号、规格			
030804008	淋浴间		套		
030804009	桑拿浴房				
030804010	按摩浴缸				
030804011	烘手机				
030804012	大便器				
030804013	小便器				
030804014	水箱制作安装	1. 材质 2. 类型 3. 型号、规格			1. 制作 2. 安装 3. 支架制作、安装及除锈、刷油 4. 除锈、刷油
030804015	排水栓	1. 带存水弯、不带存水弯 2. 材质 3. 型号、规格	组		安装
030804016	水龙头	1. 材质 2. 型号、规格	个		
030804017	地漏				
030804018	地面扫除口				
030804019	小便槽冲洗管制作安装		m		制作、安装
030804020	热水器	1. 电能源 2. 太阳能源	台		1. 安装 2. 管道、管件、附件安装 3. 保温
030804021	开水炉				安装
030804022	容积式热交换器	1. 类型 2. 型号、规格 3. 安装方式			1. 安装 2. 保温 3. 基础砌筑

（续）

项目编码	项 目 名 称	项 目 特 征	计量单位	工程量计算规则	工 程 内 容
030804023	蒸汽-水加热器	1. 类型 2. 型号、规格	套	按设计图示数量计算	1. 安装 2. 支架制作、安装 3. 支架除锈、刷油
030804024	冷热水混合器				
030804025	电消毒器		台		安装
030804026	消毒锅				
030804027	饮水器		套		

5. 供暖器具

工程量清单项目设置及工程量计算规则，应按表 5-5 的规定执行。

表 5-5 供暖器具（C. 8. 5 编码：030805）

项目编码	项 目 名 称	项 目 特 征	计量单位	工程量计算规则	工 程 内 容
030805001	铸铁散热器	1. 型号、规格 2. 除锈、刷油设计要求	片	按设计图示数量计算	1. 安装 2. 除锈、刷油
030805002	钢制闭式散热器				安装
030805003	钢制板式散热器		组		
030805004	光排管散热器制作安装	1. 型号、规格 2. 管径 3. 除锈、刷油设计要求	m		1. 制作、安装 2. 除锈、刷油
030805005	钢制壁板式散热器	1. 质量 2. 型号、规格	组		安装
030805006	钢制柱式散热器	1. 片数 2. 型号、规格			
030805007	暖风机	1. 质量 2. 型号、规格	台		
030805008	空气幕				

6. 燃气器具

工程量清单项目设置及工程量计算规则，应按表 5-6 的规定执行。

表 5-6 燃气器具（C. 8. 6 编码：030806）

项目编码	项 目 名 称	项 目 特 征	计量单位	工程量计算规则	工 程 内 容
030806001	燃气开水炉	型号、规格	台	按设计图示数量计算	安装
030806002	燃气采暖炉				
030806003	沸水器	1. 容积式沸水器、自动沸水器、燃气消毒器 2. 型号、规格			

（续）

项目编码	项目名称	项目特征	计量单位	工程量计算规则	工程内容
030806004	燃气快速热水器	型号、规格	台	按设计图示数量计算	安装
030806005	燃气灶具	1. 民用、公用 2. 人工煤气灶具、液化石油气灶具、天然气燃气灶具 3. 型号、规格			
030806006	气嘴	1. 单嘴、双嘴 2. 材质 3. 型号、规格 4. 连接方式	个		

7. 采暖工程系统调整

工程量清单项目设置及工程量计算规则，应按表5-7的规定执行。

表5-7 采暖工程系统调整（C.8.7 编码：030807）

项目编码	项目名称	项目特征	计量单位	工程量计算规则	工程内容
030807001	采暖工程系统调整	系统	系统	按由采暖管道、管件、阀门、法兰、供暖器具组成采暖工程系统计算	系统调整

第三节 通风空调工程

一、概况

1）通风工程包括通风及空调设备安装、各种材质的通风管道的制作安装、管道部件（阀类、风口、风帽及消声器等）制作安装项目。

2）适用于采用工程量清单报价的新建、扩建工程中的通风空调工程。清单项目，包括通风空调设备安装及部件制作安装、通风管道制作安装、通风管道部件制作安装、通风工程检测、调试等共43个清单项目。

3）通风设备、除尘设备、专供为通风工程配套的各种风机及除尘设备、其他工业用风机（如热力设备用风机）及除尘设备应按机械设备安装工程及热力设备安装工程中的相关项目编制工程量清单。

二、工程量清单项目设置

1. 通风及空调设备

1）通风及空调设备安装工程，包括空气加热器、通风机、除尘设备。空调器（各式空调机、风机盘管等）、过滤器、净化工作台、风淋室、洁净室及空调机的配件制作安装项目。

2）通风空调设备应按项目特征不同编制工程量清单，例如通风机安装的形式应描述其类型，离心式、轴流式、屋顶式、卫生间通风器等，规格以风机叶轮外径的分米数表示，如5#风机表示叶轮外径为500mm；除尘器安装应描述每台的本身质量(kg)；空调器的安装应描述其安装位置，如吊顶式、落地式、壁挂式、窗式、分段组装式等，并标出每台空调器的质量(kg)；风机盘管的安装应描述是吊顶式还是落地式；过滤器的安装应描述其类型，如初效过滤器、中效过滤器、高效过滤器。

例如通风机安装项目，其项目特征可按以下方式描述：①形式：离心式通风机；②规格：B4-7211 No. 3.6；③支架材质、规格：型钢(综合)；④除锈、刷油设计要求：手工除轻锈，刷两遍红丹防锈漆，再刷两遍调和漆。

3）冷冻机组站内的设备安装及管道安装，按机械设备安装工程及工业管道工程的相应项目编制清单项目；冷冻站外墙皮以外通往通风空调设备的供热、供冷、供水等管道，按给排水、采暖、燃气工程的相应项目编制清单项目。

4）通风空调设备安装的地脚螺栓按设备自带考虑。

5）风机减振台座，执行设备支架定额。定额内不包括减振器，应按设计规定另行计算。

2. 通风管道制作安装

1）通风管道制作安装工程，包括碳钢通风管道制作安装、净化通风管道制作安装、不锈钢板风管制作安装、铝板风管制作安装、塑料风管制作安装、复合型风管制作安装、柔性风管安装。

2）通风管道制作安装工程量清单应描述风管的材质、形状(圆形、矩形、渐缩形)、管径(矩形风管按周长)、风管厚度、连接形式(咬口、焊接)、风管及支架油漆种类及要求、风管绝热材料、风管保护层材料、风管检查孔及测温孔的规格、质量等特征，投标人按工程量清单特征或施工图要求报价。

例如碳钢通风管道制作安装项目，其项目特征可按以下方式描述：①材质：镀锌铁皮；②形状：矩形；③周长或直径：2000mm 以内；④板材厚度：$\delta=1.0$mm；⑤接口形式：咬口；⑥风管附件、支架设计要求：吊架(型钢综合)；⑦除锈、刷油、防腐、绝热及保护层设计要求：离心玻璃棉保温$\delta=40$mm；玻璃丝布保护层。

3）若以建设行政主管部门颁布的有关定额为工料计价依据时，应注意以下事项：

① 定额中未包括风管穿墙、穿楼板的孔洞修补。发生时执行各地区建筑工程定额中的有关规定。

② 整个通风系统设计采用渐缩管均匀送风者，圆形风管按平均直径，矩形网管按平均周长执行相应规格项目，其人工乘以系数2.5。

③ 如制作空气幕送风管时，按矩形风管平均周长执行相应风管规格项目，其人工乘以系数3，其余不变。

④ 薄钢板通风管道制作安装项目中，包括弯头、三通、变径管、天圆地方等管件及法兰、加固框和吊托支架的制作用工，但不包括跨风管落地支架，落地支架执行设备支架项目。

⑤ 薄钢板风管刷油按其工程量执行相应项目，仅外（或内）刷油者，定额乘以系数1.2，内外均刷油者，定额乘以系数1.1(其法兰加固框、吊托支架已包括在此系数内)。

⑥ 薄钢板部件刷油按其工程量执行金属结构刷油项目，定额乘以系数1.15。

⑦ 薄钢板风管、部件以及单独列项的支架，其除锈不分锈蚀程度，一律按其第一遍刷油的工程量执行轻锈相应项目。

⑧ 不锈钢通风管道、铝板通风管道、塑料通风管道制作安装，定额内不包括法兰和吊托支架，其工程量以“kg”为计量单位，另行计算，执行相应定额。

3. 通风管道部件制作安装

1）通风管道部件制作安装，包括各种材质、规格和类型的阀类制作安装、散流器制作安装、风口制作安装、风帽制作安装、罩类制作安装、消声器制作安装等项目。

2）下列各项特征在编制工程量清单时应明确描述，以便计价：

① 有的部件设计要求制作安装，有的要求用成品部件，只安装不制作，这类特征在工程量清单中应明确描述。

② 碳钢调节阀制作安装项目，包括空气加热器上通风旁通阀、圆形瓣式起动阀、保温及不保温风管蝶阀、风管止回阀、密闭式斜插板阀、矩形风管三通调节阀、对开多叶调节阀、风管防火阀、各类风罩调节阀等。编制工程量清单时，除明确描述上述调节阀的类型外，还应描述其规格、质量、形状(矩形、圆形)等特征。

例如碳钢调节阀制作安装项目，其项目特征可按以下方式描述：①类型：蝶阀；②规格：200mm×250mm；③周长：900mm；④质量：17.7kg；⑤除锈，刷油设计要求：手工除轻锈，刷两遍红丹防锈漆，再刷两遍调和漆。或采用成品部件，其项目特征可按以下方式描述：①类型：蝶阀；②规格：200mm×250mm；③周长：900mm；④其他：成品安装。

③ 散流器制作安装项目，包括矩形空气分布器、圆形散流器、方形散流器、流线型散流器、百叶风口、矩形风口、旋转吹风口、送吸风口、活动百叶式风口、网式风口、钢百叶窗等。编制工程量清单时，除明确描述上述散流器及风口的类型外，还应描述其规格、质量、形状(方形、圆形)等特征。

例如碳钢风口、散流器制作安装(百叶窗)项目，其项目特征可按以下方式描述：①类型：百叶风口；②规格：300mm×150mm；③形式：带调节板活动；④质量：1.45kg；⑤除锈、刷油设计要求：手工除轻锈、刷两遍红丹防锈漆，再刷两遍调和漆。或采用成品部件，其项目特征可按以下方式描述：①类型：百叶风口；②规格：300mm×150mm；③形式：带调节板活动；④其他：成品安装。

④ 风帽制作安装项目，包括碳钢风帽、不锈钢板风帽、铝风帽、塑料风帽等。编制工程量清单时，除明确描述上述风帽的材质外，还应描述其规格、质量、形状(伞形、锥形、筒形)等特征。

⑤ 罩类制作安装项目包括皮带防护罩、电动机防雨罩、侧吸罩、焊接台排气罩、整体分组式槽边倒吸罩、吹吸式槽边通风罩、条缝槽边抽风罩、泥心烘炉排气罩、升降式回转排气罩、上下吸式圆形回转罩、升降式排气罩、手锻炉排气罩等，在编制上述罩类工程量清单时，应明确描述出罩类的种类、质量等特征。

⑥ 消声器制作安装项目，包括片式消声器、矿棉管式消声器、聚酯泡沫管式消声器、

卡普隆纤维式消声器、弧形声流式消声器、阻抗复合式消声器、消声弯头等。编制消声器制作安装工程量清单时，应明确描述出消声器的种类、质量等特征。

例如静压箱制作安装项目，其项目特征可按以下方式描述：①材质：碳钢；②规格：1000mm×1000mm×1500mm；③除锈、刷油设计要求：手工除轻锈，刷两遍红丹防锈漆，再刷两遍调和漆。

4. 通风工程检测、调试

安装单位应在工程安装后做系统检测及调试。检测的内容应包括管道漏光、漏风试验，风量及风压测定，空调工程温度、湿度测定，各项调节阀、风口、排气罩的风量、风压调整等全部调试过程。

三、工程量清单项目设置及规则

1. 通风及空调设备及部件制作安装

工程量清单项目设置及工程量计算规则，应按表5-8的规定执行。

表5-8　通风及空调设备及部件制作安装（C.9.1　编码:030901）

项目编码	项目名称	项目特征	计量单位	工程量计算规则	工程内容
030901001	空气加热器（冷却器）	1. 规格 2. 质量 3. 支架材质、规格 4. 除锈、刷油设计要求			1. 安装 2. 设备支架制作、安装 3. 支架除锈、刷油
030901002	通风机	1. 形式 2. 规格 3. 支架材质、规格 4. 除锈、刷油设计要求		按设计图示数量计算	1. 安装 2. 减振台座制作、安装 3. 设备支架制作、安装 4. 软管接口制作、安装 5. 支架台座除锈、刷油
030901003	除尘设备	1. 规格 2. 质量 3. 支架材质、规格 4. 除锈、刷油设计要求	台		1. 安装 2. 设备支架制作、安装 3. 支架除锈、刷油
030901004	空调器	1. 形式 2. 质量 3. 安装位置		按设计图示数量计算，其中分段组装式空调器按设计图所示质量以“kg”为计量单位	1. 安装 2. 软管接口制作、安装
030901005	风机盘管	1. 形式 2. 安装位置 3. 支架材质、规格 4. 除锈、刷油设计要求		按设计图示数量计算	1. 安装 2. 软管接口制作、安装 3. 支架制作、安装及除锈、刷油

（续）

项目编码	项目名称	项目特征	计量单位	工程量计算规则	工程内容
030901006	密闭门制作安装	1. 型号 2. 特征(带视孔或不带视孔) 3. 支架材质、规格 4. 除锈、刷油设计要求	个	按设计图示数量计算	1. 制作、安装 2. 除锈、刷油
030901007	挡水板制作安装	1. 材质 2. 除锈、刷油设计要求	m^2		
030901008	滤水器、溢水盘制作安装	1. 特征 2. 用途 3. 除锈、刷油设计要求	kg		
030901009	金属壳体制作安装				
030901010	过滤器	1. 型号 2. 过滤功效 3. 除锈、刷油设计要求	台		1. 安装 2. 框架制作、安装 3. 除锈、刷油
030901011	净化工作台	类型			安装
030901012	风淋室	质量			
030901013	洁净室				

2. 通风管道制作安装

工程量清单项目设置及工程量计算规则，应按表5-9的规定执行。

表5-9　通风管道制作安装(C.9.2　编码:030902)

项目编码	项目名称	项目特征	计量单位	工程量计算规则	工程内容
030902001	碳钢通风管道制作安装	1. 材质 2. 形状 3. 周长或直径 4. 板材厚度 5. 接口形式 6. 风管附件、支架设计要求 7. 除锈、刷油、防腐、绝热及保护层设计要求	m^2	1. 按设计图示以展开面积计算，不扣除检查孔、测定孔、送风口、吸风口等所占面积；风管长度一律以设计图示中心线长度为准(主管与支管以其中心线交点划分)，包括弯头、三通、变径管、天圆地方等管件的长度，但不包括部件所占的长度。风管展开面积不包括风管、管口重叠部分面积。直径和周长按图示尺寸为准展开 2. 渐缩管：圆形风管按平均直径，矩形风管按平均周长	1. 风管、管件、法兰、零件、支吊架制作、安装 2. 弯头导流叶片制作、安装 3. 过跨风管落地支架制作、安装 4. 风管检查孔制作 5. 温度、风量测定孔制作 6. 风管保温及保护层 7. 风管、法兰、法兰加固框、支吊架、保护层除锈、刷油
030902002	净化通风管制作安装				

（续）

项目编码	项目名称	项目特征	计量单位	工程量计算规则	工程内容
030902003	不锈钢板风管制作安装	1. 形状 2. 周长或直径 3. 板材厚度 4. 接口形式 5. 支架法兰的材质、规格 6. 除锈、刷油、防腐、绝热及保护层设计要求	m²	1. 按设计图示以展开面积计算，不扣除检查孔、测定孔、送风口、吸风口等所占面积；风管长度一律以设计图示中心线长度为准（主管与支管以其中心线交点划分），包括弯头、三通、变径管、天圆地方等管件的长度，但不包括部件所占的长度。风管展开面积不包括风管、管口重叠部分面积。直径和周长按图示尺寸为准展开 2. 渐缩管：圆形风管按平均直径，矩形风管按平均周长	1. 风管制作、安装 2. 法兰制作、安装 3. 吊托支架制作、安装 4. 风管保温、保护层 5. 保护层及支架、法兰除锈、刷油
030902004	铝板通风管道制作安装				
030902005	塑料通风管道制作安装				1. 制作、安装 2. 支吊架制作、安装 3. 风管保温、保护层 4. 保护层及支架、法兰除锈、刷油
030902006	玻璃钢通风管道	1. 形状 2. 厚度 3. 周长或直径			
030902007	复合型风管制作安装	1. 材质 2. 形状（圆形、矩形） 3. 周长或直径 4. 支（吊）架材质、规格 5. 除锈、刷油设计要求			1. 制作、安装 2. 托、吊支架制作、安装、除锈、刷油
030902008	柔性软风管	1. 材质 2. 规格 3. 保温套管设计要求	m	按设计图示中心线长度计算，包括弯头、三通、变径管、天圆地方等管件的长度，但不包括部件所占的长度	1. 安装 2. 风管接头安装

3. 通风管道部件制作安装

工程量清单项目设置及工程量计算规则，应按表5-10的规定执行。

表5-10 通风管道部件制作安装（C.9.3 编码:030903）

项目编码	项目名称	项目特征	计量单位	工程量计算规则	工程内容
030903001	碳钢调节阀制作安装	1. 类型 2. 规格 3. 周长 4. 质量 5. 除锈、刷油设计要求	个	1. 按设计图示数量计算（包括空气加热器上通阀、空气加热器旁通阀、圆形瓣式起动阀、风管蝶阀、风管止回阀、密闭式斜插板阀、矩形风管三通调节阀、对开多叶调节阀、风管防火阀、各型风罩调节阀制作安装等） 2. 若调节阀为成品时，制作不再计算	1. 安装 2. 制作 3. 除锈、刷油

（续）

项目编码	项目名称	项目特征	计量单位	工程量计算规则	工程内容
030903002	柔性软风管阀门	1. 材质 2. 规格	个	按设计图示数量计算	安装
030903003	铝蝶阀	规格			
030903004	不锈钢蝶阀				
030903005	塑料风管阀门制作安装	1. 类型 2. 形状 3. 质量		按设计图示数量计算（包括塑料蝶阀、塑料插板阀、各型风罩塑料调节阀）	
030903006	玻璃钢蝶阀	1. 类型 2. 直径或周长		按设计图示数量计算	
030903007	碳钢风口、散流器制作安装（百叶窗）	1. 类型 2. 规格 3. 形式 4. 质量 5. 除锈、刷油设计要求		1. 按设计图示数量计算（包括百叶风口、矩形送风口、矩形空气分布器、风管插板风口、旋转吹风口、圆形散流器、方形散流器、流线型散流器、送吸风口、活动算式风口、网式风口、钢百叶窗等） 2. 百叶窗按设计图示以框内面积计算 3. 风管插板风口制作已包括安装内容 4. 若风口、分布器、散流器、百叶窗为成品时，制作不再计算	1. 风口制作、安装 2. 散流器制作、安装 3. 百叶窗安装 4. 除锈、刷油
030903008	不锈钢风口、散流器制作安装（百叶窗）	1. 类型 2. 规格 3. 形式 4. 质量 5. 除锈、刷油设计要求		1. 按设计图示数量计算（包括风口、分布器、散流器、百叶窗） 2. 若风口、分布器、散流器、百叶窗为成品时，制作不再计算	制作、安装
030903009	塑料风口、散流器制作安装（百叶窗）				
030903010	玻璃钢风口	1. 类型 2. 规格		按设计图示数量计算（包括玻璃钢百叶风口、玻璃钢矩形送风口）	风口安装
030903011	铝及铝合金风口、散流器制作安装	1. 类型 2. 规格 3. 质量		按设计图示数量计算	1. 制作 2. 安装

（续）

项目编码	项目名称	项目特征	计量单位	工程量计算规则	工程内容
030903012	碳钢风帽制作安装	1. 类型 2. 规格 3. 形式 4. 质量 5. 风帽附件设计要求 6. 除锈、刷油设计要求	个	1. 按设计图示数量计算 2. 若风帽为成品时，制作不再计算	1. 风帽制作、安装 2. 筒形风帽滴水盘制作、安装 3. 风帽筝绳制作、安装 4. 风帽泛水制作、安装 5. 除锈、刷油
030903013	不锈钢风帽制作安装				
030903014	塑料风帽制作安装				
030903015	铝板伞形风帽制作安装			1. 按设计图示数量计算 2. 若伞形风帽为成品时，制作不再计算	1. 板伞形风帽制作安装 2. 风帽筝绳制作、安装 3. 风帽泛水制作、安装
030903016	玻璃钢风帽安装	1. 类型 2. 规格 3. 风帽附件设计要求		按设计图示数量计算（包括圆伞形风帽、锥型风帽、筒形风帽）	1. 玻璃钢风帽安装 2. 筒形风帽滴水盘安装 3. 风帽筝绳安装 4. 风帽泛水安装
030903017	碳钢罩类制作安装	1. 类型 2. 除锈、刷油设计要求	kg	按设计图示数量计算（包括皮带防护罩、电动机防雨罩、侧吸罩、中小型零件焊接台排气罩、整体分组式槽边侧吸罩、吹吸式槽边通风罩、条缝槽边抽风罩、泥心烘炉排气罩、升降式回转排气罩、上下吸式圆形回转罩、升降式排气罩、手锻炉排气罩）	1. 制作、安装 2. 除锈、刷油
030903018	塑料罩类制作安装	1. 类型 2. 形式		按设计图示数量计算（包括塑料槽边侧吸罩、塑料槽边风罩、塑料条缝槽边抽风罩）	制作、安装
030903019	柔性接口及伸缩节制作安装	1. 材质 2. 规格 3. 法兰接口设计要求	m^2	按设计图示数量计算	
030903020	消声器制作安装	类型	kg	按设计图示数量计算（包括片式消声器、矿棉管式消声器、聚酯泡沫管式消声器、卡普隆纤维管式消声器、弧形声流式消声器、阻抗复合式消声器、微穿孔板消声器、消声弯头）	

（续）

项目编码	项目名称	项目特征	计量单位	工程量计算规则	工程内容
030903021	静压箱制作安装	1. 材质 2. 规格 3. 形式 4. 除锈标准、刷油防腐设计要求	m^2	按设计图示数量计算	1. 制作、安装 2. 支架制作、安装 3. 除锈、刷油、防腐

4. 通风工程检测、调试

工程量清单项目设置及工程量计算规则，应按表5-11的规定执行。

表5-11 通风工程检测、调试(C.9.4 编码:030904)

项目编码	项目名称	项目特征	计量单位	工程量计算规则	工程内容
030904001	通风工程检测、调试	系统	系统	按由通风设备、管道及部件等组成的通风系统计算	1. 管道漏光试验 2. 漏风试验 3. 通风管道风量测定 4. 风压测定 5. 温度测定 6. 各系统风口、阀门调整

第四节 消 防 工 程

一、概况

1）消防工程内容包括：水灭火系统、气体灭火系统、泡沫灭火系统、火灾自动报警系统。水灭火系统中包括消火栓灭火和自动喷淋灭火两部分。

2）消防工程项目。其中包括灭火管道安装、部件及阀门法兰安装、报警装置、水流指示器、消火栓、气体驱动装置、泡沫发生器等共52个清单项目。

3）消防工程适用于采用工程量清单计价的工业与民用建筑。

二、工程量清单项目设置

1. 水灭火系统

（1）系统的组成及特征 水灭火系统包括消火栓灭火和自动喷淋灭火。其包括的项目有管道安装、系统组件安装(如喷头、报警装置、水流指示器等)、其他组件安装(如减压孔板、末端试水装置、集热板等)、消火栓(如室内外消火栓、消防水泵接合器等)、气压水罐、管道支架等工程，并按安装部位(室内、外)、材质、型号规格、连接方式及除锈、油漆、绝热等不同特征设置清单项目。编制工程量清单时，必须明确描述各种特征，以便计价。

(2) 项目特征描述的要求 具体如下：

1) 要求描述的安装部位：管道是指室内、室外；消火栓是指室内、室外、地上、地下；消防水泵接合器是指地上式、地下式、墙壁式等。

2) 要求描述的材质：管道是指焊接钢管(镀锌、不镀锌)、无缝钢管。

3) 要求描述的型号、规格：管道是指口径(一般为公称直径“*DN*”，无缝钢管应按外径及壁厚“*D* 外径×壁厚”表示)；阀门是指阀门的型号，如 Z41T—10—50、J11T—16—25 等；报警装置是指湿式报警、干湿两用报警、电动雨淋报警、预作用报警等；连接形式是指螺纹连接、焊接。

例如消火栓钢管安装项目，其项目特征可按以下方式描述：①安装部位：室外；②材质：焊接钢管；③规格：*DN*200；④连接方式：焊接；⑤除锈标准、刷油、防腐设计要求：手工除轻锈，两布三油；⑥冲洗、试验：水冲洗、水压试验。

消火栓系统法兰阀门安装项目，按下列方式描述：①阀门类型、材质、型号、规格：碳钢法兰蝶阀，D71X-1.6MPa，*DN*100；②法兰结构、材质、规格、焊接形式：平焊法兰，碳钢，*DN*100，电弧焊。

(3) 说明事项 具体如下：

1) 工程内容所列项目大多数为计价项目，但也有些项目是包括在《全国统一安装工程预算定额》相应项目的工作内容中。招标单位依据《全国统一安装工程预算定额》的工、料、机耗用量编制招标工程标底时，应删除《全国统一安装工程预算定额》工作内容中与本规范各项工程内容相同的项目，以免重复计价。

2) 若以建设行政主管部门颁布的有关定额为工料计价依据时，应注意以下事项：

① 消火栓系统的管道、阀门安装；管道支架及钢套管制作安装等；室外给水管道(含室外自动喷水灭火系统管道)安装及水箱制作安装执行《给排水、采暖、燃气工程》相应定额。

② 自动喷水灭火系统的各种阀门、法兰安装；各种套管的制作安装、不锈钢管和管件、铜管和管件、泵间管道安装；管道系统强度试验、严密性试验和冲洗等执行《工业管道工程》相应定额。

③ 各种消防泵、稳压泵等机械设备安装及二次灌浆执行《机械设备安装工程》相应定额。

④ 各种仪表等的安装及带电信号的阀门、水流指示器、压力开关、驱动装置及泄漏报警开关的接线、校线等执行《自动化控制仪表安装工程》相应定额。

⑤ 室内消火栓组合卷盘安装，执行室内消火栓安装定额乘以系数 1.2。

⑥ 喷头、报警装置及水流指示器安装定额均按管网系统试压、冲洗合格后安装考虑的，定额中已包括丝堵、临时短管的安装、拆除及其摊销。

⑦ 报警装置安装按成套产品以“组”为计量单位。其他报警装置适用于雨淋、干湿两用及预作用报警装置，其安装执行湿式报警安装定额，其人工乘以系数 1.2，其余不变。

3) 无缝钢管法兰连接项目，管件、法兰安装已计入管道安装价格中，但管件、法兰的主材价按成品价另计。

2. 气体灭火系统

(1) 系统的组成及项目特征 气体灭火系统是指卤代烷(1211、1301)灭火系统和二氧化碳灭火系统。其包括的项目有管道安装、系统组件安装(如喷头、选择阀、储存装置等)、二氧化碳称重检验装置安装，并按材质、规格、连接方式、除锈要求、油漆种类、压力试验和吹扫等不同特征，设置清单项目。编制工程量清单时必须明确描述各种特征，以便计价。

(2) 项目特征描述的要求 具体如下：

1) 要求描述的材质：无缝钢管、不锈钢管、铜管为纯铜管还是黄铜管。

2) 要求描述规格、型号：规格为公称直径或外径，连接方式是指螺纹连接和焊接，除锈标准是指采用的除锈方式(分手工、化学、喷砂等)，防腐刷油是指采用的油漆种类。压力试验是指采用试压方法(分液压、气压、泄露、真空等)，吹扫是指水冲洗、空气吹扫、蒸汽吹扫。

(3) 说明事项 具体如下：

1) 储存装置安装应包括灭火剂储存器及驱动瓶装置两个系统。储存系统包括灭火气体储存瓶、储存瓶固定架、储存瓶压力指示器、容器阀、单向阀、集流管、集流管与容器间连接的高压软管，集流管上的安全阀；驱动瓶装置包括驱动气瓶、驱动气瓶支架、驱动气瓶的容器阀、压力指示器等安装，气瓶之间的驱动管道安装应按气体驱动装置管道清单项目列项。

2) 二氧化碳为灭火剂的储存装置安装不需要用高纯氮气增压，工程量清单综合单价不计氮气价值。

3) 若以建设行政主管部门颁布的有关定额为工料计价依据时，应注意以下事项：

① 消火无缝钢管和钢制管件内外镀锌及场外运输费用另行计算。

② 螺纹连接的不锈钢管、铜管及管件安装时，按无缝钢管和钢制管件安装相应定额乘以系数1.20。

③ 喷头安装定额中包括管件安装及配合水压试验时安装拆除丝堵的工作内容。

④ 储存装置安装，定额中包括灭火剂储存容器和驱动气瓶的安装固定、支框架、系统组件(集流管,容器阀,气、液单向阀,高压软管)，安全阀等储存装置和阀驱动装置的安装及氮气增压。二氧化碳储存装置安装时，不需增压，执行定额时，扣除高纯氮气，其余不变。

3. 泡沫灭火系统

1) 泡沫灭火系统包括的项目有管道安装、阀门安装、法兰安装及泡沫发生器、混合储存装置安装，并按材质、型号规格、焊接方式、除锈标准、油漆品种等不同特征列项。编制工程量清单时，必须明确描述各种特征，以便计价。

2) 如招标单位以建设行政主管部门发布的现行消耗量定额为依据时，泡沫灭火系统的管道安装、管件安装、法兰安装、阀门安装、管道系统水冲洗、强度试验、严密性试验等按照《全国统一安装工程预算定额》第六册中相关项目的工、料、机耗用量计价。

4. 管道支架制作安装

1) 管道支架制作安装已综合支架、吊架及防晃支架制作、安装，均以“kg”为计量单位，适用于各灭火系统项目的支架制作安装。

2) 支架制作安装工程量清单应描述支架的除锈要求、刷油的油漆种类、刷油遍数等特征。

3) 若以建设行政主管部门颁布的有关定额为工料计价依据时，应注意除消火栓系统执行《给排水、采暖、燃气工程》相应定额外，其他灭火系统执行《消防及安全防范设备安装工程》相应定额。

5. 火灾自动报警系统

（1）火灾自动报警系统的组成和项目特征　火灾自动报警系统主要包括探测器、按钮、模块（接口）、报警控制器、联动控制器、报警联动一体机、重复显示器、报警装置（指声光报警及警铃报警）、远程控制器等。按安装方式、控制点数量、控制回路、输出形式、多线制、总线制等不同特征列项和编列清单项目时，应明确描述上述特征。

（2）需要说明的问题　具体如下：

1）火灾自动报警系统分为多线制和总线制两种形式。

2）报警控制器、联动控制器和报警联动一体机安装的工程内容的本体安装，应包括消防报警备用电源安装的内容。

3）消防通信、火灾事故广播项目工程量清单按《计价规范》通信设备和线路工程规定编制工程量清单。

4）若以建设行政主管部门颁布的有关定额为工料计价依据时，《消防及安全防范设备安装工程》火灾自动报警系统安装不含以下工作内容：①设备支架、底座、基础的制作与安装；②构件加工、制作；③电机检查、接线及调试；④事故照明及疏散指示控制装置安装；⑤CRT 彩色显示装置安装。

6. 消防系统调试

（1）消防系统调试内容及项目特征　消防系统调试包括自动报警系统装置调试、水灭火系统控制装置调试、防火控制系统装置调试、气体灭火控制系统装置调试，并按点数、类型、名称、试验容器规格等不同特征设置清单项目。编制工程量清单时，必须明确描述各种特征，以便计价。

（2）各消防系统调试工作范围　具体包括：

1）自动报警系统包括各种探测器、报警按钮、报警控制器组成的报警系统，分不同点数以“系统”为计量单位，其点数按多线制与总线制报警控制器的点数计算。

2）水灭火系统控制装置按照不同点数以“系统”为计量单位，其点数按多线制与总线制联动控制器的点数计算。

3）防火控制系统装置调试包括电动防火门、防火卷帘门、正压送风阀、排压阀、防火阀等装置的调试，其按其特征以“处”为单位编制工程量清单项目。其中电动防火门、防火卷帘门是指可由消防控制中心显示与控制的电动防火门、防火卷帘门，每樘为一处；正压送风阀、排烟阀、防火阀，一个阀为一处。

4）气体灭火系统装置调试包括模拟喷气试验，备用灭火剂储存容器切换操作试验，按试验容器的规格（L），分别以“个”为计量单位。试验容器的数量包括系统调试、检测和验收所消耗的试验容器的总数，试验介质不同时可以换算。

（3）控制器安装项目的“点数”确定方法　控制器包括报警控制器和联动控制器两种。

1）报警控制器。报警控制器是能为火灾探测器供电、接收、显示和传递火灾报警信号的报警装置。按其安装方式不同，分为壁挂式和落地式（包括琴台式）；按系统线制的不同，又分为多线制和总线制。定额是按其不同安装方式和线制以“点”分列子目。其点数的含义是：

① 多线制的“点”是指报警控制器所带报警器件（探测器、报警按钮等）的数量。

② 总线制的“点”是指报警控制器所带的有地址编码的报警器件（探测器、报警按钮、

模块等)的数量。如果一个模块带数个探测器(没有地址编码)，则只能计为一点。

2）联动控制器。联动控制器能接受由报警器传递来的报警信号，并对自动消防等装置发出控制信号的装置。定额按其不同安装方式和线制以“点”分列子目。

多线制的“点”是指联动控制器所带联动设备的状态控制和状态显示的数量。一个状态就是1个点。如防火阀有关关闭信号和关闭动作两个状态，应计为2个点；水流指示器、压力开关和信号蝶阀均为1个点；排烟阀、正压送风阀、电梯、电动防火门均为2个点；防火卷帘门则为3个点；消防水泵、排烟风机和送风机均为4个点。

（4）需要说明的问题 气体灭火控制系统装置调试如需采取安全措施时，应按施工组织设计要求，将安全措施费用按《计价规范》中有关安全施工项的要求编制。

三、工程量清单项目及计算规则

1. 水灭火系统

工程量清单项目设置及工程量计算规则，应按表5-12的规定执行。

表5-12 水灭火系统(C.7.1 编码:030701)

项目编码	项目名称	项目特征	计量单位	工程量计算规则	工程内容
030701001	水喷淋镀锌钢管	1. 安装部位(室内、外) 2. 材质 3. 型号、规格 4. 连接方式 5. 除锈标准、刷油、防腐设计要求 6. 水冲洗、水压试验设计要求	m	按设计图示管道中心线长度以延长米计算，不扣除阀门、管件及各种组件所占长度；方形补偿器以其所占长度按管道安装工程量计算	1. 管道及管件安装 2. 套管(包括防水套管)制作、安装 3. 管道除锈、刷油、防腐 4. 管网水冲洗 5. 无缝钢管镀锌 6. 水压试验
030701002	水喷淋镀锌无缝钢管				
030701003	消火栓镀锌钢管				
030701004	消火栓钢管				
030701005	螺纹阀门	1. 阀门类型、材质、型号、规格 2. 法兰结构、材质、规格、焊接形式	个	按设计图示数量计算	1. 法兰安装 2. 阀门安装
030701006	螺纹法兰阀门				
030701007	法兰阀门				
030701008	带短管甲乙的法兰阀门				
030701009	水表	1. 材质 2. 型号、规格 3. 连接方式	组		安装
030701010	消防水箱制作安装	1. 材质 2. 形状 3. 容量 4. 支架材质、型号、规格 5. 除锈标准、刷油设计要求	台		1. 制作 2. 安装 3. 支架制作、安装及除锈、刷油 4. 除锈、刷油

（续）

项目编码	项目名称	项目特征	计量单位	工程量计算规则	工程内容
030701011	水喷头	1. 有吊顶、无吊顶 2. 材质 3. 型号、规格	个	按设计图示数量计算	1. 安装 2. 密封性试验
030701012	报警装置	1. 名称、型号 2. 规格	组	按设计图示数量计算（包括湿式报警装置、干湿两用报警装置、电动雨淋报警装置、预作用报警装置）	安装
030701013	温感式水幕装置	1. 型号、规格 2. 连接方式	组	按设计图示数量计算（包括给水三通至喷头、阀门间的管道、管件、阀门、喷头等的全部安装内容）	安装
030701014	水流指示器	规格、型号	个	按设计图示数量计算	安装
030701015	减压孔板	规格	个	按设计图示数量计算	安装
030701016	末端试水装置	1. 规格 2. 组装形式	组	按设计图示数量计算（包括连接管、压力表、控制阀及排水管等）	安装
030701017	集热板制作安装	材质	个	按设计图示数量计算	制作、安装
030701018	消火栓	1. 安装部位（室内、外） 2. 型号、规格 3. 单栓、双栓	套	按设计图示数量计算（安装包括：室内消火栓、室外地上式消火栓、室外地下式消火栓）	安装
030701019	消防水泵接合器	1. 安装部位 2. 型号、规格	套	按设计图示数量计算（包括消防接口本体、止回阀、安全阀、闸阀、弯管底座、放水阀、标牌）	安装
030701020	隔膜式气压水罐	1. 型号、规格 2. 灌浆材料	台	按设计图示数量计算	1. 安装 2. 二次灌浆

2. 气体灭火系统

工程量清单项目设置及工程量计算规则，应按表5-13的规定执行。

表5-13 气体灭火系统(C.7.2 编码:030702)

项目编码	项目名称	项目特征	计量单位	工程量计算规则	工程内容
030702001	无缝钢管	1. 卤代烷灭火系统、二氧化碳灭火系统 2. 材质 3. 规格 4. 连接方式 5. 除锈、刷油、防腐及无缝钢管镀锌设计要求 6. 压力试验、吹扫设计要求	m	按设计图示管道中心线长度以延长米计算，不扣除阀门、管件及各种组件所占长度	1. 管道安装 2. 管件安装 3. 套管制作、安装(包括防水套管) 4. 钢管除锈、刷油、防腐 5. 管道压力试验 6. 管道系统吹扫 7. 无缝钢管镀锌
030702002	不锈钢管				
030702003	铜管				
030702004	气体驱动装置管道				
030702005	选择阀	1. 材质 2. 规格 3. 连接方式	个	按设计图示数量计算	1. 安装 2. 压力试验
030702006	气体喷头	型号、规格			
030702007	储存装置	规格	套	按设计图示数量计算(包括灭火剂存储器、驱动气瓶、支框架、集流阀、容器阀、单向阀、高压软管和安全阀等储存装置和阀驱动装置)	安装
030702008	二氧化碳称重检漏装置			按设计图示数量计算(包括泄漏开关、配重、支架等)	

3. 泡沫灭火系统

工程量清单项目设置及工程量计算规则，应按表5-14的规定执行。

表5-14 泡沫灭火系统(C.7.3 编码:030703)

项目编码	项目名称	项目特征	计量单位	工程量计算规则	工程内容
030703001	碳钢管	1. 材质 2. 型号、规格 3. 焊接方式 4. 除锈、刷油、防腐设计要求 5. 压力试验、吹扫的设计要求	m	按设计图示管道中心线长度以延长米计算，不扣除阀门、管件及各种组件所占长度	1. 管道安装 2. 管件安装 3. 套管制作、安装 4. 钢管除锈、刷油、防腐 5. 管道压力试验 6. 管道系统吹扫
030703002	不锈钢管				
030703003	铜管				

（续）

项目编码	项目名称	项目特征	计量单位	工程量计算规则	工程内容
030703004	法兰	1. 材质 2. 型号、规格 3. 连接方式	副	按设计图示数量计算	法兰安装
030703005	法兰阀门		个		阀门安装
030703006	泡沫发生器	1. 水轮机式、电动机式 2. 型号、规格 3. 支架材质、规格 4. 除锈、刷油设计要求 5. 灌浆材料	台		1. 安装 2. 设备支架制作、安装 3. 设备支架除锈、刷油 4. 二次灌浆
030703007	泡沫比例混合器	1. 类型 2. 型号、规格 3. 支架材质、规格 4. 除锈、刷油设计要求 5. 灌浆材料			
030703008	泡沫液贮罐	1. 质量 2. 灌浆材料			1. 安装 2. 二次灌浆

4. 管道支架制作安装

工程量清单项目设置及工程量计算规则，应按表5-15的规定执行。

表5-15　管道支架制作安装（C.7.4　编码:030704）

项目编码	项目名称	项目特征	计量单位	工程量计算规则	工程内容
030704001	管道支架制作安装	1. 管架形式 2. 材质 3. 除锈、刷油设计要求	kg	按设计图示质量计算	1. 制作、安装 2. 除锈、刷油

5. 火灾自动报警系统

工程量清单项目设置及工程量计算规则，应按表5-16的规定执行。

表5-16　火灾自动报警系统（C.7.5　编码:030705）

项目编码	项目名称	项目特征	计量单位	工程量计算规则	工程内容
030705001	点型探测器	1. 名称 2. 多线制 3. 总线制 4. 类型	只	按设计图示数量计算	1. 探头安装 2. 底座安装 3. 校接线 4. 探测器调试
030705002	线型探测器	安装方式	m		1. 探测器安装 2. 控制模块安装 3. 报警终端安装 4. 校接线 5. 系统调试

（续）

项目编码	项目名称	项目特征	计量单位	工程量计算规则	工程内容
030705003	按钮	规格	只	按设计图示数量计算	1. 安装 2. 校接线 3. 调试
030705004	模块(接口)	1. 名称 2. 输出形式			1. 安装 2. 调试
030705005	报警控制器	1. 多线制 2. 总线制 3. 安装方式 4. 控制点数量	台		1. 本体安装 2. 消防报警备用电源 3. 校接线 4. 调试
030705006	联动控制器				
030705007	报警联动一体机				
030705008	重复显示器	1. 多线制 2. 总线制			1. 安装 2. 调试
030705009	报警装置	形式			
030705010	远程控制器	控制回路			

6. 消防系统调试

工程量清单项目设置及工程量计算规则，应按表5-17的规定执行。

表5-17 消防系统调试(C.7.6 编码:030706)

项目编码	项目名称	项目特征	计量单位	工程量计算规则	工程内容
030706001	自动报警系统装置调试	点数	系统	按设计图示数量计算(由探测器、报警按钮、报警控制器组成的报警系统;点数按多线制、总线制报警器的点数计算)	系统装置调试
030706002	水灭火系统控制装置调试			按设计图示数量计算(由消火栓、自动喷水、卤代烷、二氧化碳等灭火系统组成的灭火系统装置;点数按多线制、总线制联动控制器的点数计算)	
030706003	防火控制系统装置调试	1. 名称 2. 类型	处	按设计图示数量计算(包括电动防火门、防火卷帘门、正压送风阀、排烟阀、防火控制阀)	

（续）

项目编码	项 目 名 称	项 目 特 征	计量单位	工程量计算规则	工 程 内 容
030706004	气体灭火系统装置调试	试验容器规格	个	按调试、检验和验收所消耗的试验容器总数计算	1. 模拟喷气试验 2. 备用灭火器贮存容器切换操作试验

第五节　低压锅炉、风机、泵及压缩机安装工程

一、概况

1. 低压锅炉

低压锅炉（工业与民用锅炉）包括锅炉本体及附属、辅助设备安装。适用于蒸发量在20t/h（或供热量14MW）以下安装工程的工程量清单项目的设置与计量等共8个清单项目。

2. 风机

风机包括通风机、引风机、鼓风机等，共设置了5个清单项目编码。适用于机械设备安装工程中风机安装工程的工程量清单设置。与本节相关的电气系统参照电气设备工程相应清单项目编码列项；支架制作参照工艺金属结构工程相应清单项目编码列项。

3. 泵

泵包括离心式泵、旋涡泵、往复泵、转子泵、真空泵、屏蔽泵等清单项目编码。适用于机械设备安装工程中机泵安装工程的工程量清单设置。与本节相关的电气系统参照电气设备安装工程相应清单项目编码列项；支架制作参照工艺金属结构工程相应清单项目编码列项。

4. 压缩机

压缩机包括活塞式压缩机、回转式螺杆压缩机、离心式压缩机等，共设置了7个清单项目编码。适用于机械设备安装工程中压缩机安装工程的工程量清单设置。与本节相关的电气系统参照电气设备工程相应清单项目编码列项；随机管路参照工业管道相应清单项目编码列项；随机附属静置设备参照静置设备工程相应清单项目编码列项；仪表系统参照自动化控制仪表安装工程相应清单项目编码列项。

二、工程量清单项目设置

1. 低压锅炉本体设备安装

（1）组成　包括成套整装锅炉和散装、组装锅炉安装。

（2）适用范围　成套整装锅炉指厂家成套整体供货的常压、立式生活锅炉和快装锅炉；散装锅炉指厂家按锅炉本体的钢架、汽包、水冷壁、过热器、省煤器、空气预热器、本体管路等部件的成品、半成品供货、现场组装的供热锅炉或电厂用起动锅炉；组装锅炉指厂家按锅炉本体分为上、下两大组件供货的蒸汽、热水燃煤锅炉安装工程量清单项目的设置与计价。

（3）清单项目的特征　包括结构形式、蒸汽出力(t/h)、供热量(MW/h)。

这里的结构形式是指成套整装锅炉(包括立式或快装锅炉)，散装锅炉和组装锅炉。在设置清单项目时一定要区别表述，并按其型号标明蒸汽出力和供热量。

清单项目均以“台”为计量单位，按设计图示的数量计算工程量。

2. 低压锅炉附属及辅助设备安装

（1）组成　包括除尘器、水处理设备、板式换热器、输煤(上煤机)除渣机、齿轮式破碎机安装。

（2）适用范围　适用于低压锅炉的上述附属及辅助设备安装工程量清单项目的设置与计价。

（3）清单项目的设置与计量　清单项目设置必须按项目特征栏中的相关内容设置，名称、型号、规格等必须明确。如编码为030323002的水处理设备，就要依据设计图明确表述其项目名称，是浮动床离子交换器安装(或是组合式水处理设备)，其规格用软化水产量(t/h)(也称“出力”)表述。

除上述内容外，如果还有需要承包商列出的内容，亦必须予以描述，并作为报价的依据。

3. 相关问题的处理

相关问题按以下规定处理：

1）中、低压锅炉的划分：蒸发量为35t/h的链条炉、蒸发量为75t/h及130t/h的煤炉为中压锅炉；蒸发量为20t/h及以下的燃煤、燃油(气)锅炉为低压锅炉。

2）通用机械设备应按机械设备安装工程相关规定编制清单。

3）各系统的管道安装，除了由设备成套供应的管道和包括在设备安装工程内容中的润滑系统管道以外，应按工业管道工程的规定编制清单。

4）锅炉重型炉墙的耐火砖砌筑应按炉窑砌筑工程的规定编制清单。

4. 风机工程量清单计量的规定

风机工程量清单计量应根据不同型号和质量分别依据设计图示数量计算。计算设备质量时，直联式风机的质量包括本体及电动机、底座的总质量，以“台”为单位。

5. 泵工程量清单计量的规定

泵工程量清单计量应根据不同型号、质量、输送介质、压力和材质等特征分别依据设计图示数量计算。计算设备质量时，直联式泵的质量包括本体及电动机、底座的总质量；非直联式泵的质量不包括电动机质量；深井泵的质量包括本体、电动机、底座及扬水管的总质量，以“台”为单位。

6. 压缩机工程量清单计量规定

压缩机工程量清单计量应根据不同型号、质量、结构形式等特征分别依据设计图示数量计算。计算设备质量时，其设备质量包括同一底座上的主机、电动机、仪表盘及附件、底座等的总质量，以“台”为单位。

7. 其他机械工程量清单计量规定

其他机械工程量清单计量应根据不同型号、质量、冷却面积、蒸发面积、介质、直径等特征分别编码列项，依据设计图示数量以“台”为单位计算。动力设备中的大型电动机安装以“t”为计量单位。

三、工程量清单项目及计算规则

1. 低压锅炉本体设备安装

工程量清单项目设置及工程量计算规则，应按表5-18的规定执行。

表5-18　低压锅炉本体设备安装（C.3.21　编码:030321）

项目编码	项目名称	项目特征	计量单位	工程量计算规则	工程内容
030321001	成套整装锅炉	1. 结构形式 2. 蒸汽出力（t/h） 3. 供热量（MW/h）	台	按设计图示数量计算	1. 锅炉本体安装 2. 附属设备安装 3. 管道、阀门、表计安装 4. 保温 5. 油漆
030321002	散装和组装锅炉				1. 钢炉架安装 2. 汽包、水冷壁、过热器安装 3. 省煤器、空气预热器安装 4. 本体管路、吹灰器安装 5. 炉排、门、孔安装 6. 平台扶梯制作、安装 7. 炉墙砌筑 8. 保温 9. 油漆 10. 水压试验、酸洗 11. 烘炉、煮炉

2. 低压锅炉附属及辅助设备安装

工程量清单项目设置及工程量计算规则，应按表5-19的规定执行。

表5-19　低压锅炉附属及辅助设备安装（C.3.22　编码:030322）

项目编码	项目名称	项目特征	计量单位	工程量计算规则	工程内容
030322001	除尘器	1. 名称 2. 型号 3. 规格 4. 质量	台	按设计图示数量计算	1. 本体安装 2. 附件安装 3. 油漆
030322002	水处理设备	1. 型号 2. 出力（t/h）		按系统设计清单和设备制造厂供货范围计算	1. 浮动床钠离子交换器或组合式水处理设备的本体安装 2. 内部组件安装 3. 附件安装 4. 填料 5. 设备灌水试验及水压试验 6. 油漆

（续）

项目编码	项目名称	项目特征	计量单位	工程量计算规则	工程内容
030322003	板式换热器	1. 型号 2. 质量	台	按设计图示数量计算	1. 本体安装 2. 管道、阀门、表计安装 3. 保温
030322004	输煤设备（上煤机）	1. 结构形式 2. 型号 3. 规格			1. 本体安装 2. 附属部件安装 3. 油漆
030322005	除渣机	1. 型号 2. 输送长度 3. 出力(t/h)			1. 本体安装 2. 机槽安装 3. 传动装置安装 4. 附件安装 5. 油漆
030322006	齿轮式破碎机安装	1. 型号 2. 辊齿直径			1. 本体安装 2. 润滑系统安装 3. 液压管路安装 4. 附件安装 5. 油漆

3. 风机

工程量清单项目设置及工程量计算规则，应按表5-20的规定执行。

表5-20 风机（C.1.8 编码：030108）

项目编码	项目名称	项目特征	计量单位	工程量计算规则	工程内容
030108001	离心式通风机	1. 名称 2. 型号 3. 质量	台	1. 按设计图示数量计算 2. 直联式风机的质量包括本体及电动机、底座的总质量	1. 本体安装 2. 拆装检查 3. 二次灌浆
030108002	离心式引风机				
030108003	轴流通风机				
030108004	回转式鼓风机				
030108005	离心式鼓风机				

4. 泵

工程量清单项目设置及工程量计算规则，应按表5-21的规定执行。

表 5-21　泵（C.1.9　编码：030109）

项目编码	项目名称	项目特征	计量单位	工程量计算规则	工程内容
030109001	离心式泵	1. 名称 2. 型号 3. 质量 4. 输送介质 5. 压力 6. 材质	台	按设计图示数量计算 直联式泵的质量包括本体、电动机及底座的总质量；非直联式的不包括电动机质量；深井泵的质量包括本体、电动机、底座及设备扬水管的总质量	1. 本体安装 2. 泵拆装检查 3. 电动机安装 4. 二次灌浆
030109002	旋涡泵			按设计图示数量计算	
030109003	电动往复泵				
030109004	柱塞泵				
030109005	蒸汽往复泵				
030109006	计量泵				
030109007	螺杆泵				
030109008	齿轮油泵				
030109009	真空泵				
030109010	屏蔽泵				
030109011	简易移动潜水泵				

5. 压缩机

工程量清单项目设置及工程量计算规则，应按表 5-22 的规定执行。

表 5-22　压缩机（C.1.10　编码：030110）

项目编码	项目名称	项目特征	计量单位	工程量计算规则	工程内容
030110001	活塞式压缩机	1. 名称 2. 型号 3. 质量 4. 结构形式	台	按设计图示数量计算 设备质量包括同一底座上主机、电动机、仪表盘及附件、底座等的总质量，但立式及 L 型压缩机、螺杆式压缩机、离心式压缩机不包括电动机等动力机械的质量 活塞式 D、M、H 型对称平衡压缩机的质量包括主机、电动机及随主机到货的附属设备的质量，但不包括附属设备安装	1. 本体安装 2. 拆装检查 3. 二次灌浆
030110002	回转式螺杆压缩机				
030110003	离心式压缩机（电动机驱动）				

6. 其他机械

工程量清单项目设置及工程量计算规则，应按表5-23的规定执行。

表5-23 其他机械(C.1.13 编码:030113)

<table>
<tr><th>项目编码</th><th>项目名称</th><th>项目特征</th><th>计量单位</th><th>工程量计算规则</th><th>工程内容</th></tr>
<tr><td>030113001</td><td>溴化锂吸收式制冷机</td><td>1. 名称
2. 型号
3. 质量</td><td rowspan="14">台</td><td rowspan="14">按设计图示数量计算</td><td rowspan="4">1. 本体安装
2. 保温、防护层、刷漆</td></tr>
<tr><td>030113002</td><td>制冰设备</td><td>1. 名称
2. 型号
3. 质量
4. 制冰方式</td></tr>
<tr><td>030113003</td><td>冷风机</td><td>1. 冷却面积
2. 直径
3. 质量</td></tr>
<tr><td>030113004</td><td>润滑油处理设备</td><td rowspan="6">1. 名称
2. 型号
3. 质量</td></tr>
<tr><td>030113005</td><td>膨胀机</td><td rowspan="5">1. 安装
2. 二次灌浆</td></tr>
<tr><td>030113006</td><td>柴油机</td></tr>
<tr><td>030113007</td><td>柴油发电机组</td></tr>
<tr><td>030113008</td><td>电动机</td></tr>
<tr><td>030113009</td><td>电动发电机组</td></tr>
<tr><td>030113010</td><td>冷凝器</td><td>1. 名称
2. 型号
3. 结构
4. 冷却面积</td><td rowspan="5">1. 本体安装
2. 保温、刷漆</td></tr>
<tr><td>030113011</td><td>蒸发器</td><td>1. 名称
2. 型号
3. 结构
4. 蒸发面积</td></tr>
<tr><td>030113012</td><td>贮液器(排液桶)</td><td>1. 名称
2. 型号
3. 质量
4. 容积</td></tr>
<tr><td>030113013</td><td>分离器</td><td rowspan="2">1. 类型
2. 介质
3. 直径</td></tr>
<tr><td>030113014</td><td>过滤器</td></tr>
</table>

（续）

项目编码	项目名称	项目特征	计量单位	工程量计算规则	工程内容
030113015	中间冷却器	1. 名称 2. 型号 3. 质量 4. 冷却面积	台	按设计图示数量计算	1. 本体安装 2. 保温、刷漆
030113016	玻璃钢冷却塔				
030113017	集油器	1. 名称 2. 型号 3. 直径			本体安装
030113018	紧急泄氨器				
030113019	油视镜		支		
030113020	储气罐	1. 名称 2. 型号 3. 容积	台		
030113021	乙炔发生器				
030113022	水压机蓄势罐	1. 名称 2. 型号 3. 质量			
030113023	空气分离塔	1. 类型 2. 容积			1. 本体安装 2. 保温
030113024	小型制氧机附属设备	1. 名称 2. 型号 3. 质量			

第六节　工业管道工程

一、概况

1）工业管道工程的内容包括低、中、高压的管道安装、管件安装、阀门安装、法兰安装、板卷管制作、管件制作、管架件制作安装、管材表面及焊缝无损探伤、其他项目制作安装等。共123个清单项目。

2）适用于采用工程量清单报价的新建、扩建的输送生产介质的工业管道工程。

二、工程量清单项目设置

1. 低、中、高压管道安装

（1）低、中、高压管道安装　按压力（分低、中、高）、管径、材质（分碳钢、铸铁、不锈钢、合金钢、铝、铜、非金属等）、连接形式（分螺纹连接、焊接连接、法兰连接、承插连接、胶圈接口等）及管道压力检验、吹扫、吹洗方式等不同特征而设置的清单项目。编制工程量清单时应明确描述以下项目特征：

1）管道安装的压力。工业管道压力等级划分为：①低压，$0 < p \leqslant 1.6$MPa；②中压，$1.6\text{MPa} < p \leqslant 10$MPa；③高压，a. 一般管道：$10\text{MPa} < p \leqslant 42$MPa；b. 蒸汽管道：$p \geqslant 9$MPa、工作温度≥500℃。

2）材质。工程量清单项目必须明确描述材质的种类、型号，如焊接钢管(一般管或加厚管)；无缝钢管(分冷拔、热轧、一般石油裂化管、化肥钢管、Q235、10号、20号等)；合金钢管(分16Mn、15MnV、Cr5Mo、Cr2Mo等)；不锈耐热钢(分1Cr13、1Cr18Ni9、1Cr18Ni9Ti、Cr18Ni13Mo3Ti、Cr18Ni13Mo2Ti等)；铸铁管(分一般铸铁、球墨铸铁、硅铸铁等)；纯铜管(分T1、T2、T3)；黄铜管(H59~H96)；一般铝管(1070A~1200)；防锈铝管(5A02~5A12)；塑料管应标出PVC、UPVC、PPC、PPR、PE等，以便正确确定主材价格。

3）管径。焊接钢管、铸铁管、玻璃管、玻璃钢管、预应力混凝土管按公称直径表示；无缝钢管、不锈钢管、铝管、铜管等、塑料管应以外径表示。用外径表示的应标出管材的厚度，如$D108\times4$。

4）连接形式。应按施工设计图或规范要求明确指出管道安装时的连接形式。连接形式包括螺纹连接、焊接、承插连接(分膨胀水泥、石棉水泥、青铅等)、法兰连接等。焊接的方式还应标出氧乙炔焊、焊条电弧焊、埋弧自动焊、氩弧焊、氩电联焊、热风焊等。

5）管道压力试验、吹扫、清洗方式。管道安装的压力试验、吹扫、清洗方式应作出明确确定，如压力采用液压、气压进行泄露性试验或真空试验，吹扫采用水冲洗、空气吹扫、蒸汽吹扫，清洗采用碱洗、酸洗、油清洗等。

6）除锈、防腐蚀及绝热。应按施工设计图或规范要求标出除锈方式(分手工、机械、喷砂、化学等)、防腐采用的防腐材料种类和绝热方式及材料种类，如岩棉瓦块、矿棉瓦块、超细玻璃棉毡缠裹绝热，硅酸盐类材料涂抹等。

7）套管形式。管道安装套管时按设计要求采用一般套管、刚性套管或柔性套管。

（2）工程内容　包括以下内容：

1）各工程量清单所列工程内容是完成该工程量清单时可能发生的工程内容，如实际完成工程项目在工程内容中未列的工程项目可以进行补充。

2）工程内容所列的项目绝大部分属于计价的项目，招标人在编制标底或投标人在投标报价时应按施工设计图、规范、规程或施工组织设计的要求，选择编列所需项目(充氮保护、焊前预热、后热、管道脱脂、焊口硬度测试都属于特殊情况下所设工程内容，必须是施工设计图有明确要求或规范、规程中有要求的才可列项)。工程内容中所列项目应在分部分项工程量清单综合单价分析表中列项分析。

（3）说明事项　具体如下：

1）管道在计算压力试验、吹扫、清洗、脱脂、防腐蚀、绝热、保护层等工程量时，应将管件所占长度的工程量一并计入管道长度中。

2）管道安装在计算焊缝无损探伤时，应将管道焊口、管件焊口、焊接的阀门焊口、对焊法兰焊口、平焊法兰焊口、翻边法兰短管焊口一并计入管道焊缝无损探伤工程量内。管件、阀门、法兰不再列焊缝无损探伤项目。

3）《全国统一安装工程预算定额》的伴热管项目包括管道煨弯工作内容，如招投标采用上述定额计价时，不应再计算煨弯工作内容。

4）用法兰连接的管道(管材本身带有法兰的除外，如法兰铸铁管)应按管道安装与法兰安装分别列项。

2. 低、中、高压管件安装

（1）低、中、高压管件安装　按压力、材质、规格、口径、连接形式及焊接方式不同分别列项。在编制管件安装工程量清单时，应明确描述以下项目的特征：

1）管件安装的压力。

2）材质。管件安装清单项目必须明确描述材质的种类、型号，如低压碳钢管件（包括焊接钢管管件、无缝钢管管件）、不锈钢管件（包括不锈耐热钢 12CrMo、12CrMoV、15CrMo、Cr5Mo、Cr2Mo、不锈耐酸钢 1Cr13、1Cr18Ni9、1Cr18Ni9Ti、Cr18Ni13Mo3Ti、Cr18Ni13Mo2Ti）、合金钢管件（如 16Mn、15MnV 等）、铸铁管件（如一般铸铁、球墨铸铁、硅铁等）、铜管管件（如 T1、T2、T3、H59 ~ H96 等）、铝管管件（如 1070A ~ 1200、5A02 ~ 5A12 等）、塑料管件（如 PVC、UPVC、PPC、PPR、PE 等）。

3）连接形式。管件安装清单项目应明确标出管件安装的连接形式，如丝扣连接、焊接（分氧乙炔焊、电弧焊、氩氮弧焊、氩电联焊等）、承插连接（分膨胀水泥、石棉水泥、青铅等）等。

4）型号及规格。管件安装清单项目应明确描述规格、型号，碳钢管件、不锈钢管件、合金钢管件、预应力管件、玻璃钢管件、玻璃管件、铸铁管件以公称直径表示；铝管件、铜管件、塑料管件以管外径表示。另外，还应标出弯头、三通、四通、异径管等的规格，有型号要求的管件还应标出型号，以便计算主材价格。

（2）工程内容　包括以下内容：

1）各工程量清单所列工程内容是完成该工程量清单项目时可能发生的工程内容，如实际完成工程项目与《计价规范》中所列工程内容不同时，可以进行补充。

2）工程内容所列项目绝大部分属于计价的项目，编制工程量清单时应按施工设计图、规范、规程或施工组织设计的要求，选择编制所需项目，如焊口预热及后热、焊口热处理、三通补强圈制作安装、焊口充氩保护、焊口硬度测试等。工程内容中所列项目，应在分部分项工程量清单综合单价分析表中列项分析。

（3）说明事项　具体如下：

1）管件安装需要做的压力试验、吹扫、清洗、脱脂、防锈、防腐蚀、绝热、保护层等工程内容已在管道安装中列入，管件安装列项中不再计算。

2）管件用法兰连接时，按法兰安装列项，管件安装项目中不再列项。

3. 低、中、高压阀门安装

（1）低、中、高压阀门安装　按压力、材质、规格、型号、连接形式及绝热、保护层等不同分别列项。在编制阀门安装工程量清单项目时，应明确描述下列项目特征：

1）阀门安装的压力。

2）材质。阀门安装清单项目必须明确描述阀门的材质。如碳钢、不锈钢、合金钢、铜等。

3）连接形式。阀门安装连接形式应明确描述螺纹连接、焊接、法兰等。

4）型号及规格。阀门规格按公称直径表示，型号必须明确描述，如 Z15T—10、Z41T—16、J11T—10、J41H—16C、H41T—10 等。

5）如阀门要求绝热或保护层时，应指出绝热材料种类、保护层方式等。

（2）工程内容　具体包括：

1）各工程量清单所列工程内容是完成该工程量清单项目时可能发生的工程内容，如实际完成工程项目与《计价规范》中工程内容不同时，可以进行增减。

2）工程内容所列项目绝大部分属于计价的项目，编制工程量清单时应按施工设计图、规范、规程的要求，选择编制所需项目。工程内容中所列项目，应在分部分项工程量清单综合单价分析表中列项分析。

(3) 说明事项 具体如下：

1) 工程内容中的压力试验和阀门解体检查及研磨项目，均已包括在《全国统一安装工程预算定额》第六册的各阀门的安装工、料、机耗用量定额中。如招标人编制标底，其工、料、机耗用量是按《全国统一安装工程预算定额》的耗用量计价时，则上述工程内容不应再另行计价。投标人投标报价时，如采用企业定额，而企业定额又不包括上述工程内容的工、料、机消耗量时，则上述工程内容可另行计价。

2) 阀门与法兰连接时，其连接用螺栓应计入阀门安装材料费中，法兰安装不再计算螺栓。

4. 低、中、高压法兰安装

(1) 低、中、高压法兰安装 按压力、材质、规格、型号、连接形式、绝热及保护层设计要求等不同分别列项。在编制法兰安装工程量清单项目时，应明确描述下列项目特征：

1) 法兰安装的压力。

2) 材质。法兰安装清单项目必须明确描述法兰的材质，如碳钢、不锈钢(分12CrMo、1Cr18Ni9、Cr18Ni13Mo3Ti等)、合金钢(分16Mn、15MnV等)、铜(分T1、T2、T3、H59～H96等)、铝(1070A～1200、5A02～5A12)。

3) 连接形式。法兰安装清单项目应明确标出法兰安装的连接形式，如螺纹连接、焊接(分氧乙炔焊、电弧焊、氩弧焊、氩电联焊等)。

4) 型号及规格。法兰安装清单项目应明确标出规格、型号，碳钢法兰、不锈钢法兰、不锈钢翻边法兰、合金钢法兰均以公称直径表示；铝法兰、铝翻边法兰、铜法兰、铜翻边法兰以外径表示；法兰型号应按平焊法兰、对焊法兰、翻边活动法兰表示。

(2) 工程内容 具体包括：

1) 各工程量清单所列工程内容是完成该工程量清单项目时可能发生的工程内容，如实际完成工程项目与该工程内容不同时，可以进行增减。

2) 工程内容所列项目绝大部分属于计价的项目，编制工程量清单时应按施工设计图、规范、规程或施工组织设计的要求，选择列项，如焊口预热及后热、焊口热处理、焊口充氮保护、焊口硬度测试等。工程内容中所列项目，应在分部分项工程量清单综合单价分析表中列项分析。

(3) 说明事项 具体如下：

1) 翻边活动法兰短管如为成品供应时，不列工程内容中的翻边活动法兰短管制作的项目。

2) 盲板(法兰盖)安装只计算本身材料费，不计算安装费。

3) 法兰与阀门连接时，连接用的螺栓的费用应计入阀门安装材料费中，除法兰与法兰连接外，法兰安装费不再计算螺栓的材料费。

5. 板卷管制作

(1) 板卷管制作 按材质、焊接形式、规格等不同分别列项。在编制板卷管制作工程量清单项目时，应明确描述下列项目特征：

1) 材质。板卷管制作清单项目必须明确标出材质，如碳钢、不锈耐热钢(分16Mo、12CrMo、15CrMo等)、耐酸钢(分1Cr18Ni9、1Cr18Ni9Ti、Cr18Ni13Mo2Ti、Cr18Ni13Mo3Ti等)、铝板(分1070A～1200、5A02～5A12等)。

2）焊接形式。应标明焊条电弧焊、埋弧自动焊、氟弧焊、氢电联焊等。

3）规格。碳钢管、不锈钢管以公称直径表示；铝板管以管外径表示。

（2）需要说明的问题　碳钢卷板直管如使用卷筒式板材时，卷筒板材的开卷、平直等另行计价。

6. 管件制作

（1）管件制作　按管件压力、材质、焊接形式、规格、制作方式等不同分别列项。在编制管件制作工程量清单项目时，应明确描述下列项目特征：

1）材质。管件制作清单项目必须明确标出材质，如碳钢（分 Q235、Q235—F 等）、不锈钢（分 16Mo、12CrMo、15CrMo、1Cr18Ni9、1Cr18Ni9Ti、Cr18Ni13Mo2Ti、Cr18Ni13Mo3Ti 等）、铝（分 1070A ~ 1200、5A02 ~ 5A12 等）、铜（分 T1、T2、T3、H59 ~ H96 等）。

2）焊接形式。应标明电弧焊、氩弧焊、氩电联焊等。

3）规格。碳钢、不锈钢以公称直径表示；铝、铜、塑料以管外径表示；板卷管管件制作应标明弯头、三通、四通、异径管等。

4）制作方式。应标明板制、管制、煨制、焊制等。

（2）工程内容　所列项目应按设计施工图、规范、规程或施工组织设计的要求，选择列项，如焊口预热及后热、焊口热处理、管焊口充氮保护、焊口硬度测试等。

（3）需要说明的问题　碳钢板制管件制作如采用卷筒式板材时，应对卷筒板材的开卷、平直等另行计价。

7. 管架件制作安装

（1）管架制作安装　按管架的材质、形式等不同分别列项。在编制管架制作安装工程量清单项目时，应明确描述下列项目特征：

1）材质及形式。应按一般管架、木垫式管架、弹簧式管架等表示其形式。

2）标明除锈方式、油漆品种。

（2）工程内容　所列项目应按设计施工图、规范、规程或施工组织设计的要求，选择列项，如弹簧式管架全压缩弯曲试验及工作载荷试验等。

（3）说明事项　具体如下：

1）管架只限于管架单件质量在 100kg 以内的项目，如单件质量超过 100kg 时，可按照《计价规范》中“工艺金属结构制作安装的桁架或管廊”项目编制工程量清单。

2）编制标底时如采用《全国统一安装工程预算定额》的工、料、机消耗量计价时，则木垫式管架的木垫、弹簧式管架的弹簧主材价应另行计算。

8. 管材表面及焊缝无损探伤

（1）管材表面及焊缝无损探伤　按探伤的种类、管材的规格、底片规格及管材壁厚等不同特征分别列项。在编制管材表面及焊缝无损探伤工程量清单项目时，应明确描述下列项目特征：

1）应明确标出探伤的种类，如 X 射线探伤、γ 射线探伤、超声波探伤、普通磁粉探伤、荧光磁粉探伤、渗透探伤。

2）探伤的管材规格按公称直径列项。

3）X 射线探伤及 γ 射线探伤应标明底片规格及管壁厚度。

（2）需要说明的问题　在工程内容中，未列探伤试块的制作及探伤时固定支架的制作，如工程需要时另行计价。

9. 其他项目制作安装

包括塑料法兰、冷排管、蒸汽气缸、集气罐等部件的制作安装。

10. 说明事项

1）其他项目制作安装，是按各独立的制作安装项目列项，互相之间无相关联系，各自有各自的项目特征、工程量计算规则及工程内容。

2）有关事项，可参照《计价规范》中 C.6.1 ~ C.6.6 的要求处理。

三、工程量清单项目及计算规则

1. 低压管道

工程量清单项目设置及工程量计算规则，应按表 5-24 的规定执行。

表 5-24 低压管道（C.6.1 编码：030601）

项目编码	项目名称	项目特征	计量单位	工程量计算规则	工程内容
030601001	低压有缝钢管	1. 材质 2. 规格 3. 连接形式 4. 套管形式、材质、规格 5. 压力试验、吹扫、清洗设计要求 6. 除锈、刷油、防腐、绝热及保护层设计要求	m	按设计图示管道中心线长度以延长米计算，不扣除阀门、管件所占长度，遇弯管时，按两管交叉的中心线交点计算。方形补偿器以其所占长度按管道安装工程量计算	1. 安装 2. 套管制作、安装 3. 压力试验 4. 系统吹扫 5. 系统清洗 6. 脱脂 7. 除锈、刷油、防腐 8. 绝热及保护层安装、除锈、刷油
030601002	低压碳钢伴热管	1. 材质 2. 安装位置 3. 规格 4. 套管形式、材质、规格 5. 压力试验、吹扫设计要求 6. 除锈、刷油、防腐设计要求			1. 安装 2. 套管制作、安装 3. 压力试验 4. 系统吹扫 5. 除锈、刷油、防腐
030601003	低压不锈钢伴热管	1. 材质 2. 安装位置 3. 规格 4. 套管形式、材质、规格			1. 安装 2. 套管制作、安装 3. 压力试验 4. 系统吹扫
030601004	低压碳钢管	1. 材质 2. 连接方式 3. 规格 4. 套管形式、材质、规格 5. 压力试验、吹扫、清洗设计要求 6. 除锈、刷油、防腐、绝热及保护层设计要求			1. 安装 2. 套管制作、安装 3. 压力试验 4. 系统吹扫 5. 系统清洗 6. 油清洗 7. 脱脂 8. 除锈、刷油、防腐 9. 绝热及保护层安装、除锈、刷油
030601005	低压碳钢板卷管				

（续）

项目编码	项目名称	项目特征	计量单位	工程量计算规则	工程内容
030601006	低压不锈钢管	1. 材质 2. 连接方式 3. 规格 4. 套管形式、材质、规格 5. 压力试验、吹扫、清洗设计要求 6. 绝热及保护层设计要求	m	按设计图示管道中心线长度以延长米计算，不扣除阀门、管件所占长度，遇弯管时，按两管交叉的中心线交点计算。方形补偿器以其所占长度按管道安装工程量计算	1. 安装 2. 焊口焊接管内、外充氩保护 3. 套管制作、安装 4. 压力试验 5. 系统吹扫 6. 系统清洗 7. 油清洗 8. 脱脂 9. 绝热及保护层安装、除锈、刷油
030601007	低压不锈钢板卷管				
030601008	低压铝管				1. 安装 2. 焊口焊接管内、外充氩保护 3. 焊口预热及后热 4. 套管制作、安装 5. 压力试验 6. 系统吹扫 7. 系统清洗 8. 脱脂 9. 绝热及保护层安装、除锈、刷油
030601009	低压铝板卷管				
030601010	低压铜管				1. 安装 2. 焊口预热及后热 3. 套管制作、安装 4. 压力试验 5. 系统吹扫 6. 系统清洗 7. 脱脂 8. 绝热及保护层安装、除锈、刷油
030601011	低压铜板卷管				
030601012	低压合金钢管				1. 安装 2. 套管制作、安装 3. 焊口热处理 4. 压力试验 5. 系统吹扫 6. 系统清洗 7. 脱脂 8. 除锈、刷油、防腐 9. 绝热及保护层安装、除锈、刷油

（续）

项目编码	项 目 名 称	项 目 特 征	计量单位	工程量计算规则	工 程 内 容
030601013	低压钛及钛合金管	1. 材质 2. 连接方式 3. 规格 4. 套管形式、材质、规格 5. 压力试验、吹扫、清洗设计要求 6. 绝热及保护层设计要求	m	按设计图示管道中心线长度以延长米计算，不扣除阀、管件所占长度，遇弯管时，按两管交叉的中心线交点计算。方形补偿器以其所占长度按管道安装工程量计算	1. 安装 2. 焊口焊接管内、外充氩保护 3. 套管制作、安装 4. 压力试验 5. 系统吹扫 6. 系统清洗 7. 脱脂 8. 绝热及保护层安装、除锈、刷油
030601014	衬里钢管预制安装	1. 材质 2. 连接形式 3. 安装方式（预制安装或成品管道） 4. 规格 5. 套管形式、材质、规格 6. 压力试验、吹扫设计要求 7. 除锈、刷油、防腐、绝热及保护层设计要求			1. 管道、管件、法兰安装 2. 管道、管件拆除 3. 套管制作、安装 4. 压力试验 5. 系统吹扫 6. 除锈、刷油、防腐 7. 绝热及保护层安装、除锈、刷油
030601015	低压塑料管	1. 材质 2. 连接形式 3. 接口材料 4. 规格 5. 套管形式、材质、规格 6. 压力试验、吹扫设计要求 7. 绝热及保护层设计要求			1. 安装 2. 套管制作、安装 3. 脱脂 4. 压力试验 5. 系统吹扫 6. 绝热及保护层安装、除锈、刷油
030601016	钢骨架复合管				
030601017	低压玻璃钢管				
030601018	低压法兰铸铁管				
030601019	低压承插铸铁管				
030601020	低压预应力混凝土管				

2. 中压管道

工程量清单项目设置及工程量计算规则，应按表5-25的规定执行。

表 5-25　中压管道(C. 6. 2　编码:030602)

<table>
<tr><th>项目编码</th><th>项目名称</th><th>项目特征</th><th>计量单位</th><th>工程量计算规则</th><th>工程内容</th></tr>
<tr><td>030602001</td><td>中压有缝钢管</td><td rowspan="3">1. 材质
2. 连接方式
3. 规格
4. 套管形式、材质、规格
5. 压力试验、吹扫、清洗设计要求
6. 除锈、刷油、防腐、绝热及保护层设计要求</td><td rowspan="5">m</td><td rowspan="5">按设计图示管道中心线长度以延长米计算，不扣除阀门、管件所占长度，遇弯管时，按两管交叉的中心线交点计算。方形补偿器以其所占长度按管道安装工程量计算</td><td>1. 安装
2. 套管制作、安装
3. 压力试验
4. 系统吹扫
5. 系统清洗
6. 脱脂
7. 除锈、刷油、防腐
8. 绝热及保护层安装、除锈、刷油</td></tr>
<tr><td>030602002</td><td>中压碳钢管</td><td rowspan="2">1. 安装
2. 焊口预热及后热
3. 焊口热处理
4. 焊口硬度测定
5. 套管制作、安装
6. 压力试验
7. 系统吹扫
8. 系统清洗
9. 油清洗
10. 脱脂
11. 除锈、刷油、防腐
12. 绝热及保护层安装、除锈、刷油</td></tr>
<tr><td>030602003</td><td>中压螺旋卷管</td></tr>
<tr><td>030602004</td><td>中压不锈钢管</td><td>1. 材质
2. 连接形式
3. 规格
4. 套管形式、材质、规格
5. 压力试验、吹扫、清洗设计要求
6. 绝热及保护层设计要求</td><td>1. 安装
2. 焊口焊接管内、外充氩保护
3. 套管制作、安装
4. 压力试验
5. 系统吹扫
6. 系统清洗
7. 油清洗
8. 脱脂
9. 绝热及保护层安装、除锈、刷油</td></tr>
<tr><td>030602005</td><td>中压合金钢管</td><td>1. 材质
2. 连接方式
3. 规格
4. 套管形式、材质、规格
5. 压力试验、吹扫、清洗设计要求
6. 除锈、刷油、防腐、绝热及保护层设计要求</td><td>1. 安装
2. 焊口预热及后热
3. 焊口热处理
4. 焊口硬度测定
5. 焊口焊接管内、外充氩保护
6. 套管制作、安装
7. 压力试验
8. 系统吹扫
9. 系统清洗
10. 油清洗
11. 脱脂
12. 除锈、刷油、防腐
13. 绝热及保护层安装、除锈、刷油</td></tr>
</table>

（续）

项目编码	项目名称	项目特征	计量单位	工程量计算规则	工程内容
030602006	中压铜管	1. 材质 2. 连接方式 3. 规格 4. 套管形式、材质、规格 5. 压力试验、吹扫、清洗设计要求 6. 绝热及保护层设计要求	m	按设计图示管道中心线长度以延长米计算，不扣除阀门、管件所占长度，遇弯管时，按两管交叉的中心线交点计算。方形补偿器以其所占长度按管道安装工程量计算	1. 安装 2. 焊口预热及后热 3. 套管制作、安装 4. 压力试验 5. 系统吹扫 6. 系统清洗 7. 脱脂 8. 绝热及保护层安装、除锈、刷油
030602007	中压钛及钛合金管				1. 安装 2. 焊口焊接管内、外充氩保护 3. 套管制作、安装 4. 压力试验 5. 系统吹扫 6. 系统清洗 7. 脱脂 8. 绝热及保护层安装、除锈、刷油

3. 高压管道

工程量清单项目设置及工程量计算规则，应按表5-26的规定执行。

表5-26　高压管道（C.6.3　编码:030603）

项目编码	项目名称	项目特征	计量单位	工程量计算规则	工程内容
030603001	高压碳钢管	1. 材质 2. 连接方式 3. 规格 4. 套管形式、材质、规格 5. 压力试验、吹扫、清洗设计要求 6. 除锈、刷油、防腐、绝热及保护层设计要求	m	按设计图示管道中心线长度以延长米计算，不扣除阀门、管件所占长度，遇弯管时，按两管交叉的中心线交点计算。方形补偿器以其所占长度按管道安装工程量计算	1. 安装 2. 焊口预热及后热 3. 焊口热处理 4. 焊口硬度检测 5. 套管制作、安装 6. 压力试验 7. 系统吹扫 8. 系统清洗 9. 油清洗 10. 脱脂 11. 除锈、刷油、防腐 12. 绝热及保护层安装、除锈、刷油
030603002	高压合金钢管				
030603003	高压不锈钢管	1. 材质 2. 连接方式 3. 规格 4. 套管形式、材质、规格 5. 压力试验、吹扫、清洗设计要求 6. 绝热及保护层设计要求			1. 安装 2. 焊口焊接管内、外充氩保护 3. 套管制作、安装 4. 压力试验 5. 系统吹扫 6. 系统清洗 7. 油清洗 8. 脱脂 9. 绝热及保护层安装、除锈、刷油

4. 低压管件

工程量清单项目设置及工程量计算规则，应按表5-27的规定执行。

表5-27　低压管件(C. 6. 4　编码:030604)

项目编码	项目名称	项目特征	计量单位	工程量计算规则	工程内容
030604001	低压碳钢管件	1. 材质 2. 连接方式 3. 型号、规格 4. 补强圈材质、规格	个	按设计图示数量计算 注：1. 管件包括弯头、三通、四通、异径管、管接头、管上焊接管接头、管帽、方形补偿器弯头、管道上仪表一次部件、仪表温度计扩大管制作安装等 2. 管件压力试验、吹扫、清洗、脱脂、除锈、刷油、防腐、保温及其补口均包括在管道安装中 3. 在主管上挖眼接管的三通和摔制异径管，均以主管径按管件安装工程量计算，不另计制作费和主材费；挖眼接管的三通支线管径小于主管径1/2时，不计算管件安装工程量；在主管上挖眼接管的焊接接头、凸台等配件，按配件管径计算管件工程量 4. 三通、四通、异径管均按大管径计算 5. 管件用法兰连接时按法兰安装，管件本身安装不再计算安装 6. 半加热外套管摔口后焊接在内套管上，每处焊口按一个管件计算；外套碳钢管如焊接在不锈钢内套管上时，焊口间需加不锈钢短管衬垫，每处焊口按两个管件计算	1. 安装 2. 三通补强圈制作、安装
030604002	低压碳钢板卷管件				
030604003	低压不锈钢管件				1. 安装 2. 三通补强圈制作、安装 3. 管焊口焊接内、外充氩保护
030604004	低压不锈钢板卷管件				
030604005	低压合金钢管件				
030604006	低压加热外套碳钢管件(两半)	1. 材质 2. 型号、规格			安装
030604007	低压加热外套不锈钢管件(两半)				
030604008	低压铝管件	1. 材质 2. 连接方式 3. 型号、规格 4. 补强圈材质、规格			1. 安装 2. 焊口预热及后热 3. 三通补强圈制作、安装
030604009	低压铝板卷管件				
030604010	低压铜管件				1. 安装 2. 焊口预热及后热
030604011	低压塑料管件	1. 材质 2. 连接形式 3. 接口材料 4. 型号、规格			安装
030604012	低压玻璃钢管件				
030604013	低压承插铸铁管件				
030604014	低压法兰铸铁管				
030604015	低压预应力混凝土转换件				

5. 中压管件

工程量清单项目设置及工程量计算规则，应按表5-28的规定执行。

表5-28 中压管件(C.6.5 编码:030605)

项目编码	项目名称	项目特征	计量单位	工程量计算规则	工程内容
030605001	中压碳钢管件	1. 材质 2. 连接方式 3. 型号、规格 4. 补强圈材质、规格	个	按设计图示数量计算 注：1. 管件包括弯头、三通、四通、异径管、管接头、管上焊接管接头、管帽、方形补偿器弯头、管道上仪表一次部件、仪表温度计扩大管制作安装等 2. 管件压力试验、吹扫、清洗、脱脂、除锈、刷油、防腐、保温及其补口均包括在管道安装中 3. 在主管上挖眼接管的三通和摔制异径管，均以主管径按管件安装工程量计算，不另计制作费和主材费；挖眼接管的三通支线管径小于主管径1/2时，不计算管件安装工程量；在主管上挖眼接管的焊接接头、凸台等配件，按配件管径计算管件工程量 4. 三通、四通、异径管均按大管径计算 5. 管件用法兰连接时按法兰安装，管件本身安装不再计算安装 6. 半加热外套管摔口后焊接在内套管上，每处焊口按一个管件计算；外套碳钢管如焊接在不锈钢内套管上时，焊口间需加不锈钢短管衬垫，每处焊口按两个管件计算	1. 安装 2. 三通补强圈制作、安装 3. 焊口预热及后热 4. 焊口热处理 5. 焊口硬度检测
030605002	中压螺旋卷管件				
030605003	中压不锈钢管件				1. 安装 2. 管道焊口焊接内、外充氩保护
030605004	中压合金钢管件				1. 安装 2. 三通补强圈制作、安装 3. 焊口预热及后热 4. 焊口热处理 5. 焊口硬度检测 6. 管焊口充氩保护
030605005	中压铜管件	1. 材质 2. 型号、规格			1. 安装 2. 焊口预热及后热

6. 高压管件

工程量清单项目设置及工程量计算规则，应按表5-29的规定执行。

表5-29　高压管件（C.6.6　编码：030606）

<table>
<tr><th>项目编码</th><th>项目名称</th><th>项目特征</th><th>计量单位</th><th>工程量计算规则</th><th>工程内容</th></tr>
<tr><td>030606001</td><td>高压碳钢管件</td><td rowspan="3">1. 材质
2. 连接方式
3. 型号、规格</td><td rowspan="3">个</td><td rowspan="3">按设计图示数量计算
注：1. 管件包括弯头、三通、四通、异径管、管接头、管上焊接管接头、管帽、方形补偿器弯头、管道上仪表一次部件、仪表温度计扩大管制作安装等
2. 管件压力试验、吹扫、清洗、脱脂、除锈、刷油、防腐、保温及其补口均包括在管道安装中
3. 在主管上挖眼接管的三通和摔制异径管，均以主管径按管件安装工程量计算，不另计制作费和主材费；挖眼接管的三通支线管径小于主管径1/2时，不计算管件安装工程量；在主管上挖眼接管的焊接接头、凸台等配件，按配件管径计算管件工程量
4. 三通、四通、异径管均按大管径计算
5. 管件用法兰连接时按法兰安装，管件本身安装不再计算安装
6. 半加热外套管摔口后焊接在内套管上，每处焊口按一个管件计算；外套碳钢管如焊接在不锈钢内套管上时，焊口间需加不锈钢短管衬垫，每处焊口按两个管件计算</td><td>1. 安装
2. 焊口预热及后热
3. 焊口热处理
4. 焊口硬度检测</td></tr>
<tr><td>030606002</td><td>高压不锈钢管件</td><td>1. 安装
2. 管焊口充氩保护</td></tr>
<tr><td>030606003</td><td>高压合金钢管件</td><td>1. 安装
2. 焊口预热及后热
3. 焊口热处理
4. 焊口硬度检测
5. 管焊口充氩保护</td></tr>
</table>

7. 低压阀门

工程量清单项目设置及工程量计算规则，应按表5-30的规定执行。

表5-30 低压阀门(C.6.7 编码:030607)

项目编码	项目名称	项目特征	计量单位	工程量计算规则	工程内容
030607001	低压螺纹阀门	1. 名称 2. 材质 3. 连接形式 4. 焊接方式 5. 型号、规格 6. 绝热及保护层设计要求	个	按设计图示数量计算 注：1. 各种形式补偿器(除方形补偿器外)、仪表流量计均按阀门安装工程量计算 2. 减压阀直径按高压侧计算 3. 电动阀门包括电动机安装	1. 安装 2. 操纵装置安装 3. 绝热 4. 保温盒制作、安装、除锈、刷油 5. 压力试验、解体检查及研磨 6. 调试
030607002	低压焊接阀门				
030607003	低压法兰阀门				
030607004	低压齿轮、液压传动、电动阀门				
030607005	低压塑料阀门				
030607006	低压玻璃阀门				
030607007	低压安全阀门				1. 安装 2. 操纵装置安装 3. 绝热 4. 保温盒制作、安装、除锈、刷油 5. 压力试验 6. 调试
030607008	低压调节阀门				1. 安装 2. 临时短管装拆 3. 压力试验、解体检查及研磨

8. 中压阀门

工程量清单项目设置及工程量计算规则，应按表5-31的规定执行。

表5-31 中压阀门(C.6.8 编码:030608)

项目编码	项目名称	项目特征	计量单位	工程量计算规则	工程内容
030608001	中压螺纹阀门	1. 名称 2. 材质 3. 连接形式 4. 焊接方式 5. 型号、规格 6. 绝热及保护层设计要求	个	按设计图示数量计算 注：1. 各种形式补偿器(除方形补偿器外)、仪表流量计均按阀门安装 2. 减压阀直径按高压侧计算 3. 电动阀门包括电动机安装	1. 安装 2. 操纵装置安装 3. 绝热 4. 保温盒制作、安装、除锈、刷油 5. 压力试验、解体检查及研磨 6. 调试
030608002	中压法兰阀门				
030608003	中压齿轮、液压传动、电动阀门				
030608004	中压安全阀门				1. 安装 2. 操纵装置安装 3. 绝热 4. 保温盒制作、安装、除锈、刷油 5. 压力试验 6. 调试

（续）

项目编码	项目名称	项目特征	计量单位	工程量计算规则	工程内容
030608005	中压焊接阀门	1. 名称 2. 材质 3. 连接形式、 4. 焊接方式 5. 型号、规格 6. 绝热及保护层设计要求	个	按设计图示数量计算 注：1. 各种形式补偿器（除方形补偿器外）、仪表流量计均按阀门安装 2. 减压阀直径按高压侧计算	1. 安装 2. 操纵装置安装 3. 焊口预热及后热 4. 焊口热处理 5. 焊口硬度测定 6. 焊口焊接内、外充氩保护 7. 绝热 8. 保温盒制作、安装、除锈、刷油 9. 压力试验、解体检查及研磨
030608006	中压调节阀门				1. 安装 2. 临时短管装拆 3. 压力试验、解体检查及研磨

9. 高压阀门

工程量清单项目设置及工程量计算规则，应按表5-32的规定执行。

表5-32　高压阀门（C.6.9　编码:030609）

项目编码	项目名称	项目特征	计量单位	工程量计算规则	工程内容
030609001	高压螺纹阀门	1. 名称 2. 材质 3. 连接形式 4. 焊接方式 5. 型号、规格 6. 绝热及保护层设计要求	个	按设计图示数量计算 注：1. 各种形式补偿器（除方形补偿器外）、仪表流量计均按阀门安装 2. 减压阀直径按高压侧计算	1. 安装 2. 操纵装置安装 3. 绝热 4. 保温盒制作、安装、除锈、刷油 5. 压力试验、解体检查及研磨
030609002	高压法兰阀门				
030609003	高压焊接阀门				1. 安装 2. 操纵装置安装 3. 焊口预热及后热 4. 焊口热处理 5. 焊口硬度测定 6. 焊口焊接内、外充氩保护 7. 阀门绝热 8. 保温盒制作、安装、除锈、刷油 9. 压力试验、解体检查及研磨

10. 低压法兰

工程量清单项目设置及工程量计算规则，应按表5-33的规定执行。

表5-33 低压法兰(C.6.10 编码:030610)

项目编码	项目名称	项目特征	计量单位	工程量计算规则	工程内容
030610001	低压碳钢螺纹法兰	1. 材质 2. 结构形式 3. 型号、规格 4. 绝热及保护层设计要求	副	按设计图示数量计算 注：1. 单片法兰、焊接盲板和封头按法兰安装计算，但法兰盲板不计安装工程量 2. 不锈钢、有色金属材质的焊环活动法兰按翻边活动法兰安装计算	1. 安装 2. 绝热及保温盒制作、安装、除锈、刷油
030610002	低压碳钢平焊法兰				
030610003	低压碳钢对焊法兰				
030610004	低压不锈钢平焊法兰				1. 安装 2. 绝热及保温盒制作、安装、除锈、刷油 3. 焊口充氩保护
030610005	低压不锈钢翻边活动法兰				1. 安装 2. 绝热及保温盒制作、安装、除锈、刷油 3. 翻边活动法兰短管制作 4. 焊口充氩保护
030610006	低压不锈钢对焊法兰				
030610007	低压合金钢平焊法兰				1. 安装 2. 绝热及保温盒制作、安装、除锈、刷油 3. 焊口充氩保护
030610008	低压铝管翻边活动法兰				1. 安装 2. 焊口预热及后热 3. 绝热及保温盒制作、安装、除锈、刷油 4. 翻边活动法兰短管制作 5. 焊口充氩保护
030610009	低压铝、铝合金法兰				
030610010	低压铜法兰				1. 安装 2. 焊口预热及后热 3. 绝热及保温盒制作、安装、除锈、刷油
030610011	铜管翻边活动法兰				

11. 中压法兰

工程量清单项目设置及工程量计算规则，应按表 5-34 的规定执行。

表 5-34　中压法兰(C.6.11　编码:030611)

项目编码	项目名称	项目特征	计量单位	工程量计算规则	工程内容
030611001	中压碳钢螺纹法兰	1. 材质 2. 结构形式 3. 型号、规格 4. 绝热及保护层设计要求	副	按设计图示数量计算 注：1. 单片法兰、焊接盲板和封头按法兰安装计算，但法兰盲板不计安装工程量 2. 不锈钢、有色金属材质的焊环活动法兰按翻边活动法兰安装计算	1. 安装 2. 绝热及保温盒制作、安装、除锈、刷油
030611002	中压碳钢平焊法兰				1. 安装 2. 焊口预热及后热 3. 焊口热处理 4. 焊口硬度检测 5. 绝热及保温盒制作、安装、除锈、刷油
030611003	中压碳钢对焊法兰				
030611004	中压不锈钢平焊法兰				1. 安装 2. 绝热及保温盒制作、安装、除锈、刷油 3. 焊口充氩保护
030611005	中压不锈钢对焊法兰				
030611006	中压合金钢对焊法兰				1. 安装 2. 焊口预热及后热 3. 焊口热处理 4. 焊口硬度检测 5. 绝热及保温盒制作、安装、除锈、刷油 6. 焊口充氩保护
030611007	中压铜管对焊法兰				1. 安装 2. 焊口预热及后热 3. 绝热及保温盒制作、安装、除锈、刷油

12. 高压法兰

工程量清单项目设置及工程量计算规则，应按表 5-35 的规定执行。

表 5-35 高压法兰(C.6.12 编码:030612)

项目编码	项目名称	项目特征	计量单位	工程量计算规则	工程内容
030612001	高压碳钢螺纹法兰	1. 材质 2. 结构形式 3. 型号、规格 4. 绝热及保护层设计要求	副	按设计图示数量计算 注：1. 单片法兰、焊接盲板和封头按法兰安装计算，但法兰盲板不计安装工程量 2. 不锈钢、有色金属材质的焊环活动法兰按翻边活动法兰安装计算	1. 安装 2. 绝热及保温盒制作、安装、除锈、刷油
030612002	高压碳钢对焊法兰				1. 安装 2. 焊口预热及后热 3. 焊口热处理 4. 焊口硬度检测 5. 绝热及保温盒制作、安装、除锈、刷油
030612003	高压不锈钢对焊法兰				1. 安装 2. 绝热及保温盒制作、安装、除锈、刷油 3. 硬度测试 4. 焊口充氩保护
030612004	高压合金钢对焊法兰				1. 安装 2. 绝热及保温盒制作、安装、除锈、刷油 3. 高压对焊法兰硬度检测 4. 焊口预热及后热 5. 焊口热处理 6. 焊口充氩保护

13. 板卷管制作

工程量清单项目设置及工程量计算规则，应按表 5-36 的规定执行。

表 5-36 板卷管制作(C.6.13 编码:030613)

项目编码	项目名称	项目特征	计量单位	工程量计算规则	工程内容
030613001	碳钢板直管制作	1. 材质 2. 规格	t	按设计制作直管段长度计算	1. 制作 2. 卷筒式板材开卷及平直
030613002	不锈钢板直管制作				1. 制作 2. 焊口充氩保护
030613003	铝板直管制作				1. 制作 2. 焊口充氩保护 3. 焊口预热及后热

14. 管件制作

工程量清单项目设置及工程量计算规则，应按表5-37的规定执行。

表5-37 管件制作(C. 6. 14 编码:030614)

项目编码	项目名称	项目特征	计量单位	工程量计算规则	工程内容
030614001	碳钢板管件制作	1. 材质 2. 规格	t	按设计图示数量计算 注：管件包括弯头、三通、异径管；异径管按大头口径计算，三通按主管口径计算	1. 制作 2. 卷筒式板材开卷及平直
030614002	不锈钢板管件制作				1. 制作 2. 焊口充氩保护
030614003	铝板管件制作				1. 制作 2. 焊口充氩保护 3. 焊口预热及后热
030614004	碳钢管虾体弯制作		个	按设计图示数量计算	制作
030614005	中压螺旋卷管虾体弯制作				
030614006	不锈钢管虾体弯制作				1. 制作 2. 焊口充氩保护
030614007	铝管虾体弯制作	1. 材质 2. 焊接形式 3. 规格			1. 制作 2. 焊口充氩保护 3. 焊口预热及后热
030614008	铜管虾体弯制作				1. 制作 2. 焊口预热及后热
030614009	管道机械煨弯	1. 压力 2. 材质 3. 型号、规格			煨弯
030614010	管道中频煨弯				1. 煨弯 2. 硬度测定
030614011	塑料管煨弯	1. 材质 2. 型号、规格			煨弯

15. 管架件制作

工程量清单项目设置及工程量计算规则，应按表5-38的规定执行。

表5-38 管架件制作(C. 6. 15 编码:030615)

项目编码	项目名称	项目特征	计量单位	工程量计算规则	工程内容
030615001	管架制作安装	1. 材质 2. 管架形式 3. 除锈、刷油、防腐设计要求	kg	按设计图示质量计算 注：单件支架质量100kg以内的管支架	1. 制作、安装 2. 除锈及刷油 3. 弹簧管架全压缩变形试验 4. 弹簧管架工作荷载试验

16. 管材表面及焊缝无损探伤

工程量清单项目设置及工程量计算规则，应按表5-39的规定执行。

表5-39 管材表面及焊缝无损探伤(C.6.16 编码:030616)

项目编码	项目名称	项目特征	计量单位	工程量计算规则	工程内容
030616001	管材表面超声波探伤	规格	m	按规范或设计技术要求计算	超声波探伤
030616002	管材表面磁粉探伤				磁粉探伤
030616003	焊缝X光射线探伤	1. 底片规格 2. 管壁厚度	张		X光射线探伤
030616004	焊缝γ射线探伤				γ射线探伤
030616005	焊缝超声波探伤	规格	口		超声波探伤
030616006	焊缝磁粉探伤				磁粉探伤
030616007	焊缝渗透探伤				渗透探伤

17. 其他项目制作

安装工程量清单项目设置及工程量计算规则，应按表5-40的规定执行。

表5-40 其他项目制作安装(C.6.17 编码:030617)

项目编码	项目名称	项目特征	计量单位	工程量计算规则	工程内容
030617001	塑料法兰制作安装	1. 材质 2. 规格	副	按设计图示数量计算	制作、安装
030617002	冷排管制作安装	1. 排管形式 2. 组合长度 3. 除锈、刷油、防腐设计要求	m		1. 制作、安装 2. 钢带退火 3. 加氨 4. 冲套翅片 5. 除锈、刷油
030617003	蒸汽气缸制作安装	1. 质量 2. 分气缸及支架除锈、刷油 3. 除锈标准、刷油防腐设计要求	个	按设计图示数量计算。若蒸汽分气缸为成品安装，则不综合分气缸制作	1. 制作、安装 2. 支架制作、安装 3. 分气缸及支架除锈、刷油 4. 分气缸绝热、保护层安装、除锈、刷油

（续）

项目编码	项 目 名 称	项 目 特 征	计量单位	工程量计算规则	工 程 内 容
030617004	集气罐制作安装	1. 规格 2. 集气罐及支架除锈、刷油	个	按设计图示数量计算。若集气罐安装为成品安装，则不综合集气罐制作	1. 制作、安装 2. 支架制作、安装 3. 集气缸及支架除锈、刷油
030617005	空气分气筒制作安装	1. 规格 2. 分气筒及支架除锈、刷油		按设计图示数量计算	1. 制作、安装 2. 除锈、刷油
030617006	空气调节喷雾管安装	型号	组		
030617007	钢制排水漏斗制作安装	1. 规格 2. 除锈、刷油、防腐设计要求	个	工程量按设计图示数量计算。其口径规格按下口公称直径计算	
030617008	水位计安装	形式	组	按设计图示数量计算	安装
030617009	手摇泵安装	规格	个		

第七节　电气设备安装工程

一、概况

1. 电气设备安装工程

电气设备安装工程是指变压器、高低压配电装置的安装，架空及配电线路的敷设，控制设备、低压电器及照明电器的安装，防雷及接地装置的安装和电气调整试验等。

2. 清单项目内容

电气设备安装工程清单的项目内容分为变压器、配电装置、母线、控制设备及低压电器、蓄电池、电机检查接线与调试、滑触线装置、电缆、防雷及接地装置、10kV 以下架空配电线路、电气调整试验、配管及配线、照明器具安装十三个部分。

3. 适用范围

适用于工业与民用新建、扩建工程中 10kV 以下变配电设备及线路安装工程的工程量清单编制与计量。

二、工程量清单项目设置

1. 变压器安装项目设置

（1）变压器安装项目的内容　变压器安装包括油浸电力变压器、干式变压器、自耦式变压器、带负荷调压变压器、电炉变压器、整流变压器、电抗器及消弧线圈等安装。

（2）适用的范围　适用于各变压器安装的工程量清单项目设置与计量。

（3）清单项目的设置　根据《计价规范》变压器安装项目(附录表C.2.1)，区别所要安装的变压器种类(名称、型号)，按其容量来设置项目。对于名称、型号、容量完全一样的，可将数量相加后设置一个项目；型号、容量不一样的，应进行编码分别设置项目。

《计价规范》中变压器安装项目的项目特征，是为了表示项目名称的，它是实体自身的特征。如油浸电力变压器安装，名称型号和容量是它自身的特征，最能体现该清单项目；而干燥、过滤、基础型钢制作、安装是每台变压器都涉及的工作内容，不是它自身的特征，与设置项目名称无关，所以设置项目时仅依据变压器的名称、型号和容量。

《计价规范》中变压器安装项目(附录表C.2.1)中的工程内容，是指完成设置项目实体相关的工程。由于项目是包括全部内容的，即完成该变压器的安装还要求干燥、过滤和基础型钢制作、安装，提示报价者要考虑这些内容。如上述的油浸电力变压器安装，不需要干燥和过滤，就不作提示，只要求报价人考虑型钢制作和安装。可见项目名称表述清楚，才能区别不同型号、规格，以便分别编码和设置项目。依据工程内容对项目名称的描述又是综合单价报价的主要依据，如果设计有要求或施工中将要发生的“工程内容”以外的内容，也必须加以描述，因为它是报价的依据，所以项目描述要到位。所谓到位，就是要将完成该项目的全部内容体现在清单上，不能有遗漏，便于投标人报价。如果因描述不到位而引发纠纷，则以清单的描述论责任，而不是以规范附录中提示的“工程内容”来论定。在编制工程量清单时，有的“工程内容”无法确定其发生与否，如变压器安装“工程内容”中的干燥和油过滤两项，有的需要到货后经检查方可确定是否干燥及绝缘油是否过滤。在这种情况下可按发生描述，也可不描述(即按不发生考虑)，但必须在招标文件的有关条款中明确，如不发生(或发生)与清单描述不同时，作出增减处理。

（4）清单项目计量　工程量清单项目的计量，均指形成实体部分的计量。关于需在综合单价中考虑的“工程内容”中的项目，因为它不体现在清单项目表上，其计量单位和计算规则不作具体规定。在计价时，其数量应与该清单项目的实体量相匹配，可参照消耗量定额和相应的计算规则计算在综合单价中。

2. 配电装置安装项目设置

（1）配电装置安装项目内容　配电装置安装的内容包括各种断路器、真空接触器、隔离开关、负荷开关、互感器、电抗器、电容器、滤液装置、高压成套配电柜、组合型成套箱式变电站及环网柜等安装。

（2）适用的范围　适用于各配电装置的工程量清单项目设置与计量。

（3）清单项目的设置　根据《计价规范》中配电装置安装项目(附录表C.2.2)，以配电装置项目特征即名称、型号、容量等设置清单项目名称，对应项目编码编制后三位码。

（4）清单项目计量　《计价规范》配电装置安装项目(附录表C.2.2)工程内容中，大部分项目以“台”为计量单位，少部分以“组”或“个”为计量单位，计算时均按设计图示数量计算。

（5）相关说明　具体如下：

1）配电装置安装包括了各种配电设备安装工程的清单项目，但其项目特征大部分是一样的，即设备名称、型号、规格或容量，它们的组合就是该清单项目的名称。但在项目特征中，有一特征为“质量”，该“质量”是清单计价规范对“重量”的规范用语，它不是表示设备质量的优良或合格，而是指设备的重量，如电抗器、电容器安装均以重量划类区别，所以其项目特征栏中就列为“质量”一词。其他项目安装的清单项目中遇有同样问题，不再赘述。

2）油断路器和 SF_6 断路器等清单项目描述时，一定要说明设备是否带有绝缘油和 SF_6 气体，以便确定是否计算此部分费用。

3）设备安装带有地脚螺栓时，清单中应注明是由土建预埋还是由安装浇筑，以便确定是否计算二次灌浆及抹面费用。

4）绝缘油过滤的描述和过滤油量的计算参照《计价规范》中变压器绝缘油过滤（附录表C.2.1）的相关内容。

5）高压设备的安装没有综合绝缘台安装。如果设计有要求，其内容一定要表述清楚，避免漏项。

3. 母线安装项目设置

（1）母线安装项目内容　内容包括软母线、带形母线、槽形母线、共箱母线、低压封闭插接母线、重型母线的安装。

（2）适用的范围　适用于以上各种母线安装工程的工程量清单项目设置与计量。

（3）清单项目的设置　根据《计价规范》母线安装项目（附录表C.2.3）的母线安装项目特征（名称、型号、规格等）设置具体项目名称，并按对应的项目编码编好后三位码。

（4）清单项目计量　母线安装项目除重型母线的计量单位为“t”外，其他各项计量单位均为“m”。重型母线按设计图示尺寸以质量计算，其余均按设计图示尺寸以单线长度计算。

（5）相关说明　具体如下：

1）有关母线预留长度，在做清单项目综合单价时，按设计要求或施工及验收规范的规定长度一并考虑。

2）清单的工程量为实体的净值，其损耗量由报价人根据自身情况确定。中介方在做标底时，可参考定额的消耗量。无论是报价还是做标底，在参考定额的消耗量时，要注意主要材料及辅助材料的消耗量在定额中的相关规定。

4. 控制设备及低压电器安装项目设置

（1）控制设备及低压电器安装项目内容　控制设备即各种控制屏、继电信号屏、模拟屏、配电屏、整流柜、电气屏（柜）、成套配电箱、控制箱等；低压电器即各种控制开关、控制器、接触器、启动器等；项目内容还包括现在大量使用的集装箱式配电室。

（2）适用的范围　适用于上述控制设备及低压电器安装工程的工程量清单项目设置与计量。

（3）清单项目的设置　根据《计价规范》控制设备及低压电器安装项目（附录表C.2.4），

清单项目的特征均为名称、型号、规格(容量)，而且特征中的名称即为实体的名称，所以设备就是项目的名称，只需表述其型号和规格就可以确定其具体编码。

(4) 清单项目计量 控制设备及低压电器安装以“台”计量，个别以“套”或“个”计量，均按设计图示数量计算。

(5) 相关说明 具体如下：

1) 编制清单时，应对各种铁构件如需镀锌、镀锡、喷塑等加以描述，以便计价。

2) 凡导线进出屏、柜、箱、低压电器的，该清单项目均应对是否要焊(压)接线端子进行描述。而电缆进出屏、柜、箱、低压电器的，可不描述焊(压)接线端子，因为已综合在电缆敷设的清单项目中。

3) 凡需做盘(屏、柜)配线的清单项目必须予以描述。

4) 盘、柜、屏、箱等进出线的预留量按设计要求或施工及验收规范规定的长度，均不作为实物量，但必须在综合单价中体现。

5) 控制开关包括自动空气开关、刀开关、负荷开关、开启式负荷开关、组合控制开关、万能转换开关、漏电保护开关等。

6) 小电器包括按钮、照明用开关、插座、电笛、电铃、电风扇、水位电气信号装置、测量表计、继电器、电磁锁、屏上辅助设备、辅助电压互感器、小型安全变压器等。

5. 蓄电池安装项目设置

(1) 蓄电池安装项目内容 蓄电池安装工程量清单项目包括碱性蓄电池、固定密闭式铅酸蓄电池和免维护铅酸蓄电池安装。

(2) 适用的范围 适用于各种蓄电池安装工程量清单项目设置与计量。

(3) 清单项目的设置 依据设计图示的工程内容(指各项工程实体)，按照《计价规范》蓄电池安装(附录表C.2.5)规定，其项目特征即为名称、型号、容量，设置具体清单项目名称，并按对应的项目编码编好后三位编号。

(4) 清单项目计量 蓄电池安装项目计量单位均为“个”，免维护铅酸蓄电池的计量单位为“组件”。按设计图示数量计算。

(5) 相关说明 具体如下：

1) 如果设计要求蓄电池抽头连接用电缆及电缆保护管时，应在清单项目中予以描述，以便计价。

2) 蓄电池电解液如需承包方提供，亦应描述。

3) 蓄电池充放电费用综合在安装单价中，按“组”充放电，但需摊入每一个蓄电池的安装综合单价中报价。

6. 电机检查接线及调试项目设置

(1) 电机检查接线及调试项目内容 电机检查接线及调试工程量清单项目包括交直流电动机和发电机的检查接线及调试。

(2) 适用的范围 适用于发电机、调相机、普通小型直流电动机、可控硅调速直流电动机、普通交流同步电动机、低压交流异步电动机、高压交流异步电动机、交流变频调速电动机、微型电机、电热器、电动机组的检查接线及调试的清单项目设置与计量。

(3) 清单项目的设置 《计价规范》中电机检查接线及调试(附录表C.2.6)，其清单的项目特征除共同的基本特征(如名称、型号、规格)外，还有表现其调试的特殊个性。这个特性直接影响到接线调试费用，所以必须在项目名称中表述清楚。例如：①普通交流同步电动机的检查接线及调试项目，要注明起动方式是直接起动还是降压起动；②低压交流异步电动机的检查接线及调试项目，要注明控制保护类型是刀开关控制、电磁控制、非电量联锁还是过流保护、速断过流保护及时限过流保护等；③电动机组检查接线调试项目，要表述机组的台数，如有联锁装置应注明联锁的台数。

（4）清单项目计量 电机检查接线及调试中除电动机组清单项目以“组”为单位计量外，其他所有清单项目均以“台”为计量单位，按设计图示数量计算。

（5）相关说明 具体如下：

1）电机是否需要干燥应在项目中予以描述。

2）电机接线如需焊(压)接线端子亦应描述。

3）按规范要求，从管口到电机接线盒间要有软管保护，项目应描述软管的材质和长度，报价时考虑在综合单价中。

4）工程内容中应描述“接地”要求，如接地线的材质、防腐处理等。

5）检查接线项目是按电机的名称、型号、规格(即容量)列出。电机按其质量划分为大、中、小型，电机单台质量在3t以下为小型，电机单台质量在3～30t为中型，电机单台质量在30t以上为大型。报价时，如果参考《全国统一安装工程预算定额》时，就按电机铭牌或产品说明书上标注的质量，套用对应的定额子目计算。

7. 滑触线装置安装项目设置

（1）滑触线装置安装项目内容 滑触线装置安装工程量清单项目包括轻型、安全节能型滑触线，扁钢、角钢、圆钢、工字钢滑触线及移动软电缆安装。

（2）适用的范围 适用于上述各种滑触线安装工程量清单项目的设置与计量。

（3）清单项目的设置 根据《计价规范》中滑触线装置安装(附录表C.2.7)，清单的项目特征均为名称、型号、规格、材质。特征中实体名称亦为项目名称，表示的直观、简单，但规格不同。例如：①节能型滑触线的规格是用电流(单位:A)表述；②角钢滑触线的规格是按角钢的边长×厚度表述；③扁钢滑触线的规格是按扁钢截面长×宽表述；④圆钢滑触线的规格是按圆钢的直径表述；⑤工字钢、轻轨滑触线的规格是以每米质量(单位:kg/m)表述。各清单项目应综合考虑的工程内容要描述清楚：①滑触线支架制作、安装；②滑触线安装；③拉紧装置及挂式支持器制作、安装；④除锈、刷油(油漆名称、刷油要求)。

（4）清单项目计量 滑触线装置安装清单项目的计量单位均为“m”，按设计图示以单根长度计算。

（5）相关说明 具体如下：

1）清单项目应描述支架的基础铁件及螺栓是否由承包商浇筑。

2）沿轨道敷设软电缆清单项目，要说明是否包括轨道安装和滑轮制作的内容，以便报价。

3）滑触线安装的预留长度不作为实物量计量，按设计要求或施工验收规范规定长度，在综合单价中考虑。

8. 电缆敷设项目设置

（1）电缆敷设项目内容 电缆敷设工程量清单项目包括电力电缆和控制电缆的敷设，电缆桥架安装，电缆阻燃槽盒安装，电缆保护管敷设等。

(2) 适用的范围 适用于上述电缆敷设及相关工程的工程量清单项目的设置和计量。其中电缆保护管敷设项目指埋地暗敷设或非埋地明敷设两种，不适用于过路或过基础的保护管敷设。

(3) 清单项目的设置 电缆敷设的各项目特征基本为型号、规格、材质，但其表述方法不同。例如：①电缆敷设项目的规格指电缆截面；②电缆保护管敷设项目的规格指管径；③电缆桥架项目的规格指宽+高的尺寸；④材质的表述为钢制、玻璃钢制或铝合金制；⑤类型的表述为指槽式、梯式、托盘式、组合式等；⑥电缆阻燃盒项目的特征是型号、规格(尺寸)。依据设计图示的工程内容(电缆敷设的方式、位置、桥架安装的位置等)，对应《计价规范》中电缆敷设工程(附录表C.2.8)项目特征，列出清单项目名称、编码。

(4) 清单项目计量 电缆敷设工程清单项目的计量单位均为“m”。其计量规则均按设计图示以单根尺寸计算，桥架按图示中心线长度计算。

(5) 相关说明 具体如下：

1) 电缆沟土方工程量清单按《计价规范》中建筑工程相关项目(附录A)设置编码列项。项目表述时，要表明沟的平均深度、土质和铺砂盖砖的要求。

2) 电缆敷设中所有预留量，应按设计要求或施工验收规范规定的长度，考虑在综合单价中，而不作为实物量。

3) 电缆敷设需要综合的项目很多，一定要描述清楚。例如：工程内容栏所列的揭(盖)盖板；电缆敷设；电缆终端头、中间头制作、安装；过路、过基础的保护管；防火墙堵洞、防火隔板安装、电缆防火涂料；电缆防护、防腐、缠石棉绳、刷漆。

9. 防雷及接地装置项目设置

(1) 防雷及接地装置安装项目内容 防雷及接地装置安装内容包括接地装置和避雷装置的安装。接地装置包括生产、生活用的安全接地、防静电接地、保护接地等一切接地装置的安装。避雷装置包括建筑物、构筑物、金属塔器等防雷装置，它由接闪器、引下线、接地干线、接地极组成一个系统。

(2) 适用的范围 适用于上述的接地装置和防雷装置的工程量清单编制与计量。

(3) 清单项目的设置 依据设计图关于接地或防雷装置的内容，对应《计价规范》中防雷及接地装置安装(附录表C.2.9)的项目特征表述其项目名称，对相应的编码、计量单位和计算规则，根据“工程内容”栏的提示描述该项目的工程内容。例如，避雷针防雷系统，其特征包括：①受雷体名称、材质、规格、技术要求；②引下线材质(名称)规格、技术要求；③接地极材质(名称)规格、数量、技术要求；④接地母线材质(名称、规格)；⑤均压环材质(名称)规格、设计要求。又如，某建筑物设有避雷针防雷装置：清单项目名称为避雷针防雷系统安装，在平屋面上安装，钢管直径25mm、针长2.5m的避雷针，利用柱筋(2根)引下，接地极角钢为50mm×50mm×5mm，接地母线扁钢为40mm×4mm。在对特征表述清楚的同时，装设的部位也很重要，它直接影响安装的费用。如装在烟囱、平面屋顶、墙、金属容器顶、金属容器壁和构筑物上等，其发生的安装费用是不同的。引下线的形式主要是单设引下线和利用柱筋引下。由于接地装置和防雷装置的计量单位为“项”，它要求必须把“项”包括的内容说清楚，因此描述在此处显得很重要。

(4) 清单项目计量 接地装置和防雷装置的计量单位为“项”。按设计要求确定防雷接地系统，一个接地系统便可作为一项计量，每一项中应给出系统中各项的数量，如接地极根数、引下线长度等。

(5) 相关说明 具体如下：

1) 利用桩基础作接地极时，应描述桩台下桩的根数及每根桩有几根柱筋需焊接。其工程量可计入柱引下线的工程量中一并计算。

2) 利用柱筋作引下线的，一定要描述是几根柱筋焊接作为引下线。

3) 以“项”作为计量单位的每个清单项目的单价，要包括“项目特征”和“工程内容”中所有的各项费用。

10. 10kV 以下架空配电线路项目设置

(1) 10kV 以下架空配电线路项目内容 10kV 以下架空配电线路工程量清单项目包括电杆组立、导线架设两大部分项目。

(2) 适用的范围 适用于上述工程的工程量清单项目的设置与计量。

(3) 清单项目的设置 依据设计图示的工程内容(即电杆组立或线路架设)，对应《计价规范》中 10kV 以下架空配电线路(附录表 C. 2. 10)的规定，电杆组立的项目特征为材质、规格、种类、地形等，对此项目要表述清楚。材质指电杆的材质，是木电杆还是混凝土电杆；规格指杆长；种类指单杆、接腿杆、撑杆。在设置项目时，还要对综合的辅助项目(工程内容)描述到位。如电杆组立要发生的项目有：工地运输，土(石)方挖填，底、拉、卡盘安装，杆防腐，电杆组立，横担安装，拉线制作、安装。导线架设的项目特征为型号(材质)、规格：导线的型号表示材质，是铝导线还是铜导线；规格是指导线的截面。导线架设的工程内容描述为：导线架设、导线跨越(跨越间距)、进户横担(进户线架设)等安装。在设置清单项目时，对同一型号和同一材质，但规格不同的架空线路要分别设置项目，分别按对应编码编好最后三位码。

(4) 清单项目计量 电杆组立的计量单位是“根”，按图示数量计。导线架设的计量单位为“km”，按设计图示尺寸，以单根长度计算。

(5) 相关说明 具体如下：

1) 杆坑挖填土清单项目按《计价规范》中建筑工程规定的相关项目(附录 A)设置和编码。

2) 杆上变配电设备项目按《计价规范》中相关项目(附录表 C. 2. 1、C. 2. 2、C. 2. 3)规定计量。

3) 需要时可对杆坑的土质情况、沿途地形予以描述。

4) 架空线路的各种预留长度，按设计要求或施工验收规范规定长度计算在综合单价内。

11. 电气调整试验项目设置

(1) 电气调整试验项目内容 电气调整试验工程量清单项目包括电力变压器系统、送配电装置系统、特殊保护装置(距离保护、高频保护、失灵保护、失磁保护、交流器断线保护、小电流接地保护)、自动投入装置、接地装置等系统的调整试验。

(2) 适用的范围 适用于上述各系统的电气设备的本体试验和主要设备分系统调试的工程量清单项目设置与计量。

(3) 清单项目的设置 电气调整试验项目特征基本上是以系统名称或保护装置及设备本体名称来设置的。如变压器系统调试就以变压器的名称、型号、容量来设置。供电系统的项目设置是1kV以下和直流供电系统，均以电压来设置；10kV以下的交流供电系统，则以供电所用的负荷隔离开关、断路器和电抗器分别设置；特殊保护装置调试的清单项目按其保护名称设置；其他均按需要调试的装置或设备的名称来设置。

（4）清单项目计量 电气调整试验项目计量单位多为“系统”，也有“台”、“套”、“组”的，按设计图示数量计算。电气调试系统的划分以设计的电气原理系统图为依据，具体划分可参照《全国统一安装工程预算工程量计算规则》的有关规定。名称和编码均按《计价规范》中的附录表C. 2. 11的规定设置。

（5）相关说明 调整试验项目系指一个系统的调整试验，它是由多台设备、组件（配件）网络连在一起，经过调整试验才能完成某一特定的生产过程，这个工作（调试）无法综合考虑在某实体（仪表、设备、组件、网络）上，因此不能用物理计量单位或一般的计量单位来计量，只能用“系统”为单位计量。

12. 配管、配线项目设置

（1）配管、配线安装项目内容 配管、配线工程量清单项目的配管包括电线管敷设、钢管及防护钢管敷设、可挠金属管敷设、塑料管（硬质聚氯乙烯管、刚性阻燃管、半硬质阻燃管）敷设。配线包括管内穿线、瓷夹板配线、塑料夹板配线、鼓型绝缘子配线、针式绝缘子配线、蝶式绝缘子配线、木槽板配线、塑料槽板配线、塑料护套线敷设、线槽配线。

（2）适用的范围 适用于上述配管、配线工程量清单项目的设置与计量。

（3）清单项目的设置 依据设计图示工程内容（指配管、配线），按照《计价规范》中配管、配线工程（附录表C. 2. 12）规定，配管、配线特征为名称、材质、规格、配置形式及部位，对应清单项目编码编好后三位码。

1）在配管清单项目中，名称和材质有时是两者为同一个的，如钢管敷设，“钢管”既是名称，又代表了材质，“钢管”即为项目的名称。而规格是指管子的直径，如$\phi25$。配置形式在这里表示明配或暗配（明、暗敷设）。部位表示敷设位置：①砖、混凝土结构上；②钢结构支架上；③钢索上；④钢模板内；⑤吊棚内；⑥埋地敷设。

上述内容在工程中是要发生的或承包商必须完成的，应全部描述在该清单项目中。如果工程不是在钢索上架设，该项目工作内容栏中的第2项取消，其余均应描述，即综合单价中包括第1、3、4、5、6、7项的工作内容，报价人须据此报价。根据计算规则，将数量填入“工程数量”一栏内就完成了该项目的清单编制。

2）在配线工程中，清单项目名称要紧紧与配线形式连在一起。因为配线的方式会决定选用什么样的导线，因此对配线形式的表述更显得重要。配线形式有：①管内穿线；②瓷夹板或塑料夹板配线；③鼓形、针式、蝶式绝缘子配线；④木槽板或塑料槽板配线；⑤塑料护套线明敷设；⑥线槽配线。电气配线项目特征中的“敷设部位或线制”也很重要，敷设部位一般指：①木结构上；②砖、混凝土结构；③顶棚内；④支架或钢索上；⑤沿屋架梁、柱；⑥跨屋架、梁、柱。在不同的部位上，工艺不一样，单价就不一样。线制主要应在夹板和槽板配线中注明，因为同样长度的线路，由于两线制与三线制的不同所用主材导线的量之差就有30%之多，辅材也有差别，因此要将线制描述清楚。

（4）清单项目计量 配管工程计量单位均为“m”。计算规则是按设计图示尺寸以延长米计算，不扣除管路中间的接线箱（盒）、灯位盒、开关盒所占长度。配线工程的计量单位均为“m”，计算规则按设计图示尺寸以单线延长米计算。所谓“单线”是指两线制或三线制，不是以线路延长米计，而是线路长度乘以线制，即两线制乘以2，三线制乘以3。管内穿线也如此，如穿三根线，则以管长度乘以3即可。

（5）相关说明　具体如下：

1）金属软管敷设不单设清单项目，在相关设备安装或电机检查接线清单项目的综合单价中考虑。

2）在配线工程中，所有的预留量（指与设备连接的）均应依据设计要求或施工及验收规范规定的长度考虑在综合单价中，而不作为实物量计算。

3）根据配管工艺的需要和计量的连续性，规范的接线箱（盒）、拉线盒、灯位盒综合在配管工程中。关于接线盒、拉线盒的设置按施工及验收规范的规定执行。配电线保护管遇到下列情况之一时，中间应增设接线盒或拉线盒，且接线盒或拉线盒的位置应便于穿线。即：①管长度每超过30m，无弯曲；②管长度每超过20m有1个弯曲；③管长度每超过15m有2个弯曲；④管长度每超过8m有3个弯曲。垂直敷设的电线保护管遇下列情况之一时，应增设固定导线用的拉线盒。即：①管内导线截面为50mm^2及以下，长度每超过30m；②管内导线截面为70～95mm^2，长度每超过20m；③管内导线截面为120～240mm^2，长度每超过18m。在配管清单项目计量时，设计无要求时则上述规定可以作为计量接线箱（盒）、拉线盒的依据。

13. 照明器具安装项目设置

（1）照明器具安装项目内容　照明器具安装内容包括各种照明灯具、开关、插座、门铃等工程量清单项目，普通吸顶灯及其他灯具、工厂灯及其他灯具、装饰灯具、荧光灯具、医疗专用灯具、一般路灯、广场灯、高杆灯、桥栏杆灯、地道涵洞灯等安装。

（2）适用的范围　适用于工业与民用建筑（含公用设施）及市政设施的照明器具的清单项目的设置与计量。

（3）清单项目的设置　依据设计图示工程内容（灯具），按照《计价规范》中照明器具安装（附录表C.2.13）规定的项目特征，以名称表述项目即可。其项目的基本特征（名称、型号、规格）大致一样，所以实体的名称就是项目名称，但要说明器具的型号、规格，而市政路灯要说明杆高、灯杆材质、灯架形式及臂长，以便区别其安装单价。

（4）清单项目计量　照明器具安装清单项目的计量单位为“套”，按图示数量计算。

（5）相关说明　具体如下：

1）灯具没带引导线的，应予说明，提供报价依据。

2）普通吸顶灯及其他灯具适用于圆球、半圆球吸顶灯，方形吸顶灯，软线吊灯，吊链灯，防水吊灯，一般弯脖灯，一般墙壁灯，软线吊灯头、座灯头。

3）工厂灯及其他灯具适用于直杆工厂吊灯，吊链式工厂灯，吸顶式工厂灯，弯杆式工厂灯，悬挂式工厂灯，防水防尘灯，防潮灯，腰形舱顶灯，碘钨灯，管形氙气灯，投光灯，安全灯，防爆灯，高压水银防爆灯，防爆荧光灯。

4）装饰灯具适用于吊式艺术装饰灯，吸顶式艺术装饰灯，荧光艺术装饰灯，几何形状组合艺术灯，标志诱导艺术装饰灯，水下艺术装饰灯，点光源艺术装饰灯，草坪灯，歌舞厅灯。

5）荧光灯具适用于组装型荧光灯，成套型荧光灯。

6）医疗专用灯具适用于病房指示灯，病房暗脚灯，无影灯。

三、工程量清单项目及计算规则

1. 变压器安装

工程量清单项目设置及工程量计算规则，应按表5-41的规定执行。

表5-41 变压器安装（C.2.1 编码:030201）

项目编码	项目名称	项目特征	计量单位	工程量计算规则	工程内容
030201001	油浸电力变压器	1. 名称 2. 型号 3. 容量(kV·A)	台	按设计图示数量计算	1. 基础型钢制作、安装 2. 本体安装 3. 油过滤 4. 干燥 5. 网门及铁构件制作、安装 6. 刷(喷)油漆
030201002	干式变压器				1. 基础型钢制作、安装 2. 本体安装 3. 干燥 4. 端子箱(汇控箱)安装 5. 刷(喷)油漆
030201003	整流变压器	1. 名称 2. 型号 3. 规格 4. 容量(kV·A)			1. 基础型钢制作、安装 2. 本体安装 3. 油过滤 4. 干燥 5. 网门及铁构件制作、安装 6. 刷(喷)油漆
030201004	自耦式变压器				
030201005	带负荷调压变压器				
030201006	电炉变压器	1. 名称 2. 型号 3. 容量(kV·A)			1. 基础型钢制作、安装 2. 本体安装 3. 刷油漆
030201007	消弧线圈				1. 基础型钢制作、安装 2. 本体安装 3. 油过滤 4. 干燥 5. 刷油漆

2. 配电装置安装

工程量清单项目设置及工程量计算规则，应按表5-42的规定执行。

表 5-42　配电装置安装（C.2.2　编码：030202）

项目编码	项目名称	项目特征	计量单位	工程量计算规则	工程内容
030202001	油断路器	1. 名称 2. 型号 3. 容量（A）	台	按设计图示数量计算	1. 本体安装 2. 油过滤 3. 支架制作、安装或基础槽钢安装 4. 刷油漆
030202002	真空断路器				1. 本体安装 2. 支架制作、安装或基础槽钢安装 3. 刷油漆
030202003	SF_6 断路器				
030202004	空气断路器				
030202005	真空接触器				1. 支架制作、安装 2. 本体安装 3. 刷油漆
030202006	隔离开关	1. 名称、型号 2. 容量（A）	组		
030202007	负荷开关				
030202008	互感器	1. 名称、型号 2. 规格 3. 类型	台		1. 安装 2. 干燥
030202009	高压熔断器	1. 名称、型号 2. 规格	组		安装
030202010	避雷器	1. 名称、型号 2. 规格 3. 电压等级			
030202011	干式电抗器	1. 名称、型号 2. 规格 3. 质量			1. 本体安装 2. 干燥
030202012	油浸电抗器	1. 名称、型号 2. 容量（kV·A）	台		1. 本体安装 2. 油过滤 3. 干燥
030202013	移相及串联电容器	1. 名称、型号 2. 规格 3. 质量	个		安装
030202014	集合式并联电容器				
030202015	并联补偿电容器组架	1. 名称、型号 2. 规格 3. 结构	台		
030202016	交流滤波装置组架	1. 名称、型号 2. 规格 3. 回路			

（续）

项目编码	项目名称	项目特征	计量单位	工程量计算规则	工程内容
030202017	高压成套配电柜	1. 名称、型号 2. 规格 3. 母线设置方式 4. 回路	台	按设计图示数量计算	1. 基础槽钢制作、安装 2. 柜体安装 3. 支持绝缘子、穿墙套管耐压试验及安装 4. 穿通板制作、安装 5. 母线桥安装 6. 刷油漆
030202018	组合型成套箱式变电站	1. 名称、型号 2. 容量(kV·A)			1. 基础浇筑 2. 箱体安装 3. 进箱母线安装 4. 刷油漆
030202019	环网柜				

3. 母线安装

工程量清单项目设置及工程量计算规则，应按表5-43的规定执行。

表5-43 母线安装(C. 2. 3 编码:030203)

项目编码	项目名称	项目特征	计量单位	工程量计算规则	工程内容
030203001	软母线	1. 型号 2. 规格 3. 数量(跨/三相)	m	按设计图示尺寸以单线长度计算	1. 绝缘子耐压试验及安装 2. 软母线安装 3. 跳线安装
030203002	组合软母线	1. 型号 2. 规格 3. 数量(组/三相)			1. 绝缘子耐压试验及安装 2. 软母线安装 3. 跳线安装 4. 两端铁构件制作、安装及支持瓷瓶安装 5. 油漆
030203003	带形母线	1. 型号 2. 规格 3. 材质			1. 支持绝缘子、穿墙套管耐压试验、安装 2. 穿通板制作、安装 3. 母线安装 4. 母线桥安装 5. 引下线安装 6. 伸缩节安装 7. 过度板安装 8. 刷分相漆

（续）

项目编码	项目名称	项目特征	计量单位	工程量计算规则	工程内容
030203004	槽形母线	1. 型号 2. 规格	m	按设计图示尺寸以单线长度计算	1. 母线制作、安装 2. 与发电机变压器连接 3. 与断路器、隔离开关连接 4. 刷分相漆
030203005	共箱母线	1. 型号 2. 规格		按设计图示尺寸以长度计算	1. 安装 2. 进、出分线箱安装 3. 刷(喷)油漆(共箱母线)
030203006	低压封闭式插接母线槽	1. 型号 2. 容量(A)			
030203007	重型母线	1. 型号 2. 容量(A)	t	按设计图示尺寸以质量计算	1. 母线制作、安装 2. 伸缩器及导板制作、安装 3. 支持绝缘子安装 4. 铁构件制作、安装

4. 控制设备及低压电器安装

工程量清单项目设置及工程量计算规则，应按表5-44的规定执行。

表5-44　控制设备及低压电器安装(C.2.4　编码:030204)

项目编码	项目名称	项目特征	计量单位	工程量计算规则	工程内容
030204001	控制屏	1. 名称、型号 2. 规格	台	按设计图示数量计算	1. 基础槽钢制作、安装 2. 屏安装 3. 端子板安装 4. 焊、压接线端子 5. 盘柜配线 6. 小母线安装 7. 屏边安装
030204002	继电、信号屏				
030204003	模拟屏				
030204004	低压开关柜				1. 基础槽钢制作、安装 2. 柜安装 3. 端子板安装 4. 焊、压接线端子 5. 盘柜配线 6. 屏边安装
030204005	配电(电源)屏				
030204006	弱电控制返回屏				1. 基础槽钢制作、安装 2. 屏安装 3. 端子板安装 4. 焊、压接线端子 5. 盘柜配线 6. 小母线安装 7. 屏边安装

（续）

项目编码	项目名称	项目特征	计量单位	工程量计算规则	工程内容
030204007	箱式配电室	1. 名称、型号 2. 规格 3. 质量	套	按设计图示数量计算	1. 基础槽钢制作、安装 2. 本体安装
030204008	硅整流柜	1. 名称、型号 2. 容量(A)	台		1. 基础槽钢制作、安装 2. 盘柜安装
030204009	可控硅柜	1. 名称、型号 2. 容量(kW)			
030204010	低压电容器柜	1. 名称、型号 2. 规格			1. 基础槽钢制作、安装 2. 屏(柜)安装 3. 端子板安装 4. 焊、压接线端子 5. 盘柜配线 6. 小母线安装 7. 屏边安装
030204011	自动调节励磁屏				
030204012	励磁灭磁屏				
030204013	蓄电池屏(柜)				
030204014	直流馈电屏				
030204015	事故照明切换屏				
030204016	控制台				1. 基础槽钢制作、安装 2. 台(箱)安装 3. 端子板安装 4. 焊、压接线端子 5. 盘柜配线 6. 小母线安装
030204017	控制箱				1. 基础型钢制作、安装 2. 箱体安装
030204018	配电箱				
030204019	控制开关	1. 名称 2. 型号 3. 规格	个		1. 安装 2. 焊压端子
030204020	低压熔断器	1. 名称、型号 2. 规格			
030204021	限位开关				
030204022	控制器		台		
030204023	接触器				
030204024	磁力启动器				
030204025	Y—△自耦减压启动器				
030204026	电磁铁(电磁制动器)				
030204027	快速自动开关				
030204028	电阻器				
030204029	油浸频敏变阻器				
030204030	分流器	1. 名称、型号 2. 容量(A)			
030204031	小电器	1. 名称 2. 型号 3. 规格	个(套)		

5. 蓄电池

工程量清单项目设置及工程量计算规则，应按表 5-45 的规定执行。

表 5-45　蓄电池安装（C. 2. 5　编码：030205）

项目编码	项目名称	项目特征	计量单位	工程量计算规则	工程内容
030205001	蓄电池	1. 名称、型号 2. 容量	个	按设计图示数量计算	1. 防震支架安装 2. 本体安装 3. 充放电

6. 电机检查接线及调试

工程量清单项目设置及工程量计算规则，应按表 5-46 的规定执行。

表 5-46　电机检查接线及调试（C. 2. 6　编码：030206）

项目编码	项目名称	项目特征	计量单位	工程量计算规则	工程内容
030206001	发电机	1. 型号 2. 容量(kW)	台	按设计图示数量计算	1. 检查接线(包括接地) 2. 干燥 3. 调试
030206002	调相机				
030206003	普通小型直流电动机	1. 名称、型号 2. 容量(kW) 3. 类型			1. 检查接线(包括接地) 2. 干燥 3. 系统调试
030206004	可控硅调速直流电动机				
030206005	普通交流同步电动机	1. 名称、型号 2. 容量(kW) 3. 起动方式			
030206006	低压交流异步电动机	1. 名称、型号、类别 2. 控制保护方式			
030206007	高压交流异步电动机	1. 名称、型号 2. 容量(kW) 3. 保护类别			
030206008	交流变频调速电动机	1. 名称、型号 2. 容量(kW)			
030206009	微型电动机、电加热器	1. 名称、型号 2. 规格			
030206010	电动机组	1. 名称、型号 2. 电动机台数 3. 联锁台数	组		
030206011	备用励磁机组	名称、型号			
030206012	励磁电阻器	1. 型号 2. 规格	台		1. 安装 2. 检查接线 3. 干燥

7. 滑触线装置安装

工程量清单项目设置及工程量计算规则，应按表5-47的规定执行。

表5-47 滑触线装置安装(C.2.7 编码:030207)

项目编码	项 目 名 称	项 目 特 征	计量单位	工程量计算规则	工 程 内 容
030207001	滑触线	1. 名称 2. 型号 3. 规格 4. 材质	m	按设计图示单相长度计算	1. 滑触线支架制作、安装、刷油 2. 滑触线安装 3. 拉紧装置及挂式支持器制作、安装

8. 电缆安装

工程量清单项目设置及工程量计算规则，应按表5-48的规定执行。

表5-48 电缆安装(C.2.8 编码:030208)

<table>
<tr><th>项目编码</th><th>项 目 名 称</th><th>项 目 特 征</th><th>计量单位</th><th>工程量计算规则</th><th>工 程 内 容</th></tr>
<tr><td>030208001</td><td>电力电缆</td><td rowspan="2">1. 型号
2. 规格
3. 敷设方式</td><td rowspan="4">m</td><td rowspan="4">按设计图示尺寸以长度计算</td><td rowspan="2">1. 揭(盖)盖板
2. 电缆敷设
3. 电缆头制作、安装
4. 过路保护管敷设
5. 防火堵洞
6. 电缆防护
7. 电缆防火隔板
8. 电缆防火涂料</td></tr>
<tr><td>030208002</td><td>控制电缆</td></tr>
<tr><td>030208003</td><td>电缆保护管</td><td>1. 材质
2. 规格</td><td>保护管敷设</td></tr>
<tr><td>030208004</td><td>电缆桥架</td><td>1. 型号、规格
2. 材质
3. 类型</td><td rowspan="2">1. 制作、除锈、刷油
2. 安装</td></tr>
<tr><td>030208005</td><td>电缆支架</td><td>1. 材质
2. 规格</td><td>t</td><td>按设计图示质量计算</td></tr>
</table>

9. 防雷及接地装置

工程量清单项目设置及工程量计算规则，应按表5-49的规定执行。

表 5-49　防雷及接地装置(C. 2. 9　编码:030209)

项目编码	项 目 名 称	项 目 特 征	计量单位	工程量计算规则	工 程 内 容
030209001	接地装置	1. 接地母线材质、规格 2. 接地极材质、规格	项	按设计图示尺寸以长度计算	1. 接地极(板)制作、安装 2. 接地母线敷设 3. 换土或化学处理 4. 接地跨接线 5. 构架接地
030209002	避雷装置	1. 受雷体名称、材质、规格、技术要求(安装部位) 2. 引下线材质、规格、技术要求(引下形式) 3. 接地极材质、规格、技术要求 4. 接地母线材质、规格、技术要求 5. 均压环材质、规格、技术要求	项	按设计图示数量计算	1. 避雷针(网)制作、安装 2. 引下线敷设、断接卡子制作、安装 3. 拉线制作、安装 4. 接地极(板、桩)制作、安装 5. 极间连线 6. 油漆(防腐) 7. 换土或化学处理 8. 钢铝窗接地 9. 均压环敷设 10. 柱主筋与圈梁焊接
030209003	半导体少长针消雷装置	1. 型号 2. 高度	套	按设计图示数量计算	安装

10. 10kV 以下架空配电线路

工程量清单项目设置及工程量计算规则，应按表 5-50 的规定执行。

表 5-50　10kV 以下架空配电线路(C. 2. 10　编码:030210)

项目编码	项 目 名 称	项 目 特 征	计量单位	工程量计算规则	工 程 内 容
030210001	电杆组立	1. 材质 2. 规格 3. 类型 4. 地形	根	按设计图示数量计算	1. 工地运输 2. 土(石)方挖填 3. 底盘、拉盘、卡盘安装 4. 木电杆防腐 5. 电杆组立 6. 横担安装 7. 拉线制作、安装
030210002	导线架设	1. 型号(材质) 2. 规格 3. 地形	km	按设计图示尺寸以长度计算	1. 导线架设 2. 导线跨越及进户线架设 3. 进户横担安装

11. 电气调整试验

工程量清单项目设置及工程量计算规则，应按表5-51的规定执行。

表5-51 电气调整试验（C.2.11 编码:030211）

项目编码	项目名称	项目特征	计量单位	工程量计算规则	工程内容
030211001	电力变压器系统	1. 型号 2. 容量(kV·A)	系统	按设计图示数量计算	系统调试
030211002	送配电装置系统	1. 名称 2. 电压等级(kV)			
030211003	特殊保护装置	类型			调试
030211004	自动投入装置		套		
030211005	中央信号装置、事故照明切换装置、不间断电源		系统	按设计图示系统计算	
030211006	母线	电压等级	段	按设计图示数量计算	
030211007	避雷器、电容器		组		
030211008	接地装置	类别	系统	按设计图示系统计算	接地电阻测试
030211009	电抗器、消弧线圈、电除尘器	1. 名称、型号 2. 规格	台	按设计图示数量计算	调试
030211010	硅整流设备、可控硅整流设备	1. 名称、型号 2. 电流(A)			

12. 配管、配线

工程量清单项目设置及工程量计算规则，应按表5-52的规定执行。

表5-52 配管、配线（C.2.12 编码:030212）

项目编码	项目名称	项目特征	计量单位	工程量计算规则	工程内容
030212001	电气配管	1. 名称 2. 材质 3. 规格 4. 配置形式及部位	m	按设计图示尺寸以延长米计算。不扣除管路中间的接线箱（盒）、灯头盒、开关盒所占长度	1. 刨沟槽 2. 钢索架设(拉紧装置安装) 3. 支架制作、安装 4. 电线管路敷设 5. 接线箱（盒）、灯头盒、开关盒、插座盒安装 6. 防腐油漆 7. 接地

（续）

项目编码	项目名称	项目特征	计量单位	工程量计算规则	工程内容
030212002	线槽	1. 材质 2. 规格		按设计图示尺寸以延长米计算	1. 安装 2. 油漆
030212003	电气配线	1. 配线形式 2. 导线型号、材质、规格 3. 敷设部位或线制	m	按设计图示尺寸以单线延长米计算	1. 支持体（夹板、绝缘子、槽板等）安装 2. 支架制作、安装 3. 钢索架设（拉紧装置安装） 4. 配线 5. 管内穿线

13. 照明器具安装

工程量清单项目设置及工程量计算规则，应按表5-53的规定执行。

表5-53　照明器具安装（C. 2. 13　编码:030213）

项目编码	项目名称	项目特征	计量单位	工程量计算规则	工程内容
030213001	普通吸顶灯及其他灯具	1. 名称、型号 2. 规格			1. 支架制作、安装 2. 组装 3. 油漆
030213002	工厂灯	1. 名称、安装 2. 规格 3. 安装形式及高度			1. 支架制作、安装 2. 组装 3. 油漆
030213003	装饰灯	1. 名称 2. 型号 3. 规格 4. 安装高度			1. 支架制作、安装 2. 安装
030213004	荧光灯	1. 名称 2. 型号 3. 规格 4. 安装形式	套	按设计图示数量计算	安装
030213005	医疗专用灯	1. 名称 2. 型号 3. 规格			
030213006	一般路灯	1. 名称 2. 型号 3. 灯杆材质及高度 4. 灯架形式及臂长 5. 灯杆形式（单、双）			1. 基础制作、安装 2. 立灯杆 3. 杆座安装 4. 灯架安装 5. 引下线支架制作、安装 6. 焊压接线端子 7. 铁构件制作、安装 8. 除锈、刷油 9. 灯杆编号 10. 接地

（续）

项目编码	项目名称	项目特征	计量单位	工程量计算规则	工程内容
030213007	广场灯安装	1. 灯杆的材质及高度 2. 灯架的型号 3. 灯头数量 4. 基础形式及规格	套	按设计图示数量计算	1. 基础浇筑（包括土石方） 2. 立灯杆 3. 杆座安装 4. 灯架安装 5. 引下线支架制作、安装 6. 焊压接线端子 7. 铁构件制作、安装 8. 除锈、刷油 9. 灯杆编号 10. 接地
030213008	高杆灯安装	1. 灯杆高度 2. 灯架型式（成套或组装、固定或升降） 3. 灯头数量 4. 基础形式及规格			1. 基础浇筑（包括土石方） 2. 立杆 3. 灯架安装 4. 引下线支架制作、安装 5. 焊压接线端子 6. 铁构件制作、安装 7. 除锈、刷油 8. 灯杆编号 9. 升降机构接线调试 10. 接地
030213009	桥栏杆灯	1. 名称 2. 型号 3. 规格 4. 安装形式	套	按设计图示数量计算	1. 支架、铁构件制作、安装，油漆 2. 灯具安装
030213010	地道涵洞灯				

第八节 建筑智能化系统设备安装工程

一、概况

1. 建筑智能化系统设备安装工程

建筑智能化系统设备安装工程是指建筑通信系统、计算机网络系统、自动化仪表、广播电视系统和安全防范系统的设备安装工程等。

2. 清单项目内容

建筑智能化系统设备安装工程的工程量清单项目设置，是以功能分类为主的，各功能组成相对独立的体系。本节内容分为通信系统设备，计算机网络系统设备安装工程，楼宇、小区多表远传系统，楼宇、小区自控系统，有线电视系统，扩声、背景音乐系统，停车场管理系统，楼宇安全防范系统，共八个部分。

3. 适用范围

适用于楼宇、小区的建筑智能化系统的工程量清单编制与计量。

4. 相关说明

本节建筑智能化系统设备安装工程相关的综合布线工程、通信系统设备（部分）安装工程，应按照《计价规范》中通信设备及线路工程（附录表 C. 12）相关项目编码列项。

二、工程量清单项目设置

1. 通信系统设备项目设置

（1）通信系统设备安装项目内容　通信系统设备安装清单项目包括数字微波通信、会议电话、会议电视三部分内容。

（2）适用的范围　适用于微波无线接入通信系统设备的安装与调试，会议电话、会议电视设备的安装与调试。

（3）清单项目的设置　工程量清单设置，按设计图标示的工程量名称及各类技术参数，参照对应的清单项目设置。

（4）清单项目计量　工程量计量以设计图示数量按相应的计量单位计算。

（5）说明　本项目如与《计价规范》中通信系统设备的（附录表 C. 12. 1）安装内容有交叉时，清单项目设置以建筑物或建筑群通信设备安装为对象，具有相对的特殊性或局域性，可参照本节规定编制。

2. 计算机网络系统设备安装工程项目设置

（1）计算机网络系统设备安装工程项目内容　计算机网络系统设备安装工程清单项目包括计算机（微机及附属设备）和网络系统设备。

（2）适用的范围　适用于楼宇、小区智能化系统中计算机网络系统设备的安装、调试工程。

（3）清单项目的设置　按设计图标示的工程量的名称及各类技术参数，参照对应的清单项目设置。

（4）清单项目计量　工程量计量按设计图示数量以“台”“套”“系统”为单位计算。

（5）说明　本项目所涉及的调试包括本体调试和系统调试。本体调试综合在主项内，系统调试单独列项，系统试运行单独列项，验证测试单独列项。

3. 楼宇、小区多表远传系统项目设置

（1）楼宇、小区多表远传系统安装项目内容　楼宇、小区多表远传系统安装清单项目包括楼宇、小区多表远传系统的基表及控制设备、抄表采集系统、中央管理系统等内容。

（2）适用的范围　适用于楼宇、小区多表远传系统设备安装与调试。

（3）清单项目的设置　按设计图标示的工程量的名称及各类技术参数，参照对应的清单项目设置。

（4）清单项目计量　工程量计量按设计图示数量以“台”“个”为单位计算。

（5）说明　本系统相互对应的工程内容应进行综合列项，相对独立不便综合的工程内容单独列项。

4. 楼宇、小区自控系统项目设置

（1）楼宇、小区自控系统安装项目内容　它包括楼宇、小区自控系统中水、电、风系统，控制网络通信设备，智能化其他设备。

（2）适用的范围　适用于楼宇、小区空调系统、照明及配电系统、给排水系统、控制网络通信系统的中央控制。

（3）清单项目的设置 按设计图标示的工程量的名称及各类技术参数，参照对应的清单项目设置。

（4）清单项目计量 工程量计量按设计图示数量以相应的计量单位计算。

（5）说明 本系统所涉及的调试包括本体调试和系统调试。本体调试综合在主项内，系统调试单独列项，系统试运行单独列项，验证测试单独列项。

5. 有线电视系统项目设置

（1）有线电视系统安装项目内容 它包括共用天线电视、有线广播电视、闭路电视三部分内容。

（2）适用的范围 适用于楼宇和小区内共用天线电视系统、有线广播电视系统、闭路电视系统的安装调试工程。

（3）清单项目的设置 按设计图标示的工程量的名称及各类技术参数，参照对应的清单项目设置。

（4）清单项目计量 工程量计量按设计图示数量以相应的计量单位计算。

（5）说明 本部分所涉及的调试包括本体调试和系统调试，均综合在主项内。

6. 扩声、背景音乐系统项目设置

（1）扩声、背景音乐系统安装项目内容 它包括扩声、背景音乐系统两部分内容。

（2）适用的范围 适用于小区、会场、广场的扩声、背景音乐系统的安装与调试。

（3）清单项目的设置 按设计图标示的工程量的名称及各类技术参数，参照对应的清单项目设置。

（4）清单项目计量 工程量计量按设计图示数量以相应的计量单位计算。

（5）说明 本部分所涉及的调试包括本体调试、系统调试和系统试运行。本体调试综合在主项内，系统调试单独列项，系统试运行单独列项。

7. 停车场管理系统项目设置

（1）停车场管理系统安装项目内容 它包括停车场管理系统的中心管理、车辆识别、报警设备、出入口控制、标示显示等内容。

（2）适用的范围 适用于大型收费停车场管理系统、小区停车管理系统的安装与调试。

（3）清单项目的设置 按设计图标示的工程量的名称、类型、规格，参照对应的清单项目设置。

（4）清单项目计量 工程量计量按设计图示数量以“套”“系统”为单位计算。

（5）说明 本部分的调试包括本体调试、系统联试和系统试运行。本体调试综合在主项内，系统联试单独列项，系统试运行单独列项。

8. 楼宇安全防范系统项目设置

（1）楼宇安全防范系统安装项目内容 本部分包括入侵探测设备、报警设备、出入口控制设备、电视监控设备、终端显示设备等内容。

（2）适用的范围 适用于新建、改建楼宇（或建筑物）安全防范系统的安装与调试。

（3）清单项目的设置 按设计图标示的工程量的名称、类型、规格，参照对应的清单项目设置。

（4）清单项目计量 工程量计量按设计图示数量以“台”“套”“系统”为单位计算。

(5) 说明　本部分所涉及的调试包括本体调试、系统调试及试运行，均综合在主项内。

在工程量清单项目设置中，项目特征是设置清单项目的主要依据，用于区分《计价规范》中同一清单条目下各个具体的清单项目。每一清单条目的项目特征不尽相同，都有其特定的含义，所以对特征的理解要对应不同的主项。工程内容是清单项目计价的基础，工程内容列项是工程量清单编制的主要工作。清单设置时应避免工程内容的漏项或重复，准确的工程内容列项是清单计价准确的保证。清单项目所综合的工程内容，能够通过主项按设计要求或工艺要求计算出工程量的，应标明设计要求或工艺要求。如果主项工程与综合工程内容工程量不对应，在列综合项时还要列出综合工程内容的工程量。

三、工程量清单项目及计算规则

1. 通信系统设备

工程量清单项目设置及工程量计算规则，应按表 5-54 的规定执行。

表 5-54　通信系统设备(C. 12. 1　编码:031201)

项目编码	项目名称	项目特征	计量单位	工程量计算规则	工程内容
031201001	微波窄带无线接入系统基站设备	1. 名称 2. 类别 3. 类型 4. 回路数	台(个)	按设计图示数量计算	1. 本体安装 2. 软件安装 3. 调试 4. 系统设置
031201002	微波窄带无线接入系统用户站设备				1. 本体安装 2. 调试
031201003	微波窄带无线接入系统联调及试运行	1. 名称 2. 用户站数量	系统		1. 系统联调 2. 系统试运行
031201004	微波宽带无线接入系统基站设备	1. 名称 2. 类别 3. 类型 4. 回路数	台(个)	按设计图示数量计算	1. 本体安装 2. 软件安装 3. 调试 4. 系统设置
031201005	微波宽带无线接入系统用户站设备	1. 名称 2. 类别			1. 本体安装 2. 调试
031201006	微波宽带无线接入系统联调及试运行	1. 名称 2. 用户站数量	系统		1. 系统协调 2. 系统试运行 3. 验证测试
031201007	会议电话设备	1. 名称 2. 类别 3. 类型	台(架、端)		1. 本体安装 2. 检查调测 3. 联网试验
031201008	会议电视设备	1. 名称 2. 类别 3. 类型 4. 回路数	台(对、系统)		1. 本体安装 2. 软硬件调测 3. 功能验证

2. 计算机网络系统设备安装工程

工程量清单项目设置及工程量计算规则，应按表5-55的规定执行。

表5-55 计算机网络系统设备安装工程(C.12.2 编码:031202)

项目编码	项目名称	项目特征	计量单位	工程量计算规则	工程内容
031202001	终端设备	1. 名称 2. 类型	台	按设计图示数量计算	1. 本体安装 2. 单体测试
031202002	附属设备	1. 名称 2. 功能 3. 规格			
031202003	网络终端设备	1. 名称 2. 功能 3. 服务范围	台(套)		1. 安装 2. 软件安装 3. 单体调试
031202004	接口卡	1. 名称 2. 类型 3. 传输数率			1. 安装 2. 单体调试
031202005	网络集线器	1. 名称 2. 类型 3. 堆叠单元量			
031202006	局域网交换机	1. 名称 2. 功能 3. 层数(交换机)			
031202007	路由器	1. 名称 2. 功能			
031202008	防火墙	1. 名称 2. 类型 3. 功能			
031202009	调制解调器	1. 名称 2. 类型			
031202010	服务器系统软件	1. 名称 2. 功能	套		1. 安装 2. 调试
031202011	网络调试及试运行	1. 名称 2. 信息点数量	系统		1. 系统测试 2. 系统试运行 3. 系统验证测试

3. 楼宇、小区多表远传系统

工程量清单项目设置及工程量计算规则，应按表5-56的规定执行。

表 5-56　楼宇、小区多表远传系统（C. 12. 3　编码：031203）

项目编码	项目名称	项目特征	计量单位	工程量计算规则	工程内容
031203001	远传基表	1. 名称 2. 类别	个		1. 本体安装 2. 控制阀安装 3. 调试
031203002	抄表采集系统设备	1. 名称 2. 类别 3. 功能	台	按设计图示数量计算	1. 本体安装 2. 采集器安装 3. 控制箱安装 4. 单体调试
031203003	多表采集中央管理计算机	1. 名称 2. 功能			1. 本体安装 2. 软件安装 3. 单体调试

4. 楼宇、小区自控系统

工程量清单项目设置及工程量计算规则，应按表 5-57 的规定执行。

表 5-57　楼宇、小区自控系统（C. 12. 4　编码：031204）

项目编码	项目名称	项目特征	计量单位	工程量计算规则	工程内容
031204001	中央管理系统	1. 名称 2. 控制点数量			1. 本体安装 2. 系统软件安装 3. 单体调整
031204002	控制网络通信设备	1. 名称 2. 类别	台		1. 本体安装 2. 软件安装 3. 单体调试
031204003	控制器	1. 名称 2. 类别 3. 功能 4. 控制点数量			1. 本体安装 2. 控制箱安装 3. 软件安装 4. 单体调试
031204004	第三方设备通信接口	1. 名称 2. 类别	个		1. 本体安装 2. 单体调试
031204005	空调系统传感器及变送器			按设计图示数量计算	
031204006	照明及变配电系统传感器及变送器	1. 名称 2. 类型 3. 功能	支（台）		1. 本体安装 2. 调整测试
031204007	给排水系统传感器及变送器				
031204008	阀门及执行机构	1. 名称 2. 类型 3. 规格 4. 控制点数量	台（个）		1. 本体安装 2. 单体测试
031204009	住宅（小区）智能化设备	1. 名称 2. 类型 3. 控制点数量	台（套）		1. 本体安装 2. 智能箱安装 3. 软件安装 4. 系统调试

（续）

项目编码	项目名称	项目特征	计量单位	工程量计算规则	工程内容
031204010	住宅（小区）智能化设备	1. 名称 2. 类型	系统	按设计图示数量计算	1. 系统试运行 2. 系统验证测试

5. 有线电视系统

工程量清单项目设置及工程量计算规则，应按表5-58的规定执行。

表5-58 有线电视系统（C. 12. 5 编码：031205）

项目编码	项目名称	项目特征	计量单位	工程量计算规则	工程内容
031205001	电视共用天线	1. 名称 2. 型号	副	按设计图示数量计算	1. 本体安装 2. 单体调试
031205002	前端机柜	名称	个		1. 本体安装 2. 连接电源 3. 接地
031205003	电视墙	1. 名称 2. 监视器数量			1. 机架、监视器安装 2. 信号分配系统安装 3. 连接电源 4. 接地
031205004	前端射频设备	1. 名称 2. 类型 3. 频道数量	套		1. 本体安装 2. 单体调试
031205005	微型地面站接收设备	1. 名称 2. 类型	台		1. 本体安装 2. 单体调试 3. 全站系统调试
031205006	光端设备	1. 名称 2. 类别 3. 类型			1. 本体安装 2. 单体调试
031205007	有线电视系统管理设备	1. 名称 2. 类别			1. 本体安装 2. 系统调试
031205008	播控设备	1. 名称 2. 功能 3. 规格			1. 播控台安装 2. 控制设备安装 3. 播控台调试
031205009	传输网络设备	1. 名称 2. 功能 3. 安装位置	个		1. 本体安装 2. 单体调试
031205010	分配网络设备	1. 名称 2. 功能 3. 安装形式			1. 本体安装 2. 电缆头制作、安装 3. 电缆接线盒埋设 4. 网络终端调试 5. 楼板、墙壁穿孔

6. 扩音、背景音乐系统

工程量清单项目设置及工程量计算规则，应按表 5-59 的规定执行。

表 5-59 扩音、背景音乐系统（C. 12. 6 编码：031206）

项目编码	项目名称	项目特征	计量单位	工程量计算规则	工程内容
031206001	扩声系统设备	1. 名称 2. 类别 3. 回路数 4. 功能	台	按设计图示数量计算	安装
031206002	扩声系统	1. 名称 2. 类别 3. 功能	只（副、系统）		1. 单体调试 2. 试运行
031206003	背景音乐系统设备	1. 名称 2. 类别 3. 回路数 4. 功能	台		安装
031206004	背景音乐系统	1. 名称 2. 类型 3. 功能	台（系统）		1. 单体调试 2. 试运行

7. 停车场管理系统

工程量清单项目设置及工程量计算规则，应按表 5-60 的规定执行。

表 5-60 停车场管理系统（C. 12. 7 编码：031207）

项目编码	项目名称	项目特征	计量单位	工程量计算规则	工程内容
031207001	车辆检测识别设备	1. 名称 2. 类型	套	按设计图示数量计算	1. 本体安装 2. 单体调试
031207002	出入口设备				
031207003	显示和信号设备	1. 名称 2. 类别 3. 规格			
031207004	监控管理中心设备	名称	系统		1. 安装 2. 软件安装 3. 系统联试 4. 系统试运行

8. 楼宇安全防范系统

工程量清单项目设置及工程量计算规则，应按表 5-61 的规定执行。

表 5-61 楼宇安全防范系统（C.12.8 编码:031208）

项目编码	项目名称	项目特征	计量单位	工程量计算规则	工程内容
031208001	入侵探测器	1. 名称 2. 类别	套	按设计图示数量计算	1. 本体安装 2. 单体调试
031208002	入侵报警控制器	1. 名称 2. 类别 3. 回路数			
031208003	报警中心设备	1. 名称 2. 类别			
031208004	报警信号传输设备	1. 名称 2. 类别 3. 功率			
031208005	出入口目标识别设备	1. 名称 2. 类型			1. 本体安装 2. 系统调试
031208006	出入口控制设备		台		
031208007	出入口执行机构设备	1. 名称 2. 类别			
031208008	电视监控摄像设备	1. 名称 2. 类型 3. 类别			1. 本体安装 2. 云台安装 3. 镜头安装 4. 保护罩安装 5. 支架安装 6. 调试 7. 试运行
031208009	视频控制设备	1. 名称 2. 类型 3. 回路数			1. 本体安装 2. 单体调试 3. 试运行

复 习 题

1. 安装工程工程量清单项目的主要内容有几部分？
2. 安装工程工程量清单项目的表现形式如何确定？
3. 简述给排水、采暖、燃气工程工程量清单项目设置及工程量计算规则的内容。
4. 简述通风空调工程工程量清单项目设置及工程量计算规则的内容。
5. 简述消防工程工程量清单项目设置及工程量计算规则的内容。
6. 简述电气工程工程量清单项目设置及工程量计算规则的内容。
7. 根据某电气工程施工图设计图示，埋地敷设两趟 ZLQ_{20}—1kV—3×120 电力电缆，长度为 0.6km，一端户内接设备，一端户外接架空线路，电缆穿 5m、$\phi70$ 的钢管保护管进入室内。试依据表 5-48 中关于电缆敷设的规定，设置该项目的工程量清单。
8. 某现代化住宅小区，停车场实施 IC 卡通行券阅读机管理。试依据表 5-60 中有关停车场管理系统的规定，设置该项目的工程量清单。

第六章 工程量清单的编制与投标报价

6

第一节 工程量清单的编制

工程量清单是工程量清单计价的基础，应作为编制招标控制价、投标报价、计算工程量、支付工程款、调整合同价款、办理竣工结算以及工程索赔等的依据之一。工程量清单在工程量清单计价中起到基础性作用，是整个工程量清单计价活动的重要依据之一，贯穿于整个施工过程中。招标文件中的工程量清单标明的工程量是投标人投标报价的共同基础，竣工结算的工程量按发、承包双方在合同中约定应予计量且实际完成的工程量确定。

编制工程量清单的依据包括：《建设工程工程量清单计价规范》(以下简称《计价规范》)；国家或省级、行业建设主管部门颁发的计价依据和办法；建设工程设计文件；与建设工程项目有关的标准、规范、技术资料；招标文件及其补充通知、答疑纪要；施工现场情况、工程特点及常规施工方案；其他相关资料。

工程量清单体现了招标人要求投标人完成的工程及相应的工程数量，全面反映了投标报价的依据，是招标文件不可分割的一部分。工程量清单由分部分项工程量清单、措施项目清单、其他项目清单、规费项目清单和税金项目清单组成。这五种清单的性质各有不同，分别介绍。

一、分部分项工程工程量清单的编制

1. 分部分项工程工程量清单编制规则

《计价规范》有以下强制性规定：

1）分部分项工程量清单应包括项目编码、项目名称、项目特征、计量单位和工程量。

2）分部分项工程量清单应根据《计价规范》附录规定的项目编码、项目名称、项目特征、计量单位和工程量计算规则进行编制。

3）分部分项工程量清单的项目编码，应采用12位阿拉伯数字表示。1~9位应按《计价规范》附录的规定设置，10~12位应根据拟建工程的工程量清单项目名称设置。同一招标工程的项目编码不得有重码。

4）分部分项工程量清单的项目名称应按《计价规范》附录的项目名称结合拟建工程的实际确定。

5）分部分项工程量清单中所列工程量应按《计价规范》附录中规定的工程量计算规则

计算。

6）分部分项工程量清单的计量单位应按《计价规范》附录中规定的计量单位确定。

7）分部分项工程量清单项目特征应按《计价规范》附录中规定的项目特征，结合拟建工程项目的实际予以描述。

2. 分部分项工程工程量清单编制程序

清单项目的设置与工程量计算，首先要参阅设计文件，读取项目内容，对照《计价规范》项目名称以及用于描述项目名称的项目特征，确定具体的分部分项工程名称。然后设置项目编码，再按《计价规范》中的计量单位确定分部分项工程的计量单位。继而按《计价规范》规定的工程量计算规则，读取设计文件数据，计算工程数量。最后参考《计价规范》中列出的工程内容，组合分部分项工程量清单的综合工程内容。分部分项工程工程量清单编制程序如图6-1所示。

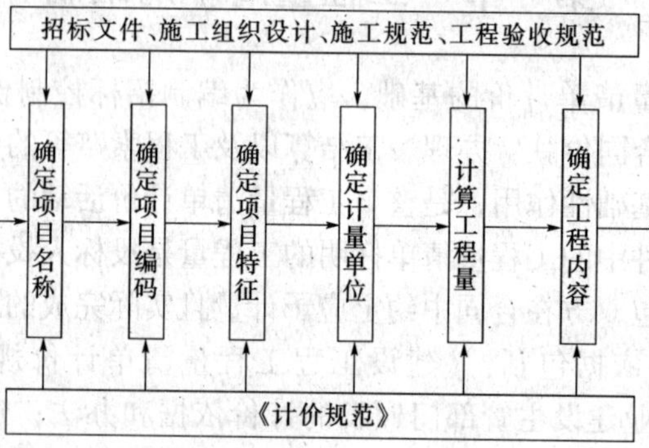

图6-1 分部分项工程工程量清单编制程序

在编制清单时，可根据施工组织设计和施工技术方案提供的分部分项工程的施工方法，清楚地了解分部分项工程概况。施工组织设计及施工技术方案是进行分部分项工程工程内容综合不可缺少的参考资料。

工程施工规范及竣工验收规范，可提供生产工艺对分部分项工程的品质要求，可为分部分项工程工程内容列项以及综合工程内容的工程量计算提供数据和参考，因而决定分部分项工程实施过程中必须要进行的工作。

3. 分部分项工程工程量清单设置

安装工程工程量清单及计算规则，包括了机械设备安装，电气设备安装，工业管道工程，消防工程，给排水、采暖、燃气工程，通风空调工程，自动化控制仪表安装工程等。

二、措施项目清单的编制

1. 措施项目清单的编制规则

《计价规范》有以下规定：

1）措施项目清单应根据拟建工程的具体情况列项，包括通用措施项目和专业工程的措施项目。

2）措施项目中可以计算工程量的项目清单宜采用分部分项工程量清单的方式编制，列出项目编码、项目名称、项目特征、计量单位和工程量计算规则；不能计算工程量的项目清单，以“项”为计量单位。

2. 措施项目清单的设置

措施项目清单的编制需考虑多种因素，除工程本身的因素外，还涉及水文、气象、环境、安全等因素。《计价规范》仅提供了“通用措施项目一览表”作为措施项目列项的参考。表中所列内容是各专业工程均可列出的措施项目。各专业工程的“措施项目清单”中可列的措施项目分别在《计价规范》附录中规定，应根据拟建工程的具体情况选择列项。

由于影响措施项目设置的因素太多，《计价规范》不可能将施工中可能出现的措施项目一一列出。在编制措施项目清单时，因工程情况不同出现《计价规范》及附录中未列的措施项目，可根据工程的具体情况对措施项目清单作补充。

通用措施项目可按表 6-1 选择列项，专业工程的措施项目可按《计价规范》附录中规定的项目选择列项。若出现《计价规范》未列的项目，可根据工程实际情况补充。

表 6-1　通用措施项目一览表

序　号	项 目 名 称
1	安全文明施工（含环境保护、文明施工、安全施工、临时设施）
2	夜间施工
3	二次搬运
4	冬雨季施工
5	大型机械设备进出场及安拆
6	施工排水
7	施工降水
8	地上、地下设施，建筑物的临时保护设施
9	已完工程及设备保护

三、其他项目清单的编制

1. 其他项目清单的编制规则

1）其他项目清单宜按照下列内容列项：暂列金额，暂估价（包括材料暂估价、专业工程暂估价），计日工，总承包服务费。

2）编制其他项目清单，出现其他项目清单的编制规则未列项目，可根据实际情况补充。

2. 其他项目清单的内容及其编制方法

1）暂列金额。暂列金额是指招标人暂定并包括在合同中的一笔款项，用于施工合同签订时尚未确定或者不可预见的所需材料、设备、服务的采购及施工中可能发生的工程变更、合同约定调整因素出现时的工程价款以及发生的索赔、现场签证确认等的费用。此部分费用由招标人支配，实际发生才给予支付，编制人在确定暂列金额时应根据施工图的深度、暂估价设定的水平、合同价款约定调整的因素及工程实际情况合理确定，一般为分部分项工程量清单的 10% ~15%，不同专业预留的暂列金额可以分开列项，比例也可以根据不同专业的情况具体确定。

暂列金额由招标人填写，列出项目名称、计量单位、暂列金额等，如不能详列，也可只列暂列金额总额，投标人再将暂列金额计入投标总价中。

2）暂估价。暂估价是指从招标阶段直至签订合同协议时，招标人在招标文件中提供的用于支付必然要发生但暂时不能确定价格的材料以及专业工程的金额，包括材料暂估价、专业工程暂估价。暂估价类似于FIDIC合同条款中的Prime Cost Items，在招标阶段预见肯定要发生，只是因为标准不明确或者需要由专业承包人完成，暂时无法确定价格。

一般而言，为方便合同管理和计价，需要纳入分部分项工程量清单项目综合单价中的暂估价最好只是材料费，以方便投标人组价。

以“项”为计量单位给出的专业工程暂估价一般应是综合暂估价，应当包括除规费、税金以外的管理费、利润等。总承包招标时，专业工程设计深度往往是不够的，一般需要交由专业设计人员设计，国际上，出于提高可建造性的考虑，一般由专业承包人负责设计，以发挥其专业技能和专业施工经验的优势。这类专业工程交由专业分包人完成是国际工程的良好实践，目前在我国工程建设领域也已经比较普遍。公开透明地合理确定这类暂估价的实际开支金额的最佳信息途径就是通过施工总承包人与工程建设项目招标人共同组织招标。

3）计日工。计日工是为了解决现场发生的零星工作的计价而设立的。所谓零星工作一般指合同约定之外的或者因变更而产生的、工程量清单中没有相应项目的额外工作，尤其是那些时间不允许事先商定价格的额外工作。计日工为额外工作和变更的计价提供了一个方便快捷的途径。计日工对完成零星工作所消耗的人工工时、材料数量、施工机械台班进行计量，并按照计日工表中填报的适用项目的单价进行计价支付。

编制计日工表时，一定要给出暂定数量，并且需要根据经验尽可能估算一个比较贴近实际的数量。

4）总承包报务费。总承包服务费是为了解决招标人在法律、法规允许的条件下进行专业工程发包以及自行采购供应材料、设备时，要求总承包人对发包的专业工程提供协调和配合服务（如分包人使用总承包人的脚手架、水电接驳等），对供应的材料、设备提供收、发和保管服务，以及对施工现场进行统一管理，对竣工资料进行统一汇总整理等情况的发生并向总承包人支付的费用。招标人应当按投标人的投标报价向投标人支付该项费用。

四、规费、税金项目清单的编制

规费项目清单应按照下列内容：工程排污费；工程定额测定费；社会保障费，包括养老保险费、失业保险费、医疗保险费；住房公积金；危险作业意外伤害保险。出现未包含在上述规范中的项目，应根据省级政府或省级有关权力部门的规定列项。

税金项目清单应包括以下内容：营业税，城市建设维护税，教育费附加。如国家税法发生变化，税务部门依据职权增加了税种，应对税金项目清单进行补充。

计算基础和费率均应按照国家或地方相关权力部门的规定进行填写。

第二节 招标控制价的编制与审核

一、招标控制价概述

招标控制价是在工程采用招标发包的过程中，由招标人根据国家或省级、行业建设主管部门颁发的有关计价依据和办法，按设计施工图计算的，对招标工程限定的最高工程造价，也可称其为拦标价、预算控制价或最高报价等。招标控制价应由具有编制能力的招标人，或其委托具有相应资质的工程造价咨询人编制。

1. 招标控制价的编制主体和使用原则

招标控制价应由具有编制能力的招标人，或受其委托具有相应资质的工程造价咨询人编制。国有资金投资的工程建设项目应实行工程量清单招标，并应编制招标控制价。招标控制价超过批准的概算时，招标人应将其报原概算审批部门审核。投标人的投标报价高于招标控制价的，其投标应予以拒绝。

2. 招标控制价的编制依据

1）《计价规范》及当地相关规定。

2）国家或省级、行业建设主管部门颁发的计价定额和计价办法。

3）建设工程设计文件及相关资料。

4）招标文件中的工程量清单及有关要求。

5）与建设项目相关的标准、规范、技术资料。

6）工程造价管理机构发布的工程造价信息，工程造价信息没有发布的参照市场价。

7）其他的相关资料。

二、招标控制价的编制程序

工程招标控制价的编制必须遵循一定的程序才能保证招标控制价价格的正确性，如图6-2 所示。

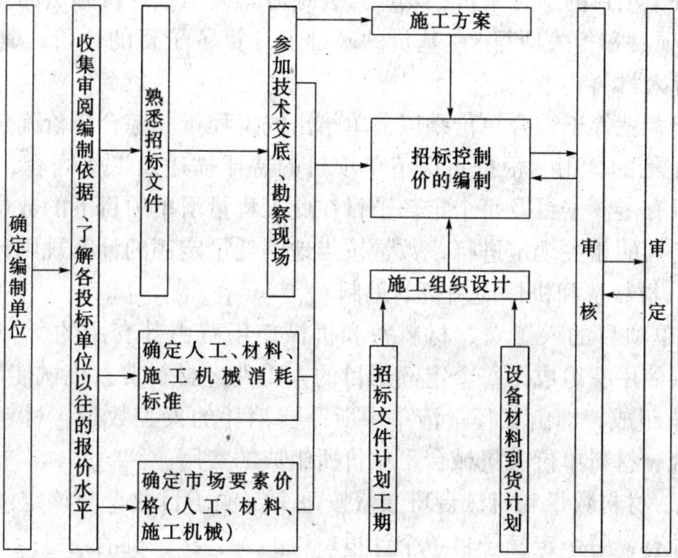

图 6-2　工程招标控制价编制程序

1）确定招标控制价的编制单位。

招标控制价由招标单位（或业主）自行编制，或受其委托具有编制标底资格和能力的中介机构代理编制。

2）收集审阅编制依据。

3）确定市场要素价格。

4）确定工程计价要素消耗量指标。当使用现行定额编制标底价格时，应对定额中各类消耗量指标按社会先进水平进行调整。

5）参加工程招标投标交底会，勘察施工现场。

6）招标文件质疑。对招标文件(工程量清单)表述或描述不清的问题向招标方质疑，请求解释，明确招标方的真实意图，力求计价精确。

7）综合上述内容，按工程量清单表述工程项目特征和描述的综合工程内容进行计价。

8）招标控制价初稿完成。

9）审核修正。

10）审核定稿。

三、招标控制价的编制内容

招标控制价的编制内容包括分部分项工程费、措施项目费、其他项目费、规费和税金。各个部分有不同的计价要求。

1. 分部分项工程费的编制要求

分部分项工程费应根据招标文件中的分部分项工程工程量清单及有关要求，按《计价规范》有关规定确定综合单价。即要完成一个规定计量单位的分部分项工程工程量清单项目(或措施清单项目)所需的人工费、材料费、施工机械使用费和企业管理费与利润以及一定范围内的风险费用。

工程量清单每个项目的综合单价，均应按各地方建设工程计价办法的规定，对其组成的各子目(包括主要项目和相关项目)在基价的基础上计算各子目的合价，其他项目清单中的材料暂估价也要计入材料费中去。

分部分项工程费就等于综合单价乘以清单给出的工程量。综合单价确定方法如下：

(1）消耗量定额的套用　根据每个清单项目的特征描述及工作内容，套用完成一个清单项目所需要的所有定额子目及每个定额子目在此工程量清单项目下的数量，定额子目的选择按地方消耗量定额的相关规定进行，数量按当地消耗量定额的计算规则计算。

(2）人工费、材料费和机械使用费的编制

1）工程量清单项目的人工费、材料费和机械使用费由其套用的所有定额子目的人工费、材料费、机械使用费组成，每个定额子目的人工费、材料费、机械使用费用应由“量”和“价”两个因素组成，即由工程量清单中所需要消耗的人工数量、材料数量和机械台班数量以及人工单价、材料单价和机械台班单价所组成的费用。

2）人工数量、材料数量和机械台班数量按每个定额子目数量与该定额子目单个计量单位消耗量的乘积计算，每个定额子目单个计量单位的人、材、机消耗量应采用地方定额的消耗量标准。

3）人、材、机的单价按工程造价管理机构发布的工程造价信息确定，工程造价信息没有发布的参照市场价格，如材料、设备价格为暂估价的应按暂估价格确定。

(3）企业管理费、利润率的确定　企业管理费、利润及风险费用包括在清单的报价中，费率应参考地方费用定额标准进行确定，不得上调或下浮。

(4）风险费用的确定　编制人应根据招标文件、施工图、合同条款、材料设备价格水平及工程实际情况合理确定，可按费率计算。

(5) 计算综合单价　每个清单项目的人工费、材料费、机械使用费、管理费、利润和风险费之和为单个清单项目合价，单个清单项目合价除以工程量即为单个清单项目的综合单价。所有清单项目合价的合计形成了分部分项工程费。

2. 措施项目费的确定

招标控制价中的措施项目费应根据拟建工程的施工组织设计及招标人提供的工程量清单进行计价；可以计算工程量的措施项目，宜采用分部分项工程量清单的方式编制，与之相对应，应采用综合单价计价；以“项”为计量单位的，按项计价，其价格组成与综合单价相同，应包括除规费、税金以外的全部费用。措施项目费的计算主要有以下几种方法：

(1) 比率法　这种方法主要适用于施工过程中必须发生但在投标时很难具体分析预测又无法单独列出项目内容的措施项目。如安全文明施工费、夜间施工费、二次搬运费、冬雨季施工的计价均采用这种方法。这里需要注意，措施项目清单中的安全文明施工费应按照国家或省级、行业建设主管部门的规定计价，不得作为竞争性费用。

(2) 实物量法　这种方法最基本，也是最能反映投标人个别成本的计价方法，是按投标人现在的水平，预测将要发生的每一项费用的合计数，并考虑一定的浮动因数及其他社会环境影响因数，如大型机械设备进出场及安拆费。

(3) 综合单价法　这种方法与分部分项综合单价的计算方法一样，主要是指一些与实体项目紧密联系的项目，如混凝土模板等。

(4) 分包计价法　分包计价法是在分包价格的基础上增加投标人的管理费及风险进行计价的方法，这种方法适用于可以分包的独立项目，如室内空气污染测试等。

不同的措施项目其特点不同，不同的地区，费用确定的方法也不一样，但基本上可归纳为两种：其一，以分部分项工程费为基数，乘以一定费率计算；其二，按实计算。前一种方法中措施项目费一般已包含管理费和利润等。

3. 其他项目费的确定

(1) 暂列金额　暂列金额可根据工程的复杂程度、设计深度、工程环境条件（包括地质、水文、气候条件等）进行估算，一般可以分部分项工程费的10%～15%为参考。

(2) 暂估价　暂估价中的材料单价应按照工程造价管理机构发布的工程造价信息中的材料单价计算，工程造价信息未发布的材料单价，其单价参考市场价格估算；暂估价中的专业工程暂估价应分不同专业，按有关计价规定估算。

(3) 计日工　在编制招标控制价时，对计日工中的人工单价和施工机械台班单价应按省级、行业建设主管部门或其授权的工程造价管理机构公布的单价计算；材料应按工程造价管理机构发布的工程造价信息中的材料单价计算，工程造价信息发布材料单价的材料价格应按市场调查确定的单价计算。

(4) 总承包服务费　总承包服务费应按照省级或行业建设主管部门的规定计算，在计算时可参考以下标准：

1) 招标人仅要求对分包的专业工程进行总承包管理和协调时，按分包的专业工程估算造价的1.5%计算。

2) 招标人要求对分包的专业工程进行总承包管理和协调，并同时要求提供配合服务时，根据招标文件中列出的配合服务内容和提出的要求，按分包的专业工程估算造价的

3% ~5%计算。

3）招标人自行供应材料的，按招标人供应材料价值的1%计算。

4. 规费和税金的确定

规费和税金应按国家或省级、行业建设主管部门的规定计算，不得作为竞争性费用。因此，投标人在投标报价时必须按照国家或省级、行业建设主管部门的有关规定计算规费和税金。确定方法在本书第四章第三节已有介绍，这里不再赘述。

四、招标控制价的审核

1. 分部分项清单费用的审核

1）审核综合单价是否参照现行消耗定额进行组价，计费是否完整，取费费率是否按国家或省级、行业建设主管部门对工程造价计价中费用或费用标准执行，综合单价中是否考虑了投标人承担的风险费用。

2）审核定额工程量计算是否准确，人工、材料、机械消耗量与定额不一致，是否按定额规定进行了调整。

3）审核人工、材料、设备单价是否按工程造价管理机构发布的工程造价信息及市场信息价格进入综合单价，对于造价信息价格严重偏离市场价格的材料、设备，是否进行了价格处理；招标文件中提供暂估单价的材料，是否按暂估的单价进入综合单价，暂估价是否在工程量清单计价表中单列并计算了总额。

4）工程量应按工程量清单提供的清单工程量进行计算。

5）综合单价分析应符合《计价规范》中规定的表格形式，应清楚并充分满足以后调价的需要。

6）综合单价与数量的乘积是否与合价一致。

7）各分项金额合计是否与总计一致。

2. 措施项目清单费用的审核

通用措施项目清单应根据相关计价规定、工程具体情况及企业实力进行计算，如通用措施项目清单未列的但实际会发生的措施项目应进行补充；通用措施项目清单中相关措施项目应齐全，计算基础、费率应清晰。

专业工程措施项目清单应根据措施项目清单数量进行计价，具体综合单价的组价按分部分项工程工程量清单费用的组价原则进行计算，并提供工程量清单综合单价分析表，综合单价分析表的内容与分部分项工程工程量清单一致。

3. 其他项目清单费用

1）审核暂列金额是否按工程量清单给定的金额进行计价，根据招标文件及工程量清单的要求，应注意此部分费用是否应计算规费和税金。

2）专业暂估价格是否按招标工程量清单给定的价格进行计价，是否应计取规费和税金。

3）计日工是否按工程量清单给予的数量进行计价，计日工单价是否为综合单价。

4）总承包服务是否按招标文件及工程量清单的要求，结合自身实力对发包人发包专业工程和发包人供应材料计取总承包服务费，计取的基数是否准确，费率有无突破相关规定。

4. 规费、税金的审核

规费、税金是否严格按政府规定费率计算，计算基数是否准确。

5. 其他

1）汇总后的招标控制价是否控制在批准的概算范围内，如超出原概算，招标人应将其报原概算审批部门审核。

2）招标控制价封面应有招标控制价的大写与小写，同时招标人、工程造价咨询人及法定代表人或授权人要盖章和签字，而且，具有相关资质的编制人和复核人应签字并加盖资质专用章。

3）做好复核工作。完成预算编审工作之后，为了检验成果的可行性，必须采用类比法。即利用工程所在地的类似工程的技术经济指标进行分析比较，进行可行性判断。如差距过大，应寻找原因；如设计错误，应予纠正。

第三节　工程项目施工投标报价

工程项目施工投标的程序是：取得招标信息——准备资料报名参加——提交资格预审资料——通过预审得到招标文件——研究招标文件——准备与投标有关的所有资料——实地考查工程场地，并对招标人进行考查——确定投标策略——核算工程量清单——编制施工组织设计及施工方案——计算施工方案工程量——采用多种方法进行询价——计算工程综合单价——确定工程成本价——报价分析决策，确定最终的报价——编制投标文件——投送投标文件——参加开标会议。

一、清单投标报价的前期工作

投标报价的前期工作主要是指确定投标报价的准备期，主要包括：取得招标信息、提交资格预审资料、研究招标文件、准备投标资料、确定投标策略等。这一时期是后面准确报价的必要工作阶段，往往有好多投标人对前期工作不重视，拿到招标文件后就开始编制投标文件，结果在编制过程中会出现资料不全、信息不准确的问题，造成无法挽回的损失。

1. 得到招标信息并参加资格审查

我国招投标法规定了两种招标方式，即公开招标和邀请招标。招投标交易中心会定期或不定期地发布工程招标信息，但是，如果投标人仅仅依靠从交易中心获取工程招标信息，就会在竞争中处于劣势。因为交易中心发布的主要是公开招标的信息，而邀请招标的信息在发布时，招标人常常已经完成了考察及选择招标邀请对象的工作，如果投标人没有机会被邀请，也就没有资格参加投标。所以，投标人日常建立广泛的信息网络是非常关键的。有时投标人从工程立项甚至从项目可行性研究阶段就开始跟踪，并根据自身的技术优势和施工经验为招标人提供合理化建议，获得招标人的信任。一般来讲，投标人可以从以下主要途径取得招标信息：

1）通过招标广告或公告来发现投标目标，这是获得公开招标信息的方式。

2）搞好公共关系，经常派业务人员深入各个单位和部门，广泛联系，收集信息。

3）通过政府有关部门，如发改委、住建委、行业协会等机构获得信息。

4）通过咨询公司、监理公司、科研设计单位等代理机构获得信息

5）取得老客户的信任，从而承接后续工程或接受邀请而获得信息。

6）与总承包商建立广泛的联系。

7）利用有形的建筑交易市场及各种报刊、网站的信息。

8）通过社会知名人士的介绍得到信息。

投标人得到信息后，应及时向招标人表明自己的意愿，报名参加投标，并向招标人提交资格审查资料。投标人资料主要包括：营业执照、资质证书、企业简历、技术力量、主要的机械设备、近三年内的主要施工工程情况，以及与该投标项目同类工程的施工情况、在建工程项目及财务状况。

投标人必须重视资格审查的重要性，它是招标人认识投标企业的第一印象。经常有一些缺乏经验的投标人，尽管实力雄厚，但由于对投标资格审查资料的不重视而在投标资格审查阶段就被淘汰。

2. 投标中收集的有关信息分析

投标是投标人在建筑市场中的交易行为，具有较大的冒险性。据了解，国内一流的投标人中标概率也只是10% ~20%，而且中标后要想实现利润也面临着种种风险因素。这就要求投标人必须获得尽量多的招标信息，并尽量详细地掌握与项目实施有关的信息。随着市场竞争的日益激烈，如何对取得的信息进行分析并有效地利用，关系到投标人的生存和发展。信息竞争将成为投标人竞争的焦点。因此投标人对信息分析应从以下几方面进行：

1）建设项目是否已经批准，招标人投资的可靠性，工程投资资金是否已到位，必要时应取得对招标人资金可靠性的调查。

2）招标人是否有与工程规模相适应的经济技术管理人员，有无工程管理的能力、合同管理经验和履约的状况如何；委托的监理是否符合资质等级要求，以及监理的经验、能力和信誉。

3）招标人或委托的监理是否有明显的授标倾向。

4）投标项目的技术特点：

① 工程规模、类型是否适合投标人。

② 气候条件、水文地质和自然资源等是否为投标人技术专长的项目。

③ 是否存在明显的技术难度。

④ 工期是否过于紧迫。

⑤ 预计应采取何种重大技术措施。

⑥ 其他技术特长。

5）投标项目的经济特点：

① 工程款支付方式，外资工程外汇比例。

② 预付款的比例。

③ 允许调价的因素、规费及税金信息。

④ 金融和保险的有关情况。

6）投标竞争形势分析：

① 根据投标项目的性质预测投标竞争形势。

② 预计参与投标的竞争对手的优势和其投标的动向。

③ 竞争对手的投标积极性。

7）投标条件及迫切性：

① 可利用的资源和其他有利条件。

② 投标人当前的经营状况、财务状况和投标的积极性。

8）本企业对投标项目的优势分析：

① 是否需要较少的开办费用。

② 是否具有技术专长及价格优势。

③ 类似工程承包经验及信誉。

④ 资金、劳务、物资供应、管理等方面的优势。

⑤ 项目的社会效益。

⑥ 与招标人的关系是否良好。

⑦ 投标资源是否充足。

⑧ 有否理想的合作伙伴联合投标，是否有关系良好的分包人。

9）投标项目风险分析：

① 民情风俗、社会秩序、地方法规、政治局势。

② 社会经济发展形势及稳定性、物价趋势。

③ 与工程实施有关的自然风险。

④ 招标人的履约风险。

⑤ 延误工期罚款的额度大小。

⑥ 投标项目本身可能造成的风险。

根据上述各项目信息的分析结果，作出包括经济效益预测在内的可行性研究报告，供投标决策者据以进行科学、合理的投标决策。

3. 研究招标文件

（1）研究招标文件条款　为了在投标竞争中获胜，投标人应设立专门的投标机构，设置专业人员掌握市场行情及招标信息，经常积累有关资料，维护企业定额及人工、材料、机械价格系统。一旦通过了资格审查，取得招标文件后，则立刻可以研究招标文件，决定投标策略，确定定额含量及人工、材料、机械价格，编制施工组织设计及施工方案，计算报价，采用投标报价策略及分析决策报价，采用不平衡报价及报价技巧防范风险，最后形成投标文件。

在研究招标文件时，必须对招标文件的每句话、每个字都认认真真地研究，如误解招标文件的内容，会造成不必要的损失，而且投标时要响应招标文件的全部内容。必须掌握招标范围，经常会出现施工设计图、技术规范和工程量清单三者之间的范围、做法和数量之间互相矛盾的内容。招标人提供的工程量清单中的工程量是工程净量，不包括任何损耗及施工方案、施工工艺造成的工程增量，所以要认真研究工程量清单包括的工程内容及采取的施工方案，在清单项目的工程内容不明确的情况下，要结合施工图、施工规范及施工方案来确定工程量。除此之外，对招标文件规定的工期，投标书的格式、签署方式、密封方法，投标的截止日期等要熟记并形成备忘录，避免因失误而造成不必要的损失。

（2）研究评标办法　评标办法是招标文件的组成部分，投标人中标与否是按评标办法的要求进行评定的。我国一般采用两种评标办法：综合评议法和最低报价法。

1）综合评议法。综合评议法又有定性综合评议法和定量综合评议法两种。

定量综合评议法采用综合评分的方法选择中标人，是根据投标报价、主要材料、工期、质量、施工方案、信誉、荣誉、已完或在建工程项目的质量、项目经理的素质等因素综合评议投标人，选择综合评分最高的投标人中标。定性综合评议法是在无法把报价、工期、质量等级等诸多因素定量化打分的情况下，评标人根据经验判断各投标方案的优劣。采用综合评议法时，投标人的投标策略就是如何做到尽可能提高报价，且综合评分最高，这就需要在提高报价的同时，必须提高工程质量，要有先进科学的施工方案、施工工艺水平作保证，以缩短工期为代价。但是采用这种办法对投标人来说，必须要有丰富的投标经验，并能对全局很好地分析，才能做到综合评分最高；如果一味地追求高报价，而使综合得分降低，就失去了意义，是不可取的。

2）最低报价法也叫合理低价中标法，是根据最低价格选择中标人，是在保证质量、工期的前提下，以最合理低价中标。这里的“合理”低价，是指投标人的报价不能低于投标企业自身的成本(个别成本)。对于投标人就要做到报价最低，且利润相对最高，只注意压低报价而不注意利润，就有可能造成中标工程越多亏损越多的现象。

(3) 研究合同条款　合同的主要条款是招标文件的组成部分，招投标双方的最终法律制约就集中体现在合同上，履约价格的体现方式和结算的依据主要是依靠合同。因此投标人要对合同特别重视。合同主要分通用条款和专用条款。要研究合同首先得知道合同的构成及主要条款，主要从以下几方面进行分析：

1）价格。这是投标人成败的关键，主要是明确清单综合单价是否能够调整，如何调整，要根据工期和工程的实际预测价格风险。

2）工期及违约责任。根据编制的施工方案或施工组织设计分析是否能按期完工，如不能完工应承担什么违约责任；另外要考虑工程可能发生的变更(如地质情况与原设计、勘察单位提供的不相符时)对工期的影响。

3）付款方式。付款方式是关系到投标人能不能保质保量按期完工的重要因素，事实证明有许多工程由于招标人不按期付款而造成了停工的现象，给双方造成了损失。

因此投标人要对各个因素进行综合分析，并根据权利、义务进行对比分析，只有这样才能很好地预测风险，并采取相应的对策。

(4) 研究工程量清单　工程量清单是招标文件的重要组成部分，是招标人提供给投标人用以报价的工程量基础数据，也是工程最终结算及工程款支付的依据。所以必须对工程量清单中的工程量在施工过程及最终结算时是否会发生变更等情况进行分析，并分析工程量清单包括的具体内容。只有这样，投标人才能准确把握每一清单项目内容范围，进而作出正确的报价。否则会因误解或错解而造成报价不全等失误，从而导致投标人最终的损失。尤其是采用合理低价报价法时，对工程量清单全面、严谨的分析显得尤为重要。

4. 准备投标资料及确定投标策略

投标报价之前，必须准备与报价有关的所有资料，这些资料的质量高低直接关系到投标报价成败。投标前需要准备的资料主要有：招标文件，设计文件，施工规范，有关的法律法规，企业内部定额及有参考价值的政府消耗量定额，企业人工、材料、机械价格系统资料，可以询价的网站及其他信息来源，与报价有关的财务报表及企业积累的数据资源，拟建工程所在地的地质资料及周围的环境情况，投标对手的情况及对手常用的投标策略，招标人的情况及资金情况等。所有这些都是确定投标策略的依据，只有全面地掌握第一手资料，才能快速、准确地确定投标策略。

投标人在报价之前需要准备的资料可分为两类：一类是公用的，任何工程都必须用，投标人可以在平时日常积累，如规范、法律、法规、企业内部定额及价格系统等；另一类是特有资料，只能针对投标工程，这些必须是在得到招标文件后才能收集整理，如设计文件，工程地质、环境资料，竞争对手的资料等。确定投标策略的资料主要是特有资料，因此投标人对这部分资料要格外重视。投标人要在投标时显示出核心竞争力就必须有一定的策略，有不同于别的投标竞争对手的优势。具体可以从以下几方面准备：

（1）掌握全面的设计文件　招标人提供给投标人的工程量清单是按设计图及规范规则进行编制的，可能未进行施工图会审，在施工过程中难免会出现这样、那样的问题，也就是我们所说的设计变更，所以投标人在投标之前就要结合工程实际对施工图进行分析，了解清单项目在施工过程中发生变化的可能性，对于确定不变的项目报价要适中；对于有可能增加工程量的报价要偏高，而有可能降低工程量的报价要偏低等，只有这样才有可能降低风险，获得较大的利润。

（2）实地勘察施工现场　投标人应该在编制施工方案之前对施工现场进行勘察，对现场、周围环境及与此工程有关的可用资料进行了解和勘察。实地勘察施工现场主要从以下几方面进行：现场的形状和性质，其中包括地表以下的条件，水文和气候条件，为工程施工、竣工及修补其任何缺陷所需的工作和材料的范围、性质，进入现场的方案及投标人需要的住宿条件等。

（3）调查与拟建工程有关的环境　投标人不仅要勘察施工现场，在报价前还要详尽了解项目所在地的环境，包括政治形势、经济形势、法律法规和风俗习惯、自然条件、生产和生活条件等。对政治形势的调查，应着重考虑工程所在地和投资方所在地的政治稳定性；对经济形势的调查，应着重了解工程所在地和投资方所在地的经济发展情况，工程所在地金融方面的换汇限制、官方和市场汇率、主要银行及其存款和信贷的利率、管理制度等；对自然条件的调查，应着重考察工程所在地的水文地质情况、交通运输条件、是否多发自然灾害、气候状况如何等；对法律法规和风俗习惯的调查，应着重了解工程所在地政府对施工的安全、环保、时间限制等各项管理规定，宗教信仰和节假日等；对生产和生活条件的调查，应着重考察施工现场周围情况，如道路、供电、给水排水、通信是否便利，工程所在地的劳务和材料资源是否丰富，生活物资的供应是否充足等。

（4）调查招标人与竞争对手　对招标人的调查应着重以下几个方面：

1）资金来源是否可靠，避免承担过多的资金风险。

2）项目开工手续是否齐全，提防有些发包人以招标为名，让投标人免费为其估价。

3）招标人是否有明显的授标倾向，招标是否仅仅是出于政府的压力而不得不采取的形式。

对竞争对手的调查应着重从以下几方面进行：首先，了解参加投标的竞争对手有几个，其中有威胁性的都是哪些，特别是工程所在地的承包人，可能因地域优势而获得评标优惠；其次，根据上述分析，筛选出主要竞争对手，分析其以往同类工程的投标方法、惯用的投标策略、开标会上常提出的问题等。投标人必须知己知彼才能制定切实可行的投标策略，提高中标率。

二、投标报价的编制

投标报价的编制工作是投标人进行投标的实质性工作，由投标人组织的专门机构来完成，主要包括审核工程量清单、编制施工组织设计、市场询价、计算工程单价、标价分析决策，以及编制投标文件等。下面就从这几个方面分别进行说明。

1. 审核工程量清单并计算施工工程量

一般情况，投标人必须按招标人提供的工程量清单进行组价，并以综合单价的形式进行报价。但投标人在按招标人提供的工程量清单组价时，必须把施工方案及施工工艺造成的工程增量以价格的形式包括在综合单价内。有经验的投标人在计算施工工程量时就针对工程量清单的工程量进行审核，这样可以明确招标人提供的工程量的准确度，为投标人不平衡报价及结算索赔埋下伏笔。

在实行工程量清单模式计价后，建设工程项目分为三部分进行计价：分部分项工程项目计价、措施项目计价及其他项目计价。招标人提供的工程量清单是分部分项工程项目清单中的工程量，但如招标人不提供措施项目中的工程量及施工方案工程量，必须由投标人在投标时按设计文件及施工组织设计、施工方案进行二次计算。因此这部分用价格的形式分摊到报价内的量必须要认真计算，要全面考虑。由于清单报价最低是占优，投标人由于没有考虑全面造成低价中标亏损，招标人不会承担。

2. 编制施工组织设计及施工方案

施工组织设计及施工方案是招标人评标时考虑的主要因素之一，也是投标人为确定施工工程量的主要依据。它的科学性与合理性直接影响到报价及评标，是投标过程中一项主要的工作，是技术性比较强、专业要求比较高的工作。主要包括项目概况、项目组织机构、项目保证措施、前期准备方案、施工现场平布面布置、总进度计划和分部分项工程进度计划、分部分项的施工工艺及施工技术组织措施、主要施工机械配置、劳动力配置、主要材料保证措施、施工质量保证措施、安全文明措施和保证工期措施等。

施工组织设计主要应考虑施工方法、施工机械设备及劳动力的配置、施工进度、质量保证措施、安全文明措施及工期保证措施等，因此施工组织设计不仅关系到工期，而且对工程成本和报价也有密切关系。好的施工组织设计，应能紧紧抓住工程特点，采用先进、科学的施工方法，降低成本；既要采用先进的施工方法，合理安排工期，又要充分有效地利用机械设备和劳动力，尽可能减少临时设施和资金的占用。如果同时能向招标人提出合理化建议，在不影响使用功能的前提下为招标人降低工程造价，那么会大大提高投标人的低价的合理性，增加中标的可能性。还要在施工组织设计中进行风险管理规划，以防范风险。

3. 建立完善的询价系统

实行工程量清单计价模式后，投标人自主定价，标书中所有与价格有关的项目全部放开，政府不再进行任何干预。可是用什么方式询价、具体询什么价，是投标人在新形势下面临的新问题。投标人在日常的工作中必须建立价格体系，积累一部分人工、材料、机械台班的价格。除此之外，在编制投标报价时要进行多方询价。询价的内容主要包括材料市场价、人工当地的行情价、机械设备的租赁价、分部分项工程的分包价等。

（1）材料市场价　材料和设备在工程造价中常常占总造价的60%左右，对报价影响很大，因而在报价阶段对材料和设备市场价的了解要十分认真。对于一项建筑安装工程，材料品种规格有上百种甚至上千种，在有限的投标时间内要对每一种材料都进行询价有点不现实，因此必须对材料进行分类，分出主要材料和次要材料。主要材料对工程造价影响比较大，必须进行多方询价并进行对比分析，选择合理的价格。询价方式包括到厂家或供应商上门询问、已施工工程材料的购买价、厂家或供应商的挂牌价、政府定期或不定期发布的信息价、各种信息网站上发布的信息价等。在清单计价模式下，由于材料价格随着时间的推移变化特别大，不能只着眼于当前的价格，必须做到对不同渠道的价格信息进行有机的综合，并尽可能分析出今后材料价格的变化趋势，用综合方法预测价格变化，把风险变为具体数值加到当前价格上。可以说投标报价引起的损失有一大部分就是材料价格风险预测的失误造成的。对于次要材料，投标人应建立材料价格储存库，按库内的材料价格分析市场行情并对未来进行预测，用系数的形式对价格进行整体调整，不需投标时临时询价。

（2）人工综合单价　人工价格是建筑行业唯一关系企业利润、反映企业管理水平的指标。人工综合单价的高低，直接影响到投标人个别成本的真实性和竞争性。人工价格应是企业内部人员水平及工资标准的综合，似乎没有必要市场询价，但投标组价时必须用社会的平均水平和当地的人工工资标准来判断企业内部管理水平，并确定一个适中的人工综合单价，既要保证风险最低，又要具有一定的竞争力。

（3）机械设备的租赁价　机械设备费是以折旧摊销的方式进入报价的，进入报价的多少主要体现在机械设备的利用率及机械设备的完好率上。机械设备除与工程数量有关外，还与施工工期及施工方案有关。进行机械设备租赁价的询价分析，可以判定是购买机械还是租赁机械，从而确保投标人较高的资金利用率。

（4）分包询价　具有管理优势的大企业一般会以总承包人的身份投标总包大中型工程，承包范围甚至包括工程的设计、施工及试车等。这样的投标人可以自己组织结构工程的设计及施工，而把专业性强的分部分项工程，如空调工程安装、消防工程安装、电梯的安装、特殊设备安装等，分包给其他专业分包人完成。分包价款的高低会影响投标人的报价，而且与投标人的施工方案及技术措施有直接关系。因此，必须在投标报价前对施工方案及施工工艺进行分析，确定分包范围，确定分包价。有些投标人为了能够准确确定分包价，采用先分包、后报价的策略。不然会造成高报价不中标，低报价分包不出去的现象。

4. 投标报价的计算

（1）工程量清单计价模式下投标报价计价特点　报价是投标的核心。它不仅是能否中标的关键，而且对中标后能否盈利、盈利多少也是起决定作用的因素之一。我国为了推动工程造价管理体制的改革，与国际惯例接轨，由定额计价模式向清单计价模式过度，用规范的形式规范了清单计价的强制性、实用性、竞争性和通用性。工程量清单计价模式下投标报价的计价特点主要表现在以下几个方面：

1）量价分离，自主计价。招标人提供清单工程量，投标人除要审核清单工程量外还要计算施工工程量，并要按每一个工程量清单自主计价，计价依据由定额模式的固定化变为多样化。执行的定额由政府法定性预算定额变为企业自主维护管理的企业定额，以及有参考价值的政府消耗量定额；价格由政府指导预算基价及调价系数变为企业自主确定的价格体系，除面向市场多方询价外，还要在企业内建立一整套价格维护系统。

2）价格来源多样，政府不再作任何干预，由企业自主确定。国家推行的是全部放开、自由询价、预测风险、宏观管理。全部放开就是凡与计价有关的项目价格全部放开，政府不进行任何限制。自由询价是指企业在计价过程中采用什么方式得到的价格都有效，价格来源的途径没有任何限制。预测风险是指企业确定的价格必须是完成该清单项目的完全价格，由社会、环境、内部、外部等原因造成的风险必须在投标前就预测到，并包括在报价内。由于预测不准而造成的风险损失由投标人承担。宏观管理是因为建筑业在国民经济中占的比例特别大，国家从总体上还得宏观调控，政府造价管理部门定期或不定期发布价格信息，并编制反映社会平均水平的消耗量定额，用于指导企业快速计价，并作为确定企业自身的技术水平的依据。

3）提高企业竞争力，增强风险意识。清单模式下的招投标特点，就是综合评价最优，在保证质量、工期的前提下，合理低价中标。最低价中标体现的是个别成本，企业必须通过合理的市场竞争，提升施工工艺水平，把利润逐步提高。企业不同于其他竞争对手的核心优势，除企业本身的竞争优势外，报价是主要的因素。企业要体现自己的竞争优势，就得有灵活全面的信息、强大的成本管理能力、先进的施工工艺水平、高效率的软件工具。除此之外，企业需要有反映自己施工工艺水平的企业定额作为计价依据，有自己的材料价格系统、施工方案和数据积累体系，并且这些优势都要体现到投标报价中。

工程量清单计价模式下，实行的是招投标双方风险共担，无论是招标人还是投标人，在工程量变更时都必须承担一定风险，有些风险不是承包人（投标人）本身造成的，就得由招标人承担。因此，在计价规范中规定了工程量的风险由招标人承担，综合单价的风险由投标人承担。投标报价有风险，但是不应怕风险，而是要采取措施降低风险、避免风险、转移风险。投标人必须采用多种方式规避风险，不平衡报价是最基本的方式，例如在保证总价不变的情况下，资金回收快的施工项目单价应适当偏高，资金回收慢的单价应适当偏低；估计此项设计需要变更的，工程量增加的，单价应适当偏高，工程量减少的，单价应适当偏低等。

（2）《计价规范》对投标报价的具体规定　《计价规范》中有关工程量清单计价部分共10条，规定了工程量清单计价的工作范围、工程量清单计价价款构成、工程量清单计价单价和标底、报价的编制、工程量调整及其相应单价的确定等。

我国近些年的招标投标计价活动中，压级压价、合同价款签订不规范、工程款结算久拖不结等现象比较严重，有损于招投标活动中的公开、公平、公正和诚实、守信的原则。招标投标实行工程量清单计价，是一种新的计价模式，为了合理确定工程造价，《计价规范》对工程量清单的编制、计价到工程量调整等各个主要环节都作了较详细的规定，招投标双方都应严格遵守。

为了避免或减少经济纠纷，合理确定工程造价，该规范规定工程量清单计价价款，应包括完成招标文件规定的工程量清单项目所需的全部费用。其内容包括：

1）分部分项工程费、措施项目费、其他项目费、规费和税金。

2）完成每分项工程所含全部工程内容的费用。

3）完成分部工程内容所需的全部费用（规费、税金除外）。

4）工程量清单项目中没有体现的，施工中又必须发生的工程内容所需的费用。

5）考虑风险因素而增加的费用。

为了简化计价程序，实现与国际接轨，工程量清单计价采用综合单价计价。综合单价计价是有别于现行定额工料单价计价的另一种单价计价方式，它应包括完成规定计量单位合格产品所需的全部费用。考虑我国的现实情况，综合单价包括除规费、税金以外的全部费用。综合单价不但适用于分部分项工程量清单，也适用于措施项目清单、其他项目清单等。各省、直辖市、自治区工程造价管理机构，应制定具体办法，统一综合单价的计算和编制。

措施项目清单中所列的措施项目均以一项提出，所以计价时，首先应详细分析其所含工程内容，然后确定其综合单价。措施项目不同，其综合单价组成内容可能有差异。因此，《计价规范》强调，在确定措施项目综合单价时，规范所列的综合单价的组成仅供参考。招标人提出的措施项目清单是根据一般情况确定的，没有考虑不同投标人的个性，因此投标人在报价时，可以根据本企业的实际情况，增加措施项目内容并报价。

其他项目清单中的预留金、材料购置费和零星工作项目费，均为估算、预测数量，虽在投标时计入投标人的报价中，但不应视为投标人所有。竣工结算时，应按承包人实际完成的工作内容结算，剩余部分仍归招标人所有。

工程造价应在政府宏观调控下，由市场竞争形成。因此，投标人的报价应在满足招标文件要求的前提下实行以下原则：人工、材料、机械消耗量自定，价格及费用自定；全面竞争；自主报价。为了合理减少工程投标人的风险，并遵照谁引起的风险谁承担责任的原则，规范对工程量的变更及其综合单价的确定作了规定。执行中应注意：

1）不论由于工程量清单有误或漏项，还是由于设计变更引起新的工程量清单项目或清单项目工程数量的增减，均应如实调整。

2）工程量变更后综合单价的确定应按《计价规范》的规定执行。

3）适用于分部分项工程量清单。在合同履行过程中，引起索赔的原因很多，《计价规范》不否认其他原因发生的索赔或工程发包人可能提出的索赔。

（3）计算投标报价的根据　《计价规范》要求实行工程量清单计价必须采用综合单价法计价，并对综合单价包括的范围进行了明确规定。因此，造价人员必须按《计价规范》的规定进行计价。

工程计价的方法很多，在实行工程量清单模式下，较多采用综合单价法计价。

所谓综合单价法，就是分部分项工程量清单费用及措施项目费用的单价综合了完成单位工程量或完成具体措施项目的人工费、材料费、机械使用费、管理费和利润，并考虑一定的风险因素，而将规费、税金等费用作为投标总价的一部分，单列在其他表中的一种计价方法。

投标报价时，按照企业定额或政府消耗量定额标准及预算价格确定人工费、材料费、机械费，并以此为基础确定管理费、利润，由此计算出分部分项的综合单价。根据现场因素及工程量清单规定措施项目费，以实物量或分部分项工程费为基数，按费率的方法确定。其他项目费以工程量清单规定的人工、材料、机械台班的预算价为依据确定，规费按政府的有关规定执行，税金按税法的规定执行。将分部分项工程费、措施项目费、其他项目费、规费、税金等合计汇总，得到初步的投标报价。初步的报价还要经分析、判断、调整后得到最终的报价。

5. 投标报价的分析与决策

投标决策是投标人经营决策的组成部分，指导投标全过程。影响投标决策的因素十分复杂，加之投标决策与投标人的经济效益紧密相关，所以必须做到及时、迅速、果断。从投标的全过程看，投标决策主要可以分为项目分析决策、投标报价策略及投标报价分析决策。

（1）项目分析决策　投标人要决定是否参加某项目工程的投标，首先要考虑当前经营状况和长远经营目标，其次要明确参加投标的目的，然后分析中标可能性的影响因素。建筑市场是买方市场，投标报价的竞争异常激烈，投标人选择投标与否的余地非常小，都或多或少地存在着经营状况不饱满的情况。一般情况下，只要接到招标人的投标邀请，承包人都积极响应，参加投标。这主要是基于以下考虑：第一，参加投标项目多，中标机会也多；第二，经常参加投标，在公众面前出现的机会也多，能起到广告宣传的作用；第三，通过参加投标，可积累经验，掌握市场行情，收集信息，了解竞争对手的惯用策略；第四，投标人拒绝招标人的投标邀请，可能会破坏自身的信誉，从而失去以后收到投标邀请的机会。

当然，也有一种理论认为，有实力的投标人应该从投标邀请中，选择那些中标概率高、风险小的项目投标，即争取投一个、中一个、顺利履约一个。这是一种比较理想的投标策略，在激烈的市场竞争中很难实现。

投标人在收到招标人的投标邀请后，一般不采取拒绝投标的态度。但有时投标人同时收到多个投标邀请，而投标报价资源是有限的，若不分轻重缓急地把投标资源平均分布，则每一个项目中标的概率都不会高，这时承包人应针对各个项目的特点进行分析，合理分配投标资源。投标资源一般可以理解为投标编制人员和计算机等工具，以及其他资源。不同的项目需要的资源投入量不同；同样的资源在不同的时期、不同的项目中价值也不同。例如同一个投标人在民用建筑安装工程的投标中标价值较高，但在工业建筑安装工程的投标中标价值可能就较低，这种状况是由投标人的施工能力及造价人员的业务专长和投标经验等因素所决定的。投标人必须积累大量的经验资料，通过归纳总结和动态分析，才能判断不同工程的最小最优的投标资源投入量。通过最小最优投标资源投入量的分析，可以取舍投标项目，对于投入大量的资源后中标概率仍极低的项目，应果断地放弃，以免浪费投标资源。

（2）投标报价策略　投标时，根据投标人的经营状况和经营目标，既要考虑自身的优势和劣势，也要考虑竞争的激烈程度，还要分析投标项目的整体特点，按照工程的类别、施工条件等确定报价策略。

1）生存型报价策略。由于社会、政治、经济环境的变化和投标人自身经营管理不善，都可能造成投标人的生存危机。首先是由于经济原因，投标项目减少；其次，政府调整基建投资方向，使某些投标人擅长的工程项目减少，这种危机常常是危害到营业范围单一的专业工程投标人；第三，如果投标人经营管理不善，使得企业的实力和信誉度有所下降，会存在投标邀请越来越少的危机。这些情况下，投标人应以生存为重，报价时采取暂时不考虑其他因素，以克服生存危机为目标而力争中标的原则，有些时候即使不盈利甚至赔本也要夺标。这种报价策略可使企业暂时维持生存，是企业危机境遇下度过难关的一种选择。

2）竞争型报价策略。这种策略以开拓市场和低盈利为目标，在精确计算成本的基础上，充分估计各竞争对手的报价目标，用有竞争力的报价达到中标的目的。投标人处在以下几种情况下，应采取竞争型报价策略：经营状况不景气，近期接受到的投标邀请较少；竞争对手有威胁性；试图打入新的地区；开拓新的工程施工类型；投标项目风险小、施工工艺简单、工程量大、社会效益好的项目；附近有本企业正在施工的其他项目。

3）盈利型报价策略。采用这种策略投标报价是以实现最佳盈利为目标的。它适用于企业自身优势突出，对效益较小的项目热情不高，只被盈利大的项目所吸引的情况。具体地讲，以下几种情况可以采用盈利型报价策略：投标人在该地区已经打开局面；投标企业信誉度高、竞争对手少、施工能力已近饱和、具有技术优势，并对招标人有较强的名牌效应；投标人的主要目的是扩大影响、提高企业知名度；施工条件差、难度高，资金支付条件不好，工期、质量等要求苛刻的项目；与其他企业联合投标的项目等。

（3）投标报价分析决策 初步报价提出后，应当对这个报价进行多方面分析。分析的目的是探讨这个报价的合理性、竞争性、盈利及风险，从而作出最终报价的决策。分析的方法可以从静态分析和动态分析两方面进行。

1）报价的静态分析。先假定初步报价是合理的，然后按以下步骤分析：

① 分析组价计算书中的汇总数字，并计算其比例指标。

a. 统计总建筑面积和各单项建筑面积。

b. 统计材料费用及各主要材料数量和分类总价，计算单位面积的总材料费用指标、各主要材料消耗指标和费用指标，计算材料费占报价的比重。

c. 统计人工费总价及主要工人、辅助工人和管理人员的数量，按报价、工期、建筑面积及统计的工日总数算出单位面积的用工数、单位面积的人工费，并算出按规定工期完成工程时生产工人和全员的平均人月产值及人年产值。计算人工费占总报价的比重。

d. 统计临时工程费用，机械设备使用费，以及模板、脚手架和工具等费用，计算它们占总报价的比重以及分别占购置费的比例，即以摊销形式摊入本工程的费用和工程结束后的残值。

e. 统计各类管理费汇总数，计算它们占总报价的比例，计算利润、贷款利息的总数和所占比例。

f. 如果报价人有意地分别增加了某些风险系数，可以列为潜在利润或隐匿利润提出，以便研讨。

g. 统计分包工程的总价及各分包商的分包价，计算其占总报价和投标人自己施工的直接费用的比例，并计算各分包价分别占分包总价的比例，分析各分包价的直接费、管理费和利润。

② 从宏观方面分析报价结构的合理性。例如，分析总的人工费、材料费、机械台班费的合计数与总管理费用比例关系，人工费与材料费的比例关系，临时设施费及机械台班费与总人工费、材料费、机械费合计数的比例关系，利润与总报价的比例关系，判断报价的构成是否基本合理。如果发现有不合理的部分，应当初步探明原因。首先是研究本工程与其他类似工程是否存在某些不可比因素；如果扣掉不可比因素的影响后，仍然存在报价结构不合理的情况，就应当深入探索其原因，并考虑适当调整某些人工、材料、机械台班的单价、定额含量及分摊系数。

③ 探讨工期与报价的关系。根据进度计划与报价，计算出月产值、年产值。如果从投标人的实践经验角度判断这一指标过高或者过低，就应当考虑工期的合理性。

④ 分析单位面积价格和用工量、用料量的合理性。参照实际施工同类工程的经验，如果本工程与同类工程有某些不可比因素，可以扣除不可比因素后进行分析比较。还可以收集当地类似工程的资料，排除某些不可比因素后进行分析对比，并探索本报价的合理性。

⑤ 对明显不合理的报价构成部分进行微观方面的分析检查。重点是从提高工效、改变施工方案、调整工期、压低供货人和分包人的价格、节约管理费用等方面提出可行措施，并修正初步报价，测算出另一个低报价方案。根据定量分析方法可以测算出基础最优报价。

⑥ 将原初步报价方案、低报价方案、基础最优报价方案整理成对比分析资料，提交内部的报价决策人或决策小组研讨。

2）报价的动态分析。通过假定某些因素的变化，测算报价的变化幅度，特别是这些变化对报价的影响。对工程中风险较大的工作内容，采用扩大单价、增加风险费用的方法来减少风险。

很多种风险都可能导致工期延误。例如，因管理不善、材料设备交货延误、质量返工、其他投标人的干扰等造成工期延误，不但不能索赔，还可能遭到罚款。由于工期延长可能使占用的流动资金及利息增加，管理费相应增大，工资开支也增多，机具设备使用费用增大。这种增加的开支部分只能用减小利润来弥补，因此，我们通过多次测算可以得知工期拖延多久利润将全部丧失。

3）报价决策。

① 报价决策的依据。决策的主要资料依据应当是投标方的造价人员的计算书及分析指标。至于其他途径获得的所谓招标人的标底价或者用情报的形式获得的竞争对手报价等，只能作为一般参考。在工程投标竞争中，经常出现泄漏标底价和刺探对手情报等情况，但是，上当受骗者也很多。没有经验的报价决策人往往过于相信来自各种渠道的情报，并把它作为决策报价的主要依据。有些经纪人掌握的招标底价，可能只是招标人多年前编制的预算，或者只是从可行性研究报告上摘录下来的估算资料，与工程最后设计文件内容差别极大，毫无利用价值。有时，某些招标人利用中间商散布所谓标底价，引诱投标人以更低的价格参加竞争，而实际工程成本却比这个标底价高得多；还有的投标竞争对手会散布一个报价，实际上，他的真实投标价格却比这个报价低得多，如果投标人一不小心就落入竞争对手的圈套。

参加投标的投标人都希望自己中标。但是，更为重要的是中标价格应当基本合理，不应导致亏损。以自己的报价资料为依据进行科学分析，而后作出恰当的投标报价决策，至少不会盲目地落入市场竞争的陷阱。

② 报价差异的原因。虽然工程量清单计价是实行由投标人自由组价的模式，但一般来说，投标人报价的计算方法大同小异，造价工程师的基础价格资料也是相似的。因此，从理论上分析，各投标人的投标报价同招标人的招标、控制价都应当相差不远。为什么在实际投标中却出现许多差异呢？除了那些明显的失误，如漏算、误解招标文件、有意放弃竞争而报高价者外，出现投标价格差异的基本原因有以下几方面：

a. 追求利润的高低不一。有的投标人急于中标以维持生存局面，不得不降低利润率，甚至不计取利润；也有的投标人际遇较好，并不急切求得中标，因而追求较高的利润。

b. 各自拥有的优势不同。有的投标人拥有闲置的机具和材料；有的投标人拥有雄厚的资金；有的投标人拥有众多的优秀管理人才等。

c. 选择的施工方案不同。对于大中型项目和一些特殊的工程项目，施工方案的选择对成本的影响较大。优良的施工方案，包括工程进度的合理安排、机械化程度的正确选择、工程管理的优化等，都可以明显降低施工成本和降低报价。

d. 管理费用的差别。国有企业和集体企业、老企业和新企业、项目所在地企业和外地企业、大型企业和中小型企业之间的管理费用的差别是比较大的。由于在清单计价模式下会显示投标人的个别成本，这种差别会使个别成本的差异更加显著。

③ 在利润和风险之间作出决策。由于投标情况纷繁复杂，计价中碰到的情况并不相同，很难事先预料。一般说来，报价决策的目的并不是干预造价工程师的具体计算，而是应当由决策人与造价工程师一起，对各种影响报价的因素进行恰当的分析，并作出果断的决策。为了对计价时提出的各种方案、价格、费用、分摊系数等予以审定和进行必要的修正，更重要

的是决策人要全面考虑期望的利润和承担风险的能力。风险和利润是并存于工程中的，问题在于投标人如何尽可能避免较大的风险，采取措施转移和防范风险，并获得一定的利润。降低投标报价有利于中标，但会降低预期利润、增大风险。决策者应当在风险和利润之间进行权衡并作出选择。

④ 根据工程量清单作出决策。实际上，招标人在招标文件中提供的工程量清单，是按施工前未进行会审的施工设计图和规范编制的、投标人中标后，随工程的进展，常常会发生设计变更，设计的变更会相应地发生工程量和价的变更。有时投标人在核对工程量清单时，会发现工程量有漏项和错算的现象，为投标人计算综合单价带来不便，增大投标报价的风险。但是，在投标时，投标人必须严格按照招标人的要求进行。如果投标人擅自变更，减少了招标人的条件，那么招标人将拒绝接受该投标人的投标书。因此，有经验的投标人即使确认招标人的工程量清单有错项、漏项，施工过程中定会发生变更，以及招标条件隐藏着的巨大的风险，也不会正面变更或减少条件，而是利用招标人的错误，使用不平衡报价等技巧妥善地处理这类问题，并为中标后的索赔埋下伏笔；或者在投标书中列出详细说明、附加解释等，十分谨慎地附加某些条件提示招标人注意，如果附加条件列入合同条款中，是有利于降低投标人的风险的。

⑤ 低报价中标的决策。低报价中标是实行清单计价后的重要因素，但低价必须讲合理，并不是越低越好，不能低于投标人的个别成本，更不能由于低价中标而造成亏损，这样中标的工程越多亏损就越多。决策者必须是在保证质量、工期的前提下，保证预期的利润及考虑一定风险的基础上确定最低成本价。因此决策者在决定最终报价时要慎之又慎。低价不是报价的唯一策略，除此之外，决策者可以采取其他策略或投标技巧战胜对手，而且投标人可以提出能够让招标人降低投资的合理化建议，或对招标人有利的一些优惠条件，来弥补报价高的不足。

6. 编制投标文件

根据前述内容编制完整的投标文件，包括投标函部分、商务部分、技术部分。具体格式和内容的要求参照住建部有关文件的规定或招标文件。

三、投标技巧

投标技巧是指在投标报价中采用的投标手段让招标人可以接受，中标后能获得更多的利润。投标人在工程投标时，主要应该在先进合理的技术方案和较低的投标价格上下工夫，以争取中标，但是还有其他一些手段对中标有辅助性的作用，主要表现在以下几个方面。

1. 不平衡报价法

不平衡报价法是指一个工程项目的投标报价，在总价基本确定后，调整内部各个项目的报价，以期报价时既不提高总价，不影响中标，又能在结算时得到更理想的经济效益。常见的不平衡报价法见表6-2。

表 6-2　常见的不平衡报价法

序　号	信 息 类 型	变 动 趋 势	不平衡报价结果
1	资金收入的时间	早	单价提高
		晚	单价降低

（续）

序 号	信息类型	变动趋势	不平衡报价结果
2	清单工程量不准确	增加	单价提高
		减少	单价降低
3	报价设计图不明确	增加工程量	单价提高
		减少工程量	单价降低
4	暂定项目	自己承包的可能性高	单价提高
		自己承包的可能性低	单价降低
5	单价和包干混合制项目	固定包干价格项目	价格提高
		单价项目	单价降低
6	单价组成分析表	人工费和机械费	单价提高
		材料费	单价降低
7	评标时招标人要求压低单价	工程量大的项目	单价小幅度降低
		工程量小的项目	单价较大幅度降低
8	报单价中工程量不明确的项目	没有工程量	单价提高
		有假定的工程量	单价适中

1）能够早日结算的项目，如前期措施费、土方工程等项目造价可以报得较高，以利于资金周转。后期工程项目（如设备安装工程等）的报价可适当降低。

2）经过工程量核算，预计今后工程量会增加的项目，单价适当提高，这样在最终结算时可多赚取更多利润；而将来工程量有可能减少的项目，单价适当降低，工程结算时对总价影响不大，以保证损失减少。

但是，上述两种情况要统筹考虑，即对于清单工程量数值有错误的早期工程，如果工程量不可能完成而且有可能降低的项目，则不能盲目抬高单价，要具体分析后再定。

3）设计图不明确，估计修改后工程量要增加的，可以提高单价；而工程内容不很清楚的，则可以降低一些单价。

4）暂定项目又叫任意项目或选择项目，对这类项目要作具体分析。因这一类项目要开工后由发包人研究决定是否实施，由哪一家投标人实施。如果工程不分包，只由一家投标人施工，则其中肯定要施工的单价可高些，不能肯定要施工的则应该低些。如果工程分包，该暂定项目也可能由其他投标人施工时，则不宜报高价，以免抬高总报价。

5）单价包干的合同中，招标人要求有些项目采用包干报价时，宜报高价。一则这类项目多半有风险，二则这类项目在完成后可全部按报价结算，即工程款可以全部收回。其余单价项目则可适当降低。

6）有时招标文件要求投标人对工程量大的项目报清单项目报价分析表，投标时可将单价分析表中的人工费及机械费报得较高，而材料费较低些。这主要是为了在今后补充项目报价时，可以参考选用清单项目报价分析表中较高的人工费和机械费计价，而材料因其往往采用市场价结算，因而投标人可获得较高的收益。

7）在议标时，投标人一般都要压低标价。这时应该首先压低那些工程量相对少的项目的单价，这样总的标价也不会降低很多，而给招标人的感觉却是工程量清单上的单价有大幅度下降，投标人很有让利的诚意。

8）在其他项目费中要报工日单价和机械台班单价可以相对提高些，以便在日后招标人用工或使用机械时投标人可多盈利。对于其他项目中的工程量要具体分析，是否报高价，高多少，应有准确的把握，不然会抬高总报价。

虽然运用不平衡报价可以使投标人降低一定的风险，但报价必须要建立在对工程量清单表中的工程量仔细核对的基础上，特别是对于降低单价的项目，如工程量一旦增多，将造成投标人的重大损失；而且降价一定要控制在合理幅度内（一般控制在10%以内），以免引起招标人反对，甚至导致个别清单项报价不合理而废标。如果不注意这一点，有时招标人会挑选出报价过高的项目，要求投标人对单价分析中过高的项目进行压价，以致投标人得不偿失。

2. 多方案报价法

有时招标文件中规定，投标人可以在标书中提一个建议方案，也就是多方案报价。如果招标人在发现有些招标文件工程范围不很明确、条款不清楚或很不公正、技术规范要求过于苛刻时，则可以在充分估计风险的基础上，将投标书按多方案报价法处理。即按原招标文件报一个标价，然后再提出如果某条款作某些变动，报价可降低的额度。这样可以降低总造价，吸引招标人。

投标人这时应组织一批有经验的设计和施工工程师，对原招标文件的设计方案仔细研究，提出更合理的方案以吸引招标人，促成自己的方案中标。这种新的建议应可以降低总造价或提前竣工，但要注意的是，对原招标方案一定要报价，否则会成为废标，同时这样也便于招标人进行比较。

增加建议方案时，不要将方案写得太具体，保留方案的技术关键，防止招标人将此方案交予其他投标人。同时要强调的是，建议方案应该是比较成熟或投标人过去有这方面的实践经验的。因为投标时间往往较短，如果仅为中标而匆忙提出一些没有把握的建议方案，可能引起很多不良后果。

3. 突然降价法

报价是一件保密的工作，但是对手往往会通过各种渠道、手段来刺探情报，采用此法可以起到迷惑竞争对手的作用。突然降价法是先按正常水平报价，或表现出自己对投标工程兴趣不大，到投标快要截止时突然降价，使竞争对手不能预料到自己的最终报价。采用这种方法时，一定要在准备投标报价的过程中考虑好降价的幅度，在临近投标截止日期前，根据情况信息与分析判断，再作最后决策。采用突然降价法往往降低的是总价；如需将降低的部分分摊到各清单项内，可采用不平衡报价进行，以期取得更高的效益。

4. 先亏后盈法

对于大型分期建设的工程，在第一期工程投标时，可以将部分间接费分摊到第二期工程中去，并减少利润以争取中标。这样在第二期工程投标时，凭借第一期工程的经验，已搭建的临时设施以及创立的信誉，可以比较容易拿到第二期工程。如果距第二期工程开工遥遥无期时，则不可以采用这种办法。

5. 许诺优惠条件

招标人评标时，除了主要考虑报价和技术方案外，还要分析工期、支付条件其他因素等。所以在投标时主动提出提前竣工、低息贷款、赠予施工设备、免费转让新技术或某种技术专利、免费技术协作、代为培训人员等报价以外的优惠条件，均是吸引招标人、利于中标的辅助手段。

6. 争取评标奖励

有时招标文件规定，对某些技术指标的评标，若投标人提供的指标优于规定指标值时，给予适当的评标奖励。因此，投标人报价时可将标书中招标人比较注重的指标适当地优于规定标准，如果可以获得适当的评标奖励，有利于在竞争中取胜。但要注意技术性能优于招标规定，将导致报价的相应上涨；如果投标报价过高，即使获得评标奖励，也难以与报价上涨的部分相抵，这样评标奖励也就失去了意义。

第四节 工程量清单规范实施下的工程项目风险管理

一、风险的概念及产生的原因

在人类历史的长河中，风险是无时不在、无处不在的，尤其是当代社会，在政治、经济、科技、军事，甚至人们生活的各个层次、各个方面都充斥着风险。人们在不断地接受风险的挑战的同时，也在不断地探求各类有效的方法和手段去分析风险、防范风险，甚至利用风险。那么，风险究竟为何物呢？概括地说：风险就是活动或事件发生的潜在可能性和导致的不良后果。

风险既然是无处不在而又随时发生的，其产生的原因究竟是什么？风险是活动或事件发生并产生不良后果的可能性，显然其主要是由不确定的活动或事件造成的。而活动或事件的确定或不确定是由信息的完备与否决定的，即风险是由于人们无法充分认识客观事物及其未来的发展变化而引起的。大千世界，万事万物，都是在不断地发展变化的，由于人类认识客观事物的能力存在着局限性，造成人们对未来事物发展和变化的某些规律无法感知，缺乏行之有效的解决方案，这是造成因信息不完备导致风险的主要原因之一；其次信息本身的滞后性是导致风险发生的另一个原因，从理论上讲，完全绝对的完备是不存在的，对信息本身来说，其完备性也是相对的。人类总是在不断地探索事物、认识事物，并通过各种数据和信息去描述事物，而这种认识和描述只用在事物发生或形成之后才能进行，况且这种认识和描述需要一个过程，所以，这种数据或信息的形成总是要滞后于事物的形成和发展，所以信息滞后的现象是必然的。

二、工程项目风险概述

（一）工程项目风险的概念

风险既然是无处不在的，对建设工程项目来讲，其存在风险也是必然的。工程项目风险，是指工程项目在设计、采购、施工及竣工验收等各个阶段、各个环节可能遭遇的风险，可将其定义为：在工程项目目标规定的条件下，该目标不能实现的可能性。工程项目风险包括工程项目风险率和工程项目风险量两个指标。

（二）工程项目风险的特性

工程项目风险具有以下特性：

（1）工程项目风险的客观性和必然性　任何客观事物的存在和发展是不以人的意志为

转移的客观现实，因此，工程项目风险的存在同样具有客观性和必然性。

(2) 工程项目风险的不确定性　风险活动或事件的发生及其后果都具有不确定性，表现在风险事件是否发生、何时发生以及发生后造成的后果怎样都是不确定的。但人们可以根据历史的记录和经验，对其发生的可能性和后果进行分析预测。

(3) 工程项目风险的可变性　在一定条件下，事物总会发生变化，风险也不例外，当引起风险的因素发生变化，也会导致风险产生变化。风险的可变性主要表现在：①风险的性质发生变化；②风险造成的后果发生变化；③出现新的风险或导致风险的因素已消除。

(4) 工程项目风险的相对性　主要表现在：①风险主体是相对的。相同的风险对不同的主体产生的后果是不同的，对一方是风险，对另一方来说也可能是机会。②风险大小是相对的。同样大小的风险，对不同承受能力的主体，产生的后果是不同的。

(5) 工程项目风险的阶段性　风险的发展是分阶段的，通常认为包括三个阶段：

1) 潜在阶段，是指风险正在酝酿之中，尚未发生的阶段。

2) 发作阶段，是指风险已成事实正在发展的阶段。

3) 后果阶段，是指风险发生后，已造成无法挽回后果的阶段。

以往，我国在计划经济体制下，工程项目的建设一直处于无险建设状态，所谓无险并不是工程建设无风险，而是指参与工程建设的各方都不承担风险，而由国家承担工程全部风险。这样就造成我国企业在市场经济条件下既无风险防范意识，又无抗风险能力的状况。

为了适应建筑市场的要求，使我国建筑企业逐步适应市场经济规则的要求，参与国际竞争，我国适时制定实施了工程量清单计价的管理模式，要求企业在进行工程计价时，充分考虑工程项目风险的因素，体现工程项目风险发包、风险承包的特点。

(三) 业主与承包商各自承担风险

风险贯穿于工程的全过程，也体现在工程实施过程中各方面主体上，即业主、承包商、咨询机构及监理工程师。业主与承包商签订工程承包合同(包括咨询机构及监理工程师签订其他形式的合同)，双方各自分担相应的工程风险，但由于工程承包业竞争激烈，受买方市场规则的制约，业主和承包商承担的风险程度并不均等，往往主要风险会落到承包商一方。

1. 业主方承担的工程风险

从国际建设工程项目来看，作为业主一方，其承担的主要风险有战争、暴乱和政局发生变化的风险；不可抗拒的自然力(如地震、山洪、台风等)造成的风险；经济局势动荡，通货膨胀、税收增加等经济类风险；此外，还有项目决策失误和项目实施不当造成的风险。业主可以通过要求承包方购买保险、订立苛刻的合同条件、工程实施过程中及工程实施完成后的反索赔措施等转移风险；此外，业主还要筹备一笔资金作为工程项目的风险基金。

2. 承包商承担的工程风险

对于承包商来讲，其承担的风险较多，一般包括政治风险(战争与内乱、业主拒付债务、工程所在国对外关系的变化、制裁与禁运、工程所在国社会管理与社会风气的好坏)、经济风险(物价上涨与价格调整、外汇、工程所在地保护主义)、技术风险(地质地基条件、水文气候条件、设备材料供应、技术规范、工程变更、运输问题等)、公共关系等方面的风险(与业主的关系、与工程师的关系、联合体内部各方关系、与工程所在地政府部门的关系)、管理方面的风险(主要包括承包商机构的素质和协调能力等)。

对于具体工程项目来讲，承包商在进行项目决策、缔约及实施工程中，还要面临以下风险：

(1) 决策错误风险　包括信息取舍失误或信息失真风险、中介代理风险、投保与保标风险、报价失误风险。

(2) 缔约和履约风险　包括不平等的合同条款及合同中定义不准确、合同条款遗漏、工程实施中的各项管理风险。

(3) 责任风险　包括职业责任、法律责任、人事责任，以及他人归咎替代责任。

由于承包商在工程承包过程中承担了巨大的风险，所以其在投标报价和生产经营的过程中，要善于分析风险因素，正确估计风险的大小，认真地研究风险防范措施，以避免或减轻风险，把风险造成的损失控制到最低限度。

3. 工程项目风险成本

承包商在进行工程项目投标报价时，还要建立风险成本观念，并将工程项目风险成本作为项目成本的组成部分，体现在工程造价成本费用中。

所谓工程项目风险成本，一般是指风险活动或事件引起的损失或减少的收益，以及为防止风险活动或事件发生而采取的措施所支付的费用。风险成本包括：

(1) 风险有形成本　风险有形成本是指风险活动或事件造成的直接损失和间接损失。直接损失是指发生在风险活动或事件现场的财产损失或伤亡人员的价值；间接损失是指发生在风险活动或事件现场以外的损失和收益的减少。

(2) 风险无形成本　风险无形成本也称隐形成本，是指风险活动或事件发生前后，使风险主体付出的代价。风险无形成本主要包括：

1）减少获利的机会。

2）阻止了生产率的提高。

3）引起资源配置不合理。

4）影响了人的积极性，引起了人的恐惧心理。

4. 工程项目风险管理费用

工程项目风险管理费用包括风险识别、风险分析、风险预防和风险控制所发生的费用，包括向保险公司投保、向有关方面咨询、购买必要的预防或减损设备、对有关人员进行必要的培训等费用。

三、工程项目风险的分类

1. 常见风险分类

为了方便研究和管理风险，人们从不同角度或根据不同标准，对社会生产和生活中常见的风险进行分类。表6-3是常见风险分类表。

表6-3　常见风险分类表

分类方法或依据	风险类型	特点
按风险性质分类	纯粹风险	只会造成损失，而不能带来机会或受益
	投机风险	可能带来机会，获得利益，但又可能隐含威胁，造成损失
按风险来源分类	自然风险	由于自然力的作用，造成财产损毁或人员伤亡
	人为风险	由于人的活动带来的风险是人为风险。人为风险又可分为行为风险、经济风险、技术风险、政治风险和组织风险等

（续）

分类方法或依据	风险类型	特点
按风险事件主体的承受能力分类	可接受风险	低于一定限度的风险
	不可接受风险	超过所能承受的最大损失或与目标偏差巨大的风险
按风险对象分类	财产风险	财产所遭受的损害、破坏或贬值的风险
	人身风险	疾病、伤残、死亡所引起的风险
	责任风险	法人或自然人的行为违背了法律、合同或道义上的规定，给他人造成财产损失或人身伤害
按技术因素对风险影响分类	技术风险	由于技术原因形成的风险，属人为风险
	非技术风险	非技术原因引起的风险

2. 工程项目风险分类

从工程项目风险管理的要求出发，可将工程项目风险分为项目外风险和项目内风险。

（1）工程项目外风险　工程项目外风险是指由于工程项目建设环境或条件的不确定性引起的风险，主要包括政治风险、自然风险和经济风险。表6-4是工程项目外风险分类表。

表6-4　工程项目外风险分类表

风险类型	导致风险的因素
政治风险	（1）政府或主管部门对工程项目干预太多，指挥不当
	（2）工程建设体制、工程建设政策法规发生变化或不合理
	（3）该国际工程中，国家间的关系发生变化
自然风险	（1）恶劣的气象条件（如严冬无法施工及台风、暴雨等）带来的困难和损失
	（2）恶劣的现场条件，如供水供电不稳定、不利的地质条件等
	（3）不利的地理位置，如工程地点十分偏僻，交通十分不利
	（4）地震
经济风险	（1）宏观经济形势不利，如国家经济发展不景气
	（2）投资环境差，工程投资环境包括硬环境（如交通、电力供应、通信等条件）和软环境（如地方政府对工程的开发建设的态度等）
	（3）原材料价格不正常上涨
	（4）通货膨胀幅度过大，税收提高过多
	（5）投资回收期长，属长线工程，预期投资回报难以实现
	（6）资金筹措困难

（2）工程项目内风险　根据技术因素的影响和工程项目目标的实现程度又可对项目内风险进行分类。

1）按技术因素对工程项目风险的影响，可分为技术风险和非技术风险。

2）根据工程项目目标的实现程度，可分为进度、技术性能或质量、费用风险。表6-5是工程项目内风险分类表。

表 6-5 工程项目内风险分类表

分类方法或依据	风险类型	风险因素	典型风险事件
按技术因素对工程项目风险的影响分类	技术风险是指技术条件的不确定而可能引起的损失或工程项目目标不能实现的可能性	可行性研究	基础数据不完整、不可靠，分析模型不合理，预测结果不准等
		设计	设计内容不全，设计存在缺陷、错误和遗漏，规范、标准选择不当，安全系数选择不合理，有关地质的数据不足或不可靠，未考虑施工的可能性
		施工	施工工艺落后，不合理的施工技术和方案，施工安全措施不当，应用新技术、新方法失败，未考虑施工的实际情况
		其他	工艺设计未达到先进指标，工艺流程不合理，工程质量检验和验收未达到规定要求等
	非技术风险是指在计划、组织、管理、协调等非技术条件的不确定而引起工程项目目标不能实现的可能性	项目组织管理	缺乏项目管理能力；组织不适当，关键岗位人员经常更换；项目目标不适当，控制不力；不适当的项目规划或安排缺乏项目管理协调
		进度计划	管理不力造成工期滞后，进度调整规则不适当；劳动力缺乏或劳动生产率低下，材料供应跟不上；设计图供应滞后；不可预见的现场条件，如施工场地太小或交通线路不满足要求等
		成本控制	工期的延误；不适当的工程变更；不适当的工程支付；承包人的索赔；预算偏低；管理缺乏经验；不适当的采购策略；项目外部条件发生变化
		其他因素	施工干扰；资金短缺；无偿债能力
根据工程项目目标的实现程度分类	进度风险		根据工程进度计划的类型，分为分部工程工期风险、单位工程工期风险和总工期风险
	技术性能或质量风险		较严重的质量缺陷；质量事故
	费用风险		费用，对业主而言是指投资，因而费用风险是指投资风险；对承包商而言是指成本，故费用风险是指成本风险

四、参与工程项目建设各方的风险

参与工程项目建设的各方包括：工程项目的业主/项目法人，工程承包人和工程咨询人、设计人、监理人，他们是项目风险的承担者。

1. 业主/项目法人的风险

业主/项目法人的风险见表 6-6。

表 6-6 业主/项目法人的风险

风险类型	导致风险的因素
工程项目外风险	政治风险、经济风险、自然风险，具体参见表 6-4
项目决策风险	（1）工程项目方案选择不当
	（2）工程设计人、监理人和施工承包人选择不当
	（3）工程材料和设备供货商选择不当
	（4）工程实施中各种问题处理方案选择不当

（续）

风险类型	导致风险的因素
项目组织实施风险	（1）政府或主管部门对工程项目干预太多，指挥不当
	（2）建设体制或建设法规不合理
	（3）合同条件的缺陷
	（4）承包人缺乏合作诚意
	（5）材料、工程设备供应商履约不力或违约
	（6）监理工程师失职
	（7）设计缺陷

2. 承包人的风险

承包人与业主/项目法人既有共同利益，双方各自又有不同的风险。承包人的行为会对业主构成风险，业主的举动也会对承包人的利益构成威胁。承包人的风险见表6-7。

表6-7　承包人的风险

风险类型	导致风险的因素
工程项目外部风险	政治风险、经济风险、自然风险，具体参见表6-4
决策错误的风险	（1）信息取舍失误或信息失真导致的风险
	（2）中介与代理的风险，由于代理人选择不当或代理协议不当导致的风险
	（3）投标的风险，投标是取得工程承包权的重要途径，当投标失败时，投标人必须自行承担投标费用的损失
	（4）报价失误的风险：报价过高，面临着不能中标的风险；报价过低，则又面临着利润水平过低、甚至亏损的风险
缔约和履约的风险	（1）合同条件不平等或存在对承包人不利的缺陷。如合同条款不平等，合同中定义不准确，条款遗漏或合同条款描述与实际差距过大
	（2）施工管理技术不熟悉
	（3）合同管理不善，不能运用合同条款保护自己，扩大受益
	（4）资源组织和管理不当，包括资金、劳动力、机具和材料等
	（5）成本和财务管理失控，导致的原因包括报价失误、工程规模过大、内容复杂、技术难度大、当地居住设施落后、劳务素质差和劳务费过高、材料短缺和供货延误等
责任风险	（1）违约，即不执行承包合同或不完全履行合同
	（2）故意或无意侵权
	（3）欺骗行为或其他错误

3. 咨询人/设计人/监理人的风险

咨询人/设计人/监理人的风险见表6-8。

五、工程项目风险管理

工程项目风险管理是工程项目管理的重要组成部分，它贯穿在工程项目的整个寿命周期，是一个连续不断的过程；工程项目风险管理是通过对工程项目风险的识别、评估和评价，并以此为基础，合理地使用多种管理方法、技术和手段对项目活动所涉及的风险实施有效的控制，以最小的代价，在最大程度上实现项目目标的科学性和艺术性。

表6-8 咨询人/设计人/监理人风险

风险类型	导致风险的因素
来自业主/项目法人的风险	（1）业主希望少花钱多办事，不遵循客观规律，对工程提出过分的要求，如对工程标准提得过高、对施工速度定得过快等
	（2）可行性研究缺乏严肃性。业主决定立项后，对咨询公司做可行性研究附加种种倾向性要求
	（3）投资先天性不足
	（4）盲目干预
来自承包人的风险	（1）承包人不诚实
	（2）承包人缺乏职业道德
	（3）承包人素质太差、履约不力
责任风险	（1）设计不充分或不完善
	（2）设计错误或疏忽
	（3）投资估算或设计概算不准确
	（4）自身的能力和水平不适应

工程项目风险管理的主要内容包括风险的识别、估计、评估、应对和监控。

1. 风险识别

风险识别就是运用技术手段对工程项目潜在的风险进行分析、判断和归类的过程。工程项目的风险多种多样，包括工程项目内部的、外部的，技术的、非技术的，人为的、自然的。风险存在于哪里？其发生的条件是什么？发生的后果是什么？损失有多大？所有这些都要在风险识别中进行初步的分析和判断。风险识别是风险管理的第一步，为风险管理工作提供原始的数据和资料。

2. 风险估计

风险估计，是在风险识别的基础上，通过对风险识别过程中所收集的大量基础资料的分析，利用概率统计理论，估计和预测风险发生的可能性和相应损失的大小。风险估计是从定量的角度对风险进行分析的，从而为风险的管理者进行风险决策、管理技术选择提供可靠的科学数据。

3. 风险评估

风险评估是在风险识别和风险估计的基础上，对风险发生的概率、损失程度和其他因素进行综合评价，计算描述风险的综合指标——风险量，并与公认（经验）的风险（安全）指标比较，得出是否要采取控制措施的结论。

4. 风险应对

风险应对是在风险发生时实施风险管理计划中的预定措施。风险应对措施包括两类：

1）一类是在风险发生前，针对风险因素采取控制措施，以消除或减轻风险。其具体的措施包括规避、缓解、分散、抑制和利用等。

2）另一类是在风险发生后，通过财务安排来减轻风险对项目目标实现程度的影响。其具体措施有风险自留、风险转移等。

5. 风险监控

风险监控就是跟踪已识别的风险，监视残余风险和识别新的风险，保证计划执行，并评估这些计划对降低风险的有效性。

六、工程项目风险的应对

风险应对是在风险发生时实施风险管理计划中的预定措施，所以工程项目风险的应对，首先应根据项目特点，在项目风险的识别、估计和评估的基础上，编制切实可行的风险应对计划，以求提升实现工程项目目标的机会，降低其威胁性。编制工程项目风险计划必须充分考虑风险的严重性、应对风险所花费用的有效性、采取措施的实时性，以及与工程环境的适应性。其次，在规避、转移、缓解、接受和利用风险等众多应对策略中，选择行之有效的策略，并寻求既符合实际又有明显效果的应对风险的具体措施，力求使风险转化为机会，或使风险造成的负面效应降到最低限度。

工程项目风险管理应对策略的具体方法见表6-9。

在现实工作中，人们总结出了应对工程项目风险常用的策略或措施。表6-10列出的是工程项目施工承包方在国际工程承包中常用的风险管理策略及其应对措施。

表6-9 工程项目风险管理应对策略及应对措施

<table>
<tr><th>风险管理策略</th><th>方法或方式</th><th>具体应对措施</th></tr>
<tr><td rowspan="4">风险规避：通过变更工程项目计划，从而消除风险产生的条件，或保证工程项目目标不受风险影响</td><td>终止法</td><td>通过终止（或放弃）项目或项目计划的实施来避免风险</td></tr>
<tr><td>工程法</td><td>是一种有形的规避风险的方法，是以工程技术为手段，消除物质性风险的威胁。具体措施包括：①避免风险因素发生；②消除已存在的风险因素；③将风险因素同人、财、物在时间和空间上隔离</td></tr>
<tr><td>程序法</td><td>是一种无形的规避风险的方法，用标准化、制度化、规范化的方式从事工程活动，以避免可能的风险或不必要的损失</td></tr>
<tr><td>教育法</td><td>对项目管理人员和操作人员展开广泛的教育，提高大家的风险意识</td></tr>
<tr><td rowspan="2">风险转移</td><td>保险转移方式</td><td>（1）建筑工程一切险
（2）安装工程一切险
（3）人身保险
（4）保证保险
（5）职业责任保险</td></tr>
<tr><td>非保险转移方式</td><td>（1）采用担保或履约保函方式转移风险
（2）采用分保方式转移风险
（3）采用适当的合同计价方式转移风险
（4）运用合同条件转移风险</td></tr>
</table>

（续）

风险管理策略	方法或方式	具体应对措施
风险转移	降低风险发生的可能	如强化安全教育和安全措施，提高质量控制标准和加强质量控制
	降低风险的措施	（1）预防风险的产生
		（2）减少构成风险的因素
		（3）防止已经存在的风险扩散
		（4）降低风险扩散的速度，限制风险影响的空间
		（5）在时间和空间上将风险和被保护对象隔离
		（6）借助物质障碍将风险和被保护对象隔离
		（7）迅速处理风险已经形成的损失，控制其继续蔓延
	风险分散	采用联合投标方式分散风险
	后备应急措施	包括进度技术（质量）和费用
风险自留：由项目主体自行承担风险后果的一种风险应对策略	主动风险自留	在识别风险及其损失，并权衡了其他处理风险技术后，主动将风险自留作为应对风险的措施，并适当安排了一定的财力准备
	被动风险自留	是指在没有充分识别风险及其损失的最坏后果，没有考虑到其他处置风险措施的条件下，不得不自己承担损失后果的处置风险的方式
风险控制：对风险事件进行事前、事中、事后控制	预防损失措施	其作用在于降低或消除（通常只能做到减少）损失发生的概率，包括组织措施、管理措施、合同措施、技术措施
	减少损失措施	其作用在于降低损失的严重性或遏制损失的进一步发展，使损失最小化，具体措施有制定风险事件发生或即将发生时的灾难计划和发生后的应急计划

表 6-10 施工承包方常用风险管理策略及应对措施

序 号	风险类型	风险管理策略	风险应对措施
1	工程设计风险		
1.1	设计深度不足	风险自留	索赔
1.2	设计缺陷或忽视	风险自留	索赔
1.3	地质条件复杂	风险转移	合同条件中分清责任
2	自然环境风险		
2.1	对永久结构的损坏	风险转移	购买保险
2.2	对材料设备的损坏	风险控制	加强保护措施
2.3	造成人员伤亡	风险转移	购买保险
2.4	火灾	风险转移	购买保险
2.5	洪灾	风险转移	购买保险
2.6	地震	风险转移	购买保险
2.7	泥石流	风险转移	购买保险
2.8	塌方	风险控制	预防措施

（续）

序号	风险类型	风险管理策略	风险应对措施
3	社会环境风险		
3.1	法律法规变化	风险自留	索赔
3.2	战争和内乱	风险转移	购买保险
3.3	没收	风险自留	运用合同条件
3.4	禁运	风险控制	降低损失
3.5	宗教节日影响施工	风险自留	预留损失费
3.6	社会风气腐败	风险自留	预留损失费
3.7	污染及安全规则约束	风险自留	制订保护和安全计划
4	经济风险		
4.1	通货膨胀	风险自留	执行价格调整投标时考虑应急费用
4.2	汇率浮动	风险转移	投保汇率险
		风险自留	合同中规定汇率保值
		风险利用	市场调汇
4.3	分包商或供应商违约	风险转移	履约保函
		风险规避	进行资格预审
4.4	业主违约	风险自留	索赔
		风险转移	严格规范合同条件
4.5	项目资金无保证	风险规避	放弃承包
4.6	标价过低	风险分散	分包
		风险自留	控制成本，加强合同管理
5	工程施工过程风险		
5.1	恶劣的自然条件	风险自留	索赔，预防措施
5.2	劳务争端或内部罢工	风险自留	预防措施
		风险控制	预防措施
5.3	施工现场条件恶劣	风险自留	改善现场条件
		风险转移	投保第三者险
5.4	工作失误	风险控制	严格规章制度
		风险转移	投保工程全险
5.5	设备损毁	风险转移	购买保险
5.6	工伤事故	风险转移	购买保险

复 习 题

1. 标底价格编制的原则是什么？
2. 标底价格审查的内容和方法是什么？
3. 投标人在投标时应对哪些信息进行分析？
4. 投标报价有哪些策略？
5. 投标有哪些技巧？
6. 工程项目风险有哪些特性？
7. 工程项目风险管理包括哪些内容？

第七章 7

安装工程工程量清单计价编制实例

第一节　室内给水排水工程工程量清单编制实例

本章以某办公楼内给水排水管道工程为例，说明室内给排水管道工程工程量清单的编制方法。

一、熟悉施工图和施工内容

某办公楼二层卫生间室内给水排水系统的平面图和系统图，如图 7-1 ~ 图 7-3 所示。其中，给水管道采用 PP-R 塑料管，热熔连接；排水管道采用 UPVC 塑料管，粘接连接。管道穿越楼板、墙壁时采用钢套管。阀门材质为铜截止阀；地漏、地面扫除口材质为塑料。

二、室内给水排水施工图的识读

室内给水排水工程施工图主要由设计总说明、平面图、系统图(轴测图)和详图等组成。给水排水施工图是用来表达和交流工程中技术思想的重要工具，设计人员用它来表达设计意图，施工人员依据它进行施工，因此人们经常把施工图称为工程的语言。

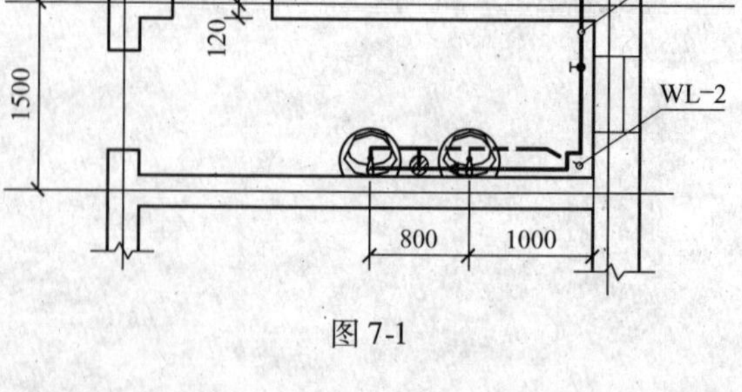

图 7-1

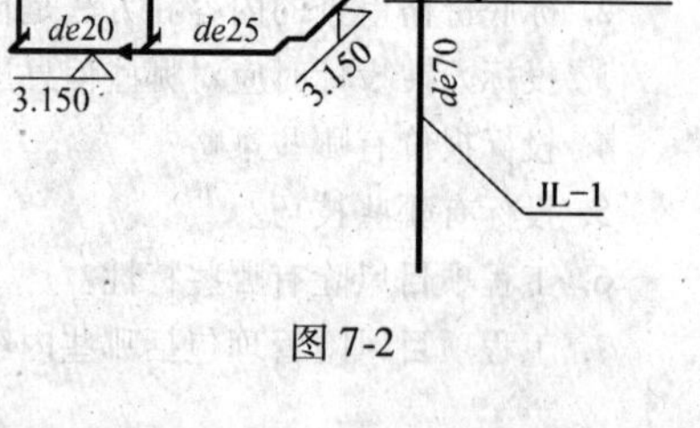

图 7-2

1. 施工图设计总说明

施工设计总说明主要包括：工程概况；设计依据；系统形式；所采用的管材种类、连接方法；卫生器具的种类和型号；阀门材质、安装位置及种类；管道及支架的除锈、刷油、防腐、绝热等设计要求。

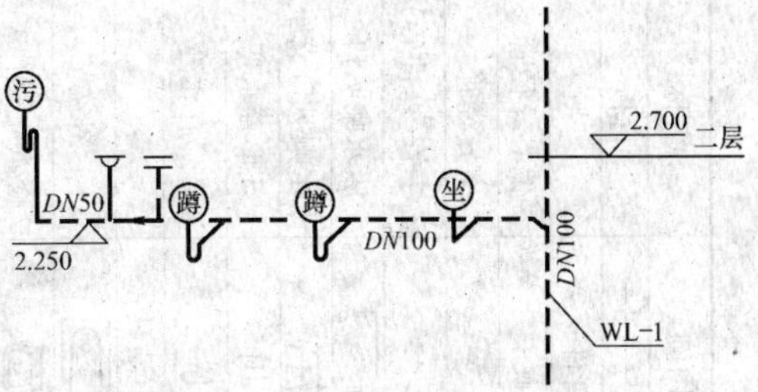

图 7-3

2. 施工平面图

给水排水施工平面图是给水排水施工图中最基本和最重要的图，它主要表明给排水管道和卫生器具等的平面布置。图中的线条是示意性的，管道只表示安装的大致走向，而不代表实际安装位置，管配件有些不直接画在图上，因此，在识读时必须熟悉给水排水管道的施工工艺。识读此图时应注意弄清以下内容：

1）明确给水引入管和排水排出管的平面走向、位置、管径。给水引入管上的阀门若设在室外，要查明阀门与建筑物的距离。室内排水管与室外排水管的连接是通过检查井来实现的，应查明排水管的管径、埋深及与建筑物的距离。

2）明确给水排水干管、立管、支管的平面位置、走向、管径及立管编号。平面图上的管线虽然是示意性的，但依然是按一定比例绘制的，可以结合详图、图纸尺寸或比例尺进行计算。

3）明确卫生器具和用水设备的类型、数量、安装位置、接管方式。卫生器具和其他设备通常用图例表示，只能说明其类型，而不能表示各部分的具体结构和外部尺寸。

4）明确水表、消火栓等的型号、安装方式。

3. 施工系统图

给水排水管道系统图主要表示管道系统的空间走向。在给水系统图上，一般不画出卫生器具，只用图例符号画出水龙头、淋浴器喷头、冲洗水箱等。在排水系统图上，也不画出主要卫生器具，只画出卫生器具下的存水弯或排水支管。识读给水排水系统图时要重点掌握以下内容：

1）明确各部分给水管道的空间走向、标高、管道直径及其变化情况，阀门的设置位置和规格、数量。可按引入管→干管→立管→支管→给水配件及附件的顺序进行阅读和计算。

2）明确各部分排水管道的空间走向、管路分支情况、管道直径及其变化情况，弄清横管的坡度、管道各部分的标高、存水弯的形式、清通设施的设置情况，可按出户管→立管→排水横支管→卫生器具排水管→卫生器具的顺序进行阅读和计算。

3）在给水排水施工图上一般不表示管道支架，但在识图时要按照有关规定确定其数量和位置。

4. 施工详图

给水排水工程施工详图主要有水表节点图、卫生器具安装图、管道支架安装图等。有的详图选用标准图和通用图时，还需查阅相应标准图和通用图。识读详图时重点掌握其所包括的设备、各部分的起止范围。

安装工程施工图是用图例符号来表示管线、附件、阀门及附属设备的，常用图例符号见表 7-1。

表 7-1 建筑设备常用图例

图例	名称
管道：	
—— J ——	生活给水管
—— RJ ——	热水给水管
—— RH ——	热水回水管
—— RM ——	热媒给水管
—— RMH ——	热媒回水管
—— W ——	生活污水管
	伴热管
—— F ——	废水管
—— T ——	通气管
—— Y ——	雨水管
—— YF ——	压力废水管
—— YW ——	压力污水管
—— YY ——	压力雨水管
—— N ——	凝结水管
—— KN ——	空调凝结水管
—— ZY ——	直饮水给水管
—— ZJ ——	中水给水管
—— XJ ——	循环给水管
—— Xh ——	循环回水管
—— Z ——	蒸汽管
—— PZ ——	膨胀管
	局部保温管段
	地沟管
	排水明沟
	排水暗沟
	多孔管
	防护套管

图例	名称
XL-1 平面 XL-2 系统 X：管道类别 L：立管 1：编号	管道立管
J/1 2, 3……	给水引入管
F/1 2, 3……	废水出户管
阀门：	
	闸阀
	蝶阀
	截止阀 DN≥50
	截止阀 DN＜50
	止回阀
	消音止回阀
	超压泄压阀
	电动阀
	电磁阀
	温度调节阀
	球阀
	三通阀
	四通阀
高 低	减压阀
	安全阀
平面 系统	浮球阀
	疏水器
	液压浮球阀
平面 系统	自动排气阀
	延时自闭冲洗阀

图例	名称
平面 系统	吸水底阀
	角阀
	吸气阀
	管道倒流防止器
给水配件：	
平面 系统	脚踏开关
	洒水栓
平面 系统	水龙头
平面 系统	皮带水龙头（洗衣机龙头）
	混合水龙头
	旋转水龙头
	浴盆带软管喷头混合水龙头
	肘开关
	蹲便器脚踏开关
管道附件：	
	套管伸缩器
	波纹伸缩器
	可曲挠橡胶接头
	立管检查口
平面 系统	清扫口
	通气帽
平面 HY- 系统	虹吸雨水斗

图例	名称
YD- 平面 YD- 系统	雨水斗
平面 系统	圆形地漏
平面 系统	排水漏斗
	Y 形过滤器
	刚性防水套管
	柔性防水套管
	固定支架
	管道滑动支架
	减压孔板
平面 系统	毛发聚集器
	方形伸缩器
	挡墩
管道连接：	
	法兰连接
	承插连接
	活接头
	管堵
	法兰堵盖
	管道弯转
	管道丁字上接
	管道丁字下接
	三通连接
	四通连接
	管道交叉

图例	名称
	盲板
管件：	
平面 系统	偏心异径管
	异径管
	乙字管（弯曲管）
平面 系统	吸水喇叭口
	吸水喇叭口支座
	S 形存水弯
	P 形存水弯
卫生洁具：	
	浴盆
	洗脸盆（立、墙挂式）
	洗脸盆（台式）
	坐式大便器
	立式小便器
	壁挂式小便器
	蹲式大便器
	妇女卫生盆
平面 系统	自动冲洗水箱
平面 系统	淋浴喷头
	洗涤槽
	污水池
	盥洗槽
给水排水设备：	
平面 系统	立式水泵
平面 系统	卧式水泵

（续）

图例	名称
	潜水泵
	定量泵
	立式热交换器
平面 系统	开水器
	水表
仪表：	
	温度计
	压力表
	自动记录压力表
	压力控制器
	自动计录流量计
	转子流量计
	真空表
T	温度传感器
P	压力传感器
pH	pH值传感器
H	酸传感器
Na	碱传感器
Cl	余氯传感器

图例	名称
消防设施：	
—XH—	消火栓给水管
—ZP—	自动喷水灭火给水管
—YL—	雨淋灭火给水管
—SM—	水幕灭火给水管
—SP—	水炮灭火给水管
平面 系统	室内单口消火栓
	室外消火栓
平面 系统	室内双口消火栓
平面 系统	闭式自动洒水头（下喷）
平面 系统	闭式自动洒水头（上喷）
平面 系统	闭式自动洒水头（上下喷）
平面 系统	侧喷闭式洒水头
平面	水喷雾喷头
平面	水幕喷头
平面 系统	湿式报警阀
平面 系统	预作用报警阀
平面 系统	雨淋阀

图例	名称
平面 系统	干湿报警阀
	信号阀
	水流指示器
	水力警铃
	消防水泵接合器
	水炮
	手提式灭火器
	推车式灭火器
灭火器表示方法	▲X-XX-X：灭火剂充装量；灭火器型号；灭火器数量；灭火器图例
通风空调设施：	
	带中效过滤器排风机
	柜式离心风机
	离心风机
	轴流风机、斜流风机

图例	名称
	天圆地方
	消声器
	消声弯头
	插板阀
	三通调节阀
	蝶阀
	止回阀
	对开多叶调节阀
	电动对开多叶调节阀
	防火阀、排烟阀
	双面人造革软接
	冷却水塔
	离心水泵
	管道泵
	初效过滤器
	中效袋式过滤器
	亚高效、高效过滤器

图例	名称
	500CMH 亚高效送风口
	500CMH 高效送风口
	1000CMH 亚高效送风口
	1000CMH 高效送风口
	方型散流器
	圆型散流器
	送风口
	回风口
	双层百叶风口
	单层固定百叶
	单层防雨百叶
	可调百叶风口（带初效过滤网）
	橡胶软接头
	Y型过滤器

三、工程量计算

1. 管道工程量计算

（1）计算要求　管线长度应根据采暖施工图和施工规范及《建筑工程工程量清单计价规范》(以下简称《计价规范》)的要求计算得出。算量时应注意以下几点要求：

1）由于图中所示的管道一般只表示管道布置的大致走向，而不代表管道的实际安装位置，所以算量时应根据管道施工工艺要求，采取比例尺量取和推算相结合的方法计量。为保证计量的准确，并提高算量的效率，通常对于干管的计量可采取平面图比例尺量取的方法计量；立管则根据系统图所示的管线标高、变径点及施工技术要求，采取推算的方式计量；支管要用平面图和系统图采取比例尺量取和推算相结合的方法计量。

2）明确卫生器具与给水排水管道计量临界点的划分，因为卫生器具的计量单位多为“套”或“组”，其组成包含部分卫生器具自带的给水管道和排水管道，所以在计算给水排水管道时，划分管道与卫生器具的连接点就显得格外重要，这也是确保管道计量准确的关键点和难点。

3）根据施工图设计说明和相关设计、施工及验收规范，确定管道所采用的管材、安装部位、连接方式、规格，根据管道除锈、刷油、绝热等设计要求的不同分别计量，不得混淆。

4）为确保计量的准确，应明确管道与建筑物墙、柱、梁空间尺寸。给水管道明装时，管道中心与建筑结构间安装尺寸，可参照表7-2确定。排水管道中心与建筑间安装尺寸，可参照表7-3确定。

表7-2　明装给水管道中心与建筑结构间安装尺寸

焊接管道规格(*DN*)	15	20	25	32	40	50	65	80	100	125	150
塑料管道规格(*de*)	20	25	32	40	50	63	75	90	110	140	160
管中距墙尺寸/mm	40	40	50	50	60	70	90	100	110	130	140

表7-3　排水管道中心与建筑结构间安装尺寸

管道规格(*DN*)	50	75	100	125	150
管中距墙尺寸/mm	65	80	95	110	125

（2）计算方法

本工程仅计算本层卫生间内的给水排水管道，不含立管及其他卫生间内的工程量。

1）给水管道工程量计算：

*de*50：[0.07（立管中距墙）+0.02（墙体抹灰）+0.12（半墙厚）]m+[2.10（轴距）−0.12−0.02−0.06(管距墙)]m+(0.5+0.9−0.07)m+(3.90−2.95)m=4.39m

*de*40：0.90m

*de*25：[(1.50−0.12×2−0.02×2−0.07−0.04)+(1.00−0.07)]m=2.04m

*de*20：[0.80+(3.90−0.12×2−0.02×2−0.50−0.90−0.90−0.60÷2)+(3.90−3.70)]m=2.02m

2）排水管道工程量计算(WL−1)：

$DN100$：[(0.50+0.90+0.90+0.30-0.095)+0.30×3+(2.70-2.25)×2]m=4.31m

$DN50$：[(3.90-0.12×2-0.02×2-0.5-0.90-0.90-0.30-0.60÷2)+(2.70-2.25)×2]m=1.72m

2. 管道支架计算

（1）计算要求　算量时应注意以下几点要求：

1）管道支架制作安装已综合支架、吊架、托架及防晃支架制作、安装，均以“kg”为计量单位，在计算时需求出管道支架的质量。可先选择不同部位的管道支架形式和数量，再分别计算不同形式的管道支架的单体质量，最后将所有管道支架的质量汇总。

2）当以建设行政主管部门颁布的有关定额为工料计算依据时，应注意管道安装项目中是否已包含支架制作、安装内容，如果已包含，不得重复计算。

3）确定管道支架数量，可根据各种规格管道支架安装间距来计算。表7-4给出了水平钢管支架的最大间距。

表7-4　水平钢管支架的最大间距

公称直径/mm	15	20	25	32	40	50	65	80	100	125	150
保温管/m	2	2.5	2.5	2.5	3	3	4	4	4.5	6	7
不保温管/m	2.5	3.0	3.25	4	4.5	5	6	6	6.5	7	8

钢管立管管卡安装应符合下列规定：① 楼层高度≤5m，每层必须安装1个；② 楼层高度>5m，每层不得少于2个。

（2）计算方法　本工程由于给水管道采用塑料PP-R管（最大规格≤$de50$），排水管道采用塑料U-PVC管。根据《全国统一安装工程预算定额》规定，管道安装项目中均包含管道支架的制作安装内容，所以本工程管道支架不得单独列工程量清单项目。

3. 管道附件计算

（1）计算要求　计量时应注意以下几点要求：

1）管道附件的计算一定要根据施工系统图所示确定其数量，同时应注意各附件类型、材质、规格的不同分别列工程量清单项。

2）减压器、疏水器、水表等的计量单位是“组”。应注意其附件组成所包含的内容，例如水表的安装可分为带旁通管及止回阀和不带旁通管及止回阀两种，其中带旁通管及止回阀的水表安装项目，除水表本身外，还包括旁通管，3个法兰闸阀，1个止回阀，在对其计量时，不得将其所含的内容重复列项计算。

3）通常卫生器具安装时给水管侧会安装阀门，有的阀门是卫生器具安装时自带的，所以在施工图计算附件时，此部分阀门不得重复计入。

（2）计算方法　本例只计算支管始端两个阀门，其余阀门已包含在卫生器具安装范围内，所以不重复计算。

螺纹铜闸阀：$DN40$，1个；$DN20$，1个。

4. 卫生器具计算

（1）计算要求　计量时应注意以下几点要求：

1）卫生器具数量根据施工平面图所示数量计算，其型号根据施工图设计总说明要求确定，如蹲式大便器，根据其冲洗方式不同，可分为冲洗水箱式和冲洗阀式，冲洗阀又可分为延迟冲洗阀、自闭式冲洗阀、脚踏式冲洗阀和感应式冲洗阀等多种安装形式，不同安装形式的卫生器具都应分别统计其数量。

2）卫生器具安装项目内还包括排水栓、水龙头、地漏、地面式扫除口的安装项目，不得遗漏。

（2）计算方法　本例题卫生器具种类、数量如下：

洗脸盆(冷水嘴)，2组；坐式大便器，1套；延迟冲洗阀式蹲便器，2套；污水盆，1组；地面式扫除口 *DN*100，1个；地漏 *DN*50，2个。

四、编制分部分项工程量清单

按照计算结果及《计价规范》的要求编制分部分项工程量清单(见表7-5)。

表7-5　分部分项工程量清单与计价表

工程名称：某室内给水排水工程(安装工程)

序号	项目编码	项目名称	项目特征描述	计量单位	工程量	金额/元		
						综合单价	合价	其中：暂估价
1	030801005001	塑料管 PP-R*de*50	1. 室内；2. 给水管道；3. 塑料管 PP-R 管；4. *de*50；5. 热熔连接；6. 钢套管 *DN*65	m	4.39			
2	030801005002	塑料管 PP-R*de*40	1. 室内；2. 给水管道；3. 塑料管 PP-R 管；4. *de*40；5. 热熔连接	m	0.90			
3	030801005003	塑料管 PP-R*de*25	1. 室内；2. 给水管道；3. 塑料管 PP-R 管；4. *de*25；5. 热熔连接；6. 钢套管 *DN*32	m	2.04			
4	030801005004	塑料管 PP-R*de*20	1. 室内；2. 给水管道；3. 塑料管 PP-R 管；4. *de*20；5. 热熔连接	m	2.02			
5	030801005005	塑料管 U-PVC*DN*100	1. 室内；2. 排水管道；3. 塑料管 U-PVC 管；4. *DN*100；5. 粘接连接	m	4.31			
6	030801005006	塑料管 U-PVC*DN*50	1. 室内；2. 排水管道；3. 塑料管 U-PVC 管；4. *DN*100；5. 粘接	m	1.72			
7	030803001001	螺纹阀门 *DN*20	1. 闸阀；2. 铜质；3. *DN*20	个	1			
8	030803001002	螺纹阀门 *DN*40	1. 闸阀；2. 铜质；3. *DN*40	个	1			
9	030804003001	洗脸盆	1. 陶瓷；2. 钢管组成；3. P-7023；4. 冷水	组	2			
10	030804005001	洗涤盆	1. 陶瓷；2. 详见图集 99S304-16(乙型)	组	1			
11	030804012001	坐式大便器	1. 陶瓷；2. 坐式(连体水箱)；3. MB-1814	套	1			
12	030804012002	蹲式大便器	1. 陶瓷；2. 详见图集 99S304-83	套	2			

（续）

序号	项目编码	项目名称	项目特征描述	计量单位	工程量	金额/元		
						综合单价	合价	其中：暂估价
13	030803003002	地漏	1. 塑料；2. *DN*50	个	2			
14	030803005001	地面式扫除口	1. 塑料；2. *DN*100	个	1			
本页小计								
合　计								

第二节　室内采暖工程工程量清单计价编制实例

以某住宅楼室内采暖管道工程为例，说明室内采暖管道工程工程量清单计价的编制方法。

一、熟悉施工图和施工内容

图 7-4、图 7-5 为某住宅楼室内采暖平面图。该住宅楼采暖系统图如图 7-6 所示，系统

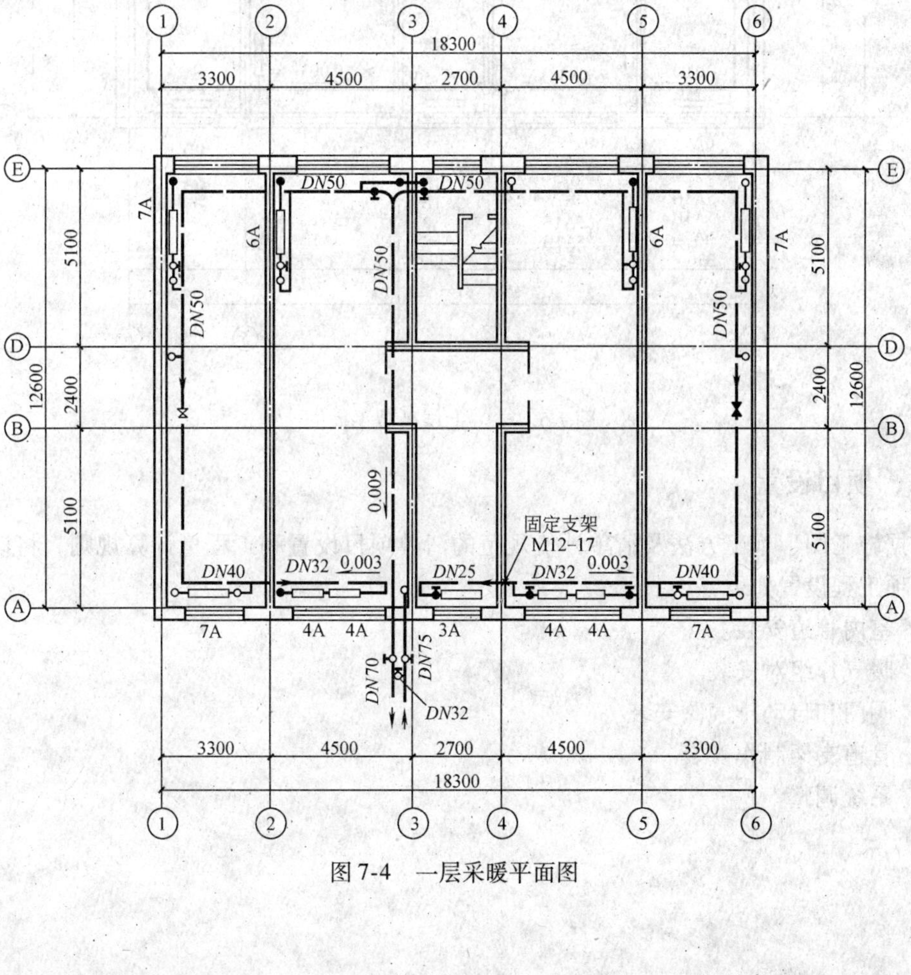

图 7-4　一层采暖平面图

为单管垂直串联带闭合管的上供下回式，入户主管设有阀门和循环管，各立管均设阀门，暖气片为长翼型(大60和小60)等。该采暖工程的施工内容包括管道安装、暖气片组对安装、阀门安装、支架制作安装、系统调整等。

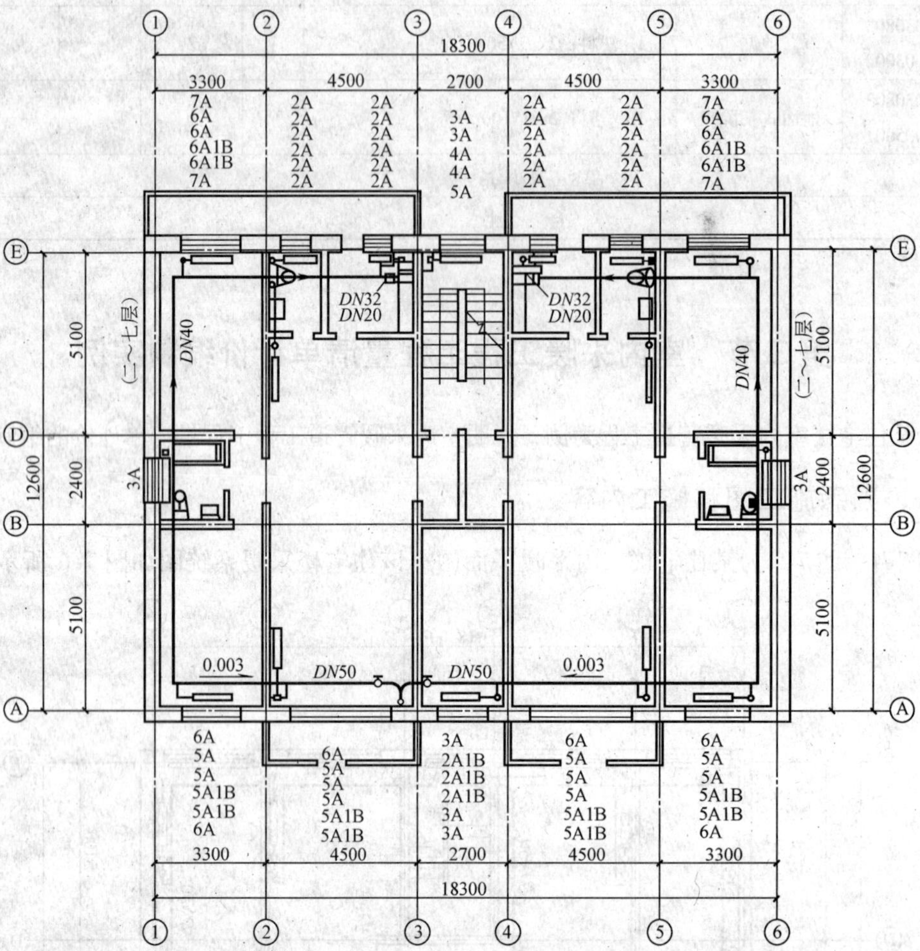

图7-5 二～七层采暖平面图

二、项目设置

根据施工图、施工方法及清单计价规范的清单项目设置和工程量计算规则，将该项目工程的分项工程设置如下：

1）室内管道安装。

2）暖气片组对安装。

3）阀门和自动排气阀安装。

4）管道支架制作安装。

5）系统调整。

三、工程量计算

室内采暖平面图和系统图均为单线绘制，管径由施工图(见图7-4～图7-6)查得，管线长度应根据采暖施工图和施工规范及《计价规范》的要求计算得出。

1. 干管工程量计算

首先划分管段，由大管径到小管径依次划分，逐段计算(见图7-6a、b)，本例可划分为管段①～⑨。计算单位为“m”。

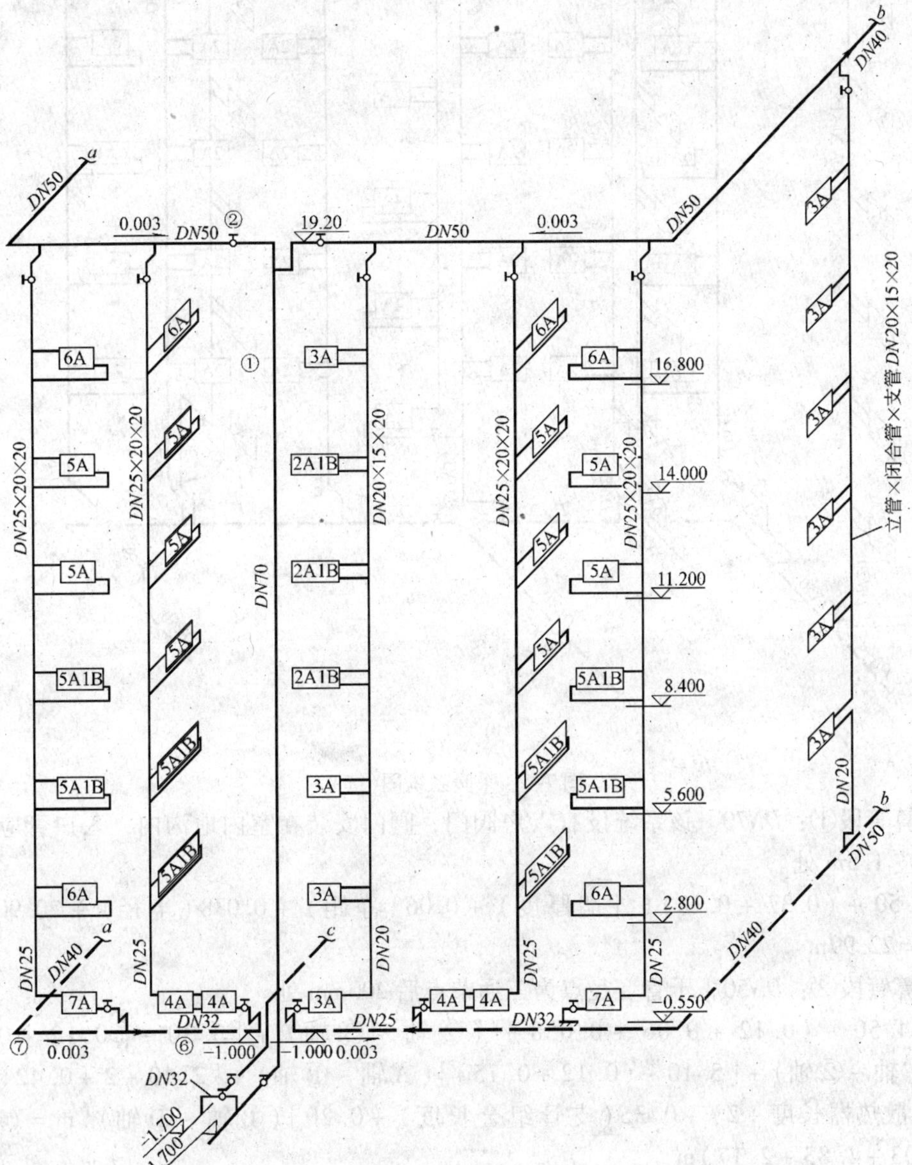

a)

图7-6　采暖系统图

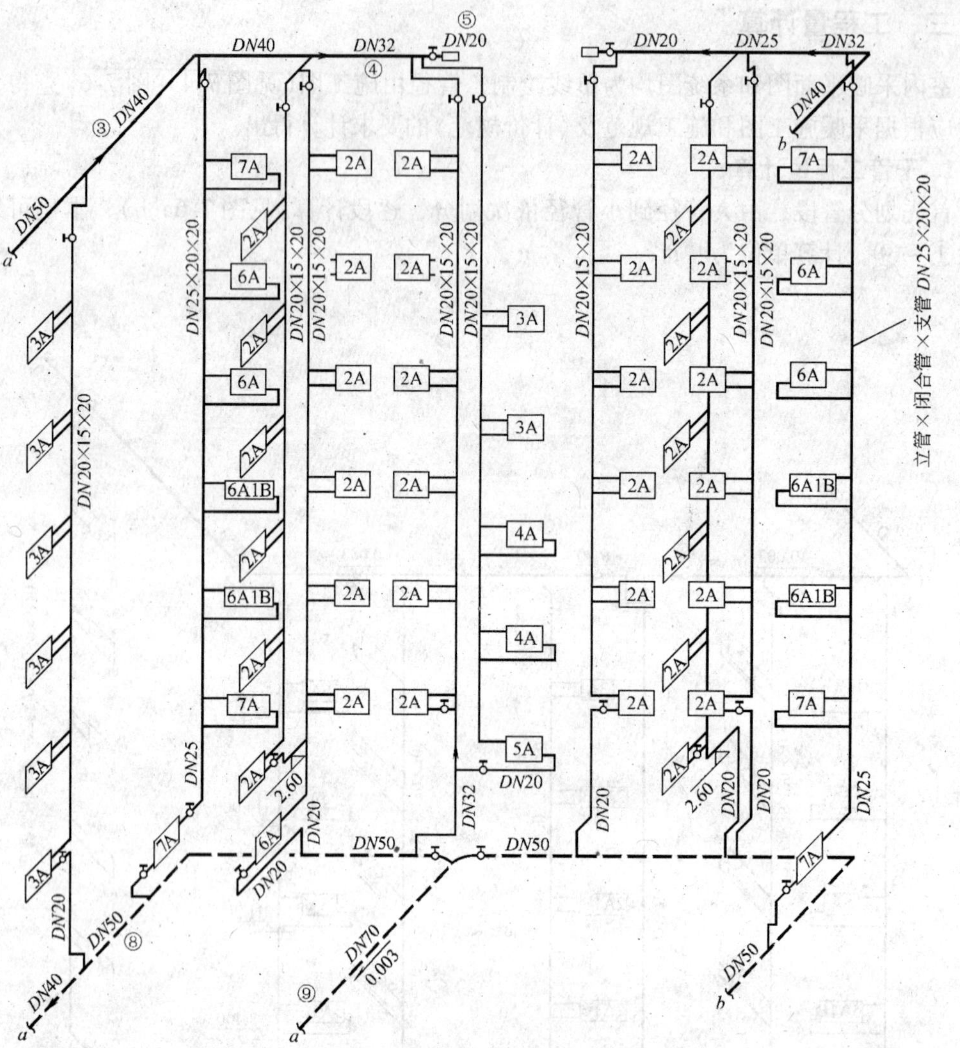

b)

图7-6 采暖系统图(续)

计算管段①：*DN*70。该系统设有入户阀门，阀门安装在室内地沟内，入户管应计算到距外墙皮1.5m处。

[1.50 + (0.37 + 0.12)(外墙厚度) + 0.06(净距) + 0.038(半径) + 20.90(标高差)]m = 22.99m

计算管段②：*DN*50，干管变径点为三通节点后200mm处。

{[4.50 − (0.12 + 0.06 + 0.038)](②轴～③轴) + [3.30 − (0.12 + 0.15)](①轴～②轴) + [5.10 − (0.12 + 0.15)](Ⓐ轴～Ⓑ轴) + [2.40 ÷ 2 + 0.42(3片大60散热器长度 ÷ 2) + 0.35(支管组合长度) + 0.20](Ⓑ轴～Ⓓ轴)}m = (4.28 + 3.03 + 4.83 + 2.17)m

= 14.31m

计算管段③：*DN*40。

{(2.4 − 2.17)(Ⓑ轴 ~ Ⓓ轴) + [5.10 − (0.12 + 0.15)](Ⓓ轴 ~ Ⓔ轴) + [3.30 − (0.12 + 0.15)](①轴 ~ ②轴) + [0.12 + (0.03 + 0.014)(立管距墙) + 0.20(变径点)](②轴 ~ ③轴)} m

= (0.23 + 4.83 + 3.03 + 0.36) m

= 8.45m

计算管段④：*DN*32。

{4.50 − 0.36 − [0.05(排气阀距墙) + 0.15(安装排气阀所需的构造长度) + 0.12]} m = 3.82m

计算管段⑤：*DN*20。

该管段长度主要考虑安装自动排气阀时留有一定的构造长度，一般为 100 ~ 150mm 即可，本工程采用 150mm。

计算管段⑥：*DN*32。

(4.50 ÷ 2 + 2.24 ÷ 2 + 0.21 + 3.30 ÷ 2 − 1.96 ÷ 2 − 0.21) m = 4.04m

计算管段⑦：*DN*40，地沟断面为 1.2m × 1m。

(3.30 − 0.46 − 0.98 + 5.10 − 1.17 + 2.40 ÷ 2 + 0.42 + 0.21 − 0.20) m = 7.42m

计算管段⑧：*DN*50。

(5.10 − 1.17 + 1.20 − 0.42 − 0.21 + 0.20 + 3.30 − 0.17 + 4.50 − 1.17 − 1) m = 10.16m

计算管段⑨：*DN*70。

(12.60 − 1.17 + 0.49 + 0.70 + 1.50) m = 14.12m

2. 立支管工程量计算

立支管计算的方法是用供水干管标高减去回水干管的标高，再减去暖气片上下接口中心距离，加上立支管中心到回水干管中心距离。

1）立支管 *DN*25，共 6 根，每根为[19.20 − (−1.00) − 0.5 × 7 + 0.73] m = 17.43m；其中，每根 *DN*25 立支管的立支管 *DN*20，共 6 处，为(0.5 × 6) m = 3.00m。

2）用同样方法计算 *DN*20 立支管的工程量。

立支管 *DN*20，共 10 根，每根为[19.20 − (−1.00) − 0.5 × 7 + 0.73] m = 17.43m；其中，每根 *DN*20 立支管的立支管 *DN*15，共 6 处，为(0.5 × 6) m = 3.00m。

3. 散热支管计算

以主立管左边第 2 根立管七层的散热器支管计算为例，说明散热器支管的计算方法。该窗洞口为 1.8m × 1.5m，该组散热器为 6 片，散热器组对后中心为窗洞口中心，散热器支管的长度满足其构造要求即可。散热器片数超过 4 片，采用异侧连接。则该散热器支管工程量为：

*DN*20：(0.35 × 2 + 6 × 0.28 + 0.1 × 3) m = 2.68m

用同样方法计算其他散热器支管工程量。

以上所有工程量计算结果均列入分部分项工程量清单，见表 7-6。

四、编制分部分项工程量清单

按照计算结果及《计价规范》的要求编制分部分项工程量清单(见表 7-6)。

表7-6 分部分项工程量清单与计价表

工程名称：某室内采暖工程(安装工程)

序号	项目编码	项目名称	项目特征描述	计量单位	工程量	金额/元		
						综合单价	合价	其中：暂估价
1	030801002001	钢管 DN15	1. 室内；2. 采暖管道；3. 焊接钢管；4. DN15；5. 螺纹连接；6. 手工除锈，刷一遍红丹防锈漆，两遍银粉	m	30.00			
2	030801002002	钢管 DN20	1. 室内；2. 采暖管道；3. 焊接钢管；4. DN20；5. 螺纹连接；6. 手工除锈，刷一遍红丹防锈漆，两遍银粉	m	365.90			
3	030801002003	钢管 DN25	1. 室内；2. 采暖管道；3. 焊接钢管；4. DN25；5. 螺纹连接；6. 镀锌铁皮套管 DN40；7. 手工除锈，刷一遍红丹防锈漆，两遍银粉	m	102.00			
4	030801002004	钢管 DN32	1. 室内；2. 采暖管道；3. 焊接钢管；4. DN32；5. 螺纹连接；6. 手工除锈，刷一遍红丹防锈漆，两遍银粉	m	19.00			
5	030801002005	钢管 DN40	1. 室内；2. 采暖管道；3. 焊接钢管；4. DN40；5. 焊接；6. 手工除锈，刷一遍红丹防锈漆，50mm 厚岩棉管壳保温层	m	29.10			
6	030801002006	钢管 DN50	1. 室内；2. 采暖管道；3. 焊接钢管；4. DN50；5. 焊接；6. 手工除锈，刷一遍红丹防锈漆，50mm 厚岩棉管壳保温层	m	56.40			
7	030801002007	钢管 DN70	1. 室内；2. 采暖管道；3. 焊接钢管；4. DN70；5. 焊接；6. 钢套管 DN80；7. 手工除锈，刷一遍红丹防锈漆，50mm 厚岩棉管壳保温层	m	37.11			
8	030802001001	管道支架制作安装	1. 型钢；2. 手工除锈，刷一遍红丹防锈漆，两遍银粉	kg	30			
9	030803001001	螺纹阀门 DN20	1. 截止阀；2. 铜质；3. DN20	个	20			
10	030803001002	螺纹阀门 DN25	1. 截止阀；2. 铜质；3. DN25	个	14			
11	030803001003	螺纹阀门 DN32	1. 截止阀；2. 铜质；3. DN32	个	2			

（续）

序号	项目编码	项目名称	项目特征描述	计量单位	工程量	金额/元		
						综合单价	合价	其中：暂估价
12	030803003001	焊接法兰阀门 *DN*50	1. 手动调节阀；2. 铸钢；3. *DN*50	个	4			
13	030803003002	焊接法兰阀门 *DN*70	1. 手动调节阀；2. 铸钢；3. *DN*70	个	2			
14	030803005001	自动排气阀 *DN*15	1. 自动排气阀；2. 铜质；3. *DN*15	个	2			
15	030805001001	铸铁散热器大 60 型	1. 铸铁大 60 型；2. 手工除锈，刷一遍防锈漆，两遍银粉	片	389			
16	030805001002	铸铁散热器小 60 型	1. 铸铁小 60 型；2. 手工除锈，刷一遍防锈漆，两遍银粉	片	13			
17	030807001001	采暖工程系统调整	系统	系统	1			
本页小计								
合　计								

注：根据建设部、财政部发布的《建筑安装工程费用组成》（建标[2003]206 号）的规定，为计取规费等的使用，可在表中增设“直接费”、“人工费”或“人工费＋机械费”。

五、计算项目综合单价

项目综合单价的计算是招标控制价和投标报价的关键环节，应按计价规范作出综合单价分析，见表 7-7 ~ 表 7-23。

表中综合单价的构成是完成一个规定计量单位的分部分项工程量清单项目或措施清单项目所需的人工费、材料费、施工机械使用费和企业管理费与利润，以及一定范围内的风险费用，它包括完成该项目全部内容的费用。它编制的依据是设计文件、合同条款、工程量清单及企业定额或预算定额。

综合单价中的人工费、材料费、机械费，本工程参照《全国统一安装工程预算定额》计算，这些费用就构成了直接费。综合单价分析表中的管理费和利润，编招标控制价可参考社会平均水平（或以费用定额的有关规定）计算；投标报价则应完全根据企业自身的管理水平、技术装备水平，在权衡市场竞争状况后，确定期望值来计算。表中定额编号是预算定额或企业定额的编号。本节各项综合单价均采用预算定额调整法编制，管理费和利润按人工费的 40% 计算（根据《建设工程工程量清单计价规范宣贯辅导教材》确定）。

表 7-7 工程量清单综合单价分析表(一)

工程名称：某室内采暖工程(安装工程)

项目编码	030801002001	项目名称	钢管 $DN15$	计量单位	m

清单综合单价组成明细											
定额编号	定额名称	定额单位	数量	单价/元				合价/元			
				人工费	材料费	机械费	管理费和利润	人工费	材料费	机械费	管理费和利润
8-98	焊接钢管 $DN15$	10m	0.100	42.49	12.41		17.00	4.25	1.24		1.70
11-1	管道手工除轻锈	$10m^2$	0.007	7.89	3.38		3.16	0.05	0.02		0.02
11-53	管道刷防锈漆第一遍	$10m^2$	0.007	6.27	1.33		2.51	0.04	0.01		0.02
11-56	管道刷银粉第一遍	$10m^2$	0.007	6.5	4.81		2.60	0.04	0.03		0.02
11-57	管道刷银粉第二遍	$10m^2$	0.007	6.27	4.37		2.51	0.04	0.03		0.02
人工单价		小计						4.43	1.33		1.77
23.22元/工日		未计价材料费						5.05			
清单项目综合单价								13.04			

材料费明细	主要材料名称、规格、型号	单位	数量	单价/元	合价/元	暂估单价/元	暂估合价/元
	焊接钢管 $DN15$	m	1.02	5.38	5.49		
	其他材料费			—		—	
	未计价材料费小计			—	5.05	—	

表 7-8 工程量清单综合单价分析表(二)

工程名称：某室内采暖工程(安装工程)

项目编码	030801002002	项目名称	钢管 $DN20$	计量单位	m

清单综合单价组成明细											
定额编号	定额名称	定额单位	数量	单价/元				合价/元			
				人工费	材料费	机械费	管理费和利润	人工费	材料费	机械费	管理费和利润
8-99	焊接钢管 $DN20$	10m	0.100	42.49	20.62		17.00	4.25	2.06		1.70
11-1	管道手工除轻锈	$10m^2$	0.008	7.89	3.38		3.16	0.07	0.03		0.03
11-53	管道刷防锈漆第一遍	$10m^2$	0.008	6.27	1.33		2.51	0.05	0.01		0.02
11-56	管道刷银粉第一遍	$10m^2$	0.008	6.5	4.81		2.60	0.05	0.04		0.02
11-57	管道刷银粉第二遍	$10m^2$	0.008	6.27	4.37		2.51	0.05	0.04		0.02
人工单价		小计						4.43	1.33		1.77
23.22元/工日		未计价材料费						7.17			
清单项目综合单价								15.61			

材料费明细	主要材料名称、规格、型号	单位	数量	单价/元	合价/元	暂估单价/元	暂估合价/元
	焊接钢管 $DN20$	m	1.02	7.01	7.15		
	其他材料费			—		—	
	未计价材料费小计			—	7.17	—	

表 7-9　工程量清单综合单价分析表(三)

工程名称：某室内采暖工程(安装工程)

项目编码	030801002003	项目名称	钢管 *DN*25	计量单位	m

清单综合单价组成明细

定额编号	定额名称	定额单位	数量	单价/元				合价/元			
				人工费	材料费	机械费	管理费和利润	人工费	材料费	机械费	管理费和利润
8-100	焊接钢管 *DN*25	10m	0.100	51.08	29.26	1.03	20.43	5.11	2.93	0.10	2.04
8-171	镀锌铁皮套管 *DN*40	个	1.078	1.39	1.5		0.56	1.50	1.62		0.60
11-1	管道手工除轻锈	$10m^2$	0.011	7.89	3.38		3.16	0.08	0.04		0.03
11-53	管道刷防锈漆第一遍	$10m^2$	0.011	6.27	1.33		2.51	0.07	0.01		0.03
11-56	管道刷银粉第一遍	$10m^2$	0.011	6.5	4.81		2.60	0.07	0.05		0.03
11-57	管道刷银粉第二遍	$10m^2$	0.011	6.27	4.37		2.51	0.07	0.05		0.03
人工单价		小计						6.89	4.69	0.10	2.76
23.22 元/工日		未计价材料费						10.64			
清单项目综合单价								25.08			

材料费明细	主要材料名称、规格、型号	单位	数量	单价/元	合价/元	暂估单价/元	暂估合价/元
	焊接钢管 *DN*25	m	1.02	10.41	10.62		
	其他材料费			—		—	
	未计价材料费小计			—	10.64	—	

表 7-10　工程量清单综合单价分析表(四)

工程名称：某室内采暖工程(安装工程)

项目编码	030801002004	项目名称	钢管 *DN*32	计量单位	m

清单综合单价组成明细

定额编号	定额名称	定额单位	数量	单价/元				合价/元			
				人工费	材料费	机械费	管理费和利润	人工费	材料费	机械费	管理费和利润
8-101	焊接钢管 *DN*32	10m	0.100	51.08	35.3	1.03	20.43	5.11	3.53	0.10	2.04
11-1	管道手工除轻锈	$10m^2$	0.013	7.89	3.38		3.16	0.10	0.04		0.04
11-53	管道刷防锈漆第一遍	$10m^2$	0.013	6.27	1.33		2.51	0.08	0.02		0.03
11-56	管道刷银粉第一遍	$10m^2$	0.013	6.5	4.81		2.60	0.09	0.06		0.03
11-57	管道刷银粉第二遍	$10m^2$	0.013	6.27	4.37		2.51	0.08	0.06		0.03
人工单价		小计						5.47	3.71	0.10	2.19
23.22 元/工日		未计价材料费						13.76			
清单项目综合单价								25.22			

材料费明细	主要材料名称、规格、型号	单位	数量	单价/元	合价/元	暂估单价/元	暂估合价/元
	焊接钢管 *DN*32	m	1.02	13.46	13.73		
	其他材料费			—		—	
	未计价材料费小计			—	13.76	—	

表 7-11 工程量清单综合单价分析表(五)

工程名称：某室内采暖工程(安装工程)

项目编码	030801002005	项目名称	钢管 *DN*40	计量单位	m

清单综合单价组成明细

定额编号	定额名称	定额单位	数量	单价/元				合价/元			
				人工费	材料费	机械费	管理费和利润	人工费	材料费	机械费	管理费和利润
8-102	焊接钢管 *DN*40	10m	0.100	60.84	31.16	1.39	24.34	6.08	3.12	0.14	2.43
11-1	管道手工除轻锈	10m^2	0.015	7.89	3.38		3.16	0.12	0.05		0.05
11-53	管道刷防锈漆第一遍	10m^2	0.015	6.27	1.33		2.51	0.09	0.02		0.04
11-1826	50mm 厚岩棉管壳保温	m^3	0.016	108.44	27.84	6.75	43.38	1.76	0.45	0.11	0.70
人工单价		小计						8.05	3.64	0.25	3.22
23.22 元/工日		未计价材料费						23.20			
清单项目综合单价								38.36			

材料费明细	主要材料名称、规格、型号	单位	数量	单价/元	合价/元	暂估单价/元	暂估合价/元
	焊接钢管 *DN*40	m	1.02	16.51	16.84		
	岩棉管壳 50mm 厚	m^3	0.017	380.00	6.34		
	其他材料费			—		—	
	未计价材料费小计			—	23.20	—	

表 7-12 工程量清单综合单价分析表(六)

工程名称：某室内采暖工程(安装工程)

项目编码	030801002006	项目名称	钢管 *DN*50	计量单位	m

清单综合单价组成明细

定额编号	定额名称	定额单位	数量	单价/元				合价/元			
				人工费	材料费	机械费	管理费和利润	人工费	材料费	机械费	管理费和利润
8-103	焊接钢管 *DN*50	10m	0.100	62.23	36.06	3.26	24.89	6.22	3.61	0.33	2.49
11-1	管道手工除轻锈	10m^2	0.019	7.89	3.38		3.16	0.15	0.06		0.06
11-53	管道刷防锈漆第一遍	10m^2	0.019	6.27	1.33		2.51	0.12	0.03		0.05
11-1826	50mm 厚岩棉管壳保温	m^3	0.018	108.44	27.84	6.75	43.38	1.96	0.50	0.12	0.79
人工单价		小计						8.45	4.20	0.45	3.38
23.22 元/工日		未计价材料费						28.51			
清单项目综合单价								44.99			

材料费明细	主要材料名称、规格、型号	单位	数量	单价/元	合价/元	暂估单价/元	暂估合价/元
	焊接钢管 *DN*50	m	1.02	20.98	21.40		
	岩棉管壳 50mm 厚	m^3	0.019	380.00	7.08		
	其他材料费			—		—	
	未计价材料费小计			—	28.51	—	

表 7-13　工程量清单综合单价分析表(七)

工程名称：某室内采暖工程(安装工程)

项目编码	030801002007	项目名称	钢管 *DN*70	计量单位	m

清单综合单价组成明细											
定额编号	定额名称	定额单位	数量	单价/元				合价/元			
				人工费	材料费	机械费	管理费和利润	人工费	材料费	机械费	管理费和利润
8-104	焊接钢管 *DN*70	10m	0.100	63.62	46.87	4.99	25.45	6.36	4.69	0.50	2.54
8-27	钢套管 *DN*80	10m	0.003	26.01	15.45	11.52	10.40	0.07	0.04	0.03	0.03
11-1	管道手工除轻锈	$10m^2$	0.024	7.89	3.38		3.16	0.19	0.08		0.07
11-53	管道刷防锈漆第一遍	$10m^2$	0.024	6.27	1.33		2.51	0.15	0.03		0.06
11-1834	50mm 厚岩棉管壳保温	m^3	0.021	55.03	18.99	6.75	22.01	1.13	0.39	0.14	0.45
人工单价		小　计						7.90	5.23	0.67	3.16
23.22 元/工日		未计价材料费						37.21			
清单项目综合单价								54.18			

材料费明细	主要材料名称、规格、型号	单位	数量	单价/元	合价/元	暂估单价/元	暂估合价/元
	焊接钢管 *DN*70	m	1.02	28.55	29.12		
	岩棉管壳 50mm 厚	m^3	0.02122	380.00	8.06		
	其他材料费			—		—	
	未计价材料费小计			—	37.21	—	

表 7-14　工程量清单综合单价分析表(八)

工程名称：某室内采暖工程(安装工程)

项目编码	030802001001	项目名称	管道支架制作安装	计量单位	kg

清单综合单价组成明细											
定额编号	定额名称	定额单位	数量	单价/元				合价/元			
				人工费	材料费	机械费	管理费和利润	人工费	材料费	机械费	管理费和利润
8-178	管道支架制作安装	100kg	0.010	235.45	194.98	224.26	94.18	2.35	1.95	2.24	0.94
11-7	管道支架手工除轻锈	100kg	0.010	7.89	2.5	6.96	3.16	0.08	0.03	0.07	0.03
11-119	支架刷防锈漆第一遍	100kg	0.010	5.34	0.81	6.96	2.14	0.05	0.01	0.07	0.02
11-122	支架刷银粉第一遍	100kg	0.010	5.11	3.93	6.96	2.04	0.05	0.04	0.07	0.02
11-123	支架刷银粉第二遍	100kg	0.010	5.11	3.18	6.96	2.04	0.05	0.03	0.07	0.02
人工单价		小　计						2.59	2.05	2.52	1.04
23.22 元/工日		未计价材料费						4.30			
清单项目综合单价								12.50			

材料费明细	主要材料名称、规格、型号	单位	数量	单价/元	合价/元	暂估单价/元	暂估合价/元
	型钢	kg	1.06	3.9	4.13		
	酚醛防锈漆各色	kg	0.0116	10.00	0.12		
	其他材料费			—		—	
	未计价材料费小计			—	4.30	—	

表 7-15 工程量清单综合单价分析表(九)

工程名称：某室内采暖工程(安装工程)

项目编码	030803001001	项目名称	螺纹阀门 *DN*20	计量单位	个

清单综合单价组成明细											
定额编号	定额名称	定额单位	数量	单价/元				合价/元			
				人工费	材料费	机械费	管理费和利润	人工费	材料费	机械费	管理费和利润
8-242	螺纹阀门 *DN*20	个	1.000	2.32	2.68		0.93	2.32	2.68		0.93
人工单价		小　计						2.32	2.68		0.93
23.22 元/工日		未计价材料费						20.20			
清单项目综合单价								26.13			

材料费明细	主要材料名称、规格、型号	单位	数量	单价/元	合价/元	暂估单价/元	暂估合价/元
	螺纹铜截止阀 *DN*20	个	1.01	20.00	20.20		
	其他材料费			—		—	
	未计价材料费小计			—	20.20	—	

表 7-16 工程量清单综合单价分析表(十)

工程名称：某室内采暖工程(安装工程)

项目编码	030803001002	项目名称	螺纹阀门 *DN*25	计量单位	个

清单综合单价组成明细											
定额编号	定额名称	定额单位	数量	单价/元				合价/元			
				人工费	材料费	机械费	管理费和利润	人工费	材料费	机械费	管理费和利润
8-243	螺纹阀门 *DN*25	个	1.000	2.79	3.45		1.12	2.79	3.45		1.12
人工单价		小　计						2.79	3.45		1.12
23.22 元/工日		未计价材料费						26.26			
清单项目综合单价								33.62			

材料费明细	主要材料名称、规格、型号	单位	数量	单价/元	合价/元	暂估单价/元	暂估合价/元
	螺纹铜截止阀 *DN*25	个	1.01	26.00	26.26		
	其他材料费			—		—	
	未计价材料费小计			—	26.26	—	

表 7-17　工程量清单综合单价分析表(十一)

工程名称：某室内采暖工程(安装工程)

项目编码	030803001003	项目名称	螺纹阀门 *DN*32	计量单位	个

清单综合单价组成明细

定额编号	定额名称	定额单位	数量	单价/元				合价/元			
				人工费	材料费	机械费	管理费和利润	人工费	材料费	机械费	管理费和利润
8-244	螺纹阀门 *DN*32	个	1.000	3.48	5.09		1.39	3.48	5.09		1.39
人工单价		小　计						3.48	5.09		1.39
23.22 元/工日		未计价材料费						35.35			
清单项目综合单价								45.31			

材料费明细	主要材料名称、规格、型号	单位	数量	单价/元	合价/元	暂估单价/元	暂估合价/元
	螺纹铜截止阀 *DN*32	个	1.01	35.00	35.35		
	其他材料费					—	
	未计价材料费小计			—	35.35	—	

表 7-18　工程量清单综合单价分析表(十二)

工程名称：某室内采暖工程(安装工程)

项目编码	030803003001	项目名称	法兰阀门 *DN*50	计量单位	个

清单综合单价组成明细

定额编号	定额名称	定额单位	数量	单价/元				合价/元			
				人工费	材料费	机械费	管理费和利润	人工费	材料费	机械费	管理费和利润
8-258	法兰阀 *DN*50	个	1.000	11.38	82.67	6.20	4.55	11.38	82.67	6.20	4.55
人工单价		小　计						11.38	82.67	6.20	4.55
23.22 元/工日		未计价材料费						180.00			
清单项目综合单价								284.80			

材料费明细	主要材料名称、规格、型号	单位	数量	单价/元	合价/元	暂估单价/元	暂估合价/元
	法兰手动调节阀 *DN*50	个	1	180.00	180.00		
	其他材料费			—		—	
	未计价材料费小计			—	180.00	—	

表 7-19 工程量清单综合单价分析表(十三)

工程名称：某室内采暖工程(安装工程)

项目编码		030803003002		项目名称		法兰阀门 *DN*70				计量单位	个
清单综合单价组成明细											
定额编号	定额名称	定额单位	数量	单价/元				合价/元			
				人工费	材料费	机械费	管理费和利润	人工费	材料费	机械费	管理费和利润
8-259	法兰阀 *DN*70	个	1.000	15.33	106.58	10.97	6.13	15.33	106.58	10.97	6.13
人工单价		小　计						15.33	106.58	10.97	6.13
23.22 元/工日		未计价材料费						230.00			
清单项目综合单价								369.01			
材料费明细	主要材料名称、规格、型号			单位	数量	单价/元		合价/元	暂估单价/元	暂估合价/元	
	法兰手动调节阀 *DN*70			个	1	230.00		230.00			
	其他材料费					—			—		
	未计价材料费小计					—		230.00	—		

表 7-20 工程量清单综合单价分析表(十四)

工程名称：某室内采暖工程(安装工程)

项目编码		030803005001		项目名称		自动排气阀 *DN*15				计量单位	个
清单综合单价组成明细											
定额编号	定额名称	定额单位	数量	单价/元				合价/元			
				人工费	材料费	机械费	管理费和利润	人工费	材料费	机械费	管理费和利润
8-259	自动排气阀 *DN*15	个	1.000	3.95	5.44		1.58	3.95	5.44		1.58
人工单价		小　计						3.95	5.44		1.58
23.22 元/工日		未计价材料费						50.00			
清单项目综合单价								60.97			
材料费明细	主要材料名称、规格、型号			单位	数量	单价/元		合价/元	暂估单价/元	暂估合价/元	
	自动排气阀 *DN*15			个	1	50.00		50.00			
	其他材料费					—			—		
	未计价材料费小计					—		50.00	—		

表 7-21　工程量清单综合单价分析表(十五)

工程名称：某室内采暖工程(安装工程)

项目编码	030805001001	项目名称	大 60 型铸铁散热器	计量单位	片

清单综合单价组成明细											
定额编号	定额名称	定额单位	数量	单价/元				合价/元			
				人工费	材料费	机械费	管理费和利润	人工费	材料费	机械费	管理费和利润
8-488	大 60 型铸铁散热器	10 片	0.100	45.28	53.52		18.11	4.53	5.35		1.81
11-16	散热器除轻锈	$10m^2$	0.116	10.22	2.3		4.09	1.19	0.27		0.47
11-53	散热器刷防锈漆一遍	$10m^2$	0.116	7.66	1.19		3.06	0.89	0.14		0.36
11-56	散热器刷银粉第一遍	$10m^2$	0.116	7.89	5.34		3.16	0.92	0.62		0.37
11-57	散热器刷银粉第二遍	$10m^2$	0.116	7.66	4.71		3.06	0.89	0.55		0.36
人工单价		小计						8.41	6.92		3.36
23.22 元/工日		未计价材料费						70.94			
清单项目综合单价								89.63			

材料费明细	主要材料名称、规格、型号	单位	数量	单价/元	合价/元	暂估单价/元	暂估合价/元
	大 60 型铸铁散热器	片	1.01	70.00	70.70		
	其他材料费			—		—	
	未计价材料费小计			—	70.94	—	

表 7-22　工程量清单综合单价分析表(十六)

工程名称：某室内采暖工程(安装工程)

项目编码	030805001002	项目名称	小 60 型铸铁散热器	计量单位	片

清单综合单价组成明细											
定额编号	定额名称	定额单位	数量	单价/元				合价/元			
				人工费	材料费	机械费	管理费和利润	人工费	材料费	机械费	管理费和利润
8-488	小 60 型铸铁散热器	10 片	0.100	45.28	53.52		18.11	4.53	5.35		1.81
11-16	散热器除轻锈	$10m^2$	0.080	10.22	2.30		4.09	0.82	0.18		0.33
11-53	散热器刷防锈漆一遍	$10m^2$	0.080	7.66	1.19		3.06	0.61	0.10		0.25
11-56	散热器刷银粉第一遍	$10m^2$	0.080	7.89	5.34		3.16	0.63	0.43		0.25
11-57	散热器刷银粉第二遍	$10m^2$	0.080	7.66	4.71		3.06	0.61	0.38		0.25
人工单价		小计						7.20	6.44		2.88
23.22 元/工日		未计价材料费						60.77			
清单项目综合单价								77.29			

材料费明细	主要材料名称、规格、型号	单位	数量	单价/元	合价/元	暂估单价/元	暂估合价/元
	小 60 型铸铁散热器	片	1.01	60.00	60.60		
	其他材料费			—		—	
	未计价材料费小计			—	60.77	—	

表7-23 工程量清单综合单价分析表(十七)

工程名称：某室内采暖工程(安装工程)

项目编码	030807001001	项目名称	采暖工程系统调整	计量单位	系统

清单综合单价组成明细

定额编号	定额名称	定额单位	数量	单价/元				合价/元			
				人工费	材料费	机械费	管理费和利润	人工费	材料费	机械费	管理费和利润
	采暖工程系统调整	系统	1	215.52	862.06		86.21	215.52	862.06		86.21
人工单价		小计						215.52	862.06		86.21
23.22元/工日		未计价材料费									
清单项目综合单价								1163.78			

材料费明细	主要材料名称、规格、型号	单位	数量	单价/元	合价/元	暂估单价/元	暂估合价/元
	其他材料费			—		—	
	未计价材料费小计			—		—	

六、分部分项工程量计价

分部分项工程量清单与计价表必须按《计价规范》规定的格式填写，综合单价即为《工程量清单综合单价分析表》中清单项目所对应的综合单价，其分部分项工程量清单的项目编码、项目名称、项目特征、单位、数量按招标人给出清单的内容计算和填写。表7-24为分部分项工程量清单与计价表。

表7-24 分部分项工程量清单与计价表

工程名称：某室内采暖工程(安装工程)

序号	项目编码	项目名称	项目特征描述	计量单位	工程量	金额/元		
						综合单价	合价	其中：暂估价
1	030801002001	钢管 *DN*15	1. 室内；2. 采暖管道；3. 焊接钢管；4. *DN*15；5. 螺纹连接；6. 手工除锈，刷一遍红丹防锈漆，两遍银粉	m	30.00	13.04	391.20	
2	030801002002	钢管 *DN*20	1. 室内；2. 采暖管道；3. 焊接钢管；4. *DN*20；5. 螺纹连接；6. 手工除锈，刷一遍红丹防锈漆，两遍银粉	m	365.90	15.61	5711.70	
3	030801002003	钢管 *DN*25	1. 室内；2. 采暖管道；3. 焊接钢管；4. *DN*25；5. 螺纹连接；6. 镀锌铁皮套管 *DN*40；7. 手工除锈，刷一遍红丹防锈漆，两遍银粉	m	102.00	25.08	2558.16	
4	030801002004	钢管 *DN*32	1. 室内；2. 采暖管道；3. 焊接钢管；4. *DN*32；5. 螺纹连接；6. 手工除锈，刷一遍红丹防锈漆，两遍银粉	m	19.00	25.22	479.18	

（续）

序号	项目编码	项目名称	项目特征描述	计量单位	工程量	金额/元		
						综合单价	合价	其中：暂估价
5	030801002005	钢管 DN40	1. 室内；2. 采暖管道；3. 焊接钢管；4. DN40；5. 焊接；6. 手工除锈，刷一遍红丹防锈漆，50mm厚岩棉管壳保温层	m	29.10	38.36	1116.28	
6	030801002006	钢管 DN50	1. 室内；2. 采暖管道；3. 焊接钢管；4. DN50；5. 焊接；6. 手工除锈，刷一遍红丹防锈漆，50mm厚岩棉管壳保温层	m	56.40	44.99	2537.44	
7	030801002007	钢管 DN70	1. 室内；2. 采暖管道；3. 焊接钢管；4. DN70；5. 焊接；6. 钢套管 DN80；7. 手工除锈，刷一遍红丹防锈漆，50mm 厚岩棉管壳保温层	m	37.11	54.18	2010.62	
8	030802001001	管道支架制作安装	1. 型钢；2. 手工除锈，刷一遍红丹防锈漆，两遍银粉	kg	30	12.50	375.00	
9	030803001001	螺纹阀门 DN20	1. 截止阀；2. 铜质；3. DN20	个	20	26.13	522.60	
10	030803001002	螺纹阀门 DN25	1. 截止阀；2. 铜质；3. DN25	个	14	33.62	470.68	
11	030803001003	螺纹阀门 DN32	1. 截止阀；2. 铜质；3. DN32	个	2	45.31	90.62	
12	030803003001	焊接法兰阀门 DN50	1. 手动调节阀；2. 铸钢；3. DN50	个	4	284.80	1139.20	
13	030803003002	焊接法兰阀门 DN70	1. 手动调节阀；2. 铸钢；3. DN70	个	2	369.01	738.02	
14	030803005001	自动排气阀 DN15	1. 自动排气阀；2. 铜质；3. DN15	个	2	60.97	121.94	
15	030805001001	铸铁散热器大 60 型	1. 铸铁大 60 型；2. 手工除锈，刷一遍防锈漆，两遍银粉	片	389	89.63	34866.07	
16	030805001002	铸铁散热器小 60 型	1. 铸铁小 60 型；2. 手工除锈，刷一遍防锈漆，两遍银粉	片	13	77.29	1004.77	
17	030807001001	采暖工程系统调整	系统	系统	1	1163.78	1163.78	
合　计							55297.25	

七、措施项目清单计价

措施项目费（环境保护费及文明施工费、安全施工费、临时设施费）参照某省建筑安装工程费用定额计取费率。以下章节遇此问题不再赘述。

1. 脚手架搭拆费

依据《全国统一安装工程预算定额》的要求，脚手架搭拆费的直接费按分部分项工程费中人工费的5%计算，其中人工费占25%(以下章节同)。

脚手架搭拆费 = 人工费 ×5% + 人工费 ×5% ×25% ×(管理费费率 + 利润费率)

2. 安全文明施工费

环境保护及文明施工费按分部分项工程费中人工费的2.08%计算，安全施工费按分部分项工程费中人工费的4.02%计算，临时设施费按分部分项工程费中人工费的2.78%计算。

以上费用按给出的措施项目清单编制措施项目清单与计价表(见表7-25)。

表7-25 措施项目清单与计价表

工程名称：某室内采暖工程(安装工程)

序号	项目名称	计算基础	费率(%)	金额/元
1	安全文明施工费	人工费	9.06	670.38
2	夜间施工费			
3	二次搬运费	人工费	0.51	37.74
4	冬雨季施工	人工费	0.65	48.10
5	大型机械设备进出场及安拆费			
6	施工排水			
7	施工降水			
8	地上、地下设施、建筑物的临时保护设施			
9	已完工程及设备保护			
10	各专业工程的措施项目			
(1)	垂直运输机械			
(2)	脚手架			406.97
合计				1163.19

八、单位工程造价

单位工程的造价是由分部分项工程费、措施项目费、其他项目费、规费和税金组成。规费和税金在分部分项工程费、措施项目费和其他项目费的基础上进行计算，取费标准参照某省建筑安装工程费用定额计取费率，以下章节遇此问题不再赘述。表7-26为规费、税金项目清单与计价表，表7-27为单位工程费汇总表(单位工程投标报价汇总表,下同)。

表7-26 规费、税金项目清单与计价表

工程名称：某室内采暖工程(安装工程)

序号	项目名称	计算基础	费率(%)	金额/元
1	规费			1577.03
1.1	工程排污费	人工费	0.52	38.96
1.2	社会保障费	(1)+(2)+(3)		1309.57
(1)	养老保险费	人工费	12.6	943.97
(2)	失业保险费	人工费	1.22	91.40

（续）

序号	项目名称	计算基础	费率(%)	金额/元
(3)	医疗保险费	人工费	3.66	274.20
1.3	住房公积金	人工费	3.05	228.50
1.4	危险作业意外伤害保险	按规定计取		
1.5	工程定额测定费	按规定计取		
2	税金	分部分项工程费+措施项目费+其他项目费+规费	3.41	1979.08
合计				3556.11

表 7-27　单位工程投标报价汇总表

工程名称：某室内采暖工程（安装工程）

序号	汇总内容	计算公式	金额/元	其中：暂估价/元
1	分部分项工程	见表 7-24	55297.25	
2	措施项目	见表 7-25	1163.19	
2.1	安全文明施工费		670.38	
3	其他项目	本工程未计取	0.00	
4	规费	见表 7-26	1577.03	
5	税金	见表 7-26	1979.08	
	投标报价合计	1+2+3+4+5	60016.55	

第三节　通风空调工程工程量清单计价编制实例

以某厂职工俱乐部的通风空调安装工程为例，说明通风空调安装工程工程量清单计价的编制方法。

一、熟悉施工图和施工内容

某厂职工俱乐部的通风空调安装工程，图 7-7、图 7-8 是该工程的送风和空调平面图，图 7-9、图 7-10 是该工程的剖面图，图 7-11 是该工程喷风口大样图。

从以上图可了解到，该工程通风空调系统共分两部分，即大厅送风和空调机房。空调机房未包括制冷机组和水管道部分。在通风空调系统中，集中空调机将处理过的空气由地下混凝土水平风道送到舞台前的两个混凝土竖风道，送风到顶部，然后在两条竖风道上接出三条铁皮风管，一条为在舞台前的上方的水平风管，另两条分布在舞台上两侧。在观众厅大挑台吊顶内有一根铁皮风管与后墙内的静压箱接出铁皮风口。

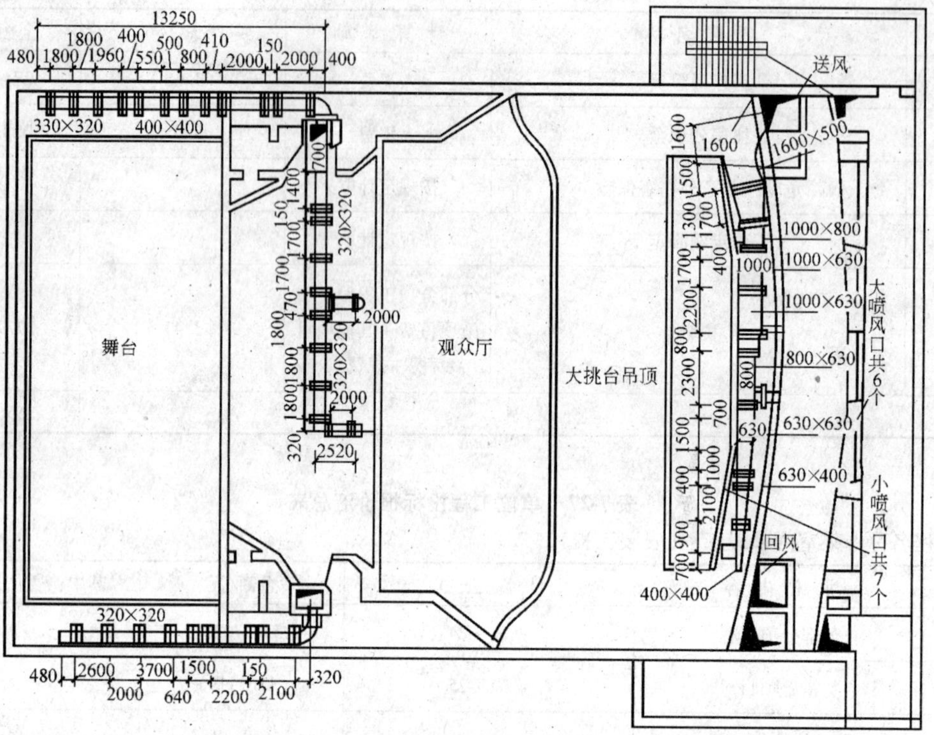

图 7-7 送风平面图

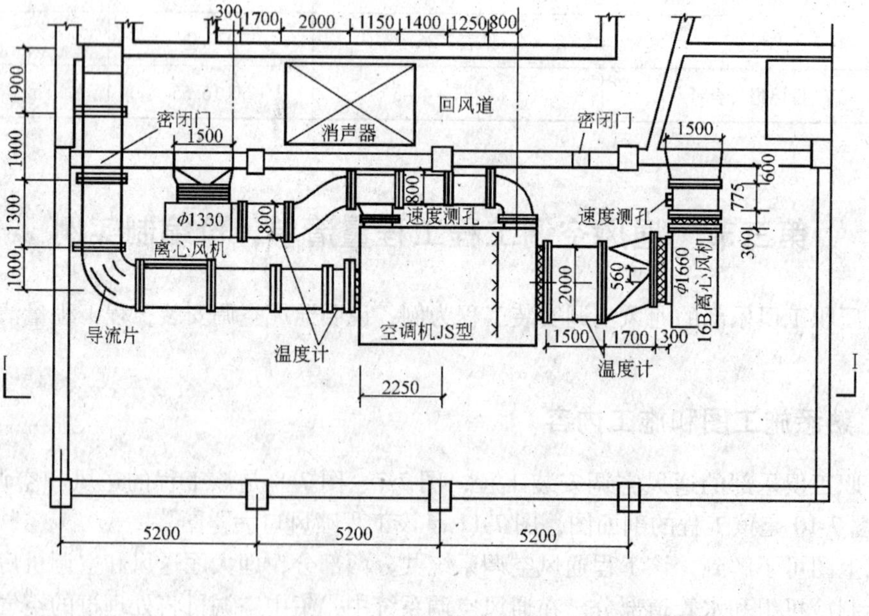

图 7-8 空调平面图

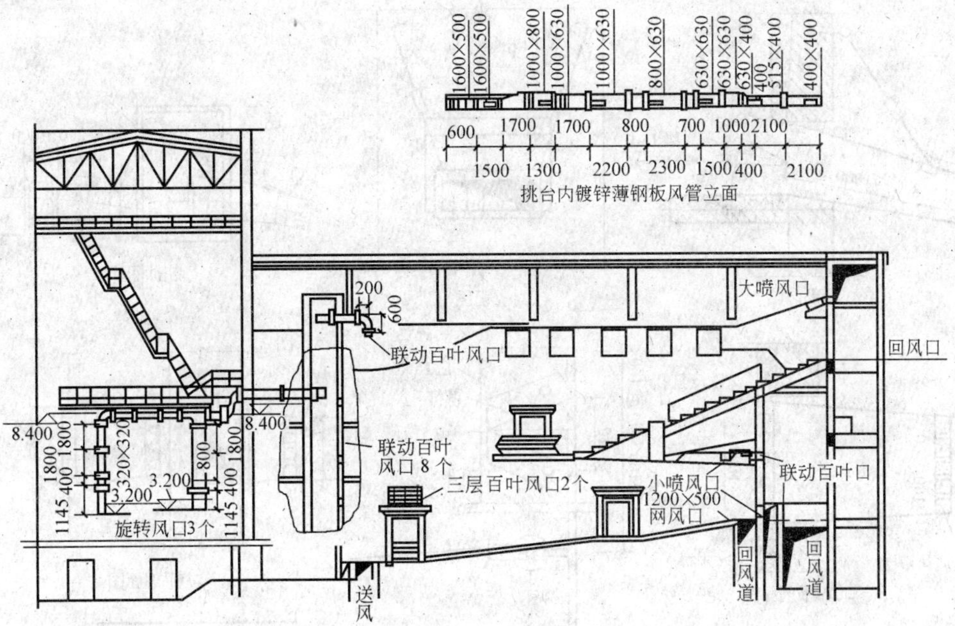

图 7-9　送风剖面图

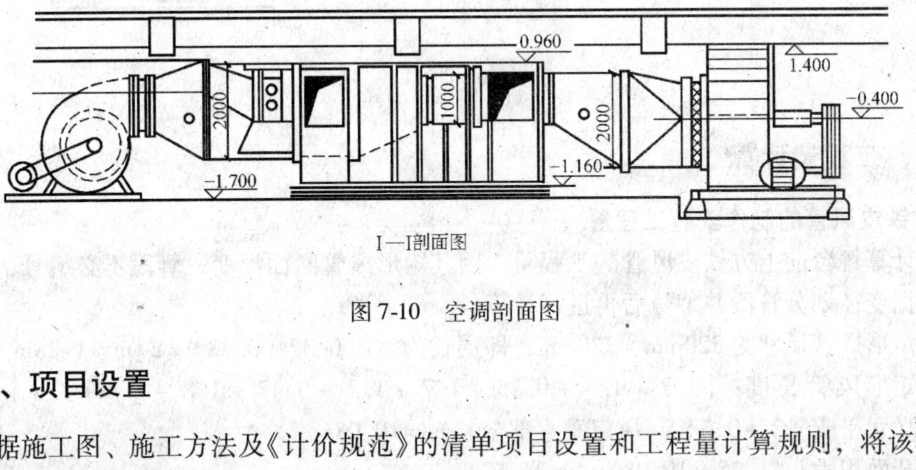

I—I剖面图

图 7-10　空调剖面图

二、项目设置

根据施工图、施工方法及《计价规范》的清单项目设置和工程量计算规则，将该项目工程的分项工程项目设置如下：

1）风管制作安装。

2）进、出风口部件的安装。

3）阀门制作安装。

4）消声器的制作安装。

5）空调设备和部件的制作安装。

6）风机安装。

7）设备支架制作安装。

8）通风空调工程检测、调试。

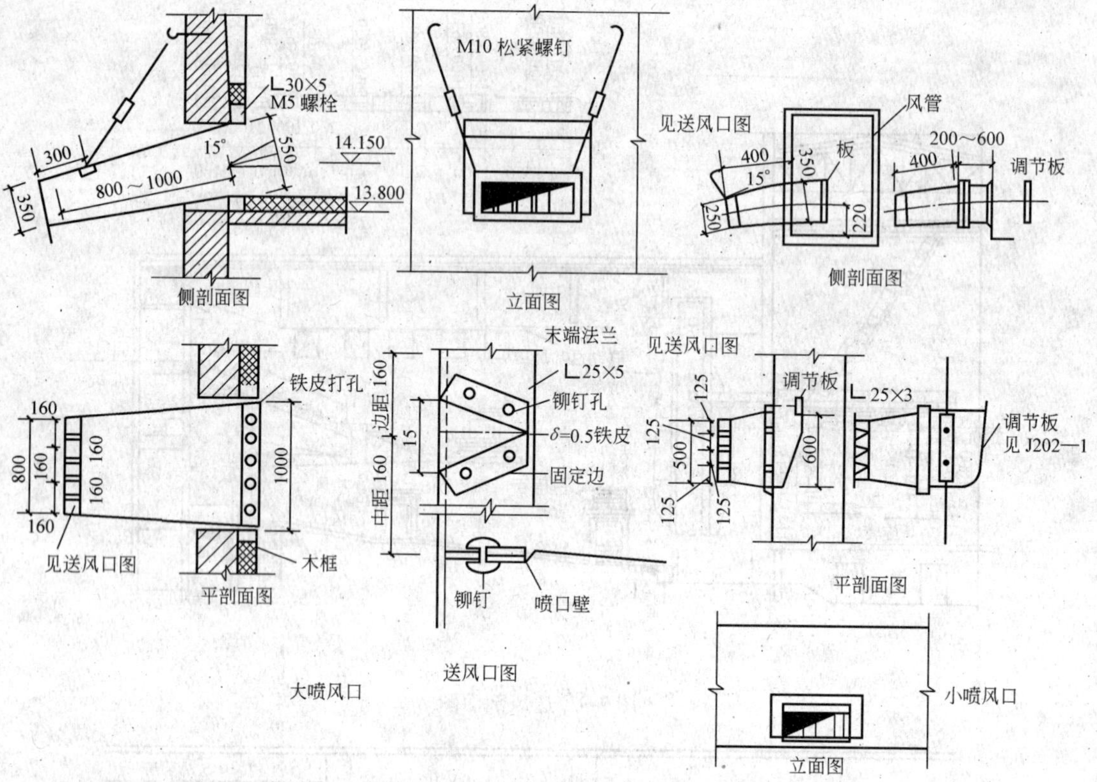

图 7-11 喷风口大样图

三、工程量计算

1. 铁皮风管的制作安装工程量

先计算舞台前上方铁皮风管的工程量。因其矩形风管断面没变，管段不必编号，否则一定要根据变径划分管段并编号后再进行计算。

该矩形风管尺寸为 320mm×320mm，即周长为：[(0.32+0.32)×2]m=1.28m。

该矩形风管长度：[1.7+1.4+0.15+1.7+1.7+0.47+1.8+1.8+1.8+0.32+2.52×2(水平支管)+0.6×2(风口垂直部分)]m=19.08m

展开面积为：(1.28×19.08)m^2=24.42m^2

用同样方法即可计算出该通风空调系统其他风管的工程量。

2. 帆布短管工程量

查阅施工图可知，2台离心式通风机共设4个帆布短管，长度均为300mm，规格尺寸分别为：800mm×800mm，1300mm×1300mm，直径1330mm，直径1660mm。

帆布短管工程量(长度0.3m的展开后长度为0.4m)：[(0.8×4+1.33×3.14+1.3×4+1.66×3.14)×0.4]m^2=7.12m^2

3. 风量测定口、温度测定孔的工程量

查阅施工图可知，共有2台离心式通风机和1台JS-6型空调机，应设置风量测定口和温度测定孔。参照国家标准图T605，每台设备的风量测定孔和温度测定孔为3个，以上3

台设备，共计 9 个测定孔。

4. 风管检查孔的工程量

查阅施工图可知，风管检查孔有 1 个，详图可参照国家标准图 T604-4#。尺寸为 490mm×430mm，每个质量为 6.55kg，总质量为 6.6kg。

5. 弯头导流片的工程量

本图中空调部分有弯头用导流片一组，尺寸参照国家标准图 T608-8#确定，共 7 片。材料采用厚 1mm 钢板。

弯头导流片工程量：$(0.4\times0.86\times7)\mathrm{m}^2=2.5\mathrm{m}^2$。

6. 风口工程量

查阅施工图可知，各种风口数量如下：

1）三层百叶风口(T202-3-5#)12 个。尺寸为 410mm×250mm，每个质量为 6.41kg，总质量为 77kg。

2）联动百叶风口(T202-4-3#)14 个。尺寸为 300mm×195mm，每个质量为 2.06kg，总质量为 29kg。

3）旋转风口(T209-1-3#)3 个。尺寸为 ϕ320mm，每个质量为 14.67kg，总质量为 45kg。

4）回风口(加钢板网)66 个。尺寸为 400mm×120mm。因其是非标准部件，每个质量计算为 1.47kg，总质量为 97kg。

5）大喷风口(见其详图)6 个。大喷风口不是标准定型产品，必须根据大样图计算出总质量。

大喷风口的尺寸为 1000mm×500mm 和 800mm×350mm，长 1200mm。使用材料是厚度 1mm 的铁板、角钢(25×3)及部分圆钢，总质量为 270kg。

6）小喷风口工程量(见大样图)。小喷风口也不是标准定型产品，必须根据大样图计算出总质量。

小喷风口尺寸为 600mm×350mm 和 500mm×250mm，长 400mm。使用材料同大喷风口，计算总质量为 132kg。

7. 调节阀的工程量

查阅施工图可知，调节阀共有 3 个，为保温手柄式钢制蝶阀。参见国家标准图 T302-9，尺寸分别为：320mm×200mm，质量为 5.66kg；320mm×320mm，质量为 7.08kg；400mm×400mm，质量为 9.90kg，合计质量为$(5.66+7.08+9.90)\mathrm{kg}=22.64\mathrm{kg}$。

8. 消声器的工程量

查阅施工图可知，片式消声器共有 4 台，查阅国家标准图 T701-1-4#，每台质量为 2544kg，总质量为$(2544\times4)\mathrm{kg}=10176\mathrm{kg}$。

9. 风机安装的工程量

查阅施工图可知，离心式通风机共有 2 台，型号规格分别为 4-72-11-16B 和 4-72-11-12C。

10. 空调机的工程量

查阅施工图和说明，本工程选用 JS-6 型空调机一台，质量约为 5200kg。

11. 金属密闭门的工程量

查阅施工图可知，钢板密闭门共有 4 个，规格为 800mm×500mm。

12. 风机减振台座的工程量

减振台座以施工设计图按实际质量计算。根据国家标准图，确定台座编号为110#的，减振支架质量为722kg；台座编号为65#的，减振支架质量为495kg。

13. 风管落地支架及设备支架工程量

1）风管落地支架以图注尺寸计算质量，总质量为1200kg

2）空调机支架制作安装按图注尺寸计算质量，总质量为130kg。

14. 刷油和保温工程量

（1）风管刷油工程量　直接采用计算出的风管工程量，其面积为668.6m^2。

（2）风管部件刷油工程量　直接采用风管制作安装的工程量，总质量为339.96m^2 × 4.86kg/m^2 = 1624kg。

（3）保温（绝热）工程量　根据施工图要求，送风管主要保温材料为玻璃丝毡，厚度为35mm，保护壳为石棉水泥，厚度为10mm。空调机房风管不保温。

1）玻璃丝毡用量：181.5m^2（风管展开面积）×0.035m = 6.37m^3

2）石棉水泥保护壳用量：181.5m^2 ×1.2 = 217m^2

该通风空调系统工程量计算结果见表7-28。

表7-28　工程量统计表

工程名称：某厂职工俱乐部通风空调安装工程

序号	定额编号	名称规格	单位	计算方法	计算结果
1	9-22	矩形风管 $L \leqslant 2000$mm	m^2	计算	106.40
2	9-23	矩形风管 $L \leqslant 4000$mm	m^2	计算	117.66
3	9-24	矩形风管 $L > 4000$mm	m^2	计算	109.90
4	9-40	弯头导流片	m^2	计算	2.50
5	9-41	风机出、入口帆布接口	m^2	计算	7.10
6	9-42	风管检查口制作安装	kg	计算	6.60
7	9-43	风管测定孔、温度测定孔	个	查	9
8	9-53、73	矩形保温蝶阀 < 10kg	kg	计算	22.64
9	9-98、135	三层百叶风口5# < 7kg	kg	计算	77.00
10	9-100、134	联动百叶窗风口3#	kg	计算	29.00
11	9-103、154	大、小喷风口制作安装	kg	计算	402.00
12	9-109、144	旋转风口3#	kg	计算	45.00
13	9-93、153	钢板风口小于2kg	kg	计算	67.00
14	9-94、153	钢板风口大于2kg	kg	计算	30.00
15	9-195	消声器制作安装	kg	计算	10176.00
16	9-201	密闭门制作安装	个	查	4
17	9-212	空调机支架、减振器支架制作安装	kg	计算	1347.00
18	9-219	离心风机安装12C	台	查	1
19	9-220	离心风机安装16B	台	查	1
20	9-247	JS型空调机安装	kg	计算	5200.00

（续）

序号	定额编号	名称规格	单位	计算方法	计算结果
21	9-212	风管落地支架制作安装	kg	计算	1200.00
22	11-84	风管内外刷两遍红丹	m^2	计算	668.60
23	11-117、118	风管部件、支架刷两遍红丹	kg	计算	1624.00
24	11-210、211	石棉水泥保护壳刷两道调和漆	m^2	计算	217.00
25	11-2018	风管保温玻璃丝毡	m^3	计算	6.37
26	11-2174	石棉水泥保护壳	m^2	计算	217.00
27	暂估	减振器台座 110#、65#	个	查	10

四、编制分部分项工程量清单

根据《计价规范》编制分部分项工程量清单，见表 7-29。

表 7-29　分部分项工程量清单与计价表

工程名称：某厂职工俱乐部通风空调安装工程

序号	项目编码	项目名称	项目特征描述	计量单位	工程量	金额/元		
						综合单价	合价	其中：暂估价
1	030901004001	空调机 JS-6 型	1. JS-6 型；2. 质量约为 5200kg；3. 分段组装式	台	1			
2	030901002001	离心式通风机 4-72-11-16B	1. 离心式；2. 4-72-11-16B；3. 减振器支架	台	1			
3	030901002002	离心式通风机 4-72-11-12C	1. 离心式；2. 4-72-11-12C；3. 减振器支架	台	1			
4	030901006001	密闭门制作安装	1. 钢板密闭门 800mm × 500mm；2. 带视孔	个	4			
5	030903020001	消声器制作安装	1. 片式消声器。2. 参见国家标准图 T701-1-4#	kg	10176			
6	030902001001	碳钢通风管道制作安装　周长 2000mm 以内	1. 薄钢板；2. 矩形；3. 周长 2000mm 以内；4. 板材厚 3mm；5. 焊接；6. 吊架；7. 风管除轻锈，刷一遍红丹防锈漆，35mm 厚玻璃棉毡保温层，10mm 厚石棉水泥保护壳，保护壳外刷两遍调和漆	m^2	106.40			
7	030902001002	碳钢通风管道制作安装　周长 4000mm 以内	1. 薄钢板；2. 矩形；3. 周长 4000mm 以内；4. 板材厚 3mm；5. 焊接；6. 吊架；7. 风管除轻锈，刷一遍红丹防锈漆，35mm 厚玻璃棉毡保温层，10mm 厚石棉水泥保护壳，保护壳外刷两遍调和漆	m^2	117.60			

（续）

序号	项目编码	项目名称	项目特征描述	计量单位	工程量	金额/元		
						综合单价	合价	其中：暂估价
8	030902001003	碳钢通风管道制作安装　周长4000mm以外	1. 薄钢板；2. 矩形；3. 周长4000mm以外；4. 板材厚3mm；5. 焊接；6. 吊架；7. 风管除轻锈，刷一遍红丹防锈漆，35mm厚玻璃棉毡保温层，10mm厚石棉水泥保护壳，保护壳外刷两遍调和漆	m^2	109.90			
9	030903007001	碳钢风口、散流器制作安装　三层百叶风口	1. 三层百叶风口；2. 410mm×250mm；3. 质量6.41kg；4. 参见国家标准图T202-3-5#	个	12			
10	030903007002	碳钢风口、散流器制作安装　联动百叶风口	1. 联动百叶风口；2. 300mm×195mm；3. 质量2.06kg；4. 参见国家标准图T202-4-3#	个	14			
11	030903007003	碳钢风口、散流器制作安装　旋转风口	1. 旋转风口；2. ϕ320mm；3. 质量14.67kg；4. 参见国家标准图T209-1-3#	个	3			
12	030903007004	碳钢风口、散流器制作安装　大喷风口	1. 大喷风口；2. 1000mm×500mm和800mm×350mm，长1.2m，铁板厚1mm；3. 质量45kg	个	6			
13	030903007005	碳钢风口、散流器制作安装　小喷风口	1. 小喷风口；2. 600mm×350mm和500mm×250mm，长0.4m，铁板厚1mm；3. 总质量22kg	个	6			
14	030903007006	碳钢风口、散流器制作安装　回风口	1. 回风口；2. 400mm×120mm；3. 质量1.47kg	个	66			
15	030903001001	保温手柄式钢制蝶阀制作安装　320mm×200mm	1. 保温手柄式钢制蝶阀；2. 320mm×200mm；3. 周长1040mm；4. 质量5.66kg；5. 参见国家标准图T302-9	个	1			
16	030903001002	保温手柄式钢制蝶阀制作安装　320mm×320mm	1. 保温手柄式钢制蝶阀；2. 320mm×320mm；3. 周长1280mm；4. 质量7.08kg；5. 参见国家标准图T302-9	个	1			
17	030903001003	保温手柄式钢制蝶阀制作安装　400mm×400mm	1. 保温手柄式钢制蝶阀；2. 400mm×400mm；3. 周长1600mm；4. 质量9.90kg；5. 参见国家标准图T302-9	个	1			
			本页小计					
			合　计					

五、计算项目综合单价

项目综合单价的计算是招标控制价和投标报价的关键环节，应按《计价规范》做出综合单价分析，见表7-30～表7-46。

综合单价的计算表的计算原理、编制原则及规定见本章第二节中的“五、计算项目综合单价”。

表7-30　工程量清单综合单价分析表(一)

工程名称：某厂职工俱乐部通风空调安装工程

项目编码		030901004001			项目名称		空调机安装 JS-6 型		计量单位		台
清单综合单价组成明细											
定额编号	定额名称	定额单位	数量	单价/元				合价/元			
				人工费	材料费	机械费	管理费和利润	人工费	材料费	机械费	管理费和利润
9-247	JS-6 型空调机安装	100kg	52.00	45.05	12.41		18.02	2342.60	645.32		937.04
9-212	空调支架制作安装	100kg	1.30	75.23	330.52	8.63	30.09	97.80	429.68	11.22	39.12
9-40	弯头导流片	m^2	2.50	36.69	43.25		14.68	91.73	108.13		36.69
9-43	温度、风量测定孔	个	3.00	14.16	9.20	3.22	5.66	42.48	27.60	9.66	16.99
人工单价		小　计						2574.60	1210.72	20.88	1029.84
23.22 元/工日		未计价材料费									
清单项目综合单价								4836.05			
材料费明细	主要材料名称、规格、型号				单位	数量	单价/元	合价/元	暂估单价/元	暂估合价/元	
	其他材料费						—		—		
	未计价材料费小计						—		-		

表7-31　工程量清单综合单价分析表(二)

工程名称：某厂职工俱乐部通风空调安装工程

项目编码		030901002001			项目名称		离心式通风机安装 4-72-11-16B		计量单位		台
清单综合单价组成明细											
定额编号	定额名称	定额单位	数量	单价/元				合价/元			
				人工费	材料费	机械费	管理费和利润	人工费	材料费	机械费	管理费和利润
9-220	离心式风机安装 16B	台	1.00	45.05	12.41		18.02	45.05	12.41		18.02
9-212	减振器支架制作安装	100kg	7.22	75.23	330.52	8.63	30.09	543.16	2386.35	62.31	217.26
9-41	风机帆布软管接口	m^2	2.95	36.69	43.25		14.68	108.24	127.59		43.29
9-43	温度、风量测定孔	个	3.00	14.16	9.20	3.22	5.66	42.48	27.60	9.66	16.99
人工单价		小　计						738.93	2553.95	71.97	295.57
23.22 元/工日		未计价材料费						7100.00			

（续）

项目编码	030901002001	项目名称	离心式通风机安装 4-72-11-16B	计量单位	台

清单综合单价组成明细											
定额编号	定额名称	定额单位	数量	单价/元				合价/元			
				人工费	材料费	机械费	管理费和利润	人工费	材料费	机械费	管理费和利润
清单项目综合单价								10760.42			

材料费明细	主要材料名称、规格、型号	单位	数量	单价/元	合价/元	暂估单价/元	暂估合价/元
	离心式风机 4-72-11-16B	台	1.00	6800.00	6800.00		
	减振支座 110#	个	6.00	50.00	300.00		
	其他材料费			—		—	
	未计价材料费小计			—	7100.00	—	

表 7-32 工程量清单综合单价分析表（三）

工程名称：某厂职工俱乐部通风空调安装工程

项目编码	030901002002	项目名称	离心式通风机安装 4-72-11-12C	计量单位	台

清单综合单价组成明细											
定额编号	定额名称	定额单位	数量	单价/元				合价/元			
				人工费	材料费	机械费	管理费和利润	人工费	材料费	机械费	管理费和利润
9-219	离心式风机安装 12C	台	1.00	45.05	12.41		18.02	45.05	12.41		18.02
9-212	减振器支架制作安装	100kg	4.95	75.23	330.52	8.63	30.09	372.39	1636.07	42.72	148.96
9-41	风机帆布软管接口	m^2	4.15	36.69	43.25		14.68	152.26	179.49		60.91
9-43	温度、风量测定孔	个	3.00	14.16	9.20	3.22	5.66	42.48	27.60	9.66	16.99
人工单价			小　计					612.18	1855.57	52.38	244.87
23.22 元/工日			未计价材料费					5500.00			
清单项目综合单价								8265.00			

材料费明细	主要材料名称、规格、型号	单位	数量	单价/元	合价/元	暂估单价/元	暂估合价/元
	离心式风机 4-72-11-12C	台	1.00	5300.00	5300.00		
	减振支座 110#	个	4.00	50.00	200.00		
	其他材料费			—		—	
	未计价材料费小计			—	5500.00	—	

表 7-33　工程量清单综合单价分析表(四)

工程名称：某厂职工俱乐部通风空调安装工程

项目编码	030901006001	项目名称	钢板密闭门制作安装	计量单位	个

清单综合单价组成明细											
定额编号	定额名称	定额单位	数量	单价/元				合价/元			
				人工费	材料费	机械费	管理费和利润	人工费	材料费	机械费	管理费和利润
9-201	钢制密闭门制作安装	个	1.00	166.02	219.80	63.68	66.41	166.02	219.80	63.68	66.41
人工单价		小　计						166.02	219.80	63.68	66.41
23.22 元/工日		未计价材料费									
清单项目综合单价								515.91			

材料费明细	主要材料名称、规格、型号	单位	数量	单价/元	合价/元	暂估单价/元	暂估合价/元
	其他材料费			—		—	
	未计价材料费小计			—		—	

表 7-34　工程量清单综合单价分析表(五)

工程名称：某厂职工俱乐部通风空调安装工程

项目编码	030903020001	项目名称	片式消声器制作安装	计量单位	kg

清单综合单价组成明细											
定额编号	定额名称	定额单位	数量	单价/元				合价/元			
				人工费	材料费	机械费	管理费和利润	人工费	材料费	机械费	管理费和利润
9-195	片式消声器制作安装	100kg	0.01	160.68	448.78	50.61	64.27	1.61	4.49	0.51	0.64
人工单价		小　计						1.61	4.49	0.51	0.64
23.22 元/工日		未计价材料费									
清单项目综合单价								7.24			

材料费明细	主要材料名称、规格、型号	单位	数量	单价/元	合价/元	暂估单价/元	暂估合价/元
	其他材料费			—		—	
	未计价材料费小计			—		—	

表 7-35 工程量清单综合单价分析表(六)

工程名称：某厂职工俱乐部通风空调安装工程

项目编码	030902001001	项目名称	薄钢板风管制作安装	计量单位	m^2

清单综合单价组成明细											
定额编号	定额名称	定额单位	数量	单价/元				合价/元			
				人工费	材料费	机械费	管理费和利润	人工费	材料费	机械费	管理费和利润
9-22	矩形风管 2m 以内	10m^2	0.100	285.82	290.07	82.86	114.33	28.58	29.01	8.29	11.43
9-212	风管落地支架制作安装	100kg	0.037	75.23	330.52	8.63	30.09	2.77	12.16	0.32	1.11
11-1	管道除轻锈	10m^2	0.100	7.89	3.38		3.16	0.79	0.34	0.00	0.32
11-84	风管刷红丹漆第一遍	10m^2	0.100	5.80	1.07		2.32	0.58	0.11	0.00	0.23
11-117	支架刷红丹漆第一遍	100kg	0.037	5.34	0.87	6.96	2.14	0.20	0.03	0.26	0.08
11-118	支架刷红丹漆第二遍	100kg	0.037	5.11	0.75	6.96	2.04	0.19	0.03	0.26	0.08
11-2018	玻璃棉毡保温 35mm	m^3	0.035	54.57	67.91	6.75	21.83	1.91	2.38	0.24	0.76
11-2174	石棉水泥保护 10mm	10m^2	0.100	21.36	0.17	0.71	8.54	2.14	0.02	0.07	0.85
11-210	保护壳刷调和漆一遍	10m^2	0.100	13.70	0.41		5.48	1.37	0.04		0.55
11-211	保护壳刷调和漆二遍	10m^2	0.100	11.38	0.32		4.55	1.14	0.03		0.46
人工单价		小计						39.66	44.14	9.43	15.86
23.22 元/工日		未计价材料费						94.44			
清单项目综合单价								203.53			

材料费明细	主要材料名称、规格、型号	单位	数量	单价/元	合价/元	暂估单价/元	暂估合价/元
	薄钢板 3mm 厚	m^2	1.08	75.00	81.00		
	酚醛防锈漆各色	kg	0.02	10.00	0.23		
	玻璃棉毡 35mm 厚	m^3	0.04	360.00	12.98		
	酚醛调和漆各色	kg	0.02	12.00	0.21		
	其他材料费			—		—	
	未计价材料费小计			—	94.44	—	

表 7-36 工程量清单综合单价分析表(七)

工程名称：某厂职工俱乐部通风空调安装工程

项目编码	030902001002	项目名称	薄钢板风管制作安装	计量单位	m^2

清单综合单价组成明细											
定额编号	定额名称	定额单位	数量	单价/元				合价/元			
				人工费	材料费	机械费	管理费和利润	人工费	材料费	机械费	管理费和利润
9-23	矩形风管 4m 以内	10m^2	0.100	203.87	244.33	50.92	81.55	20.39	24.43	5.09	8.15
9-212	风管落地支架制作安装	100kg	0.035	75.23	330.52	8.63	30.09	2.63	11.54	0.30	1.05
11-1	管道除轻锈	10m^2	0.100	7.89	3.38		3.16	0.79	0.34	0.00	0.32
11-84	风管刷红丹漆第一遍	10m^2	0.100	5.80	1.07		2.32	0.58	0.11	0.00	0.23
11-117	支架刷红丹漆第一遍	100kg	0.035	5.34	0.87	6.96	2.14	0.19	0.03	0.24	0.07

（续）

项目编码	030902001002			项目名称	薄钢板风管制作安装				计量单位		m^2
清单综合单价组成明细											
定额编号	定额名称	定额单位	数量	单价/元				合价/元			
				人工费	材料费	机械费	管理费和利润	人工费	材料费	机械费	管理费和利润
11-118	支架刷红丹漆第二遍	100kg	0.035	5.11	0.75	6.96	2.04	0.18	0.03	0.24	0.07
11-2018	玻璃棉毡保温35mm	m^3	0.035	54.57	67.91	6.75	21.83	1.91	2.38	0.24	0.76
11-2174	石棉水泥保护10mm	$10m^2$	0.100	21.36	0.17	0.71	8.54	2.14	0.02	0.07	0.85
11-210	保护壳刷调和漆一遍	$10m^2$	0.100	13.70	0.41		5.48	1.37	0.04		0.55
11-211	保护壳刷调和漆二遍	$10m^2$	0.100	11.38	0.32		4.55	1.14	0.03		0.46
人工单价		小计						31.30	38.94	6.19	12.52
23.22元/工日		未计价材料费						94.44			
清单项目综合单价								183.38			

材料费明细	主要材料名称、规格、型号	单位	数量	单价/元	合价/元	暂估单价/元	暂估合价/元
	薄钢板3mm厚	m^2	1.08	75.00	81.00		
	酚醛防锈漆各色	kg	0.02	10.00	0.22		
	玻璃棉毡35mm厚	m^3	0.04	360.00	12.98		
	酚醛调和漆各色	kg	0.02	12.00	0.21		
	其他材料费			—		—	
	未计价材料费小计			—	94.44	—	

表7-37 工程量清单综合单价分析表（八）

工程名称：某厂职工俱乐部通风空调安装工程

项目编码	030902001003			项目名称	薄钢板风管制作安装				计量单位		m^2
清单综合单价组成明细											
定额编号	定额名称	定额单位	数量	单价/元				合价/元			
				人工费	材料费	机械费	管理费和利润	人工费	材料费	机械费	管理费和利润
9-24	矩形风管4m以外	$10m^2$	0.100	184.60	255.56	41.60	73.84	18.46	25.56	4.16	7.38
9-42	风管检查口制作安装	kg	0.064	4.87	5.44	1.17	1.95	0.31	0.35	0.07	0.12
9-212	风管落地支架制作安装	100kg	0.036	75.23	330.52	8.63	30.09	2.70	11.87	0.31	1.08
11-1	管道除轻锈	$10m^2$	0.100	7.89	3.38		3.16	0.79	0.34		0.32
11-84	风管刷红丹漆第一遍	$10m^2$	0.100	5.80	1.07		2.32	0.58	0.11		0.23
11-117	支架刷红丹漆第一遍	100kg	0.036	5.34	0.87	6.96	2.14	0.19	0.03	0.25	0.08
11-118	支架刷红丹漆第二遍	100kg	0.036	5.11	0.75	6.96	2.04	0.18	0.03	0.25	0.07
11-2018	玻璃棉毡保温35mm	m^3	0.035	54.57	67.91	6.75	21.83	1.91	2.38	0.24	0.76
11-2174	石棉水泥保护10mm	$10m^2$	0.100	21.36	0.17	0.71	8.54	2.14	0.02	0.07	0.85

（续）

项目编码	030902001003	项目名称	薄钢板风管制作安装	计量单位	m^2

清单综合单价组成明细

定额编号	定额名称	定额单位	数量	单价/元				合价/元			
				人工费	材料费	机械费	管理费和利润	人工费	材料费	机械费	管理费和利润
11-210	保护壳刷调和漆一遍	$10m^2$	0.100	13.70	0.41		5.48	1.37	0.04		0.55
11-211	保护壳刷调和漆二遍	$10m^2$	0.100	11.38	0.32		4.55	1.14	0.03		0.46
人工单价		小计						29.77	40.74	5.35	11.91
23.22元/工日		未计价材料费						94.44			
清单项目综合单价								182.21			

材料费明细	主要材料名称、规格、型号	单位	数量	单价/元	合价/元	暂估单价/元	暂估合价/元
	薄钢板3mm厚	m^2	1.08	75.00	81.00		
	酚醛防锈漆各色	kg	0.02	10.00	0.22		
	玻璃棉毡35mm	m^3	0.04	360.00	12.98		
	酚醛调和漆各色	kg	0.02	12.00	0.21		
	其他材料费			—		—	
	未计价材料费小计			—	94.44	—	

表7-38 工程量清单综合单价分析表（九）

工程名称：某厂职工俱乐部通风空调安装工程

项目编码	030903007001	项目名称	三层百叶风口制作安装	计量单位	个

清单综合单价组成明细

定额编号	定额名称	定额单位	数量	单价/元				合价/元			
				人工费	材料费	机械费	管理费和利润	人工费	材料费	机械费	管理费和利润
9-98	三层百叶风口制作	100kg	0.064	796.21	493.06	38.82	318.48	51.04	31.61	2.49	20.41
9-135	三层百叶风口安装	个	1.000	10.45	4.30	0.22	4.18	10.45	4.30	0.22	4.18
人工单价		小计						61.49	35.91	2.71	24.59
23.22元/工日		未计价材料费									
清单项目综合单价								124.70			

材料费明细	主要材料名称、规格、型号	单位	数量	单价/元	合价/元	暂估单价/元	暂估合价/元
	其他材料费			—		—	
	未计价材料费小计			—		—	

表 7-39 工程量清单综合单价分析表(十)

工程名称：某厂职工俱乐部通风空调安装工程

项目编码	030903007002	项目名称	联动百叶风口制作安装	计量单位	个

清单综合单价组成明细											
定额编号	定额名称	定额单位	数量	单价/元				合价/元			
				人工费	材料费	机械费	管理费和利润	人工费	材料费	机械费	管理费和利润
9-100	联动百叶风口制作	100kg	0.021	1190.49	539.07	440.00	476.20	24.52	11.10	9.06	9.81
9-134	联动百叶风口安装	个	1.000	5.34	3.08	0.22	2.14	5.34	3.08	0.22	2.14
人工单价		小　计						29.86	14.18	9.28	11.95
23.22 元/工日		未计价材料费									
清单项目综合单价								65.28			

材料费明细	主要材料名称、规格、型号	单位	数量	单价/元	合价/元	暂估单价/元	暂估合价/元
	其他材料费			—		—	
	未计价材料费小计			—		—	

表 7-40 工程量清单综合单价分析表(十一)

工程名称：某厂职工俱乐部通风空调安装工程

项目编码	030903007003	项目名称	旋转风口制作安装	计量单位	个

清单综合单价组成明细											
定额编号	定额名称	定额单位	数量	单价/元				合价/元			
				人工费	材料费	机械费	管理费和利润	人工费	材料费	机械费	管理费和利润
9-109	旋转风口制作	100kg	0.147	306.27	524.06	131.53	122.51	44.93	76.88	19.30	17.97
9-144	旋转风口安装	个	1.000	10.91	9.62		4.36	10.91	9.62		4.36
人工单价		小　计						55.84	86.50	19.30	22.34
23.22 元/工日		未计价材料费									
清单项目综合单价								183.97			

材料费明细	主要材料名称、规格、型号	单位	数量	单价/元	合价/元	暂估单价/元	暂估合价/元
	其他材料费			—		—	
	未计价材料费小计			—		—	

表7-41 工程量清单综合单价分析表(十二)

工程名称：某厂职工俱乐部通风空调安装工程

项目编码	030903007004	项目名称	大喷风口制作安装	计量单位	个

清单综合单价组成明细

定额编号	定额名称	定额单位	数量	单价/元				合价/元			
				人工费	材料费	机械费	管理费和利润	人工费	材料费	机械费	管理费和利润
9-103	大喷风口制作	100kg	0.450	392.19	463.16	37.74	156.88	176.49	208.42	16.98	70.59
9-154	大喷风口安装	个	1.000	7.20	7.28		2.88	7.20	7.28		2.88
人工单价		小 计						183.69	215.70	16.98	73.47
23.22元/工日		未计价材料费									
清单项目综合单价								489.84			

材料费明细	主要材料名称、规格、型号	单位	数量	单价/元	合价/元	暂估单价/元	暂估合价/元
	其他材料费			—		—	
	未计价材料费小计			—		—	

表7-42 工程量清单综合单价分析表(十三)

工程名称：某厂职工俱乐部通风空调安装工程

项目编码	030903007005	项目名称	小喷风口制作安装	计量单位	个

清单综合单价组成明细

定额编号	定额名称	定额单位	数量	单价/元				合价/元			
				人工费	材料费	机械费	管理费和利润	人工费	材料费	机械费	管理费和利润
9-103	小喷风口制作	100kg	0.220	392.19	463.16	37.74	156.88	86.28	101.90	8.30	34.51
9-154	小喷风口安装	个	1.000	7.20	7.28		2.88	7.20	7.28		2.88
人工单价		小 计						93.48	109.18	8.30	37.39
23.22元/工日		未计价材料费									
清单项目综合单价								248.35			

材料费明细	主要材料名称、规格、型号	单位	数量	单价/元	合价/元	暂估单价/元	暂估合价/元
	其他材料费			—		—	
	未计价材料费小计			—		—	

表7-43　工程量清单综合单价分析表(十四)

工程名称：某厂职工俱乐部通风空调安装工程

项目编码	030903007006	项目名称	回风口制作安装	计量单位	个

清单综合单价组成明细

定额编号	定额名称	定额单位	数量	单价/元				合价/元			
				人工费	材料费	机械费	管理费和利润	人工费	材料费	机械费	管理费和利润
9-94	回风口制作	100kg	0.015	1477.95	520.88	15.64	591.18	21.73	7.66	0.23	8.69
9-153	回风口安装	个	1.000	7.20	1.66		2.88	7.20	1.66		2.88
人工单价		小　计						28.93	9.32	0.23	11.57
23.22元/工日		未计价材料费									
清单项目综合单价								50.04			

材料费明细	主要材料名称、规格、型号	单位	数量	单价/元	合价/元	暂估单价/元	暂估合价/元
	其他材料费			—		—	
	未计价材料费小计			—		—	

表7-44　工程量清单综合单价分析表(十五)

工程名称：某厂职工俱乐部通风空调安装工程

项目编码	030903001001	项目名称	保温蝶阀制作安装320mm×200mm	计量单位	个

清单综合单价组成明细

定额编号	定额名称	定额单位	数量	单价/元				合价/元			
				人工费	材料费	机械费	管理费和利润	人工费	材料费	机械费	管理费和利润
9-53	保温蝶阀制作 320mm×200mm	100kg	0.057	344.35	402.58	441.69	137.74	19.49	22.79	25.00	7.80
9-73	保温蝶阀安装 320mm×200mm	个	1.000	6.97	3.33	8.94	2.79	6.97	3.33	8.94	2.79
人工单价		小　计						26.46	26.12	33.94	10.58
23.22元/工日		未计价材料费									
清单项目综合单价								97.10			

材料费明细	主要材料名称、规格、型号	单位	数量	单价/元	合价/元	暂估单价/元	暂估合价/元
	其他材料费			—		—	
	未计价材料费小计			—		—	

表7-45 工程量清单综合单价分析表(十六)

工程名称：某厂职工俱乐部通风空调安装工程

项目编码	030903001002	项目名称	保温蝶阀制作安装 320mm×320mm	计量单位	个

清单综合单价组成明细

定额编号	定额名称	定额单位	数量	单价/元				合价/元			
				人工费	材料费	机械费	管理费和利润	人工费	材料费	机械费	管理费和利润
9-53	保温蝶阀制作 320mm×320mm	100kg	0.071	344.35	402.58	441.69	137.74	24.38	28.50	31.27	9.75
9-73	保温蝶阀安装 320mm×320mm	个	1.000	6.97	3.33	8.94	2.79	6.97	3.33	8.94	2.79
人工单价		小计						31.35	31.83	40.21	12.54
23.22元/工日		未计价材料费									
清单项目综合单价								115.93			

材料费明细	主要材料名称、规格、型号	单位	数量	单价/元	合价/元	暂估单价/元	暂估合价/元
	其他材料费			—		—	
	未计价材料费小计			—		—	

表7-46 工程量清单综合单价分析表(十七)

工程名称：某厂职工俱乐部通风空调安装工程

项目编码	030903001003	项目名称	保温蝶阀制作安装 400mm×400mm	计量单位	个

清单综合单价组成明细

定额编号	定额名称	定额单位	数量	单价/元				合价/元			
				人工费	材料费	机械费	管理费和利润	人工费	材料费	机械费	管理费和利润
9-53	保温蝶阀制作 400mm×400mm	100kg	0.099	344.35	402.58	441.69	137.74	34.09	39.86	43.73	13.64
9-73	保温蝶阀安装 400mm×400mm	个	1.000	6.97	3.33	8.94	2.79	6.97	3.33	8.94	2.79
人工单价		小计						41.06	43.19	52.67	16.42
23.22元/工日		未计价材料费									
清单项目综合单价								153.34			

材料费明细	主要材料名称、规格、型号	单位	数量	单价/元	合价/元	暂估单价/元	暂估合价/元
	其他材料费			—		—	
	未计价材料费小计			—		—	

六、分部分项工程量计价

分部分项工程量清单与计价表须按《计价规范》规定的格式填写，综合单价即为《工程量清单综合单价分析表》中清单项目所对应的综合单价，其分部分项工程量清单的项目编码、项目名称、项目特征、单位、数量按招标人给出清单的内容计算和填写。表 7-47 为分部分项工程量清单与计价表。

表 7-47　分部分项工程量清单与计价表

工程名称：某厂职工俱乐部通风空调安装工程

序号	项目编码	项目名称	项目特征描述	计量单位	工程量	金额/元		
						综合单价	合价	其中：暂估价
1	030901004001	空调机 JS-6 型	1. JS-6 型；2. 质量约为 5200kg；3. 分段组装式	台	1	4836. 05	4836	
2	030901002001	离心式通风机 4-72-11-16B	1. 离心式；2. 4-72-11-16B；3. 减振器支架	台	1	10760. 42	10760	
3	030901002002	离心式通风机 4-72-11-12C	1. 离心式；2. 4-72-11-12C；3. 减振器支架	台	1	8265	8265	
4	030901006001	密闭门制作安装	1. 钢板密闭门 800mm × 500mm；2. 带视孔	个	4	515. 91	2064	
5	030903020001	消声器制作安装	1. 片式消声器。2. 参见国家标准图 T701-1-4#	kg	10176	7. 24	73674	
6	030902001001	碳钢通风管道制作安装 周长 2000mm 以内	1. 薄钢板；2. 矩形；3. 周长 4000mm 以内；4. 板材厚 3mm；5. 焊接；6. 吊架；7. 风管除轻锈，刷一遍红丹防锈漆，35mm 厚玻璃棉毡保温层，10mm 厚石棉水泥保护壳，保护壳外刷两遍调和漆	m^2	106. 40	203. 53	21656	
7	030902001002	碳钢通风管道制作安装 周长 4000mm 以内	1. 薄钢板；2. 矩形；3. 周长 4000mm 以外；4. 板材厚 3mm；5. 焊接；6. 吊架；7. 风管除轻锈，刷一遍红丹防锈漆，35mm 厚玻璃棉毡保温层，10mm 厚石棉水泥保护壳，保护壳外刷两遍调和漆	m^2	117. 60	183. 38	21565	
8	030902001003	碳钢通风管道制作安装 周长 4000mm 以外	1. 薄钢板；2. 矩形；3. 周长 2000mm 以内；4. 板材厚 3mm；5. 焊接；6. 吊架；7. 风管除轻锈，刷一遍红丹防锈漆，35mm 厚玻璃棉毡保温层，10mm 厚石棉水泥保护壳，保护壳外刷两遍调和漆	m^2	109. 90	183. 21	20135	
9	030903007001	碳钢风口、散流器制作安装 三层百叶风口	1. 三层百叶风口；2. 410mm × 250mm；3. 质量 6. 41kg；4. 参见国家标准图 T202-3-5 号	个	12	124. 7	1496	
10	030903007002	碳钢风口、散流器制作安装 联动百叶风口	1. 联动百叶风口；2. 300mm × 195mm；3. 质量 2. 06kg；4. 参见国家标准图 T202-4-3 号	个	14	65. 28	914	

（续）

序号	项目编码	项目名称	项目特征描述	计量单位	工程量	金额/元		
						综合单价	合价	其中：暂估价
11	030903007003	碳钢风口、散流器制作安装旋转风口	1. 旋转风口；2. ϕ320mm；3. 质量14.67kg；4. 参见国家标准图T209-1-3#	个	3	183.97	552	
12	030903007004	碳钢风口、散流器制作安装大喷风口	1. 大喷风口；2. 1000mm×500mm和800mm×350mm，长1.2m，铁板厚1mm；3. 质量45kg	个	6	489.84	2939	
13	030903007005	碳钢风口、散流器制作安装小喷风口	1. 小喷风口；2. 600mm×350mm和500mm×250mm，长0.4m，铁板厚1mm；3. 总质量22kg	个	6	248.35	1490	
14	030903007006	碳钢风口、散流器制作安装回风口	1. 回风口；2. 400mm×120mm；3. 质量1.47kg	个	66	50.04	3303	
15	030903001001	保温手柄式钢制蝶阀制作安装320mm×200mm	1. 保温手柄式钢制蝶阀；2. 320mm×200mm；3. 周长1040mm；4. 质量5.66kg；5. 参见国家标准图T302-9	个	1	97.1	97	
16	030903001002	保温手柄式钢制蝶阀制作安装320mm×320mm	1. 保温手柄式钢制蝶阀；2. 320mm×320mm；3. 周长1280mm；4. 质量7.08kg；5. 参见国家标准图T302-9	个	1	115.93	116	
17	030903001003	保温手柄式钢制蝶阀制作安装400mm×400mm	1. 保温手柄式钢制蝶阀；2. 400mm×400mm；3. 周长1600mm；4. 质量9.90kg；5. 参见国家标准图T302-9	个	1	153.34	153	
本页小计								
合　计							174016	

七、措施项目清单计价

措施项目费计取方法参见本章第一节“措施项目清单计价”相关内容。表7-48为本工程的措施项目清单计价表。

表7-48　措施项目清单与计价表

工程名称：某厂职工俱乐部通风空调安装工程

序号	项目名称	计算基础	费率(%)	金额/元
1	安全文明施工费	人工费	9.06	3364.91
2	夜间施工费			
3	二次搬运费	人工费	0.51	189.42
4	冬雨季施工	人工费	0.65	241.41
5	大型机械设备进出场及安拆费			
6	施工排水			
7	施工降水			

（续）

序号	项 目 名 称	计算基础	费率(%)	金额/元
8	地上、地下设施、建筑物的临时保护设施			
9	已完工程及设备保护			
10	各专业工程的措施项目			
(1)	垂直运输机械			
(2)	脚手架			2042.72
	合　计			5838.46

八、单位工程造价

单位工程的造价是由分部分项工程费、措施项目费、其他项目费、规费和税金组成。规费和税金在分部分项工程费、措施项目费和其他项目费的基础上进行计算，取费标准参照某省建筑安装工程费用定额计取费率。表7-49为规费、税金项目清单与计价表，表7-50为单位工程费汇总表。

表7-49　规费、税金项目清单与计价表

工程名称：某厂职工俱乐部通风空调安装工程

序号	项 目 名 称	计 算 基 础	费率(%)	金额/元
1	规费			7818.03
1.1	工程排污费	人工费	0.52	193.13
1.2	社会保障费	(1)+(2)+(3)		6492.12
(1)	养老保险费	人工费	12.6	4679.68
(2)	失业保险费	人工费	1.22	453.11
(3)	医疗保险费	人工费	3.66	1359.33
1.3	住房公积金	人工费	3.05	1132.78
1.4	危险作业意外伤害保险	按规定计取		
1.5	工程定额测定费	按规定计取		
2	税金	分部分项工程费+措施项目费+其他项目费+规费	3.41	6399.63
	合　计			14127.66

表7-50　单位工程投标报价汇总表

工程名称：某厂职工俱乐部通风空调安装工程

序号	汇 总 内 容	计 算 公 式	金额/元	其中：暂估价/元
1	分部分项工程	见表7-47	174015.59	
2	措施项目	见表7-48	5838.46	
2.1	安全文明施工费		3364.91	
3	其他项目	本工程未计取		
4	规费	见表7-49	7818.03	
5	税金	见表7-49	6399.63	
	投标报价合计	1+2+3+4+5	194071.70	

第四节 消防工程工程量清单计价编制实例

以某娱乐中心自动喷淋工程为例，说明自动喷淋工程工程量清单计价的编制方法。

一、熟悉施工图和施工内容

某娱乐中心自动喷淋平面图如图7-12、图7-13所示，系统图如图7-14所示；系统户外

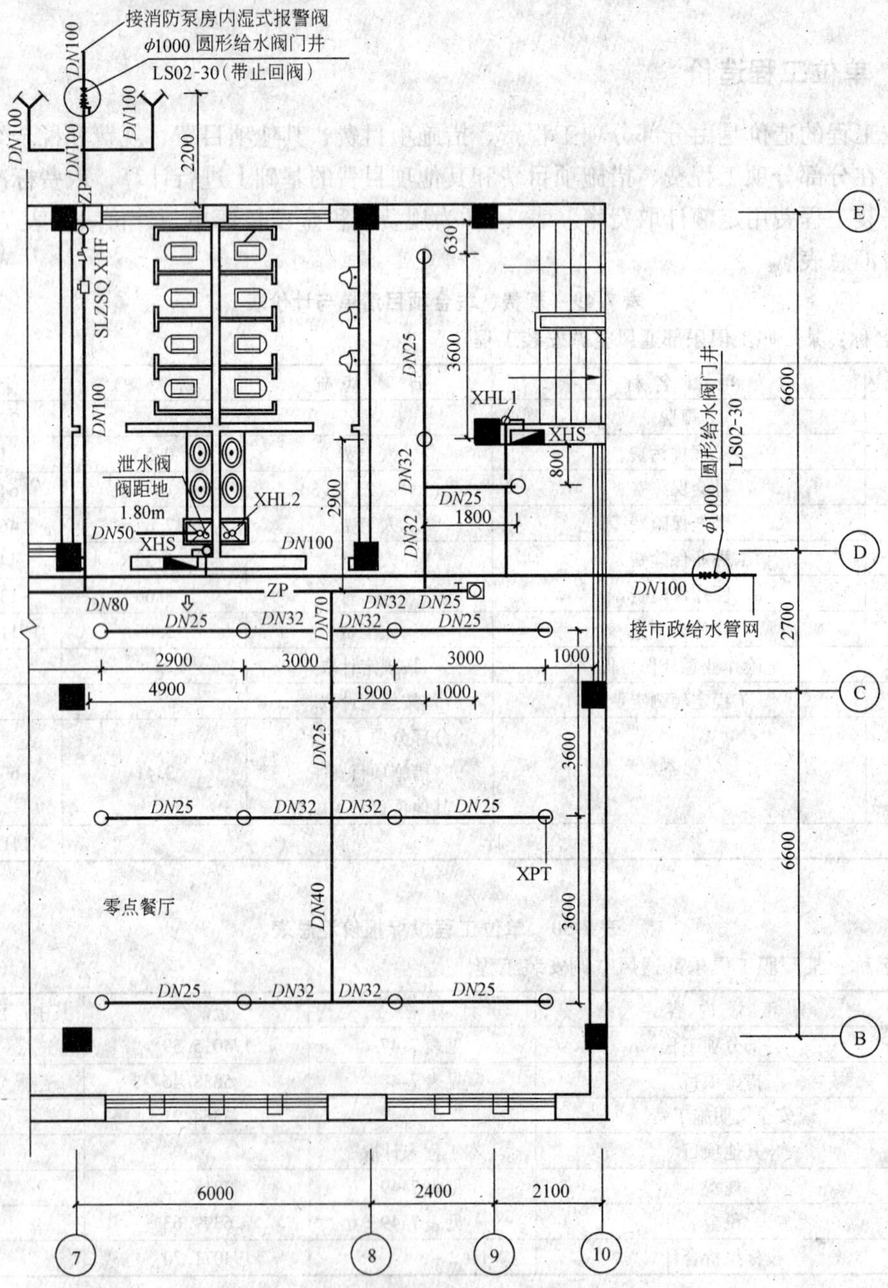

图7-12 一层自动喷淋平面图

设有阀门井，内设消防水泵接合器2套，各层均设自动排气阀、螺纹泄水阀、信号蝶阀、水流指示器。施工内容包括管道安装、自动喷淋喷头安装、阀门安装、自动排气阀安装、支架制作安装等。

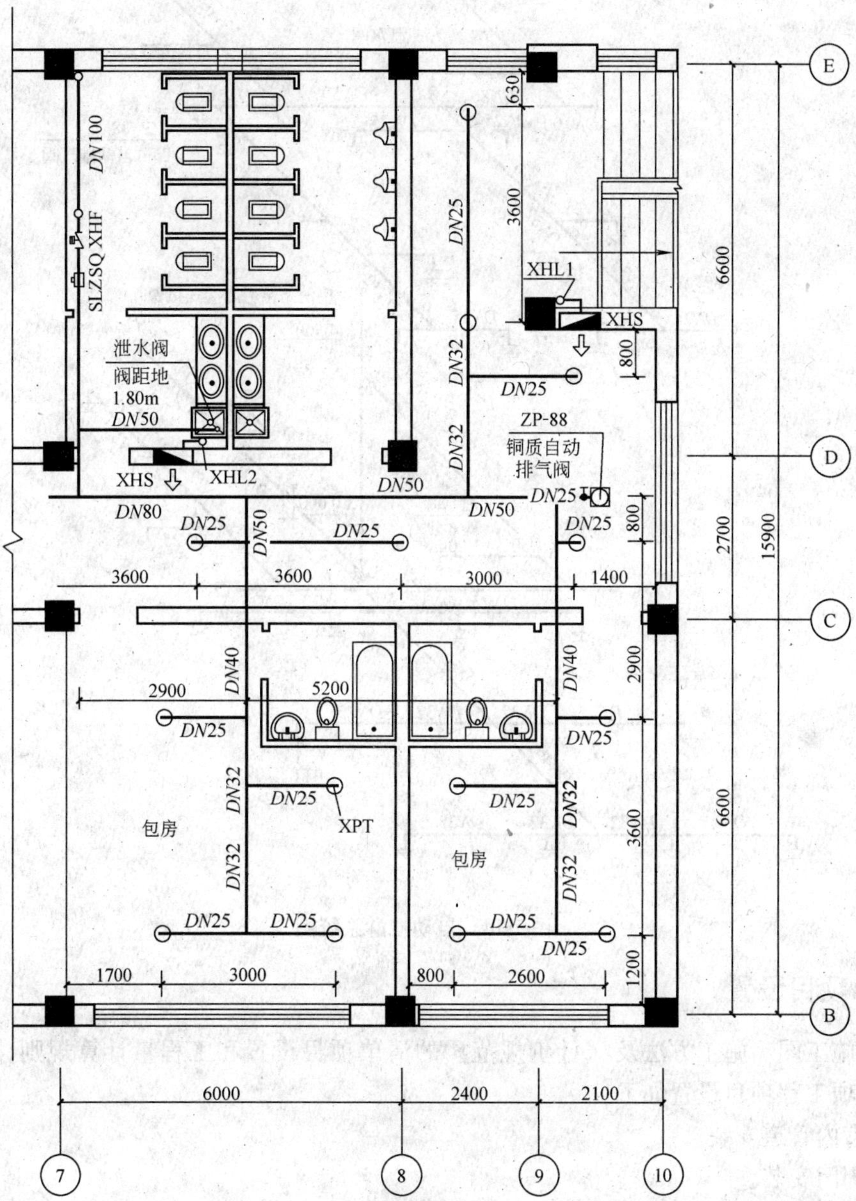

图7-13　二层自动喷淋平面图

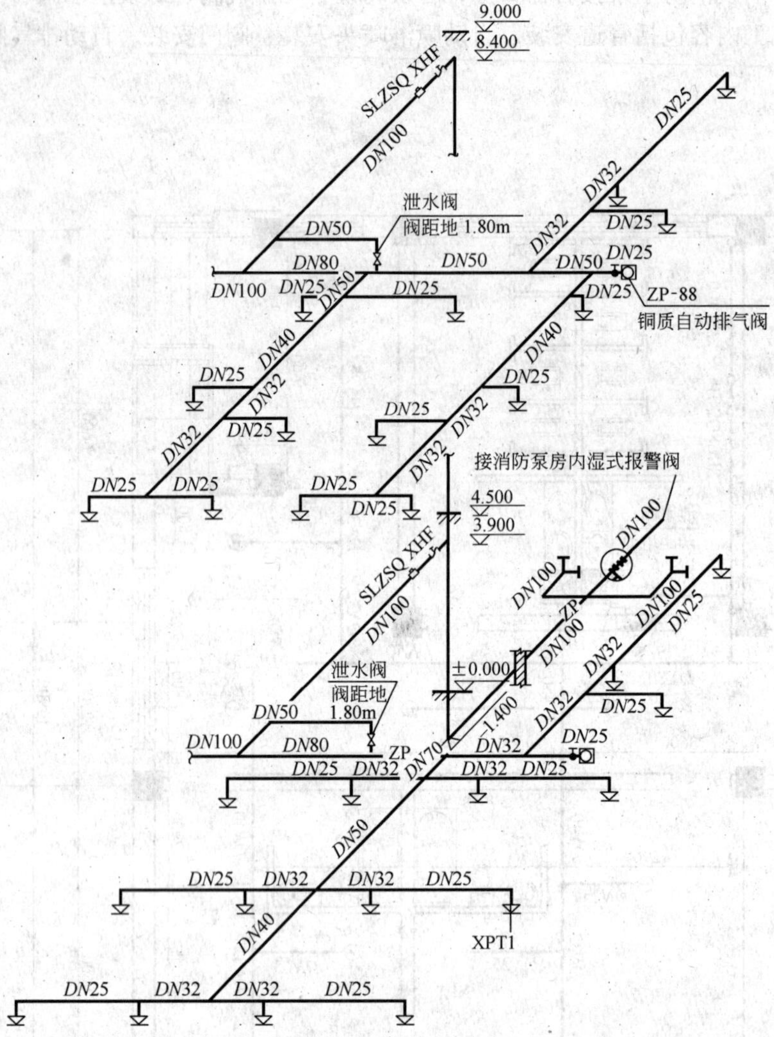

图 7-14 自动喷淋系统图

二、项目设置

根据施工图、施工方法及《计价规范》的清单项目设置和工程量计算规则，将该项目工程的分项工程项目设置如下：

1）室内管道安装。

2）阀门安装。

3）支架制作安装。

4）消防组件安装。

三、工程量计算

自动喷淋工程量计算书见表 7-51。

表 7-51　工程量计算书

工程名称：某娱乐中心自动喷淋工程

序号	分部分项工程名称	单位	工程量	工程量计算式
1	镀锌钢管 *DN*100	m	31.40	1.5×2+1.1×2+2.2+0.37+6.6+0.25+0.13+6.6+0.25+8.4+1.4=31.40
2	镀锌钢管 *DN*80	m	7.80	4.9+2.9=7.80
3	镀锌钢管 *DN*70	m	1.01	1.35−0.25−0.12−0.05−0.04=1.01
4	镀锌钢管 *DN*50	m	17.61	① 4.55+3.6=8.15 ② 4.55+1.01+3.9=9.46 ①+②=17.61
5	镀锌钢管 *DN*40	m	10.20	3.6+2.9+3.7=10.20
6	镀锌钢管 *DN*32	m	23.90	① 3×3+1.9+2.9=13.80 ② 3.6+3.6+2.9=10.10 ①+②=23.90
7	镀锌钢管 *DN*25	m	54.30	① 3×3+2.9×3+3.6+1.8+1=24.10 ② 3.6+3×2+2.6×2+3.6+1.8+1+0.3=21.50 ③ 0.3×29=8.70 ①+②+③=54.30
8	快速反应喷头	个	29.00	
9	自动排气阀 *DN*25	个	2.00	
10	螺纹泄水阀 *DN*50	个	2.00	
11	信号蝶阀 *DN*100	个	2.00	
12	水流指示器 *DN*100	个	2.00	
13	消防水泵接合器 *DN*100	套	2.00	
14	套管	m	1.30	0.15×2+0.3×2+0.4=1.30
15	支架	kg	113.00	
16	自动喷淋系统冲洗	m	146.20	31.4+7.8+1.01+17.61+10.2+23.9+54.3=146.20

四、编制分部分项工程量清单

分部分项工程量清单见表 7-52。

表 7-52　分部分项工程量清单与计价表

工程名称：某娱乐中心自动喷淋工程

序号	项目编码	项目名称	项目特征描述	计量单位	工程量	金额/元		
						综合单价	合价	其中：暂估价
1	030701001001	镀锌钢管 *DN*100	1. 室内；2. 镀锌钢管；3. *DN*100；4. 螺纹连接；5. 管网水冲洗	m	31.40			
2	030701001002	镀锌钢管 *DN*80	1. 室内；2. 镀锌钢管；3. *DN*80；4. 螺纹连接；5. 管网水冲洗	m	7.80			

（续）

序号	项目编码	项目名称	项目特征描述	计量单位	工程量	金额/元		
						综合单价	合价	其中：暂估价
3	030701001003	镀锌钢管 *DN*70	1. 室内；2. 镀锌钢管；3. *DN*70；4. 螺纹连接；5. 管网水冲洗	m	1.01			
4	030701001004	镀锌钢管 *DN*50	1. 室内；2. 镀锌钢管；3. *DN*50；4. 螺纹连接；5. 管网水冲洗	m	17.61			
5	030701001005	镀锌钢管 *DN*40	1. 室内；2. 镀锌钢管；3. *DN*40；4. 螺纹连接；5. 管网水冲洗	m	10.20			
6	030701001006	镀锌钢管 *DN*32	1. 室内；2. 镀锌钢管；3. *DN*32；4. 螺纹连接；5. 管网水冲洗	m	23.90			
7	030701001007	镀锌钢管 *DN*25	1. 室内；2. 镀锌钢管；3. *DN*25；4. 螺纹连接；5. 管网水冲洗	m	54.30			
8	030701011001	水喷头	1. 有吊顶；2. 铜质镀铬；3. *DN*15，吊项型，68℃	个	29.00			
9	030803005001	自动排气阀 *DN*25	1. 自动排气阀；2. 铜质；3. *DN*25	个	2.00			
10	030701006001	螺纹法兰泄水阀 *DN*50	1. 截止阀，铜质，*DN*50；2. 螺纹法兰	个	2.00			
11	030701007001	法兰信号阀 *DN*100	1. 信号蝶阀，铸钢材质，*DN*100；2. 沟槽法兰	个	2.00			
12	030701014001	水流指示器 *DN*100	1. 马鞍式水流指示器；2. *DN*100	个	2.00			
13	030701019001	消防水泵接合器 *DN*100	1. 地下式；2. *DN*100	个	2.00			
14	030704001001	管道支架制作安装	1. 吊架；2. 型钢；3. 手工除锈，刷一遍防锈漆，两遍调和漆	kg	113.00			
合　计								

五、项目综合单价

项目综合单价的计算是招标控制价和投标报价的关键环节，应按计价规范做出综合单价分析，见表7-53～表7-66。

综合单价的计算表的计算原理、编制原则及规定见本章第二节中的“五、计算项目综合单价”。

表 7-53　工程量清单综合单价分析表(一)

工程名称：某娱乐中心自动喷淋工程

项目编码	030701001001	项目名称	镀锌钢管　*DN*100	计量单位	m

清单综合单价组成明细

定额编号	定额名称	定额单位	数量	单价/元				合价/元			
				人工费	材料费	机械费	管理费和利润	人工费	材料费	机械费	管理费和利润
7-73	镀锌钢管 *DN*100	10m	0.100	76.39	15.30	9.26	30.56	7.64	1.53	0.93	3.06
8-29	钢套管 *DN*125	10m	0.041	39.24	59.36	14.39	15.70	1.62	2.46	0.60	0.65
7-135	管网水冲洗 *DN*100	100m	0.010	78.95	374.80	27.05	31.58	0.79	3.75	0.27	0.32

人工单价	小　计	人工费	材料费	机械费	管理费和利润
23.22 元/工日	小　计	10.05	7.74	1.79	4.02
	未计价材料费	75.33			
	清单项目综合单价	99.33			

材料费明细	主要材料名称、规格、型号	单位	数量	单价/元	合价/元	暂估单价/元	暂估合价/元
	镀锌钢管 *DN*100	m	1.00	60.95	60.95		
	镀锌钢管螺纹接头零件 *DN*100	个	0.52	23.00	11.94		
	焊接钢管 *DN*125	m	0.04	67.68	2.84		
	其他材料费			—		—	
	未计价材料费小计			—	75.73	—	

表 7-54　工程量清单综合单价分析表(二)

工程名称：某娱乐中心自动喷淋工程

项目编码	030701001002	项目名称	镀锌钢管　*DN*80	计量单位	m

清单综合单价组成明细

定额编号	定额名称	定额单位	数量	单价/元				合价/元			
				人工费	材料费	机械费	管理费和利润	人工费	材料费	机械费	管理费和利润
7-72	镀锌钢管 *DN*80	10m	0.100	67.80	18.53	10.47	27.12	6.78	1.85	1.05	2.71
7-134	管网水冲洗 *DN*80	100m	0.010	64.55	108.22	8.30	25.82	0.65	1.08	0.08	0.26

人工单价	小　计	人工费	材料费	机械费	管理费和利润
23.22 元/工日	小　计	7.43	2.94	1.13	2.97
	未计价材料费	60.07			
	清单项目综合单价	74.53			

材料费明细	主要材料名称、规格、型号	单位	数量	单价/元	合价/元	暂估单价/元	暂估合价/元
	镀锌钢管 *DN*80	m	1.00	46.85	46.85		
	镀锌钢管螺纹接头零件 *DN*80	个	0.83	16.00	13.22		
	其他材料费			—		—	
	未计价材料费小计			—	60.07	—	

表7-55 工程量清单综合单价分析表(三)

工程名称：某娱乐中心自动喷淋工程

项目编码		030701001003		项目名称		镀锌钢管 *DN*70				计量单位	m
清单综合单价组成明细											
定额编号	定额名称	定额单位	数量	单价/元				合价/元			
				人工费	材料费	机械费	管理费和利润	人工费	材料费	机械费	管理费和利润
7-71	镀锌钢管 *DN*70	10m	0.100	57.82	16.79	9.24	23.13	5.78	1.68	0.92	2.31
7-133	管网水冲洗 *DN*70	100m	0.010	64.55	90.89	7.63	25.82	0.65	0.91	0.08	0.26
人工单价		小计						6.43	2.59	1.10	2.57
23.22元/工日		未计价材料费						48.71			
清单项目综合单价								61.30			

材料费明细	主要材料名称、规格、型号	单位	数量	单价/元	合价/元	暂估单价/元	暂估合价/元
	镀锌钢管 *DN*70	m	1.00	37.31	37.31		
	镀锌钢管螺纹接头零件 *DN*70	个	0.89	12.80	11.40		
	其他材料费			—		—	
	未计价材料费小计			—	48.71	—	

表7-56 工程量清单综合单价分析表(四)

工程名称：某娱乐中心自动喷淋工程

项目编码		030701001004		项目名称		镀锌钢管 *DN*50				计量单位	m
清单综合单价组成明细											
定额编号	定额名称	定额单位	数量	单价/元				合价/元			
				人工费	材料费	机械费	管理费和利润	人工费	材料费	机械费	管理费和利润
7-70	镀锌钢管 *DN*50	10m	0.100	52.01	12.86	9.17	20.80	5.20	1.29	0.92	2.08
7-132	管网水冲洗 *DN*50	100m	0.010	58.75	72.05	6.29	23.50	0.59	0.72	0.06	0.24
人工单价		小计						5.79	2.01	0.98	2.32
23.22元/工日		未计价材料费						35.14			
清单项目综合单价								46.23			

材料费明细	主要材料名称、规格、型号	单位	数量	单价/元	合价/元	暂估单价/元	暂估合价/元
	镀锌钢管 *DN*50	m	1.00	27.40	27.40		
	镀锌钢管螺纹接头零件 *DN*50	个	0.93	8.30	7.74		
	其他材料费			—		—	
	未计价材料费小计			—	35.14	—	

表 7-57　工程量清单综合单价分析表(五)

工程名称：某娱乐中心自动喷淋工程

项目编码	030701001005	项目名称	镀锌钢管　*DN*40	计量单位	m

清单综合单价组成明细

定额编号	定额名称	定额单位	数量	单价/元				合价/元			
				人工费	材料费	机械费	管理费和利润	人工费	材料费	机械费	管理费和利润
7-69	镀锌钢管 *DN*40	10m	0.100	49.92	12.96	10.26	19.97	4.99	1.30	1.03	2.00
7-132	管网水冲洗 *DN*50	100m	0.010	58.75	72.05	6.29	23.50	0.59	0.72	0.06	0.24
人工单价		小　计						5.58	2.02	1.09	2.23
23.22 元/工日		未计价材料费						27.93			
清单项目综合单价								38.85			

材料费明细	主要材料名称、规格、型号	单位	数量	单价/元	合价/元	暂估单价/元	暂估合价/元
	镀锌钢管 *DN*40	m	1.00	21.57	21.57		
	镀锌钢管螺纹接头零件 *DN*40	个	1.22	5.20	6.36		
	其他材料费			—		—	
	未计价材料费小计			—	27.93	—	

表 7-58　工程量清单综合单价分析表(六)

工程名称：某娱乐中心自动喷淋工程

项目编码	030701001006	项目名称	镀锌钢管　*DN*32	计量单位	m

清单综合单价组成明细

定额编号	定额名称	定额单位	数量	单价/元				合价/元			
				人工费	材料费	机械费	管理费和利润	人工费	材料费	机械费	管理费和利润
7-68	镀锌钢管 *DN*32	10m	0.100	43.89	8.53	6.82	17.56	4.39	0.85	0.68	1.76
7-132	管网水冲洗 *DN*50	100m	0.010	58.75	72.05	6.29	23.50	0.59	0.72	0.06	0.24
人工单价		小　计						4.98	1.57	0.74	1.99
23.22 元/工日		未计价材料费						21.07			
清单项目综合单价								30.36			

材料费明细	主要材料名称、规格、型号	单位	数量	单价/元	合价/元	暂估单价/元	暂估合价/元
	镀锌钢管 *DN*32	m	1.00	17.60	17.60		
	镀锌钢管螺纹接头零件 *DN*32	个	0.81	4.30	3.47		
	其他材料费			—		—	
	未计价材料费小计			—	21.07	—	

表7-59 工程量清单综合单价分析表(七)

工程名称：某娱乐中心自动喷淋工程

项目编码	030701001007	项目名称	镀锌钢管 *DN*25	计量单位	m

清单综合单价组成明细

定额编号	定额名称	定额单位	数量	单价/元				合价/元			
				人工费	材料费	机械费	管理费和利润	人工费	材料费	机械费	管理费和利润
7-67	镀锌钢管 *DN*25	10m	0.100	42.26	6.77	4.47	16.90	4.23	0.68	0.45	1.69
7-132	管网水冲洗 *DN*50	100m	0.010	58.75	72.05	6.29	23.50	0.59	0.72	0.06	0.24
人工单价		小计						4.81	1.40	0.51	1.93
23.22元/工日		未计价材料费						15.86			
清单项目综合单价								24.51			

材料费明细	主要材料名称、规格、型号	单位	数量	单价/元	合价/元	暂估单价/元	暂估合价/元
	镀锌钢管 *DN*25	m	1.00	13.62	13.62		
	镀锌钢管螺纹接头零件 *DN*25	个	0.72	3.10	2.24		
	其他材料费			—		—	
	未计价材料费小计			—	15.86	—	

表7-60 工程量清单综合单价分析表(八)

工程名称：某娱乐中心自动喷淋工程

项目编码	030701011001	项目名称	水喷头(吊顶型)	计量单位	个

清单综合单价组成明细

定额编号	定额名称	定额单位	数量	单价/元				合价/元			
				人工费	材料费	机械费	管理费和利润	人工费	材料费	机械费	管理费和利润
7-77	喷头安装(有吊顶)	10个	0.100	45.05	33.39	7.56	18.02	4.51	3.34	0.76	1.80
人工单价		小计						4.51	3.34	0.76	1.80
23.22元/工日		未计价材料费						7.50			
清单项目综合单价								17.90			

材料费明细	主要材料名称、规格、型号	单位	数量	单价/元	合价/元	暂估单价/元	暂估合价/元
	吊顶型喷头68℃	个	1.00	7.50	7.50		
	其他材料费			—		—	
	未计价材料费小计			—	7.50	—	

表 7-61　工程量清单综合单价分析表(九)

工程名称：某娱乐中心自动喷淋工程

项目编码	030803005001			项目名称		自动排气阀 *DN*25			计量单位		个
清单综合单价组成明细											
定额编号	定额名称	定额单位	数量	单价/元				合价/元			
				人工费	材料费	机械费	管理费和利润	人工费	材料费	机械费	管理费和利润
8-301	自动排气阀 *DN*25	个	1.000	6.27	8.10		2.51	6.27	8.10		2.51
人工单价		小　计						6.27	8.10		2.51
23.22 元/工日		未计价材料费						50.00			
清单项目综合单价								66.88			

材料费明细	主要材料名称、规格、型号	单位	数量	单价/元	合价/元	暂估单价/元	暂估合价/元
	自动排气阀 *DN*25	个	1.00	50.00	50.00		
	其他材料费			—		—	
	未计价材料费小计			—	50.00	—	

表 7-62　工程量清单综合单价分析表(十)

工程名称：某娱乐中心自动喷淋工程

项目编码	030701006001			项目名称		螺纹法兰阀门　*DN*50			计量单位		个
清单综合单价组成明细											
定额编号	定额名称	定额单位	数量	单价/元				合价/元			
				人工费	材料费	机械费	管理费和利润	人工费	材料费	机械费	管理费和利润
8-255	螺纹法兰阀 *DN*50	个	1.000	11.38	48.25		4.55	11.38	48.25		4.55
人工单价		小　计						11.38	48.25		4.55
23.22 元/工日		未计价材料费						110.00			
清单项目综合单价								174.18			

材料费明细	主要材料名称、规格、型号	单位	数量	单价/元	合价/元	暂估单价/元	暂估合价/元
	螺纹法兰截止阀 *DN*50	个	1.00	110.00	110.00		
	其他材料费			—		—	
	未计价材料费小计			—	110.00	—	

表7-63 工程量清单综合单价分析表(十一)

工程名称：某娱乐中心自动喷淋工程

项目编码	030701007001	项目名称	法兰阀门 *DN*100	计量单位	个

清单综合单价组成明细											
定额编号	定额名称	定额单位	数量	单价/元				合价/元			
				人工费	材料费	机械费	管理费和利润	人工费	材料费	机械费	管理费和利润
8-261	法兰阀门 *DN*100	个	1.000	21.59	154.79	12.88	8.64	21.59	154.79	12.88	8.64
人工单价		小计						21.59	154.79	12.88	8.64
23.22元/工日		未计价材料费						230.00			
清单项目综合单价								427.90			

材料费明细	主要材料名称、规格、型号	单位	数量	单价/元	合价/元	暂估单价/元	暂估合价/元
	沟槽法兰信号蝶阀 *DN*100	个	1.00	230.00	230.00		
	其他材料费			—		—	
	未计价材料费小计			—	230.00	—	

表7-64 工程量清单综合单价分析表(十二)

工程名称：某娱乐中心自动喷淋工程

项目编码	030701014001	项目名称	水流指示器 *DN*100	计量单位	个

清单综合单价组成明细											
定额编号	定额名称	定额单位	数量	单价/元				合价/元			
				人工费	材料费	机械费	管理费和利润	人工费	材料费	机械费	管理费和利润
7-94	水流指示器 *DN*100	个	1.000	34.60	42.37	12.35	13.84	34.60	42.37	12.35	13.84
人工单价		小计						34.60	42.37	12.35	13.84
23.22元/工日		未计价材料费						150.00			
清单项目综合单价								253.16			

材料费明细	主要材料名称、规格、型号	单位	数量	单价/元	合价/元	暂估单价/元	暂估合价/元
	马鞍式水流指示器 *DN*100	个	1.00	150.00	150.00		
	其他材料费			—		—	
	未计价材料费小计			—	150.00	—	

表 7-65　工程量清单综合单价分析表（十三）

工程名称：某娱乐中心自动喷淋工程

项目编码		030701019001			项目名称		消防水泵接合器 *DN*100			计量单位	套
清单综合单价组成明细											
定额编号	定额名称	定额单位	数量	单价/元				合价/元			
				人工费	材料费	机械费	管理费和利润	人工费	材料费	机械费	管理费和利润
7-121	水泵接合器 *DN*100	套	1.000	41.10	113.20	5.31	16.44	41.10	113.20	5.31	16.44
人工单价		小　计						41.10	113.20	5.31	16.44
23.22 元/工日		未计价材料费						650.00			
清单项目综合单价								826.05			

材料费明细	主要材料名称、规格、型号	单位	数量	单价/元	合价/元	暂估单价/元	暂估合价/元
	地下式消防水泵接合器 *DN*100	套	1.00	650.00	650.00		
	其他材料费			—		—	
	未计价材料费小计			—	650.00	—	

表 7-66　工程量清单综合单价分析表（十四）

工程名称：某娱乐中心自动喷淋工程

项目编码		030704001001			项目名称		管道支架制作安装			计量单位	kg
清单综合单价组成明细											
定额编号	定额名称	定额单位	数量	单价/元				合价/元			
				人工费	材料费	机械费	管理费和利润	人工费	材料费	机械费	管理费和利润
7-131	管道支架制作安装	100kg	0.010	206.66	104.28	77.9	82.66	2.07	1.04	0.78	0.83
11-7	管道支架手工除轻锈	100kg	0.010	7.89	2.5	6.96	3.16	0.08	0.03	0.07	0.03
11-119	支架刷防锈漆第一遍	100kg	0.010	5.34	0.81	6.96	2.14	0.05	0.01	0.07	0.02
11-126	支架刷调和漆第一遍	100kg	0.010	5.11	3.93	6.96	2.04	0.05	0.04	0.07	0.02
11-127	支架刷调和漆第二遍	100kg	0.010	5.11	3.18	6.96	2.04	0.05	0.03	0.07	0.02
7-131	管道支架制作安装	100kg	0.010	206.66	104.28	77.9	82.66	2.07	1.04	0.78	0.83
人工单价		小　计						2.30	1.15	1.06	0.92
23.22 元/工日		未计价材料费						4.40			
清单项目综合单价								9.83			

材料费明细	主要材料名称、规格、型号	单位	数量	单价/元	合价/元	暂估单价/元	暂估合价/元
	型钢	kg	1.06	3.9	4.13		
	其他材料费			—		—	
	未计价材料费小计			—	4.40	—	

六、分部分项工程量计价

分部分项工程量清单与计价表须按《计价规范》规定的格式填写，综合单价即为《工程量清单综合单价分析表》中清单项目所对应的综合单价，其分部分项工程量清单的项目编码、项目名称、项目特征、单位、数量按招标人给出清单的内容计算和填写。表7-67为分部分项工程量清单与计价表。

表7-67 分部分项工程量清单与计价表

工程名称：某娱乐中心自动喷淋工程

序号	项目编码	项目名称	项目特征描述	计量单位	工程量	金额/元		
						综合单价	合价	其中：暂估价
1	030701001001	镀锌钢管 DN100	1. 室内；2. 镀锌钢管；3. DN100；4. 螺纹连接；5. 管网水冲洗	m	31.40	99.33	3118.96	
2	030701001002	镀锌钢管 DN80	1. 室内；2. 镀锌钢管；3. DN80；4. 螺纹连接；5. 管网水冲洗	m	7.80	74.53	581.33	
3	030701001003	镀锌钢管 DN70	1. 室内；2. 镀锌钢管；3. DN70；4. 螺纹连接；5. 管网水冲洗	m	1.01	61.30	61.91	
4	030701001004	镀锌钢管 DN50	1. 室内；2. 镀锌钢管；3. DN50；4. 螺纹连接；5. 管网水冲洗	m	17.61	46.23	814.11	
5	030701001005	镀锌钢管 DN40	1. 室内；2. 镀锌钢管；3. DN40；4. 螺纹连接；5. 管网水冲洗	m	10.20	38.85	396.27	
6	030701001006	镀锌钢管 DN32	1. 室内；2. 镀锌钢管；3. DN32；4. 螺纹连接；5. 管网水冲洗	m	23.90	30.36	725.60	
7	030701001007	镀锌钢管 DN25	1. 室内；2. 镀锌钢管；3. DN25；4. 螺纹连接；5. 管网水冲洗	m	54.30	24.51	1330.89	
8	030701011001	水喷头	1. 有吊顶；2. 铜质镀铬；3. DN15，吊顶型，68℃	个	29.00	17.90	519.10	
9	030803005001	自动排气阀 DN25	1. 自动排气阀；2. 铜质；3. DN25	个	2.00	66.88	133.76	
10	030701006001	螺纹法兰泄水阀 DN50	1. 截止阀，铜质，DN50；2. 螺纹法兰	个	2.00	174.18	348.36	
11	030701007001	法兰信号阀 DN100	1. 信号蝶阀，铸钢材质，DN100；2. 沟槽法兰	个	2.00	427.90	855.80	
12	030701014001	水流指示器 DN100	1. 马鞍式水流指示器；2. DN100	个	2.00	253.16	506.32	

（续）

序号	项目编码	项目名称	项目特征描述	计量单位	工程量	金额/元		
						综合单价	合价	其中：暂估价
13	030701019001	消防水泵接合器 *DN*100	1. 地下式；2. *DN*100	个	2.00	826.05	1652.10	
14	030704001001	管道支架制作安装	1. 吊架；2. 型钢；3. 手工除锈，刷一遍防锈漆，两遍调和漆	kg	113.00	9.83	1110.79	
合　计							12155	

七、措施项目清单计价

措施项目费计取方法参见本章第二节“措施项目清单计价”相关内容。表7-68为本工程的措施项目清单计价表。

表7-68　措施项目清单与计价表

工程名称：某娱乐中心自动喷淋工程

序号	项 目 名 称	计算基础	费率(%)	金额/元
1	安全文明施工费	人工费	9.06	139.49
2	夜间施工费			
3	二次搬运费	人工费	0.51	7.85
4	冬雨季施工	人工费	0.65	10.01
5	大型机械设备进出场及安拆费			
6	施工排水			
7	施工降水			
8	地上、地下设施、建筑物的临时保护设施			
9	已完工程及设备保护			
10	各专业工程的措施项目			
(1)	垂直运输机械			
(2)	脚手架			84.68
合　计				157.35

八、单位工程造价

单位工程的造价是由分部分项工程费、措施项目费、其他项目费、规费和税金组成。规费和税金在分部分项工程费、措施项目费和其他项目费的基础上进行计算，取费标准参照某省建筑安装工程费用定额计取费率。表7-69为规费、税金项目清单与计价表，表7-70为单位工程费汇总表。

表7-69 规费、税金项目清单与计价表

工程名称：某娱乐中心自动喷淋工程

序号	项目名称	计算基础	费率(%)	金额/元
1	规费			324.10
1.1	工程排污费	人工费	0.52	8.01
1.2	社会保障费	(1)+(2)+(3)		269.13
(1)	养老保险费	人工费	12.6	194.00
(2)	失业保险费	人工费	1.22	18.78
(3)	医疗保险费	人工费	3.66	56.35
1.3	住房公积金	人工费	3.05	46.96
1.4	危险作业意外伤害保险	按规定计取		
1.5	工程定额测定费	按规定计取		
2	税金	分部分项工程费+措施项目费+其他项目费+规费	3.41	430.91
合计				755.01

表7-70 单位工程投标报价汇总表

工程名称：某娱乐中心自动喷淋工程

序号	汇总内容	计算公式	金额/元	其中：暂估价/元
1	分部分项工程	见表7-67	12155.32	
2	措施项目	见表7-68	157.35	
2.1	安全文明施工费		139.49	
3	其他项目	本工程未计取		
4	规费	见表7-69	324.10	
5	税金	见表7-69	430.91	
	投标报价合计	1+2+3+4+5	13067.68	

第五节 电气工程工程量清单计价编制实例

以某车间变电所电气工程为例，说明变电所设备安装工程量清单计价的编制方法。

一、施工图纸和施工内容

图7-15为该车间变电所主接线图；图7-16为某车间变电所平面图；图7-17为某车间变电所平剖面图；图7-18为低压母线支架图；图7-19为墙上安装负荷开关及操作机构支架图；图7-20电缆敷设支架图；图7-21为NTN-33型电缆头安装及支架图；表7-71列出变电所工程设备和材料。

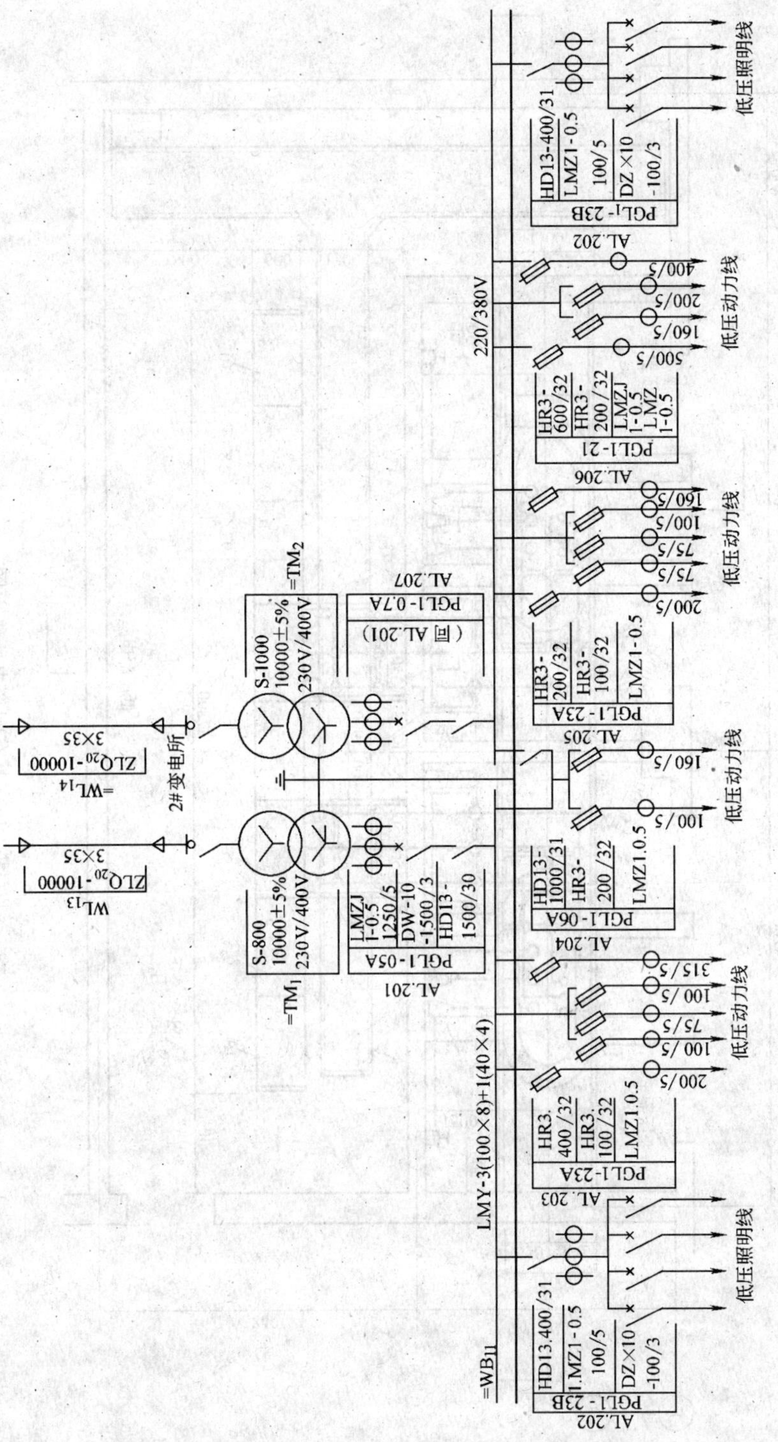

图 7-15　某车间变电所主接线图

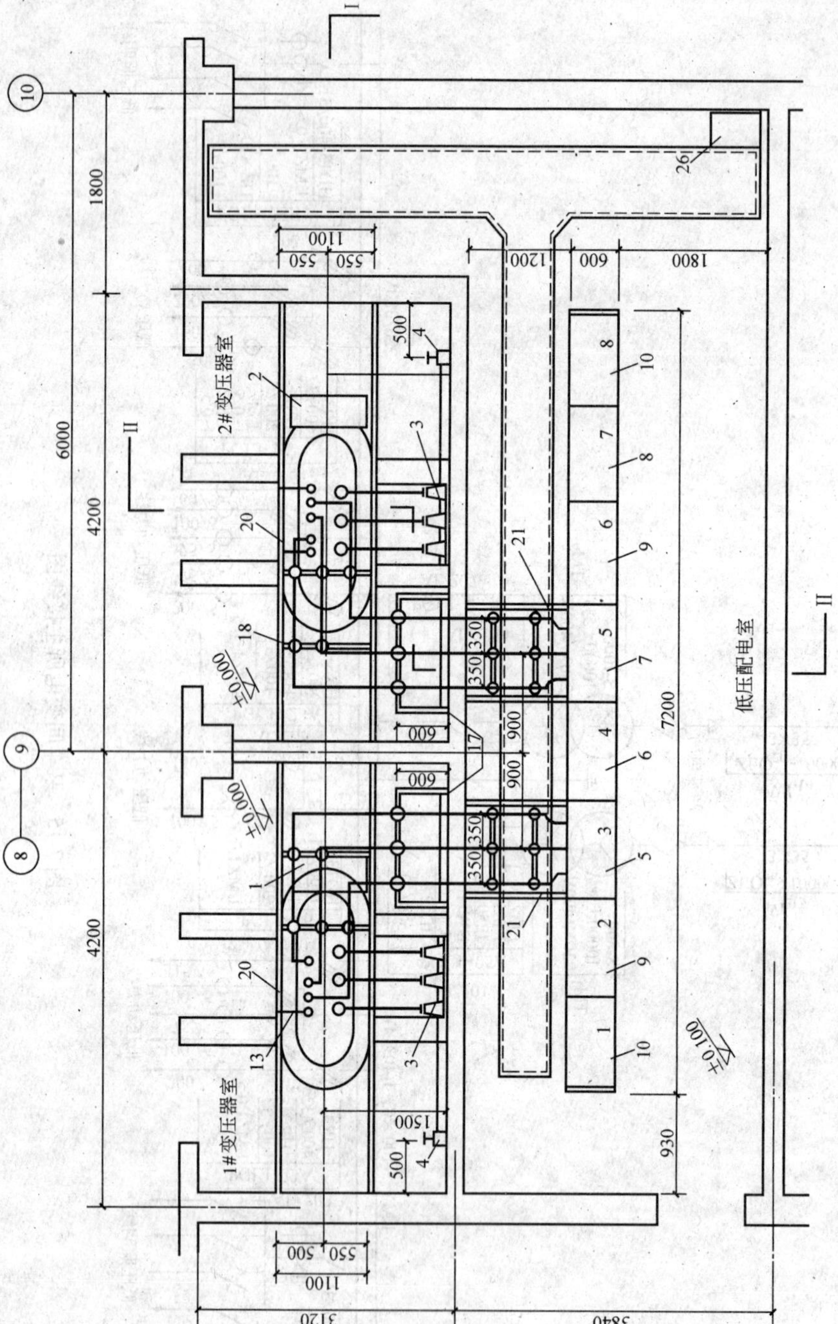

图7-16 某车间变电所平面图

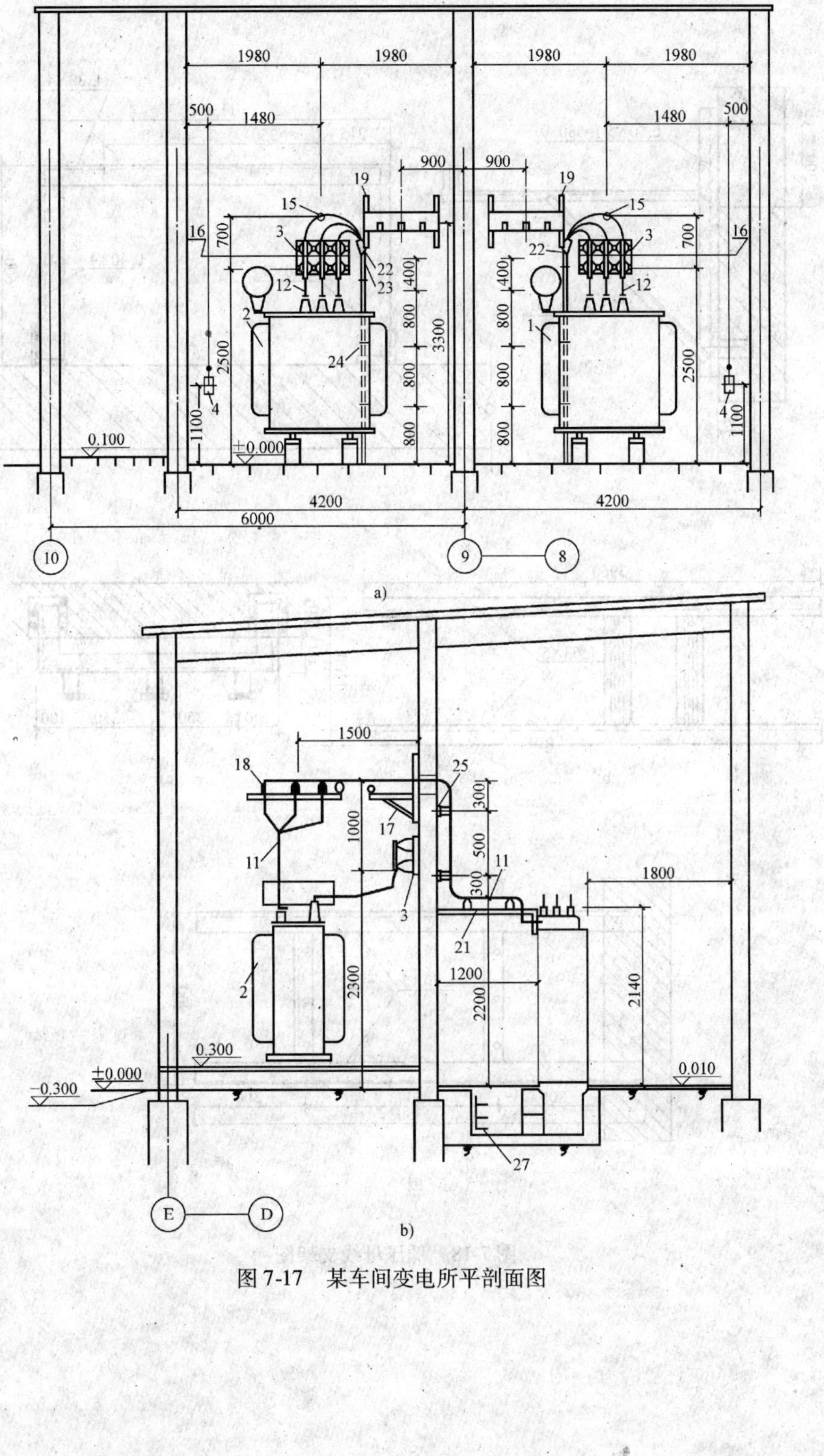

图 7-17　某车间变电所平剖面图

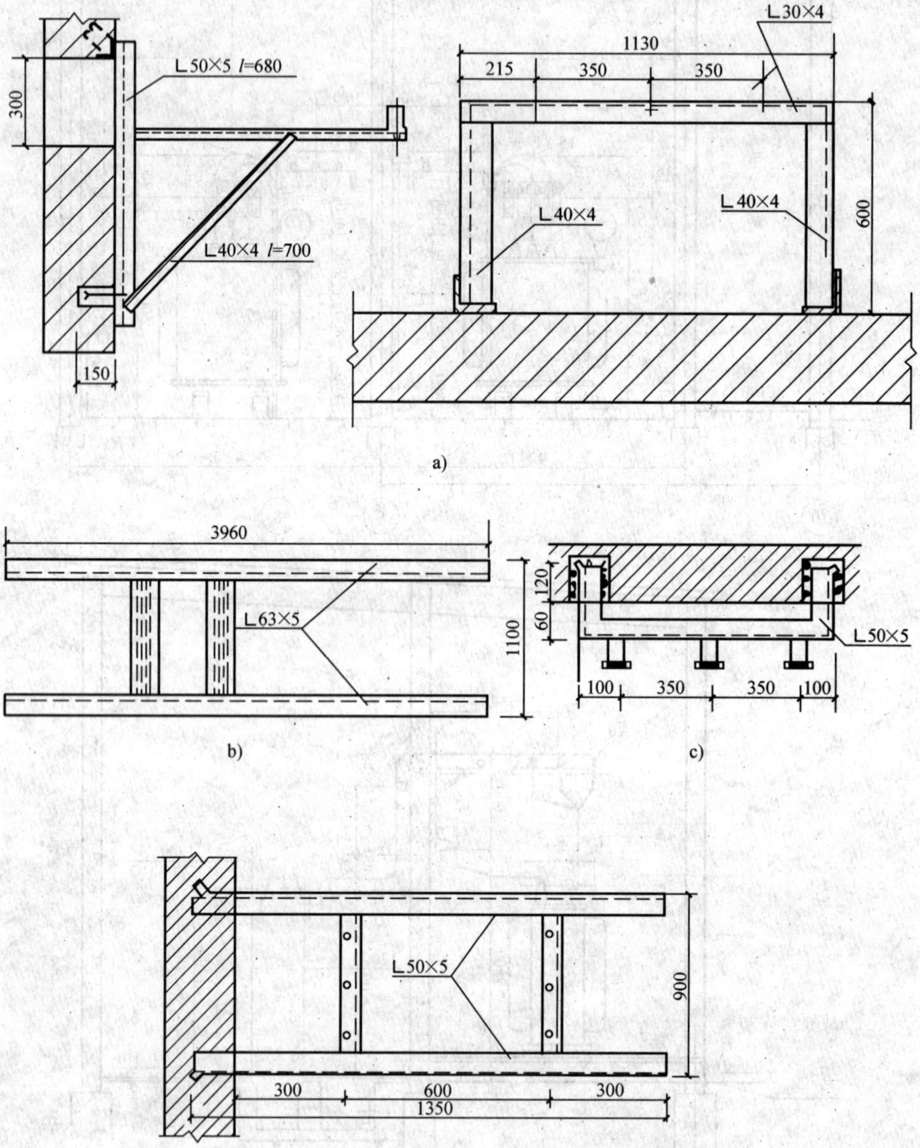

图 7-18　低压母线支架图

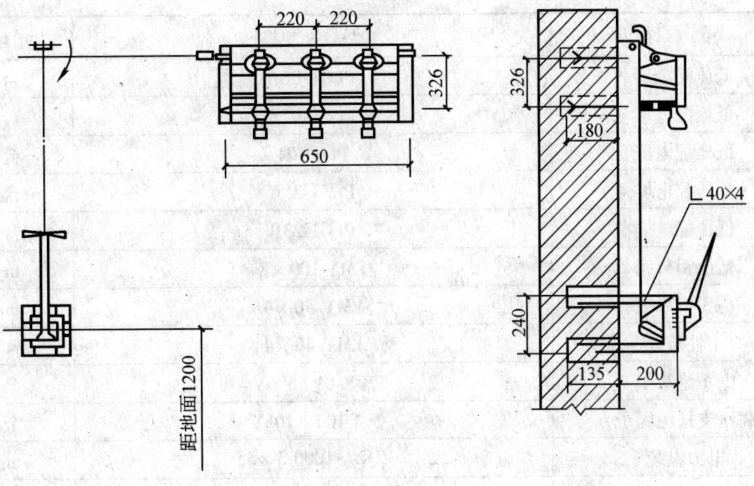

图 7-19　在墙上安装负荷开关及操作机构支架图

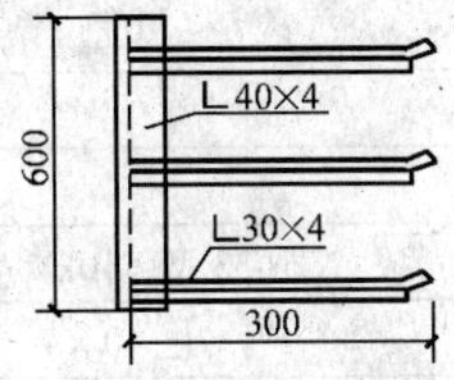

图 7-20　电缆敷设支架图

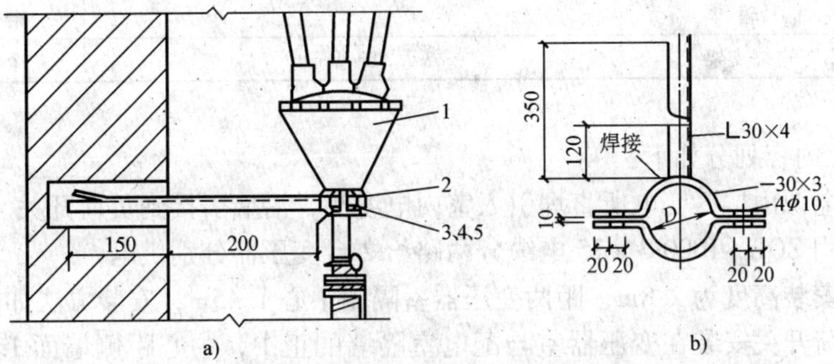

图 7-21　NTN-33 型电缆头安装及支架图

1—电缆头　2—电缆头支架　3—螺栓　4—螺母　5—垫圈

表 7-71　设备材料表

工程名称：某车间变电所电气工程

图位号	名　称	型号及规格	单位	数量
1	三相电力变压器	S-800/10 型，800kV · A　10/0.4 ~ 0.23kV	台	1
2	三相电力变压器	S-1000/10 型，1000kV · A　10/0.4 ~ 0.23kV	台	1
3	户内高压负荷开关	FN3-19 型，10kV　400A	台	2
4	手动操作机构	CS3 型	台	2
5	低压配电屏	PLG1-05A	台	1

（续）

图位号	名　称	型号及规格	单位	数量
6	低压配电屏	PLG1-06A	台	1
7	低压配电屏	PLG1-07A	台	1
8	低压配电屏	PLG1-21	台	1
9	低压配电屏	PLG1-23A	台	2
10	低压配电屏	PLG1-23B	台	2
11	低压铝母线	LMY-100×8	m	40
12	高压铝母线	LMY-40×4	m	10
13	中性母线	LMY-40×4	m	12
14	电车绝缘子	WX-01，500V	个	40
15	高压支柱绝缘子	ZA-10Y，10kV	个	2
16	电力电缆	ZQL_{20}-1000-3×35	m	34.47
17	低压母线支架及穿墙隔板	1型	个	2
18	电车绝缘子装配		个	40
19	低压母线夹板	1型	个	2
20	低压母线桥型支架		个	2
21	低压配电屏后母线桥支架		个	2
22	户内尼龙电缆终端盒	NTN-33型，10kV　3×35	个	2
23	电缆头固定件	∟40×4	个	2
24	电缆固定件		个	6
25	低压母线支架		个	4
26	信号箱		台	1
27	L形电缆支架	L3型	个	22

该工程施工内容划分如下：

1）本工程电源由厂区变电所直埋引入室内电缆沟，沿墙引接到负荷开关。

2）电缆采用 ZQL_{20}-1000-3×35 电缆分两路给2台变压器分别供电。

3）电缆头安装高度为2.8m，距两变压器室隔墙中心1.45m，安装方法如图7-21所示。

4）高压负荷开关安装在变压器室与配电室隔墙的正中，中心距侧墙面1.98m，与变压器中心一致，安装高度为下边绝缘子距地2.3m。负荷开关的操作机构为CS3型，安装高度为中心距地1.1m，距侧面墙为0.5m。

5）20号桥架距地3.215m安装，桥架中心距变压器室和配电室的隔墙1.5m。

6）21号母线桥架安装高度为距地2.2m。

7）25号母线支架安装在配电室和变压器室隔墙的配电室一侧，第一个支架安装为2.9m，第二个支架安装高度为2.4m，支架中心距⑨轴线为0.9m，安装时在墙上打孔埋设。

8）施工中应与土建施工密切配合。

9）变压器、负荷开关、低压配电柜由建设单位供货到现场。

二、项目设置

根据施工图和施工方法，依据《计价规范》清单项目设置和工程量计算规则，将该项目工程的分项工程项目设置如下：

1）油浸电力变压器安装。

2）户内高压负荷开关安装。

3）带形铝母线安装。

4）低压配电屏安装。

5）信号箱安装。

6）电力电缆敷设。

7）三相电力变压器系统调试。

8）送配电设备系统调试。

9）备用电源自投装置调试。

10）低压母线系统调试。

11）独立接地装置调试。

三、工程量计算

1. 油浸电力变压器安装

油浸电力变压器安装以“台”为计量单位。该工程设计变压器800kV·A 1台，1000kV·A 1台，其容量均在1000kV·A以内。

2. 户内高压负荷开关安装

户内高压负荷开关安装以“台”为单位计算。该工程设计负荷开关10kV、400A的2台；负荷开关手动操作机构CS3型2台；负荷开关操作机构支架用40×4镀锌角钢2.32m。

3. 带形铝母线安装

带形铝母线安装以“m/单相”为单位计算。该工程设计高压带形铝母线为LMY40×4（截面积160mm^2）10m；中性带形铝母线为LMY40×4（截面积160mm^2）12m；低压带形铝母线为LMY100×8（截面积800mm^2）40m。

户内式支持绝缘子安装以“个”为单位计算。该工程设计户内高压支柱绝缘子2个，户内低压电车绝缘子40个，共42个。

绝缘子试验以“个”为单位计算。该工程设计高压支柱绝缘子2个，低压电车绝缘子40个。石棉水泥板穿通板制作安装以“块”为单位计算。该工程设计石棉水泥板穿通板2块，每块规格为1100mm×340mm，2块总截面积为0.65m^2。

母线支架为一般铁构件，其制作安装以“kg”为单位计算。该工程设计的各种母线支架工程量计算如下：

17号支架	∟50×5	2.72m
	∟40×4	5.2m
	∟30×4	2.26m
20号支架	∟63×5	23.84m
21号支架	∟50×5	8.6m
25号支架	∟50×5	5.28m

4. 低压配电屏安装

低压配电屏安装以“台”为单位计算。该工程低压配电屏型号均为PGL型，共8台。

5. 信号箱安装

信号箱安装以“台”为单位计算，由于设备材料表中没给出规格，可按半周长 1.5m 以内考虑，工程量1台。

6. 电力电缆敷设

ZQL_{20}-1000-3×35 电力电缆由东向西埋地进入建筑物内，通过电缆沟到变压器室，穿电缆保护管后，做电缆终端头连接至高压负荷开关处。

电缆长度的计算：$[2\times(2+3.84+1.8+4.2+2.8+1.5)+1.35]\mathrm{m}\times(1+2.5\%)=34.47\mathrm{m}$。

27#L 型电缆支架用 40×4 镀锌角钢 13.2m；用 30×4 镀锌角钢 19.8m。

电缆保护管采用直径为 80mm 的钢管 2 根，每根 3m，工程量合计为 6m。

户内浇注式电力电缆头制作安装以“个”为单位计算，工程量为 2 个。

固定电缆头角钢支架用 30×4 镀锌角钢 0.94m；30×3 镀锌扁钢 0.48m。

7. 三相电力变压器系统调试

三相电力变压器系统调试以“系统”为单位计算，工程量为 2 个。

8. 低压送配电设备系统调试

送配电设备系统调试以“系统”为单位计算，工程量为 2 个。

9. 备用电源自投装置调试

备用电源自投装置调试以“套”为单位计算，工程量为 2 套。

10. 低压母线系统调试

低压母线系统调试以“段”为单位计算，工程量为 2 段。

11. 独立接地装置调试

独立接地装置调试以“个”为单位计算。由于变压器中性点接地在平面图中没有标出具体接地形式，所以只列出了调试项目。工程量为 1 个。

四、编制分部分项工程量清单

分部分项工程量清单见表 7-72。

表 7-72 分部分项工程量清单与计价表

工程名称：某车间变电所工程

序号	项目编码	项目名称	项目特征描述	计量单位	工程量	金额/元		
						综合单价	合价	其中：暂估价
1	030201001001	油浸电力变压器 S-800/10 型	1. 三相电力变压器；2. S-800/10 型；3. 800kV·A，10/0.4～0.23C	台	1			
2	030201001001	油浸电力变压器 S-1000/10 型	1. 三相电力变压器；2. S-1000/10 型；3. 1000kV·A，10/0.4～0.23kV	台	1			
3	030202007001	负荷开关	1. 户内高压负荷开关，FN3-19 型；2. 10kV，400A，手动操作机构，CS3 型	台	2			
4	030204005001	低压配电屏	1. 低压配电屏；2. PGL 型	台	8			
5	030204017001	控制箱	1. 信号箱；2. 半周长 1.5m 以内	台	1			
6	030203001001	软母线 LMY-100×8	1. 低压铝母线；2. LMY-100×8；3. 三相	m	40			

（续）

序号	项目编码	项目名称	项目特征描述	计量单位	工程量	金额/元		
						综合单价	合价	其中：暂估价
7	030203 001002	软母线 LMY-40×4	1. 高压、中性铝母线；2. LMY-40×4；3. 三相	m	22			
8	030208 001001	电力电缆 ZQL_{20}-3×35	1. NTN-33 型，10kV，3×35；2. ZQL_{20}-3×35；3. 钢管敷设	m	34.47			
9	030211 001001	电力变压器系统调整试验	1. S-800/10 型，S-1000/10 型；2. 800kV·A，1000kV·A	系统	2			
10	030211 002001	送配电装置系统调整试验	1. 送配电系统调整；2. 1kV 以下交流供电	系统	2			
11	030211 006001	母线电气调整试验	220/380V	段	2			
12	030211 004001	自动投入装置调整试验	备用电源自投装置调整	套	2			
13	030211 008001	接地装置调整试验	独立接地装置调整	系统	1			
合　计								

五、计算项目综合单价

项目综合单价的计算是招标控制价和投标报价的关键环节，应按计价规范作出综合单价分析，见表 7-73～表 7-85。

综合单价的计算表的计算原理、编制原则及规定见本章第二节中的“五、计算项目综合单价”。

表 7-73　工程量清单综合单价分析表（一）

工程名称：某车间变电所工程

项目编码		030201001001		项目名称		油浸电力变压器 S-800/10 型			计量单位		台
清单综合单价组成明细											
定额编号	定额名称	定额单位	数量	单价/元				合价/元			
				人工费	材料费	机械费	管理费和利润	人工费	材料费	机械费	管理费和利润
2-3	变压器安装	台	1.000	470.67	245.43	348.44	188.27	470.67	245.43	348.44	188.27
人工单价		小　计						470.67	245.43	348.44	188.27
23.22 元/工日		未计价材料费									
清单项目综合单价								1252.81			
材料费明细	主要材料名称、规格、型号			单位	数量	单价/元	合价/元	暂估单价/元		暂估合价/元	
	其他材料费					—		—			
	未计价材料费小计					—		—			

表 7-74 工程量清单综合单价分析表(二)

工程名称：某车间变电所工程

项目编码	030201001002	项目名称	油浸电力变压器 S-1000/10 型	计量单位	台

清单综合单价组成明细

定额编号	定额名称	定额单位	数量	单价/元				合价/元			
				人工费	材料费	机械费	管理费和利润	人工费	材料费	机械费	管理费和利润
2-3	变压器安装	台	1.000	470.67	245.43	348.44	188.27	470.67	245.43	348.44	188.27
人工单价		小　计						470.67	245.43	348.44	188.27
23.22 元/工日		未计价材料费									
清单项目综合单价								1252.81			

材料费明细	主要材料名称、规格、型号	单位	数量	单价/元	合价/元	暂估单价/元	暂估合价/元
	其他材料费			—		—	
	未计价材料费小计			—		—	

表 7-75 工程量清单综合单价分析表(三)

工程名称：某车间变电所工程

项目编码	030202007001	项目名称	户内高压负荷开关 FN3-19 型	计量单位	台

清单综合单价组成明细

定额编号	定额名称	定额单位	数量	单价/元				合价/元			
				人工费	材料费	机械费	管理费和利润	人工费	材料费	机械费	管理费和利润
2-45	负荷开关安装	台	1.000	64.09	163.36	8.92	25.64	64.09	163.36	8.92	25.64
2-358	机构支架制作	100kg	0.028	250.78	131.90	41.43	100.31	7.02	3.69	1.16	2.81
2-359	机构支架安装	100kg	0.028	163.00	24.39	25.44	65.20	4.56	0.68	0.71	1.83
人工单价		小　计						75.68	167.74	10.79	30.27
23.22 元/工日		未计价材料费						0.11			
清单项目综合单价								284.59			

材料费明细	主要材料名称、规格、型号	单位	数量	单价/元	合价/元	暂估单价/元	暂估合价/元
	型钢	kg	0.03	3.90	0.11		
	其他材料费			—		—	
	未计价材料费小计			—	0.11	—	

表 7-76　工程量清单综合单价分析表(四)

工程名称：某车间变电所工程

项目编码	030204005001	项目名称	低压配电屏	计量单位	台

清单综合单价组成明细

定额编号	定额名称	定额单位	数量	单价/元				合价/元			
				人工费	材料费	机械费	管理费和利润	人工费	材料费	机械费	管理费和利润
2-240	低压配电屏	台	1.000	109.83	117.49	46.25	43.93	109.83	117.49	46.25	43.93
人工单价		小计						109.83	117.49	46.25	43.93
23.22 元/工日		未计价材料费									
清单项目综合单价								317.50			

材料费明细	主要材料名称、规格、型号	单位	数量	单价/元	合价/元	暂估单价/元	暂估合价/元
	其他材料费			—		—	
	未计价材料费小计			—		—	

表 7-77　工程量清单综合单价分析表(五)

工程名称：某车间变电所工程

项目编码	030204017001	项目名称	信号箱安装	计量单位	台

清单综合单价组成明细

定额编号	定额名称	定额单位	数量	单价/元				合价/元			
				人工费	材料费	机械费	管理费和利润	人工费	材料费	机械费	管理费和利润
2-1374	信号箱安装	10 个	0.100	299.54	43.29		119.82	29.95	4.33		11.98
人工单价		小计						29.95	4.33		11.98
23.22 元/工日		未计价材料费						500.00			
清单项目综合单价								546.26			

材料费明细	主要材料名称、规格、型号	单位	数量	单价/元	合价/元	暂估单价/元	暂估合价/元
	信号箱	个	1.00	500.00	500.00		
	其他材料费			—		—	
	未计价材料费小计			—	500.00	—	

表 7-78 工程量清单综合单价分析表(六)

工程名称：某车间变电所工程

项目编码	030203003001	项目名称	低压铝母线 LMY-100×8	计量单位	m

清单综合单价组成明细

定额编号	定额名称	定额单位	数量	单价/元				合价/元			
				人工费	材料费	机械费	管理费和利润	人工费	材料费	机械费	管理费和利润
2-138	带形铝母线安装	10m/单相	0.100	41.80	70.66	68.84	16.72	4.18	7.07	6.88	1.67
2-108	支持绝缘子安装	10个	0.100	19.74	74.10	5.35	7.90	1.97	7.41	0.54	0.79
2-969	绝缘子试验	10个	0.100	11.61	0.23	11.27	4.64	1.16	0.02	1.13	0.46
2-352	穿道板安装	kg	0.050	52.01	66.50	5.35	20.80	2.60	3.33	0.27	1.04
2-358	机构支架制作	100kg	0.020	250.78	131.90	41.43	100.31	5.02	2.64	0.83	2.01
2-359	机构支架安装	100kg	0.020	163.00	24.39	25.44	65.20	3.26	0.49	0.51	1.30
人工单价		小计						18.19	20.95	10.15	7.28
23.22元/工日		未计价材料费						49.25			
清单项目综合单价								105.81			

材料费明细	主要材料名称、规格、型号	单位	数量	单价/元	合价/元	暂估单价/元	暂估合价/元
	带型铝母线 LMY-100×8	m	1.02	43.00	43.86		
	支持绝缘子	个	1.02	5.20	5.30		
	型钢	kg	0.02	3.90	0.08		
	其他材料费			—		—	
	未计价材料费小计			—	49.25	—	

表 7-79 工程量清单综合单价分析表(七)

工程名称：某车间变电所工程

项目编码	030203003002	项目名称	高压、中性铝母线 LMY-40×4	计量单位	m

清单综合单价组成明细

定额编号	定额名称	定额单位	数量	单价/元				合价/元			
				人工费	材料费	机械费	管理费和利润	人工费	材料费	机械费	管理费和利润
2-137	带形铝母线安装	10m/单相	0.100	29.95	68.02	49.24	11.98	3.00	6.80	4.92	1.20
2-108	支持绝缘子安装	10个	0.100	19.74	74.10	5.35	7.90	1.97	7.41	0.54	0.79
2-970	绝缘子实验	10个	0.100	16.25	0.33	14.09	6.50	1.63	0.03	1.41	0.65
人工单价		小计						18.19	20.95	10.15	7.28
23.22元/工日		未计价材料费						27.74			
清单项目综合单价								58.09			

材料费明细	主要材料名称、规格、型号	单位	数量	单价/元	合价/元	暂估单价/元	暂估合价/元
	带型铝母线 LMY-40×4	m	1.02	22.00	22.44		
	支持绝缘子	个	1.02	5.20	5.30		
	其他材料费			—		—	
	未计价材料费小计			—	27.74	—	

表 7-80 工程量清单综合单价分析表(八)

工程名称：某车间变电所工程

项目编码	030208001001			项目名称	电力电缆 ZQL_{20}-3×35			计量单位			m
清单综合单价组成明细											
定额编号	定额名称	定额单位	数量	单价/元				合价/元			
				人工费	材料费	机械费	管理费和利润	人工费	材料费	机械费	管理费和利润
2-618	电力电缆敷设	100m	0.010	163.24	164.03	5.15	65.30	1.63	1.64	0.05	0.65
2-632	户内浇注电缆头制作	个	0.058	21.83	85.24		8.73	1.27	4.94		0.51
2-1004	电缆保护管	100m	0.010	969.90	625.42	47.91	387.96	9.70	6.25	0.48	3.88
2-358	机构支架制作	100kg	0.020	250.78	131.90	41.43	100.31	5.02	2.64	0.83	2.01
2-359	机构支架安装	100kg	0.020	163.00	24.39	25.44	65.20	3.26	0.49	0.51	1.30
人工单价		小计						20.87	15.96	1.87	8.35
23.22 元/工日		未计价材料费						54.37			
清单项目综合单价								101.42			

材料费明细	主要材料名称、规格、型号	单位	数量	单价/元	合价/元	暂估单价/元	暂估合价/元
	电力电缆 ZQL_{20}-3×35	m	1.02	50.00	51.00		
	电缆终端盒	个	0.06	50.00	2.90		
	电缆保护管	m	0.01	37.30	0.38		
	型钢	kg	0.02	3.90	0.08		
	其他材料费			—		—	
	未计价材料费小计			—	54.37	—	

表 7-81 工程量清单综合单价分析表(九)

工程名称：某车间变电所工程

项目编码	030211001001			项目名称	三相电力变压器系统调整			计量单位			系统
清单综合单价组成明细											
定额编号	定额名称	定额单位	数量	单价/元				合价/元			
				人工费	材料费	机械费	管理费和利润	人工费	材料费	机械费	管理费和利润
2-844	电力主变压器调整	系统	1.000	1996.92	39.94	2660.36	798.77	1996.92	39.94	2660.36	798.77
人工单价		小计						1996.92	39.94	2660.36	798.77
23.22 元/工日		未计价材料费									
清单项目综合单价								5495.99			

材料费明细	主要材料名称、规格、型号	单位	数量	单价/元	合价/元	暂估单价/元	暂估合价/元
	其他材料费			—		—	
	未计价材料费小计			—		—	

表 7-82 工程量清单综合单价分析表(十)

工程名称：某车间变电所工程

项目编码	030211002001	项目名称	送配电系统调整 1kV 以下	计量单位	系统

清单综合单价组成明细											
定额编号	定额名称	定额单位	数量	单价/元				合价/元			
				人工费	材料费	机械费	管理费和利润	人工费	材料费	机械费	管理费和利润
2-849	供配电系统调整试验	系统	1.000	232.20	4.64	166.12	92.88	232.20	4.64	166.12	92.88
人工单价		小计						232.20	4.64	166.12	92.88
23.22 元/工日		未计价材料费									
清单项目综合单价								495.84			

材料费明细	主要材料名称、规格、型号	单位	数量	单价/元	合价/元	暂估单价/元	暂估合价/元
	其他材料费			—		—	
	未计价材料费小计			—		—	

表 7-83 工程量清单综合单价分析表(十一)

工程名称：某车间变电所工程

项目编码	030211006001	项目名称	低压母线系统调整	计量单位	段

清单综合单价组成明细											
定额编号	定额名称	定额单位	数量	单价/元				合价/元			
				人工费	材料费	机械费	管理费和利润	人工费	材料费	机械费	管理费和利润
2-880	低压铝母线系统调整	段	1.000	139.32	2.79	192.92	55.73	139.32	2.79	192.92	55.73
人工单价		小计						139.32	2.79	192.92	55.73
23.22 元/工日		未计价材料费									
清单项目综合单价								390.76			

材料费明细	主要材料名称、规格、型号	单位	数量	单价/元	合价/元	暂估单价/元	暂估合价/元
	其他材料费			—		—	
	未计价材料费小计			—		—	

表 7-84 工程量清单综合单价分析表(十二)

工程名称：某车间变电所工程

项目编码		030211004001		项目名称		备用电源自投装置系统调整				计量单位	套
清单综合单价组成明细											
定额编号	定额名称	定额单位	数量	单价/元				合价/元			
				人工费	材料费	机械费	管理费和利润	人工费	材料费	机械费	管理费和利润
2-863	电源自投装置调整	系统	1.000	325.08	6.50	599.69	130.03	325.08	6.50	599.69	130.03
人工单价		小计						325.08	6.50	599.69	130.03
23.22 元/工日		未计价材料费									
清单项目综合单价								1061.30			
材料费明细	主要材料名称、规格、型号			单位	数量	单价/元		合价/元	暂估单价/元	暂估合价/元	
	其他材料费					—			—		
	未计价材料费小计					—			—		

表 7-85 工程量清单综合单价分析表(十三)

工程名称：某车间变电所工程

项目编码		030211008001		项目名称		独立接地极装置系统调整				计量单位	段
清单综合单价组成明细											
定额编号	定额名称	定额单位	数量	单价/元				合价/元			
				人工费	材料费	机械费	管理费和利润	人工费	材料费	机械费	管理费和利润
2-885	接地极装置调试系统	段	1.000	92.88	1.86	100.80	37.15	92.88	1.86	100.80	37.15
人工单价		小计						92.88	1.86	100.80	37.15
23.22 元/工日		未计价材料费									
清单项目综合单价								232.69			
材料费明细	主要材料名称、规格、型号			单位	数量	单价/元		合价/元	暂估单价/元	暂估合价/元	
	其他材料费					—			—		
	未计价材料费小计					—			—		

表中综合单价的构成是完成一个规定计量单位工程所需的人工费、材料费、机械费、管理费和利润，并考虑了风险因素，它包括完成该项目全部内容的费用。它的编制依据设计文件、合同条款、工程量清单及企业定额或预算定额。

在变配电工程分部分项清单计价中，主要材料价格的确定，对投标人来讲，是根据自身企业所掌握的市场信息及采购供应的能力，考虑分部分项组价时主要材料的规格型号、数量

(包括预留量和消耗量)以及计价材料的预算价格后，计入报价内容的；对招标人编制招标控制价来讲，则是按市场信息考虑分部分项组价时主要材料的规格型号、数量(包括预留量和消耗量)以及计价材料的预算价格后计取主要材料价格的。

综合单价的计算表的计算原理、编制原则及规定见本章第二节“五、计算项目综合单价”。

六、分部分项工程量计价

分部分项工程量清单与计价表须按《计价规范》规定的格式填写，综合单价即为《工程量清单综合单价分析表》中清单项目所对应的综合单价，其分部分项工程量清单的项目编码、项目名称、项目特征、单位、数量按招标人给出清单的内容计算和填写。表7-86为分部分项工程量清单与计价表。

表7-86 分部分项工程量清单与计价表

工程名称：某车间变电所工程

序号	项目编码	项目名称	项目特征描述	计量单位	工程量	金额/元		
						综合单价	合价	其中：暂估价
1	030201001001	油浸电力变压器 S-800/10型	1. 三相电力变压器；2. S-800/10型；3. 800kV·A，10/0.4~0.23 C	台	1	1252.81	1253	
2	030201001001	油浸电力变压器 S-1000/10型	1. 三相电力变压器；2. S-1000/10型；3. 1000kV·A，10/0.4~0.23kV	台	1	1252.81	1253	
3	030202007001	负荷开关	1. 户内高压负荷开关，FN3-19型；2. 10kV，400A，手动操作机构，CS3型	台	2	284.59	569	
4	030204005001	低压配电屏	1. 低压配电屏；2. PGL型	台	8	317.50	2540	
5	030204017001	控制箱	1. 信号箱；2. 半周长1.5m以内	台	1	546.26	546	
6	030203001001	软母线 LMY-100×8	1. 低压铝母线；2. LMY-100×8；3. 三相	m	40	105.81	4232	
7	030203001002	软母线 LMY-40×4	1. 高压、中性铝母线；2. LMY-40×4；3. 三相	m	22	58.09	1278	
8	030208001001	电力电缆 ZQL_{20}-3×35	1. NTN-33 型，10kV，3 × 35；2. ZQL_{20}-3×35；3. 钢管敷设	m	34.47	101.42	3496	
9	030211001001	电力变压器系统调整试验	1. S-800/10 型，S-1000/10 型；2. 800kV·A，1000kV·A	系统	2	5495.99	10992	
10	030211002001	送配电装置系统调整试验	1. 送配电系统调整；2. 1kV以下交流供电	系统	2	495.84	992	
11	030211006001	母线电气调整试验	220/380V	段	2	390.76	782	
12	030211004001	自动投入装置调整试验	备用电源自投装置调整	套	2	1061.30	2123	
13	030211008001	接地装置调整试验	独立接地装置调整	系统	1	232.69	233	
			合　计				30288	

由于本例中，措施项目费、其他项目费和规费均以人工费为基数计算，所以要计算分部分项工程量清单计价合计的人工费，即9328.38元。

七、措施项目清单计价

措施项目费计取方法参见本章第二节“措施项目清单计价”相关内容。表7-87为本工程的措施项目清单计价表。

表7-87　措施项目清单与计价表

工程名称：某车间变电所工程

序号	项目名称	计算基础	费率(%)	金额/元
1	安全文明施工费	人工费	9.06	845.15
2	夜间施工费			
3	二次搬运费	人工费	0.51	47.57
4	冬雨季施工	人工费	0.65	60.63
5	大型机械设备进出场及安拆费			
6	施工排水			
7	施工降水			
8	地上、地下设施、建筑物的临时保护设施			
9	已完工程及设备保护			
10	各专业工程的措施项目			
(1)	垂直运输机械			
(2)	脚手架			410.45
合计				1363.80

八、单位工程造价

单位工程的造价由分部分项工程费、措施项目费、其他项目费、规费和税金组成。规费和税金在分部分项工程费、措施项目费和其他项目费的基础上进行计算，取费标准参照某省建筑安装工程费用定额计取。表7-88为规费、税金项目清单与计价表，表7-89为单位工程费汇总表。

表7-88　规费、税金项目清单与计价表

工程名称：某车间变电所工程

序号	项目名称	计算基础	费率(%)	金额/元
1	规费			1963.64
1.1	工程排污费	人工费	0.52	48.51
1.2	社会保障费	(1)+(2)+(3)		1630.61
(1)	养老保险费	人工费	12.6	1175.38
(2)	失业保险费	人工费	1.22	113.81
(3)	医疗保险费	人工费	3.66	341.42
1.3	住房公积金	人工费	3.05	284.52
1.4	危险作业意外伤害保险	按规定计取		

（续）

序号	项 目 名 称	计算基础	费率(%)	金额/元
1.5	工程定额测定费	按规定计取		
2	税金	分部分项工程费 + 措施项目费 + 其他项目费 + 规费	3.41	1146.28
	合 计			3109.92

表 7-89 单位工程投标报价汇总表

工程名称：某车间变电所工程

序号	汇总内容	计算公式	金额/元	其中：暂估价/元
1	分部分项工程	见表 7-86	30287.86	
2	措施项目	见表 7-87	1363.80	
2.1	安全文明施工费		845.15	
3	其他项目	本工程未计取		
4	规费	见表 7-88	1963.64	
5	税金	见表 7-88	1146.28	
	投标报价合计	1+2+3+4+5	35606.73	

复 习 题

1. 采用《全国统一安装工程预算定额》，计算出表 7-90 所列油浸式电力变压器安装的综合单价，工程量为 1 台。已知管理费按人工费的 46.85% 计算，利润按人工费的 18% 计算，一座干燥棚搭拆所需人工费 510 元及机械费 1190 元。

表 7-90 工程量清单综合单价分析表

工程名称：某车间变电所工程

项目编码	030201001001	项目名称	油浸式电力变压器安装 SL_7-1000kV · A/10kV	计量单位	台

清单综合单价组成明细

定额编号	定额名称	定额单位	数量	单价/元				合价/元			
				人工费	材料费	机械费	管理费和利润	人工费	材料费	机械费	管理费和利润
2-3	油浸式变压器安装 SL1-1000kV · A/10kV	台									
2-25	变压器干燥	台									
补	干燥棚搭拆	座									
2-30	油过滤	t									
2-358	铁梯扶手等构件制作	100kg									
2-359	铁梯扶手等构件安装	100kg									
人工单价		小 计									
23.22 元/工日		未计价材料费									
清单项目综合单价											

（续）

	主要材料名称、规格、型号	单位	数量	单价/元	合价/元	暂估单价/元	暂估合价/元
材料费明细							
	其他材料费			—		—	
	未计价材料费小计			—		—	

2. 某住宅楼三层卫生间室内给水排水系统的平面图和系统图，如图7-22～图7-24所示。其中给水管道采用PP-R塑料管，热熔连接；排水管道采用UPVC塑料管，粘接连接。管道穿越楼板、墙壁时采用钢套管。阀门材质为铜截止阀；地漏，地面扫除口材质为塑料。按工程量清单计算规则，计算卫生间内给水和排水（WL-1）管道工程量（不计给水、排水系统主立管上的工程量；工程量计算结果保留两位小数）。

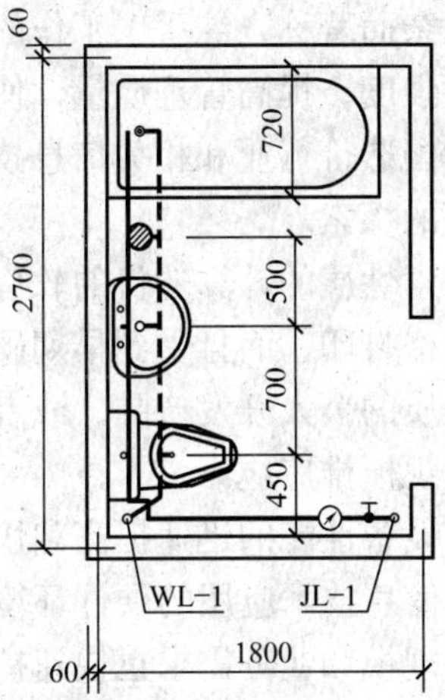

图7-22　卫生间给水排水平面图

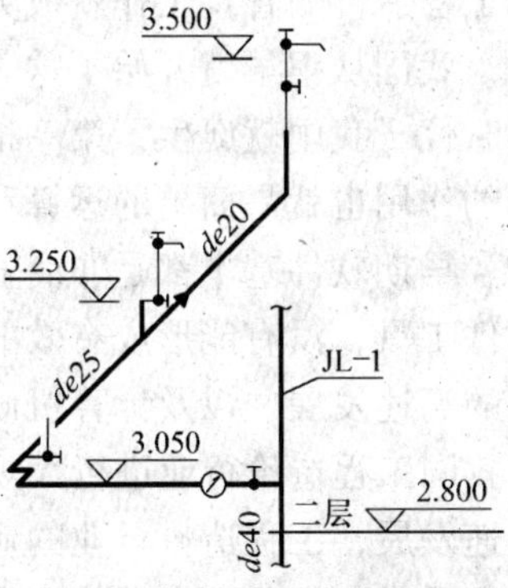

图7-23　卫生间给水系统图

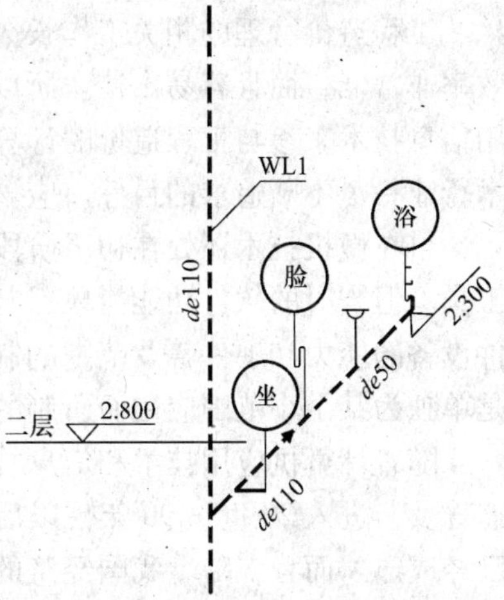

图7-24　卫生间排水系统图

第八章 8

信息技术在工程造价管理工作中的应用

第一节 概 述

工程造价管理的相关工作长久以来一直以工作量巨大，计算繁杂而著称，纯手工工作的效率非常低，而且容易出错。所以，为了提高工作效率，降低劳动强度，提高管理质量，使用信息技术来参与工程造价的计算和工程造价的管理工作就成为我国造价行业和相关信息技术行业一个不断追求的目标。应该说，我国从很早就开始了这方面的探索。

早在微机技术还处在初级阶段的时代，我国就诞生了第一批探索性质的计算造价的软件工具。但当时的软件功能简单，起到的作用也就是简单的运算和表格打印，而且受到早期硬件设备的能力和硬件普及范围的制约。早期软件基本都是非商业性质的个人开发产品，或者是单独为某个小范围应用而研制的软件工具，没有能形成有效的大规模推广应用。

随着计算机应用技术和信息技术的高速发展，以及计算机硬件设备性能的迅速提高和快速普及，进入20世纪90年代以后，我国工程造价行业进行大规模信息技术应用的硬件环境已经成熟。而且，随着我国经济的飞速发展，工程造价行业的业务规模和业务需求也快速扩大；提升效率、降低错误率、提高管理质量、强化信息的管理及利用等需求不断增加，这为工程造价管理的信息技术应用创造了条件。因此我国工程造价管理的信息技术应用在这个时期进入了快速发展期，主要反映在以下几个方面：

1）以计算工程造价为核心目的的软件纷纷推出，并迅速在全国范围获得推广和深入的应用。推广和应用最广泛的就是辅助计算工程量和辅助计算造价的工具级软件。

2）软件的计算机技术含量不断提高，语言从最早的Formro等比较初级的语言，到现在的DELPHI、C^{++}BUILDER等，软件结构也从单机版逐步过渡到局域网网络版，近年更向Internet网络应用逐步发展。近期，随着互联网技术的不断发展，我国也出现了为工程造价及其相关管理活动提供信息和服务的网站。同时，随着用户业务需求的扩展，我国部分地区也出现了为行业用户提供的整体解决方案的系列产品，但目前还都处在初级阶段。

综上所述，虽然从信息技术的应用角度来讲，我国取得了长足的进展，应用技术也比较先进，但是从工程造价管理的专业应用深度来讲，信息技术应用的范围并不大，各种IT应用工具的关联性并不强，基本上都局限于各自狭小的功能范围，缺乏连贯性和整体关联性，解决的问题比较单一。对互联网技术的应用也显得比较静态和表面，对各种行业的网络信息收集、分析、发布还不完善，无法为行业用户提供核心应用服务。

同英、美等一些信息技术比较发达的国家相比，我国的工程造价管理的信息技术应用还有一定的差距，这些信息化应用水平比较高的国家的统一特点是：

1）面向应用者的实际情况实现了不同工具软件之间的关联应用，行业用户对工程造价管理的信息技术应用已经上升到解决方案级。并且，利用网络技术可以实现远程应用，从而可以对有效数据进行动态分析和多次利用，极大地提高了应用者的效率和竞争力。

2）充分利用互联网技术的便利条件，实现了行业相关信息的发布、获取、收集、分析的网络化，可以为行业用户提供深入的核心应用和频繁的电子商务活动。

从以上两点看出，我国工程造价管理的信息技术应用虽然已经获得了长足的进步，但与国外先进同行来比，还有一定的差距，这也正是我国工程造价管理信息技术应用需要快速提升的地方。

第二节 工程量清单计价的软件和网络应用

一、工程量清单计价实施后对企业造价管理带来的影响

《建设工程工程量清单计价规范》(以下简称《计价规范》)的实施是工程量计价由定额计价向完全清单计价的过渡，是国家在工程量计价方面一次革命，标志着我国工程计价原则由计划经济向市场经济过渡中提出的“法定量、指导价、竞争费”向工程量清单计价规范下的“政府宏观调控、企业自由组价、市场竞争形成价格”的完全转变。这次国家把《计价规范》定为国家强制标准，并把部分条款定为强制条款，使这个规范完全以法的形式体现，要求强制执行。《计价规范》实施后，企业出现的问题是如何体现个别成本。规范规定，企业必须根据自己的管理水平、施工工艺方案、技术水平、企业定额，以体现企业个别成本的价格进行自主组价，没有企业定额的，可以参照政府发布的能反映社会平均水平的消耗量定额。企业要适应清单下的计价，必须要对本企业的基础数据进行积累，形成反映企业施工工艺水平、用以快速报价的企业定额、材料预算价格库，并能对每次报价进行很好的比较分析，同时能快速测算出企业的零利润成本。也就是说，要在最短的时间内测算出本企业对于某一工程花多少钱施工不会发生亏损(不包括风险因素的亏损)，必须在投标阶段根据企业的施工技术和管理水平很好地控制工程的可控预算成本(就是在不考虑风险的情况下利润为零的成本)。如何知道自己的个别成本，是在实行清单计价后所有企业面临的一大难题，也是每个企业最关注的焦点。

二、计算机的应用对企业管理水平提高的促进作用

在实行工程量清单计价后，企业如果不形成反映自身施工工艺水平的企业定额，不进行人工、材料、机械台班含量和价格信息的积累，完全依靠政府定额是无法具有竞争力的。一提到积累，在建筑工程中需要积累的东西很多，如施工方案、企业报价、历史结算资料、企业真实成本消耗资料、价格信息和合格供应商信息、竞争对手的资料等。对于造价从业人员，要有对企业定额和行业指标库的积累并掌握积累分析后的工程指标经验数据，要具备应对多种报价方式的技能和素质，要有充分利用现代软件工具的能力，要掌握灵通的市场信息和熟知多种能够快速准确的估价、报价的市场渠道——环境关系、厂家联络及网站信息。这

一切都为计算机的应用提供了绝好的环境及机遇。21世纪是科技信息的时代，计算机的发展日新月异，信息化已经深入到企业的管理层面。只有靠计算机的强大储存、自动处理和信息传递，才能快速提高企业的管理水平。

三、工程量清单计价下软件和网络的应用

《计价规范》规定，招标文件中的工程量清单包括分部分项工程项目、措施项目、其他项目的明细清单。计价软件针对清单下的招标文件的编制提供了招标助手工具包，主要包括图形自动算量软件、工程量清单生成软件、招标文件快速生成软件。清单计价与定额计价的最大不同就是计算工程量的主体发生了变化。招标人的需求是形成包括工程量清单在内的招标文件，这是必须把几个工具性软件整体应用才能完成的工作。

无论是传统的定额计价还是工程量清单计价，量是核心，招投标各方在招投标结算过程中，往往是围绕量来做文章，国内造价人员的核心能力和竞争能力也更多体现在量的计算上，而计算量的工作是最为枯燥、烦琐的。

图形自动算量软件内置了全国统一工程量清单计算规则，通过计算机对图形自动处理，实现建筑工程工程量的自动计算。清单计价完全实现了量价分离，招标人可以直接计算出十二位编码对应的工程项目的工程量，《计价规范》规定编制分部分项工程量清单时除了需要输入项目工程量之外，还应该全面、准确地描述清单项目。项目名称应按项目名称与项目特征并结合拟建工程的实际来确定。所以完整的清单项目描述应由清单项目名称、项目特征组成。工程量清单计价软件就提供了详细描述工程量清单项目的功能，能把图形自动算量软件中的清单项无缝连接，对图形起一个辅助计算和完善清单的作用，还可以对项目名称和项目特征进行自由编辑及自动选择生成，并对图形代码作二次计算。能按自由组合的工程量清单名称进行工程量分解，达到更详细、更精确地描述清单项目和计算工程量的目的。这样不仅符合了《计价规范》的要求，而且充分地体现了工程量清单的计价理念。

措施项目是为完成工程项目施工，发生于该工程施工前和施工过程中的技术、方案、环境、安全等方面的非工程实体项目。其他项目清单是指分部分项工程和措施项目以外，为完成该工程项目施工可能发生的其他费用清单。软件可以自动按规范格式列出“措施项目一览表”的列项，还可以修改、增加、删除，使《措施项目一览表》既能符合《计价规范》的规定，又能充分满足拟建工程的具体需要。

在工程量清单编制完成后，软件既可以打印，也可以导出生成电子招标文件。招标文件包括工程量清单、招标须知、合同条款和评标办法。招标文件以电子文件的形式发放给投标单位，可使投标单位编制投标文件时，不需要重新编制工程量清单，不但节省了大量的时间，而且可以防止了投标单位编制投标文件时，可能因出现不符合招标文件格式要求等原因而造成的不必要损失。

第三节 信息技术在工程造价行业的应用及发展

随着工程造价行业的发展，面向工程造价行业的信息技术应用，将不断向着网络化、全过程、全方位的方向快速展开。

一、利用信息技术的网络化管理

(1) 行业信息网络化　行业信息的有效收集、分析、发布、获取等将随着发展全部网络化，有能力的网络信息供应商将在整个工程造价行业中扮演至关重要的角色。例如，通过网络收集全国以至全球建筑市场的各类信息，予以整理和发布，为行业用户提供准确、及时的商机。网站可以分析各地的造价指标，为建筑市场的行情提供走势预测，为所有的行业用户提供工程造价参考。收集各地的材料价格行情，为用户提供参考。网络的信息服务将发展成为未来工程造价行业的工作基础。

面向未来，全过程造价管理的信息技术应用，关键是动态管理。动态管理，只有通过充分收集各方面的相关信息，把握全过程造价的各个关键环节，并且能利用数据挖掘、分析技术，对历史数据和新的工程数据进行动态提取和分析，形成经验性的积累，进而形成一个不断循环积累的平台性全过程造价管理软件，才能实现。这样的应用才能从根本上帮助用户实行有效的成本控制和管理，从而获得持久的竞争力。

(2) 建筑市场的交易网络化(电子商务)　随着网络的快速发展，网上的相关应用将无所不在。不久的将来，电子商务将得到全面的应用。届时，招投标工作可全部转移到网络平台上，软件系统将会自动监测网上信息并及时告知用户，用户可自行选择并把握商机。网络化的电子招投标环境将有助于工程造价行业形成公平的竞争舞台，行业用户的交易成本将大幅降低。建筑材料的采购和交易也将在电子商务平台上进行。

(3) 资源的有效利用网络化　在工程造价的每个过程中，用户都可以充分地发掘和利用网络资源。网络的特点就是不受地区限制，可以让用户在全球的范围选择最低的成本和最佳的合作伙伴。如面向全球的建筑设计方案招标，就可以充分利用网络资源在全球范围进行，可实现为用户提供最优的设计方案。还有，在工程造价的计算过程中，可以利用网络寻找合适的专业人士，进行远程的服务和协同工作。

二、各行业利用信息技术进行动态的全过程造价管理

随着各行业竞争的不断加剧，在工程造价行业内部的相关企业增强竞争力的过程中，提高成本控制能力成为最关键的因素。要提高成本控制能力就必须要求企业有能力对项目的全过程进行工程造价的控制和管理，信息技术的发展则给全过程动态造价管理的实现带来了可能。

全过程造价管理的含义在于：在造价工作的全过程对建筑工程造价信息进行收集，进行有目的地分析整理，并将分析得出的数据用于形成使用者自己的企业个体的实际消耗量标准，或者叫做企业的真实成本，以使其在后续的商业活动中(报价、成本管理、造价控制等多方面)发挥重要的参考作用。

三、各行业利用信息技术的全方位管理

随着网络化和全过程的信息技术在工程造价行业的深入应用，信息技术的应用不会只集中在某个具体的工作环节或某一类具体的企业或单位身上。随着信息技术的快速发展，整个工程造价行业都将工作在以互联网为基础的信息平台上，不论是行业协会，还是业主、承包商、中介方等相关企业和单位，都将在信息技术的帮助下，重建自己的工作模式，以适应未

来社会的竞争。从工作内容上，行业信息发布、收集、获取，企业商务交易模式，工程造价计算和分析以及各个企业的全面内部管理，将全面借助不断发展的信息技术。

在将来的造价工作过程中，业主、承包商、中介公司所面临的问题是，如何通过不断提高个体竞争能力，在全球化的市场经济竞争中求生存、求发展，而信息技术的深入应用是将来提升整个行业竞争力的关键。相信在不久的将来，造价行业必将迎来网络化、全过程、全方位的信息化应用的时代。

复 习 题

1. 工程造价管理的信息技术应用表现在哪几个方面?
2. 工程量清单计价实施后对企业造价管理带来哪些影响?
3. 简述工程量清单计价下软件和网络的应用。
4. 为什么各行业要利用信息技术进行全方位管理?

第九章

9

安装工程结算与竣工决算

第一节　工程价款的结算

建设项目一经批准开工就进入到全面的施工安装阶段，也是大量人力、物力、财力投入，形成工程实体的阶段，承包方按照实际完成的工程量，以合同价为基础，同时考虑因物价上涨所引起的工程价款提高，还要考虑设计中难以预计的而在实施阶段实际发生的工程费用，以及由于不可抗力因素而增加的风险费用，合理地确定结算价格。

一、工程价款的结算及意义

所谓工程价款结算是指承包商在工程实施过程中，依据承包合同中关于付款条款的规定和已经完成的工程量，并按照规定的程序向建设单位（业主）收取工程价款的一项经济活动。工程结算价款是补偿承包商在施工过程中耗用的资金，加快资金周转的重要环节，也是反映工程进度情况和考核施工企业经济效益的重要指标。因此，工程价款的结算是一项十分重要的造价确定和控制工作。

二、工程价款的主要结算方式

按照我国现行规定，工程价款结算根据不同情况可以采取以下方式。

1. 按月结算

实行旬末或月中预支，月终结算，竣工后清算的方法。跨年度竣工的工程，在年终进行工程盘点，办理年度结算。我国现行建筑安装工程价款结算中，相当一部分是实行这种按月结算的。

2. 竣工后一次结算

建设项目或单项工程全部建筑安装工程建设期在12个月以内，或者工程承包合同价值在100万元以下的，可以实行工程价款每月月中预支，竣工后一次结算。

3. 分段结算

即当年开工，当年不能竣工的单项工程或单位工程按照工程形象进度，划分不同阶段进行结算。分段结算可以按月预支工程款。分段的划分标准，由各部门、自治区、直辖市、计划单列市规定。例如，工程开工后，建设单位按工程合同造价的30%拨付给施工单位；工程基础完成后，拨付20%；工程主体完成后，再拨付40%；工程竣工验收后，再拨付5%；

其余工程在工程竣工后一次结算。

实行竣工后一次结算和分段结算的工程，当年结算的工程款应与分年度的工作量一致，年终不另行结算。

对于以上三种主要结算方式的收支确认，国家财政部的《企业会计准则——建造合同》讲解中作了如下规定：

1）实行旬末或月中预支，月终结算，竣工后清算办法的工程合同，应分期确认合同价款收入的实现，即各月份终了，与发包单位进行已完工程价款结算，确认为承包合同已完工部分的工程收入实现，本期收入额为月中结算的已完工程价款金额。

2）实行合同完成后一次结算工程价款办法的工程合同，应于合同完成，施工企业与发包单位进行工程合同价款结算时，确认为收入实现，实现的收入额为承发包双方结算的合同价款总额。

3）实行按工程形象进度划分不同阶段、分段结算工程价款办法的工程合同，应按合同规定的形象进度分次确认已完阶段工程收益实现。即应于完成合同规定的工程形象进度或工程阶段，与发包单位进行工程价款结算，确认为工程收入的实现。

4. 目标结款方式

在工程合同中，将承包工程的内容分解成不同的控制界面，以业主验收控制界面作为支付工程价款的前提条件。

目标结款方式下，承包商要想获得工程价款，必须按照合同约定的质量标准完成界面内的工程内容；要想尽早获得工程价款，承包商必须充分发挥自己组织实施能力，在保证质量前提下，加快施工进度。这意味着承包商拖延工期时，业主就推迟付款，增加承包商的财务费用、运营成本，降低承包商的收益，客观上使承包商因延迟工期而遭受损失。同样，当承包商积极组织施工，提前完成控制界面内的工程内容，则承包商可提前获得工程价款，增加承包收益，客观上承包商因提前工期而增加了有效利润。同时，因承包商在界面内质量达不到合同约定的标准则业主不予验收，承包商也会因此而遭受损失。可见，目标结款方式实质上是运用合同手段、财务手段对工程的质量和进度实施主动控制。

目标结款方式中，对控制界面的设定应明确描述，便于量化和质量控制，同时要适应项目资金的供应周期和支付频率。

5. 结算双方约定的其他结算方式

工程承发包双方的材料往来，可以按以下方式结算：

1）由承包单位自行采购建筑材料的，发包单位可以在双方签订工程承包合同后按年度工作量的一定比例向承包单位预付备料款，并应在一个月内付清。

预付的备料款，从竣工前未完工程所需材料价值相当于预付备料款额度时起，在工程价款结算时按材料款占结算价款的比例陆续抵扣。

2）按工程承包合同规定，由承包方包工包料的，发包方将主管部门分配的材料指标交承包单位，由承包方购货付款，并收取备料款。

3）按工程承包合同规定由发包单位供应材料的，其材料可按材料预算价格转给承包单位。材料价款在结算工程款时陆续抵扣。这部分材料，承包单位不应收取备料款。

凡是没有签订工程承包合同和不具备施工条件的工程，发包单位不得预付备料款，也不得以备料款为名转移资金。承包单位收取备料款后两个月仍不开工或发包单位无故不按合同规定付给备料款的，开户银行可以根据双方工程承包合同的约定分别从有关单位账户中收回或付出备料款。

施工期间，不论工期长短，其结算款一般不应超过承包工程价值的97%，结算双方可以在5%的幅度内协商工程尾款比例，并在工程承包合同中约定。尾款应设专户存入银行，待工程竣工验收后清算。承包方已向发包方出具履约保函或有其他保证的，可以不留工程尾款。

三、工程价款的结算程序

在我国建筑安装工程价款结算中，通常实行按分部分项工程，即以“假定建筑安装产品”为对象，按月结算（或预支），待工程竣工后再办理竣工决算，一次结清，找补余额。

按分部分项工程结算，便于建设单位和银行根据工程进展情况控制分期付款额度，也便于施工单位的施工消耗及时得到补偿，实现企业的利润，并且可按月考核工程成本的执行情况。这种结算办法的一般程序介绍如下。

1. 工程预付款

施工企业承包工程，一般都实行包工包料，这就需要有一定数量的备料周转金。承发包双方根据工程承包合同条款规定，由发包单位在开工前拨付给承包单位一定限额的工程预付备料款。此预付款构成施工企业为该承包工程项目储备主要材料、结构件所需的流动资金，开工后按约定的时间和比例逐次扣回。

（1）工程预付款的限额

一般建筑工程的工程预付款不应超过当年建筑工作量（包括水、电、暖）的30%；安装工程的工程预付款比例不宜低于年安装工作量的10%；材料占比重较多的安装工程按年计划产值的15%左右拨付。在实际工作中，工程预付款的数额，要根据各工程类型、合同工期、承包方式和供应体制等不同条件而定。例如，工业项目中钢结构和管道安装占比重较大的工程，其主要材料所占比重比一般安装工程要高，因而工程预付款数额也要相应提高；工期短的工程比工期长的要高，材料由施工单位自购的工程比由建设单位供应主要材料的要高。对于只包定额工日（不包材料定额，一切材料由建设单位供给）的工程项目，则可以不拨付工程预付款。

（2）工程预付款的扣回　发包单位拨付给承包单位的工程预付款属于预支性质，到了工程实施后，随着工程所需主要材料储备的逐步减少，应以抵充工程价款的方式陆续扣回。扣款的方法是从未施工工程尚需的主要材料及构件的价值相当于备料款数额时起扣，从每次结算工程价款中，按材料比例扣抵工程价款，竣工前全部扣清。其计算公式为：

$$T = P - \frac{M}{N} \tag{9-1}$$

式中　T——起扣点，即工程预付款开始扣回时累计完成工作量的金额；

M——工程预付款限额；

N——主要材料所占比例；

P——承包工程价款总额。

扣款时，也可以在承包方完成金额累计达到合同总价的一定比例后，由承包方开始向发包方还款，发包方从每次应付给承包方的金额中扣回工程预付款，发包方至少在合同规定的完工期前3个月将工程预付款的总计金额逐次扣回。

在实际经济活动中，情况比较复杂，有些工程工期较短，就无需分期扣回。有些工程工期较长，如跨年度施工，工程预付款可以不扣或少扣，并于次年按应工程预付款调整，多退少补。具体地说，跨年度工程，预计次年承包工程价值大于或相当于当年承包工程价值时，可以不扣回当年的工程预付款，如小于当年承包工程价值时，应按实际承包工程价值进行调整，在当年扣回部分工程预付款，并将未扣回部分转入次年，直到竣工年度，再按上述办法扣回。

2. 中间结算

施工企业在施工过程中，按逐月完成的工程数量计算各项费用，向建设单位办理工程中间结算手续。

按月结算的，施工企业在旬末或月中向建设单位提出预支工程款账单，预支一旬或半月的工程款，月终再提出工程款结算账单和已完工程月报表，收取当月工程价款，并通过银行进行结算。按月进行结算时，要对现场已施工完毕的工程逐一进行清点，资料提出后要交工程师和建设单位审查签证。为简化手续，多年来采用的办法是以施工企业提出的统计进度月报表为支取工程款的凭证，即通常所称的工程进度款。工程进度款的支付步骤如图9-1所示。

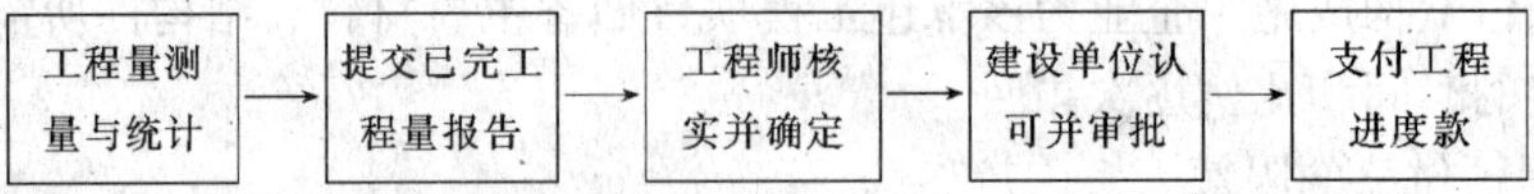

图9-1 工程进度款支付步骤

工程进度款支付过程中，应遵循如下要求：

（1）工程量的确认 根据有关规定，工程量的确认应做到：

1）承包方应按约定时间，向工程师提交已完工程量的报告。工程师接到报告后7天内按设计图核实已完工程量（以下称计量），并在计量前24小时通知承包方，承包方为计量提供便利条件并派人参加。承包方不参加计量，发包方自行进行，计量结果有效，作为工程价款支付的依据。

2）工程师收到承包方报告后7天内未进行计量，从第8天起，承包方报告中开列的工程量即视为已被确认，作为工程价款支付的依据。工程师不按约定时间通知承包方，使承包方不能参加计量，计量结果无效。

3）工程师对承包方超出设计图范围或因自身原因造成返工的工程量，不予计量。

（2）合同收入的组成 财政部制定的《企业会计准则——建造合同》中对合同收入的组成内容进行了解释。合同收入包括两部分内容：

1）合同中规定的初始收入，即建造承包商与客户在双方签订的合同中最初商定的合同总金额，它构成了合同收入的基本内容。

2）因合同变更、索赔、奖励等构成的收入，这部分收入并不构成合同双方在签订合同时已在合同中商定的合同总金额，而是在执行合同过程中由于合同变更、索赔、奖励等原因而形成的追加收入。

（3）工程进度款的支付 《建设工程施工合同（示范文本）》中对工程进度款支付作了如

下详细规定：

1）工程款（进度款）在双方确认计量结果后 14 天内，发包方应向承包方支付工程款（进度款）。按约定时间发包方应扣回的预付款，与工程款（进度款）同期结算。

2）符合规定范围的合同价款的调整，工程变更调整的合同价款及其他条款中约定的追加合同价款，应与工程款（进度款）同期调整支付。

3）发包方超过约定的支付时间不支付工程款（进度款），承包方可向发包方发出要求付款通知，发包方收到承包方通知后仍不能按要求付款，可与承包方协商签订延期付款协议，经承包方同意后可延期支付。协议须明确延期支付时间和从发包方计量结果确认后第 15 天起计算应付款的贷款利息。

4）发包方不按合同约定支付工程款（进度款），双方又未达成延期付款协议，导致施工无法进行，承包方可以停止施工，由发包方承担违约责任。

3. 工程保修金（尾留款）的预留

按照有关规定，工程项目总造价中应预留出一定比例的尾留款作为质量保修费用（又称保留金），待工程项目保修期结束后最后拨付。尾留款的扣除有两种做法：

1）当工程进度款拨付累计额达到该建筑安装工程造价的一定比例（一般为 95% ~97%）时，停止支付，预留造价部分作为尾留款。

2）国家颁布的《招标文件范本》中规定，尾留款（保留金）的扣除，也可以从发包方向承包方第一次支付的工程进度款开始，在每次承包方应得的工程款中扣留投标书附录中规定金额作为保留金，直至保留金总额达到投标书附录中规定的限额为止。

4. 工程价款竣工结算的一般公式

在实际工作中，当年开工、当年竣工的工程，只需办理一次性结算。跨年度的工程，在年终办理一次年终结算，将未完工程结转到下一年度，此时竣工结算等于各年度结算的总和。

办理工程价款竣工结算的一般公式为：

竣工结算工程价款 = 合同价或预算价款 + 合同价款或预算价款调整额 − 预付及结算工程价款　　(9-2)

［**例 9-1**］　某建筑安装工程造价为 1600 万元，建筑材料及设备费占施工产值的比例为 60%，工程预付款为建筑安装工程造价的 20%。工程实施后，工程预付款从未施工工程尚需的主要材料和构件的价值相当于工程预付款数额时起扣，从每次结算工程价款中按材料和设备占施工产值的比重扣抵工程预付款，竣工前全部扣清。工程进度款逐月计算，工程保修金为建筑安装工程造价的 3%，竣工结算月一次扣留。材料和设备价差调整按规定进行（按有关规定，上半年材料和设备价差上调 10%，在当年 5 月一次调增）。承包商每月实际完成并经工程师签证确认的工程量见表 9-1。问该工程的工程预付款为多少？起扣点为多少？该工程每月拨付工程款为多少？累计工程款为多少？5 月办理工程竣工结算，该工程结算造价为多少？甲方应付工程结算款为多少？

表 9-1　某工程每月实际完成并经工程师签证确认的工程量

月　份	1 月	2 月	3 月	4 月	5 月
完成产值/万元	134	266	400	534	266

解：

(1) 工程预付款：(1600×20%)万元=320万元。

(2) 起扣点：(1600-320/60%)万元=1066万元。

(3) 各月拨付工程款：

1月：工程款为134万元，累计工程款为134万元。

2月：工程款为266万元，累计工程款为400万元。

3月：工程款为400万元，累计工程款为800万元。

4月：工程款为[534-(534+800-1066)×60%]万元=373.2万元，累计工程款为1173.2万元。

(4) 工程结算总造价：(1600万元+1600万元×0.6×10%)万元=1696万元。

(5) 甲方应付工程结算款：[1696-1173.2-(1696×3%)-320]万元=151.92万元。

四、设备及工具、器具费用的结算

(一) 国内设备及工具、器具费用的结算

按照我国现行规定，银行、单位和个人办理结算都必须遵守结算原则：一是恪守信用，及时付款；二是谁的钱进谁的账，由谁支配；三是银行不垫款。

建设单位对订购的设备及工具、器具，一般不预付定金，只对制造期在半年以上的大型专用设备和船舶的价款，按合同分期付款。如某直辖市对大型机械设备结算进度的规定为：当设备开始制造时，收取20%货款；设备制造进行60%时，收取40%货款；设备制造完毕托运时，再收取40%货款。有的合同规定：设备购置方扣留5%的质量保证金，待设备运抵现场验收合格或质量保证期届满时，再返回质量保证金。

建设单位收到设备工器具后，要按合同规定及时结算付款，不应无故拖欠。如果资金不足，延期付款，但要支付一定的赔偿金。

(二) 进口设备的结算

进口设备分为标准机械设备和专制设备两类。标准机械设备系指通用性广泛、供应商(厂)有现货，可以立即提交的货物。专制设备是指根据业主提交的定制设备图样专门为该业主制造的设备。

1. 标准机械设备的结算

标准机械设备的结算，大都使用国际贸易中广泛使用的不可撤销的信用证。这种信用证在合同生效之后一定日期由买方委托银行开出，经买方认可的卖方所在地银行为议付银行。以卖方为收款人的不可撤销的信用证，其金额与合同总额相等。

(1) 首次合同付款　当采购货物已装船，卖方提交下列文件和单证后，即可支付合同总价的90%。

1) 由卖方所在国的有关当局颁发的允许卖方出口合同货物的出口许可证或不需要出口许可证的证明文件。

2) 由卖方委托买方认可的银行出具的以买方为受益人的不可撤销保函，担保金额与首次支付金额相等。

3) 装船的海运提单。

4) 商业发票副本。

5）由制造厂（商）出具的质量证书副本。

6）详细的装箱单副本。

7）向买方信用证的出证银行开出以买方为受票人的即期汇票。

8）开具相当于合同总价的形式发票。

（2）最终合同付款　机械设备在保证期截止时，卖方提交下列单证后支付合同总价的尾款，一般为合同总价的10%。

1）说明所有货物无损，无遗留问题，完全符合技术规范要求的证明书。

2）向出证行开出以买方为受票人的即期汇票。

3）商业发票副本。

（3）支付货币与时间　具体如下：

1）合同付款货币。买方以卖方在投标书标价中说明的一种或几种货币和卖方在标书中说明在执行合同中所需的一种或几种货币比例进行支付。

2）付款时间。每次付款在卖方所提供的单证符合规定之后，买方须从卖方提出日起的一定期限内（一般在45天内），将相应的货款付给卖方。

2. 专制机械设备的结算

专制机械设备的结算一般分为三个阶段，即预付款、阶段付款和最终付款。

（1）预付款　一般专制机械设备的采购，在合同签订后开始制造前，由买方向卖方提供合同总价的10%~20%的预付款。预付款一般在提出下列文件和单证后进行支付：

1）由卖方委托银行出具以买方为受益人的不可撤销的保函，担保金额与预付款货币金额相等。

2）相当于合同总价的形式发票。

3）商业发票。

4）由卖方委托的银行向买方的指定银行开具，由买方承兑的即期汇票。

（2）阶段付款　按照合同条款，当机械制造开始加工到一定阶段，可按设备合同价一定的百分比进行付款。阶段的划分是当机械设备加工制造到关键部位进行一次付款，到货物装船买方收货验收后再付一次款。每次付款都应在合同条款中作较详细的规定。机械设备制造阶段付款的一般条件如下：

1）当制造工序达到合同规定的阶段时，制造厂应以电传或信件通知业主。

2）开具经双方确认完成工作量的证明书。

3）提交以买方为受益人的所完成部分保险发票。

4）提交商业发票副本。

机械设备装运付款，包括成批订货分批装运的付款，应由卖方提供下列文件和单证：

1）有关运输部门的收据。

2）交运合同货物相应金额的商业发票副本。

3）详细的装箱单副本。

4）由制造厂（商）出具的质量和数量证书副本。

5）原产国证书副本。

6）货物到达买方验收合格后，当事双方签发合同货物验收合格证书副本。

（3）最终付款　最终付款指在保证期结束时的付款。付款时应提交：

1）商业发票副本。

2）全部设备完好无损，所有待修缺陷及待办的问题均已按技术规范说明圆满解决后的合格证副本。

3. 利用出口信贷方式进行设备价款的支付与结算

对进口设备费用的支付，我国还经常利用出口信贷的形式。出口信贷根据借款的对象分为卖方信贷和买方信贷。

卖方信贷是指卖方将产品赊销给买方，规定买方在一定时期内延期或分期付款。卖方通过向本国银行申请出口信贷来填补占用的资金。采用卖方信贷进行设备材料结算时，一般是在签订合同后先预付10%定金，在最后一批货物装船后再付10%，在货物运抵目的地验收后付5%，待质量保证期届满时再付5%，剩余的70%货款应在全部交货后规定的若干年内一次或分期付清。

买方信贷有两种形式：一种形式是，由产品出口国银行把出口信贷直接贷给买方，买卖双方以即期现汇成交。例如，在进口设备材料时，买卖双方签订贸易协议后，买方先付15%左右的定金，其余货款由卖方银行贷给，再由买方按现汇付款条件支付给卖方，此后，买方分期向卖方银行偿还贷款本息。另一种形式是，由出口国银行把出口信贷贷给进口国银行，再由进口国银行转贷给买方，买方用现汇支付借款，进口国银行分期向出口国银行偿还借款本息。

五、工程价款的动态结算

在经济发展过程中，物价水平是动态的、经常不断变化的，有时上涨快、有时上涨慢，有时甚至表现为下降。工程建设项目中合同周期较长的项目，随着时间的推移，经常要受到物价浮动等多种因素的影响，其中主要是人工费、材料费、施工机械费、运费等的动态影响。这样就有必要在工程价款结算中充分考虑动态因素，也就是要把多种动态因素纳入结算过程中加以计算，使工程价款结算能够基本上反映工程项目的实际消耗费用。这对避免承包商(或业主)遭受不必要的损失，获取必要的调价补偿，维护合同双方的正当权益是十分必要的。

现行的工程价款价差调整的方法有工程造价指数调整法、实际价格调整法、调价文件计算法、调值公式法等。

1. 工程造价指数调整法

这种方法是合同甲乙方采用当时的预算(或概算)定额单价计算出承包合同价，待竣工时，根据合理的工期及当地工程造价管理部门所公布的该月度(或季度)的工程造价指数，对原承包合同价予以调整，重点调整那些由于实际人工费、材料费、施工机械费等费用上涨及工程变更因素造成的价差，并对承包商给以调价补偿。

2. 实际价格调整法

在我国，由于建筑材料需要市场采购的范围越来越大，有些地区规定对钢材、木材、水泥等“三大材”的价格采取按实际价格结算的方法。工程承包商可凭发票按实报销。这种方法方便而正确。但由于是实报实销，因而承包商对降低成本不感兴趣，为了避免副作用，地方主管部门要定期发布最高限价，同时合同文件中应规定建设单位或工程师有权要求承包商选择更廉价的供应来源。

3. 调价文件计算法

这种方法是甲乙方采取按当时的预算价格承包，在合同工期内，按照造价管理部门调价文件的规定，进行抽料补差(在同一价格期内按所完成的材料用量乘以价差)。也有的地方定期发布主要材料供应价格和管理价格，对这一时期的工程进行抽料补差。

4. 调值公式法

根据国际惯例，对建设项目工程价款的动态结算，一般是采用这种方法。事实上，在绝大多数国际工程项目中，甲乙双方在签订合同时就明确列出调值公式，并以此作为价差调整的计算依据。

建筑安装工程费用价格调值公式一般包括固定部分、材料部分和人工部分。但当建筑安装工程的规模和复杂性增大时，公式也变得更为复杂。调值公式一般为：

$$P = P_0\left(a_0 + a_1\frac{A}{A_0} + a_2\frac{B}{B_0} + a_3\frac{C}{C_0} + a_4\frac{D}{D_0} + \cdots\right) \tag{9-3}$$

式中　P——调值后合同价款或工程实际结算款；

P_0——合同价款中工程预算进度款；

a_0——固定要素，代表合同支付中不能调整的部分；

a_1、a_2、a_3、$a_4\cdots$——代表有关各项费用(如人工费用、钢材费用、水泥费用、运输费等)在合同总价中所占比例，$a_0 + a_1 + a_2 + a_3 + a_4 + \cdots = 1$；

A_0、B_0、C_0、$D_0\cdots$——投标截止日前28天与a_1、a_2、a_3、$a_4\cdots$对应的各项费用的基期价格指数或价格；

A、B、C、$D\cdots$——在工程结算月份与a_1、a_2、a_3、$a_4\cdots$对应的各项费用的现行价格指数或价格。

[例9-2]　某工程合同规定结算价款为100万元，合同原始报价日期为2005年3月，工程于2006年5月建成并交付使用，根据表9-2所列工程人工费、材料费构成比例以及有关的造价指数，计算工程实际结算款。

表9-2　人工费、材料费构成比例以及造价指数

项　目	人工费	钢材	管材	线材	焊条	油漆	油料	不调值费用
比例	45%	11%	11%	5%	6%	3%	4%	15%
2005年3月指数	100	100.8	102.0	93.6	100.2	95.4	93.4	—
2006年5月指数	110.1	98.0	112.9	95.9	98.9	91.1	117.9	—

解：实际结算价款 $= 100\text{万元} \times \left(0.15 + 0.45 \times \frac{110.1}{100} + 0.11 \times \frac{98.0}{100.08} + 0.11 \times \frac{112.9}{102.0} + 0.05 \times \frac{95.9}{93.6} + 0.06 \times \frac{98.9}{100.2} + 0.03 \times \frac{91.1}{95.4} + 0.04 \times \frac{117.9}{93.4}\right)$

$= (100 \times 1.064)\text{万元} = 106.4\text{万元}$

六、工程竣工结算的审查

1. 竣工结算审查的目的

工程结算审查是建设工程造价管理的重要环节，是更好地获得工程建设投资效益的一项有力措施。工程结算的审查，发生在竣工时工程结算审查阶段，主要审定工程竣工造价的准确性，为建设单位与施工单位办理竣工结算，为建设单位与国家主管部门办理竣工决算和固定资产的入账提供可靠的依据。

2. 审查的部门

工程结算的审查工作已经走向社会化，由过去政府职能部门审定改为由发包方和承包方之间的中介机构来审查。这些中介机构必须是取得工程造价咨询单位资质证书、具有独立法人资格的企、事业单位。

3. 竣工结算审查的依据

（1）设计资料　设计资料主要指施工图，包括设计说明、选用的标准图、施工图会审记录、设计变更通知等。

（2）经济合同　经济合同书是指建设单位和施工单位，根据国家《合同法》和《建筑安装工程合同管理条例》，经双方协商确定承发包方式、承包内容、工程结算编制原则和依据、费用和费率的取定、工程价款结算方式等内容的具有法律效力的重要经济文件。

（3）现行的概预算定额和地区预(结)算单价表　概预算定额和地区预(结)算单价表主要用于确定直接工程费。

（4）工程费用定额　它主要用于确定措施费、间接费、利润和税金等。

（5）建设工程材料预算价格表　安装工程造价中，材料费的比重较大，掌握好材料预算价格是审核工程结算的重要环节。

（6）现行的工程量清单计价规范　工程量清单计价规范是工程量清单计价的基础，对于采用工程量清单计价的工程，要按照清单计价规范的要求，审查工程量和项目综合单价、合价，核算结算总造价。

（7）国家及地方主管部门颁发的有关经济文件　指由主管部门颁发的有关工程价款结算、材料价差调整、人工费和机械费调整等文件。

4. 工程结算的审查形式

（1）单独审查　即按次序分别由施工单位内部自审、建设单位复审、工程造价中介机构审定。

（2）联合会审　它是指建设单位、设计部门、工程造价管理部门及中介机构联合起来共同会审。其主要特点是：涉及的部门多，出现的问题容易解决，质量能够得到保证。

（3）委托审核　它是指在不具备会审条件、建设单位不能单独审查、或者需权威机构进行审查裁定等原因的情况下，由建设单位委托工程造价管理部门或中介机构进行审查。

5. 工程结算的审核内容

工程结算的审核的主要内容：工程量、定额套用、材料预算价格、直接费计算、间接费和税金；工程量清单计价的分部分项工程量清单价、措施项目清单价、其他项目清单价、规费、税金的计算等。

（1）审核工程量　工程量的审核包括项目是否完整和工程量计算的准确性两个方面。

1）工程量项目是否完整，主要指项目重复计算或漏算的问题。在审核工程量项目时，看所列分项工程项目是否包括工程全部内容，是否超出设计范围，有无重复列项或漏项。如果所列工程项目是已计算的分项工程项目工作内容的一部分，就称为是重复列项(简称重项）。对于所列工程项目不能包括工程全部内容的即为漏项。如发现有重项和漏项问题，应通过增减进行修正。

2）审核工程量计算的准确性，主要依据工程量计算规则和施工图进行。在审核工程量的准确性时，看工程量计算是否符合计算规则和定额规定。对列入工程量计算表中的工程量应逐一审查，如果发现所列计算式有误，计算过程有错（重复计算、错算和漏算的），应与编制人员研究并进行更正，必要时共同计算查正。

（2）定额套用审核　主要审查定额套用是否正确，有无错套、高套现象；换算的定额单位数量是否与定额单位一致，套用是否准确。

（3）直接费审核　主要包括每个分项工程项目的直接费是否正确，计算文件中各页直接工程费小计是否准确，各页直接费小计相加是否与合计中的直接工程费相等。

（4）材料预算价格审核　材料预算价格的审核应依据地区材料预算价格及地区主管部门的有关规定，对补充的材料预算价格应按照材料预算价格组成的方法计算并应取得建设单位的同意。

（5）工程费用审核　主要审核整个数据计算过程是否正确，工程费用计取是否符合费用定额、经济合同条款和预（结）算文件有关规定等。

6. 工程结算审查方法

审查工程结算除了要熟悉施工图，对工程内容进行深入了解，做好审核准备工作外，还必须采取有效的审查方法，保证审查的质量和速度。常采用的有以下三种方法：

（1）全面审查法　全面审查法也称逐项审查法，它是指对施工图的内容进行全面、细致的审查，其做法与编制工程预算相同，相当于重编一次预算。这种方法全面、细致，能纠正错误，所以审查质量高。全面审查法的特点是：审查全面，造价准确，工作量大，时间长。

（2）重点审查法　重点审查法是指对施工图预算中的重点项目进行审查。重点项目指数量多、单价高、占造价较大的分项工程项目，工程量计算复杂，定额缺项多，对工程造价有明显影响的和容易出现错误或容易弄虚作假的地方。而对价值低的项目可粗略审查。审查中发现问题，应经协商解决后才能定案。重点审查法的特点是：时间短，也能保证工程造价的准确性。

（3）分析对比审核法　分析对比审核法是指所审查的预算项目价值与收集、掌握的现行同类项目或相似项目进行对比的审查方法。做法是按已掌握的同类或相似工程项目价值与被审查的结算造价进行分析、比较，对其中的问题，经共同协商更改后定案。分析对比审核法的特点是：速度快，简单易行，但建设地点、材料供应、施工等级及管理水平等不同，均会影响结算的结果。

7. 工程结算审查程序

（1）准备工作　包括以下内容：

1）熟悉送审结算和承包合同。

2）收集并熟悉有关设计资料，核对与工程结算有关的设计、施工图和标准图。

3）了解施工现场情况，熟悉施工组织设计或技术措施方案，掌握与编制结算有关的设计变更、现场签证情况。

4）熟悉送审工程结算所依据的计价规范、预算定额、费用标准和有关文件。

（2）确定审查方法　根据实际情况确定采用哪一种审查方法。

（3）审查计算　按以下步骤进行：

1）根据施工图核对工程量。

2）根据施工图及工程量计算规则核对所列的分项工程项目。

3）根据预算定额核对所选的定额项目。

4）核对直接工程费的计算。

5）核对工程费用的计算。

在审核过程中，将审核出的问题作出详细记录。

（4）审核定案　根据交换意见确定的结果，将更正后的项目进行计算汇总，填制工程结算审核调整表，具体格式见表9-3和表9-4。由编制单位负责人签字加盖公章，审核人签字加盖资格证印章，审核单位加盖公章。至此，工程结算审核定案。

表9-3　分项工程直接工程费调整表

年　月　日

序号	分部分项工程名称	原合同价							调整后合同价							核减金额/元	核增金额/元
		定额编号或编码	单位	工程量	直接工程费/元		人工费/元		定额编号或编码	单位	工程量	直接工程费/元		人工费/元			
					单价	合计	单价	合计				单价	合计	单价	合计		

编制单位(印章)　　责任人:　　审核人(资格证印章)　　审查单位(印章)

表9-4　工程预算费用调整表

年　月　日

序号	费用名称	原合同价			调整后合同价			核减金额/元	核增金额/元
		费率(%)	计算基础	金额/元	费率(%)	计算基础	金额/元		

编制单位(印章)　　责任人:　　审核人(资格证印章)　　审查单位(印章)

第二节　工程竣工决算

一、竣工决算的内容

（一）建设项目竣工决算的概念

建设项目竣工决算是指所有建设项目竣工后，建设单位按照国家有关规定在新建、改建和扩建工程建设项目竣工验收阶段编制的竣工决算报告。竣工决算是以实物数量和货币指标为计量单位，综合反映竣工项目从筹建开始到项目竣工交付使用为止的全部建设费用、建设成果和财务情况的总结性文件，是竣工验收报告的重要组成部分。竣工决算是正确核定新增固定资产价值，考核分析投资效果，建立、健全经济责任制的依据，是反映建设项目实际造价和投资效果的文件。

（二）竣工决算的内容

竣工决算反映了竣工项目计划、实际的建设规模、建设工期，以及设计和实际的生产能力，反映了概算总投资和实际的建设成本，同时还反映了所达到的主要技术经济指标。通过对这些指标计划数、概算数与实际数进行对比分析，不仅可以全面掌握建设项目计划和概算执行情况，而且可以考核建设项目投资效果，为今后制订基建计划、降低建设成本、提高投资效果提供必要的资料。

竣工决算由“竣工决算报表”和“竣工情况说明书”两部分组成。大、中型和小型建设项目由于建设规模不同，其决算报表是不同的。一般大、中型建设项目的竣工决算报表包括竣工工程概况表、竣工财务决算审批表、建设项目交付使用财产总表和建设项目交付使用财产明细表等；小型建设项目的竣工决算报表一般包括竣工决算总表和交付使用财产明细表两部分。除此以外，还可以根据需要编制结余设备材料明细表、应收应付款明细表、竣工财务决算表、结余资金明细表等，将其作为竣工决算表的附件。

大、中型和小型建设项目的竣工决算包括建设项目从筹建开始到项目竣工交付生产使用为止的全部建设费用，其内容包括四个方面。

1. 竣工决算报告情况说明书

竣工决算报告情况说明书主要反映竣工工程建设成果和经验，是对竣工决算报表进行分析和补充说明的文件，是全面考核分析工程投资与造价的书面总结，其内容主要包括：

（1）建设项目概况　对工程总的评价。一般从进度、质量、安全、造价和施工方面进行分析说明。进度方面主要说明开工和竣工时间，对照合理工期和要求工期分析是提前还是延期；质量方面主要根据竣工验收委员会或相当于一级质量监督部门的验收评定等级，说明合格率和优良品率；安全方面主要根据劳动工资和施工部门的记录，对有无设备和人身事故进行说明；造价方面主要对照概算造价，说明节约还是超支，用金额和百分率进行分析说明。

（2）资金来源及运用等财务分析　主要包括工程价款结算、会计账务的处理、财产物资情况以及债权债务的清偿情况。

（3）基本建设收入、投资包干结余、竣工结余资金的上交分配情况　通过对基本建设投资包干情况的分析，说明投资包干数、实际支用数和节约额、投资包干节余的有机构成和包干节余等的分配情况。

（4）各项经济技术指标的分析　概算执行情况分析，根据实际投资完成额与概算进行对比分析；新增生产能力的效益分析，说明支付使用财产占总投资额的比例、占支付使用财产的比例，不增加固定资产的造价占投资总额的比例，分析有机构成和成果。

（5）建设投资分析　分析工程建设的经验、项目管理和财务管理工作、竣工财务决算中有待解决的问题。

（6）其他　需要说明的其他事项。

2. 竣工财务决算报表

大、中型建设项目竣工财务决算报表包括：建设项目竣工财务决算审批表，大、中型建设项目概况表，大、中型建设项目竣工财务决算表，大、中型建设项目交付使用资产总表，建设项目交付使用资产明细表。小型建设项目竣工财务决算报表包括：建设项目竣工财务决算审批表、竣工财务决算总表、建设项目交付使用资产明细表。

(1) 建设项目竣工财务决算审批表(见表9-5) 该表作为竣工决算上报有关部门审批时使用。

表9-5 建设项目竣工财务决算审批表

建设项目法人(建设单位)		建设性质	
建设项目名称		主管部门	
开户银行意见 盖章 年 月 日			
专员办审批意见 盖章 年 月 日			
主管部门或地方财政部门审批意见 盖章 年 月 日			

所有建设项目均须经过开户银行签署意见后，按照有关要求进行报批。中央级小型项目由主管部门签署审批意见；中央级大、中型建设项目报所在地财政监察专员办事机构签署意见后，再由主管部门签署意见，报财政部审批；地方级项目由同级财政部门签署审批意见。

已具备竣工验收条件的项目，3个月内应及时填报审批表，如3个月内不办理竣工验收和固定资产移交手续的视同项目已正式投产，其费用不得从基本建设投资中支付，所实现的收入作为经营收入，不再作为基本建设收入管理。

(2) 大、中型建设项目概况表(见表9-6) 该表综合反映大、中型建设项目的基本概况，内容包括该项目总投资、建设起止时间、新增生产能力、主要材料消耗、建设成本、完成主要工程量和主要技术经济指标以及基本建设支出情况等，为全面考核和分析投资效果提供依据。

(3) 大、中型建设项目竣工财务决算表(见表9-7) 该表反映竣工的大、中型建设项目从开工到竣工为止全部资金来源和资金运用的情况，它是考核和分析投资效果，落实结余资金，并作为报告上级核销基本建设支出和基本建设拨款的依据。在编制该表前，应先编制出项目竣工年度财务决算，根据编制出的竣工年度财务决算和历年财务决算编制项目的竣工财务决算。此表采用平衡表形式，即资金来源合计等于资金支出合计。

(4) 大、中型建设项目交付使用资产总表(见表9-8) 交付使用资产总表是反映建设项目建成后，交付使用新增固定资产、流动资产、无形资产和递延资产的全部情况和价值，作为财产交接、检查投资计划完成情况和分析投资效果的依据。

表 9-6 大、中型建设项目概况表

<table>
<tr><td>建设项目(单位工程)名称</td><td colspan="2"></td><td colspan="2">建 设 地 址</td><td colspan="4"></td><td rowspan="8">基
建
支
出</td><td colspan="2">项　　目</td><td>概算</td><td>实际</td><td>主要
指标</td></tr>
<tr><td>主要设计单位</td><td colspan="2"></td><td colspan="2">主要施工企业</td><td colspan="4"></td><td colspan="2">建筑安装工程</td><td></td><td></td><td rowspan="11"></td></tr>
<tr><td rowspan="3">占地面积</td><td>计划</td><td>实际</td><td rowspan="3" colspan="2">总投资/万元</td><td colspan="2">设计</td><td colspan="2">实际</td><td colspan="2">设备、工具、器具</td><td></td><td></td></tr>
<tr><td rowspan="2"></td><td rowspan="2"></td><td>固定资产</td><td>流动资产</td><td>固定资产</td><td>流动资产</td><td colspan="2" rowspan="2">待摊投资
其中：建设单位管理费</td><td rowspan="2"></td><td rowspan="2"></td></tr>
<tr><td></td><td></td><td></td><td></td></tr>
<tr><td rowspan="2">新增生产能力</td><td colspan="2">能力(效益)名称</td><td colspan="2">设计</td><td colspan="4">实际</td><td colspan="2">其他投资</td><td></td><td></td></tr>
<tr><td colspan="2"></td><td colspan="2"></td><td colspan="4"></td><td colspan="2">待核销基建支出</td><td></td><td></td></tr>
<tr><td rowspan="2">建设起止时间</td><td colspan="2">设计</td><td colspan="6">从　　年　　月开工至　　年　　月竣工</td><td colspan="2">非经营项目转出投资</td><td></td><td></td></tr>
<tr><td colspan="2">实际</td><td colspan="6">从　　年　　月开工至　　年　　月竣工</td><td></td><td colspan="2">合计</td><td></td><td></td></tr>
<tr><td rowspan="2">设计概算批准文号</td><td colspan="8" rowspan="2"></td><td rowspan="4">主要
材料
消耗</td><td>名称</td><td>单位</td><td>概算</td><td>实际</td></tr>
<tr><td>钢材</td><td>t</td><td></td><td></td></tr>
<tr><td rowspan="3">完成主要工程量</td><td colspan="2">建筑面积/m²</td><td colspan="6">设备/台、套、t</td><td>木材</td><td>m³</td><td></td><td></td></tr>
<tr><td>设计</td><td>实际</td><td colspan="3">设计</td><td colspan="3">实际</td><td>水泥</td><td>t</td><td></td><td></td></tr>
<tr><td></td><td></td><td colspan="3"></td><td colspan="3"></td><td rowspan="3">主要
技术
经济
指标</td><td colspan="5" rowspan="3"></td></tr>
<tr><td rowspan="2">收尾工程</td><td colspan="2">工程内容</td><td colspan="3">投资额</td><td colspan="3">完成时间</td></tr>
<tr><td colspan="2"></td><td colspan="3"></td><td colspan="3"></td></tr>
</table>

表 9-7 大、中型项目竣工财务决算表 （单位:元）

资 金 来 源	金额	资 金 占 用	金额	补 充 资 料
一、基建拨款		一、基建建设支出		1. 基建投资借款期末余额
1. 预算拨款		1. 交付使用资金		
2. 基建基金拨款		2. 在建工程		2. 应收生产单位投资借款期末余额
3. 进口设备转账拨款		3. 待核销基建支出		
4. 器材转账拨款		4. 非经营项目转出投资		3. 基建结余资金
5. 煤代油专用基金拨款		二、应收生产单位投资借款		
6. 自筹资金拨款		三、拨款所属投资借款		
7. 其他拨款		四、器材		
二、项目资本金		其中：待处理器材损失		
1. 国家资本		五、货币资金		
2. 法人资本		六、预付及应收款		
3. 个人资本		七、有价证券		
三、项目资本公积金		八、固定资产		
四、基建借款		固定资产原值		
五、上级拨入投资借款		减：累计折旧		
六、企业债券资金		固定资产净值		
七、待冲基建资金		固定资产清理		
八、应付款		待处理固定资产损失		
九、未交款				
1. 未交税金				
2. 未交基建收入				
3. 未交基建包干节余				
4. 其他未交款				
十、上级拨入资金				
十一、留成收入				
合 计		合 计		

表 9-8 大、中型建设项目交付使用资产总表

单项工程项目名称	总 计	固 定 资 产					流动资产	无形资产	递延资产
		建筑工程	安装工程	设备	其他	合计			
1	2	3	4	5	6	7	8	9	10

交付单位盖章 年 月 日 接收单位盖章 年 月 日

（5）建设项目交付使用资产明细表（见表9-9）　大、中型和小型建设项目均要填列此表，该表是交付使用财产总表的具体化，反映交付使用固定资产、流动资产、无形资产和递延资产的详细内容，是使用单位建立资产明细账和登记新增资产价值的依据。

表9-9　建设项目交付使用资产明细表

单项工程项目名称	建筑工程			设备、工具、器具、家具						流动资产		无形资产		递延资产	
	结构	面积/m^2	价值/元	名称	规格型号	单位	数量	价值/元	设备安装费/元	名称	价值/元	名称	价值/元	名称	价值/元
合计															

交付单位盖章　　　　年　月　日　　　　接收单位盖章　　　　年　月　日

（6）小型建设项目竣工财务决算总表（见表9-10）　该表是由大、中型建设项目概况表与竣工财务决算表合并而成的，主要反映小型建设项目的全部工程和财务情况。

3. 建设工程竣工图

建设工程竣工图是真实地记录各种地上地下建筑物、构筑物等情况的技术文件，是工程进行交工验收、维护改建和扩建的依据，是国家的重要技术档案。国家规定：各种新建、扩建、改建的基本建设工程，特别是基础、地下建筑、管线、结构、井巷、桥梁、隧道、港口、水坝和设备安装等隐蔽部位，都要编制竣工图。为确保竣工图质量，必须在施工过程中（不能在竣工后）及时做好隐蔽工程检查记录，整理好设计变更文件。

4. 工程造价比较分析

经批准的概算是考核实际建设工程造价的依据。在分析时，可将决算报表中所提供的实际数据和相关资料与批准的概算指标进行比较，以反映出竣工项目总造价和单方造价是节约还是超支，在比较的基础上，总结经验教训，找出原因，以利改进。

二、竣工决算的编制

竣工决算的编制，主要就是进行竣工决算报表的编制、竣工决算报告说明书的编制等工作，其具体步骤如下：

1）从工程开始就按编制依据的要求，收集、清点、整理有关资料，主要包括建设项目档案资料，如设计文件、施工记录、上级批文、概（预）算文件、工程结算的归集整理，财务处理、财产物资的盘点核实和债权债务的清偿，做到账表相符。对各种设备、材料、工具、器具等要逐项盘点核实并填列清单，妥善保管，或按照国家有关规定处理，不准任意侵占和挪用。

2）对照、核实工程变动情况，重新核实各单位工程、单项工程造价。将竣工资料与原设计图进行查对、核实，必要时可实地测量，确认实际变更情况；根据经审定的施工单位竣工结算等原始资料，按照有关规定对原概（预）算进行增减调整，重新核定工程造价。

3）经审定的待摊投资、其他投资、待核销基建支出和非经营项目的转出投资，按照国家的规定严格划分和核定后，分别计入相应的基建支出（占用）栏目内。

表 9-10 小型建设项目竣工财务决算总表

建设项目名称			建设地址				
初步设计概算批准文号							
占地面积	计划	实际	总投资/万元	计划		实际	
				固定资产	流动资金	固定资产	流动资金
新增生产能力	能力(效益)名称		设计	实际			
建设起止时间	计划	从　年　月开工至　年　月竣工					
	实际	从　年　月开工至　年　月竣工					
基建支出	项目			概算/元		实际/元	
	建筑安装工程						
	设备　工具　器具						
	待摊投资 其中：建设单位管理费						
	其他投资						
	待核销基建支出						
	非经营性项目转出投资						
	合　计						

资金来源 项目	金额/元	资金运用 项目	金额/元
一、基建拨款 其中：预算拨款		一、交付使用资产	
		二、待核销基建支出	
二、项目资本		三、非经营性项目转出投资	
三、项目资本公积			
四、基建借款		四、应收生产单位投资贷款	
五、上级拨入借款			
六、企业债券资金		五、拨付所属投资借款	
七、待冲基建支出		六、器材	
八、应付款		七、货币资金	
九、未交款 其中：未交基建收入 未交包干收入		八、预付及应收款	
		九、有价证券	
		十、原有固定资产	
十、上级拨入资金			
十一、留成收入			
合　计		合　计	

4）按要求编制竣工财务决算说明书，力求内容全面、简明扼要、文字流畅、说明问题。

5）认真填报竣工财务决算报表。

6）认真做好工程造价对比分析。

7）清理、装订好竣工图。

8）按国家规定上报审批，存档。

三、新增资产价值的确定

竣工决算是办理交付使用财产价值的依据。正确核定竣工项目资产的价值，不但有利于建设项目交付使用以后的财务管理，而且可以为建设项目进行经济后评估提供依据。

1. 新增资产的分类

根据财务制度规定，竣工项目资产是由各个具体的资产项目构成的，按其经济内容的不同，可以将企业的资产划分为固定资产、流动资产、无形资产、递延资产和其他资产。资产的性质不同，其计算方法也不同。

2. 固定资产价值的确定

（1）固定资产的内容　竣工项目固定资产，又称新增固定资产、交付使用的固定资产，是投资项目竣工投产后所增加的固定资产价值，是以价值形态表示的固定资产投资最终成果的综合性指标。竣工项目资产价值的内容包括：

1）已经投入生产或交付使用的建筑安装工程价值。

2）达到固定资产标准的设备、工器具的购置价值。

3）增加固定资产价值的其他费用，如建设单位管理费、施工机构转移费、报废工程损失费、项目可行性研究费、勘察设计费、土地征用及迁移补偿费、联合试运转费等。

从微观角度考虑，竣工项目固定资产是工程建设项目最终成果的体现，因此，核定竣工项目固定资产的价值，分析其完成情况，是加强工程造价全过程管理工作的重要方面。

从宏观角度考虑，竣工项目固定资产意味着国民财产的增加，它不仅可以反映出固定资产再生产的规模与速度，同时也可以据以分析国民经济各部门的技术构成变化及相互间适应的情况，因此，工程项目固定资产也可以作为计算投资经济效果指标的重要数据。

（2）竣工项目固定资产价值的计算　竣工项目固定资产价值的计算是以独立发挥生产能力的单项工程为对象的，当单项工程建成并经有关部门验收鉴定合格，正式移交生产或使用，即应计算竣工项目固定资产价值。一次交付生产或使用的工程，应一次计算竣工项目固定资产价值，分期分批交付生产或使用的工程，应分期分批计算竣工项目固定资产价值。在计算中应注意以下几种情况：

1）对于为了提高产品质量、改善劳动条件、降低材料消耗、保护环境而建设的附属辅助工程，只要全部建成、正式验收或交付使用，就要计入竣工项目固定资产价值。

2）对于单项工程中不构成生产系统但能独立发挥效益的非生产性工程，如住宅、食堂、医务所、托儿所、生活服务网点等，在建成并交付使用后，也要计算竣工项目固定资产价值。

3）凡购置达到固定资产标准不需安装的设备及工具、器具，均应在交付使用后计入竣工项目固定资产价值。

4）属于竣工项目固定资产价值的其他投资，应随同受益工程交付使用的同时一并计入。

（3）交付使用财产成本 应按下列内容计算：

1）房屋、建筑物、管道、线路等固定资产的成本，包括建筑工程成本和应分摊的待摊投资。

2）动力设备和生产设备等固定资产的成本，包括需要安装设备的采购成本、安装工程成本、设备基础支架等建筑工程成本，或砌筑锅炉和各种特殊炉的建筑工程成本、应分摊的待摊投资。

3）运输设备及其他不需要安装设备及工具、器具、家具等固定资产和流动资产的成本，一般仅计算采购成本和不分摊的“待摊投资”。

（4）共同费用的分摊方法 竣工项目固定资产的其他费用，如果是属于整个建设项目或两个以上的单项工程的，在计算竣工项目固定资产价值时，应在各单项工程中按比例分摊。分摊时，什么费用应由什么工程负担又有具体的规定。一般情况下，建设单位管理费按建筑工程、安装工程、需安装设备价值总额作等比例分摊，而土地征用费、勘察设计费等费用则只按建筑工程价值分摊。

3. 流动资产价值的确定

流动资产是指可以在一年内或者超过一年的一个营业周期内变现或者运用的资产。包括现金及各种存款、存货、应收及预付款项等。在确定流动资产价值时，应注意以下几种情况：

1）货币性资金，即现金、银行存款和其他货币资金，根据实际入账价值核定。

2）应收及预付款项包括应收工程款、预付备料款、应收票据、应收账款、其他应收款、预付货款和待摊费用。其价值的确定，一般情况下按应收和应预付款项的企业销售商品、产品，或提供劳务时的实际成交额，或合同约定金额入账核算。

3）各种存货是指建设项目在建设过程中耗用而储存的各种自制和外购的各种货物，包括各种器材、低值易耗品和其他商品等。其价值确定如下：外购的，按照买价加运输费、装卸费、保险费、途中合理损耗、入库前加工整理或挑选及缴纳的税金等项计价；自制的，按照制造过程中发生的各项实际支出计价。

4. 无形资产价值的确定

无形资产的计价，原则上应按取得时的实际成本计价。根据企业取得无形资产的途径不同，其计价应遵循以下原则：

1）投资者以无须资产作为资本金或合作条件投入的，按其评估确认或合同协议约定的金额计价。

2）企业购入的无形资产按照实际支付的价款计价。

3）企业自制并依法申请取得的无形资产，按其开发过程中的实际支出计价。

4）企业接受捐赠的无形资产，可按照发票账单所持金额或同类无形资产的市价计价。无形资产入账后，在其有限使用期内分摊。

5. 递延资产价值的确定

（1）开办费的计价 筹建期间建设单位管理费中未计入固定资产的其他各项费用，如建设单位经费，包括筹建期间工作人员工资、办公费、差旅费、印刷费、生产职工培训费、样品样机购置费、农业开荒费、注册登记费等，以及不计入固定资产和无形资产购建成本的汇兑损益、利息支出。按照新财务制度规定，除了筹建期间不计入资产价值的汇兑净损失外，开办费从企业开始生产经营月份的次月起，按照不短于五年的期限平均摊入管理费用中。

（2）以经营租赁方式租入的固定资产改良工程支出的计价　以经营租赁方式租入的固定资产改良工程支出是指能增加以经营租赁方式租入的固定资产的效用或延长其使用寿命的改装、翻修、改建等支出，应在租赁有效期限内分期摊入制造费用或管理费用中。

四、工程保修费用的处理

1. 工程保修

建设工程承包单位在向建设单位提交工程竣工验收报告时，应向建设单位出具质量保修书。质量保修书中应当明确建设工程的保修范围、保修期限和保修责任。

所谓保修，是指施工单位按照国家或行业现行的有关技术标准、设计文件和合同中对质量的要求，对已竣工验收的建设工程在规定的保修期限内，进行维修、返工等工作。这是因为建设产品在竣工验收后仍可能存在质量缺陷和隐患，直到使用过程中才能逐步暴露出来，如屋面漏雨、墙体渗水、建筑物基础超过规定的不均匀沉降、采暖系统供热不佳、设备和安装工程达不到国家或行业现行的技术标准等，需要在使用过程中检查观测和维修。为了使建设项目达到最佳状态，确保工程质量，降低生产或使用费用，发挥最大的投资效益，业主应督促设计单位、施工单位、设备材料供应单位认真做好保修工作，并加强保修期间的投资控制。

在正常使用条件下，建设工程的最低保修期限的规定：

1）基础设施工程、房屋建筑的地基基础工程和主体结构工程，为设计文件规定的该工程的合理使用年限。

2）屋面防水工程、有防水要求的卫生间、房间和外墙面的防渗漏，为5年。

3）供热与供冷系统，为2个采暖期、供冷期。

4）电气管线、给水排水管道、设备安装和装修工程，为2年。

其他项目的保修期限由发包方与承包方约定。建设工程的保修期，自竣工验收合格之日起计算。

2. 工程保修费的处理办法

保修费用是指对建设工程在保修期限和保修范围内所发生的维修、返工等各项费用支出。

保修费用应按合同和有关规定合理确定、控制。基于建筑安装工程情况复杂，不如其他商品单一，出现的质量缺陷和隐患等问题往往是由于多方面原因造成的。因此，在费用的处理上应分清造成问题的原因和具体返修内容，按照国家有关规定和合同要求与有关单位共同商定处理办法。

（1）勘察、设计原因造成保修费用的处理　勘察、设计方面的原因造成的质量缺陷，由勘察、设计单位负责并承担经济责任，由施工单位负责维修或处理。按合同法规定，勘察、设计人应当继续完成勘察、设计，减收或免收勘察、设计费并赔偿损失。

（2）施工原因造成的保修费用处理　施工单位未按国家有关规范、标准和设计要求施工，造成质量缺陷，由施工单位负责无偿返修并承担经济责任。

(3) 设备、材料、构配件不合格造成的保修费用处理　因设备、建筑材料、构配件质量不合格引起的质量缺陷，属于施工单位采购的或经其验收同意的，由施工单位承担经济责任；属于建设单位采购的，由建设单位承担经济责任。至于施工单位、建设单位与设备、材料、构配件供应单位或部门之间的经济责任，应按其设备、材料、构配件的采购供应合同处理。

(4) 用户使用原因造成的保修费用处理　因用户使用不当造成的质量缺陷，由用户自行负责。

(5) 不可抗力原因造成的保修费用处理　因地震、洪水、台风等不可抗力造成的质量问题，施工单位和设计单位都不承担经济责任，由建设单位负责处理。

复 习 题

1. 什么是工程结算？什么是竣工决算？两者的区别在哪里？
2. 简述工程结算的编制方法。
3. 简述工程材料价格调整的方法。
4. 简述竣工决算的内容。
5. 简述新增固定资产价值的确定。
6. 简述保修费用的处理。
7. 建设工程的最低保修期限的规定有哪些？
8. 工程结算审查的方法有哪些？
9. 简述设备及工具、器具购置费用的结算。
10. 工程价款的动态结算有哪几种方法？

参考文献

[1] 建设工程工程量清单计价规范编制组. 中华人民共和国国家标准建设工程工程量清单计价规范宣贯辅导教材(GB 50500—2008)[M]. 北京：中国计划出版社，2008.

[2] 建设部标准定额研究所. 全国统一安装工程预算定额解释汇编[G]. 北京：中国计划出版社，2008.

[3] 全国造价工程师执业资格考试培训教材编审组. 工程造价计价与控制[M]. 北京：中国计划出版社，2009.

[4] 建设部标准定额研究所. 全国统一安装工程预算定额[S]. 北京：中国计划出版社，2000.

[5] 周和生，尹贻林. GB 50500—2008 建设工程工程量清单计价规范应用与发展研究 [M]. 天津：天津大学出版社，2010.

[6] 韩永学. 建筑电气工程概预算 [M]. 哈尔滨：哈尔滨工业大学出版社，2002.

[7] 黄伟典. 工程定额原理 [M]. 北京：中国电力出版社，2008.

信息反馈表

尊敬的老师：

您好！感谢您对机械工业出版社的支持和厚爱！为了进一步提高我社教材的出版质量，更好地为我国高等教育发展服务，欢迎您对我社的教材多提宝贵意见和建议。另外，如果您在教学中选用了《安装工程计量与计价　第2版》(董维岫　吴信平主编)，欢迎您提出修改建议和意见。索取课件的授课教师，请填写下面的信息，发送邮件即可。

一、基本信息

姓名：__________　性别：______　职称：__________　职务：__________

单位：

邮编：__________　地址：______________________________

任教课程：____________________　电话：____—____________(H)____________(O)

电子邮件：______________________________　手机：__________

二、您对本书的意见和建议

(欢迎您指出本书的疏误之处)

三、您对我们的其他意见和建议

请与我们联系：

100037　北京百万庄大街22号

机械工业出版社·高等教育分社　冷彬　收

Tel：010-8837 9720(O)

E-mail：myceladon@yeah.net

http://www.cmpedu.com(机械工业出版社·教材服务网)

http://www.cmpbook.com(机械工业出版社·门户网)

http://www.golden-book.com(中国科技金书网·机械工业出版社旗下网站)